“十五”国家重点图书

先进制造技术导论

王庆明　主编

许　虹　刘正道
肖　民　李　英　参编

U0952026

華東理工大學出版社
EAST CHINA UNIVERSITY OF SCIENCE AND TECHNOLOGY PRESS

内容提要

本书介绍先进制造技术的各个主要方面及核心内容，包括现代设计技术、先进成形制造技术、先进制造工艺技术、制造自动化、先进制造的模式与管理技术等，可作为高等院校机械类、信息类、管理类专业以及与制造业有关的理工科专业本科生或研究生的教材，也可供制造业和相关行业的工程技术人员、管理人员参考。

图书在版编目(CIP)数据

先进制造技术导论/王庆明主编. —上海：华东理工大学出版社，2007.10(2021.9 重印)

(现代化工机械系列丛书)

ISBN 978-7-5628-2202-8

Ⅰ. 先… Ⅱ. 王… Ⅲ. 机械制造工艺-高等学校-教材 Ⅳ. TH16

中国版本图书馆 CIP 数据核字(2007)第 147005 号

"十五"国家重点图书

现代化工机械系列丛书

先进制造技术导论

主　　编 / 王庆明
责任编辑 / 徐知今
责任校对 / 张　波　李　晔
封面设计 / 王晓迪
出版发行 / 华东理工大学出版社
地址：上海市梅陇路 130 号，200237
电话：(021)64250306(营销部)
传真：(021)64252707
网址：www.ecustpress.cn
印　　刷 / 广东虎彩云印刷有限公司
开　　本 / 787 mm×1092 mm　1/16
印　　张 / 17
字　　数 / 411 千字
版　　次 / 2007 年 10 月第 1 版
印　　次 / 2021 年 9 月第 4 次
印　　数 / 1—4050 册
书　　号 / ISBN 978-7-5628-2202-8/TH·74
定　　价 / 26.00 元

(本书如有印装质量问题，请到出版社营销部调换。)

前 言

先进制造技术是关系到国民经济发展的一项战略性技术，是在传统制造技术基础上不断地吸收机械、电子、计算机、信息、材料、能源等学科以及现代管理科学等方面的高新技术成果，并将这些技术加以优化和集成，综合应用于制造业产品的研发设计、生产制造、检测、营销、使用、服务和管理的全过程，以实现优质、高效、低耗、清洁、灵活生产，即实现信息化、自动化、智能化、柔性化、生态化生产，取得理想的技术经济效益和社会效益的制造技术的总称。

先进制造技术自20世纪80年代末提出后，受到世界上许多工业发达国家和新兴工业化国家的重视，将先进制造技术列为本国科技发展的优先重点领域，投入大量人力、物力和财力加以研究和实施，并取得了显著的效果。先进制造技术已成为提高企业的产品质量，优化企业的产品结构、生产过程以及经营管理模式，提高企业的经济效益和增强企业竞争力的强有力手段。

本书介绍先进制造技术的各个主要方面及核心内容，可作为高等院校机械类、信息类、管理类专业以及与制造业有关的理工科专业本科生或研究生的教材，也可供制造业和相关行业的工程技术人员、管理人员参考。

全书共分6章，王庆明编写第1章、第2章、第6章和第4章的4.1节，刘正道编写第3章的3.1,3.2,3.4节，肖民编写第3章的3.3节、第4章的4.3,4.4,4.5节，以及4.2节的一部分，许虹编写第5章的5.1,5.2,5.5节，以及4.2节的一部分，李英编写第5章的5.3,5.4节，全书由王庆明统稿。博士生孙渊、王帅，硕士生王莉、吴金炎、周伟、林海龙参与了资料收集。

先进制造技术的内涵很丰富，涉及多个学科，知识面较广，由于编者水平及视野有限，书中难免存在疏漏、缺点甚至是错误，敬请广大读者提出宝贵意见

编 者

2007年5月于华东理工大学

目　　录

1 先进制造技术概述

1.1 制造与制造业

1.1.1 制造与制造业的概念

制造作为一项生产活动一直伴随着人类的足迹，从史前人类的石器磨制，到后来的各种青铜器、铁器制造。制造的英语单词是 Manufacture，该单词起源于拉丁语的 manu（手）和 facere（做），说明长时期以来制造方式主要是手工操作。随着人类社会的发展和科技进步，制造的主要方式发展为机器生产，人们对制造的描述是指将原材料转化为产品的过程，即生产车间的加工和装配过程。近二三十年来，人们发现对于制造的原有描述已经不能确切说明当今的制造活动，从而引入了对制造的广义理解，即包含市场分析、经营决策、产品设计、工艺设计、加工装配、质量控制、市场营销、维修服务以及产品报废后的回收处理等整个产品生命周期内一系列相互联系的生产活动。

目前被广泛认同的制造概念：制造是一种有特定目标的技术经济活动；是人们从市场需求出发，运用主观掌握的科学知识、实践经验和技能，在遵循自然规律的基础上，综合技术、经济、环境和人的因素，借助于可以利用的物质工具或手工，采用有效的技能、手段和方法，耗费一定的能源、资源和时间，将原材料转化为最终物质产品并投放市场以适应和满足社会需要的复杂过程。

制造业是指将制造资源，包括物料、设备、工具、资金、技术、信息和人力等，通过制造过程转化为社会所需的产品的行业。

制造业是现代国民经济的重要支柱，其生产总值一般占一个国家国民生产总值的 20%～55%，在一个国家的工业生产力构成中制造技术的作用一般占 60%左右。制造业吸纳的劳动力比例很高，尤其在工业化国家中，从事各种形式的制造活动的人口约占总人口的 1/4。我国从事制造业的人数预计到 2050 年将增加到 1.7 亿。制造业为国民经济各部门提供所需的各种装备，为科学事业和教育事业的发展提供重要的财力、物力支撑。

世界上各个国家经济的竞争，主要是制造业的竞争。一个国家如果制造业发达，它的经济就强大。

1.1.2 制造技术的进展

制造技术是制造业生产各种必要物质(包括生产资料和消费品)所使用的一切生产工具技术的总称。自 18 世纪后半叶发生的产业革命以来,制造技术获得了飞速的发展。制造技术的发展是由社会、政治、经济等多方面因素决定的,但最主要因素是技术的推动和市场的牵引。纵观近两百年制造业的发展历程,影响其发展最主要的因素是技术的推动和人类需求的牵引。科学技术的每次重大进展都推动了制造技术的发展,而人类的需求不断增长和变化,也促进了制造技术的不断进步。

自 18 世纪以来,制造技术的发展经历了以下几个阶段。

(1) 18 世纪后半叶,以蒸汽机和工具机的发明为特征的产业革命促成了工场式生产方式的出现,标志着制造业从手工业作坊生产到以机械加工和分工原则为中心的工厂生产转变的完成。

(2) 19 世纪电气技术的发展开辟了电气化的新时代,实现了制造技术的批量化生产和工业化规范生产的新局面,制造业得到了飞速发展。

(3) 20 世纪初,内燃机的发明,引起了制造业的革命,流水生产线和泰勒式工作制及其科学管理方法得到了应用。特别是第二次世界大战期间,以降低成本为目的的刚性、大批量自动化制造技术和科学管理方式得到很大发展。

(4) 自第二次世界大战之后到 20 世纪 70 年代,计算机、微电子、信息和自动化技术的迅速发展推动了生产方式由大、中批量生产自动化向多品种小批量柔性生产自动化转变。在此期间,形成了一系列新型的柔性制造技术,如数控技术(NC)、计算机数控(CNC)、柔性制造单元(FMC)、柔性制造系统(FMS)等。同时一些现代生产管理模式,如准时制生产(JIT)、全面质量管理(TQM)开始应用于生产,以提高企业的效益。

(5) 自 20 世纪 80 年代以来,随着计算机及其应用技术的迅速发展,促进了制造业中各种单元自动化技术逐渐成熟和完善,如计算机辅助设计与制造(CAD/CAM)、计算机辅助工艺规划(CAPP)、计算机辅助工程(CAE)、计算机辅助检测(CAT);在经营管理领域内的物料需求计划(MRP)、制造资源规划(MRPII)、企业资源规划(ERP)等;在加工制造领域内的直接或分布式数控(DNC)、计算机数控(CNC)、柔性制造单元/系统(FMC/FMS)、工业机器人(ROBET)等。同时,体现新的制造模式的计算机集成制造系统(CIMS)、并行工程(CE)以及精益生产(LP)得到了应用和推广,通过各项单元技术资源的集成应用,获取综合效益,并引发了企业组织机构和运行模式的显著变革,使得制造业在资源配置、生产效益等方面都获得了极大的进展。各种先进的集成化、智能化加工技术和装备也有较大发展,如虚拟轴机床、可重构机床;精密铸造、精密锻造、精密焊接技术与装备;微制造技术与设备;快速成形技术与系统;激光加工技术与装备等。

1.2 先进制造技术的产生背景与定义

1.2.1 先进制造技术产生的背景

近30年来，制造业面临着诸多严峻的挑战：新技术革命的挑战、社会市场需求多样化的挑战、信息时代的挑战、有限资源与日益增长的环保压力的挑战、制造全球化和贸易自由化的挑战等。

新技术革命的挑战使得制造业的资源配置必须由劳动密集型转向技术密集型和知识密集型，制造技术要向自动化、智能化的方向发展，否则企业将丧失竞争力；社会市场需求的多样化促使制造模式向着柔性制造发展，生产规模必须由大批量转为多品种、变批量，企业才能应对买方市场；信息时代的挑战使得信息成了制造业的主宰因素，制造业人士不树立新型的信息制造观就可能面临淘汰；有限资源与日益增长的环境保护压力的挑战要求从生产的始端就注重污染的防范，以节能、降耗、减污为目标，实现环境与发展的良性循环，最终达到可持续发展，做不到这一点，企业就只能"关、停、并、转"；制造全球化和贸易自由化的挑战使制造业市场出现了前所未有的国际化，跨国集团咄咄逼人的"攻势"直接威胁到本土制造企业的生存。

在这样的社会背景下，各国政府和企业界都在寻求对策。由于传统的以大批量生产为特征的制造技术和制造模式已显得无法适应现代市场环境的严峻挑战，从而引发了制造技术、制造模式和管理技术的剧烈变革。

美国是制造业的头号强国，但由于一段时期以来只重视基础技术和国防技术，把制造业当作"夕阳产业"，直接导致了20世纪70年代开始显现的科技优势和经济竞争力下降的局面。同时，美国一些学者如托夫勒等提出美国已进入"后工业化"社会，力图把经济发展的重心从制造业转向服务业等第三产业，更加剧了美国在某些工业领域的市场竞争力的明显下降，呈现了相对落后于日本和德国等国家的危险趋势。

20世纪80年代末，美国的研究者提出了"先进制造技术"（Advanced Manufacturing Technology，简称AMT）的概念，以加强美国制造业的竞争能力。20世纪90年代初开始，克林顿政府发起了振兴美国经济计划，突出了现代装备制造业的支撑作用，强调了技术创新及其成果转化，提出了增强产品市场竞争力的关键是发展"先进制造技术"的新观点，由此，先进制造技术作为一个新的概念在政府层面上被接受，同时作为一项高层次水平上的制造技术受到众多发达国家以及部分新兴工业国家的重视。

1.2.2 先进制造技术的定义

先进制造技术提出至今，尚没有一个很明确的定义。普遍公认的含义是：先进制造技术是指在传统制造技术基础上不断地吸收机械、电子、计算机、信息、材料、能源等学科以及现代管理科学技术等方面的高新技术成果，并将这些技术优化、集成，综合应用于制造业产品的研发设计、生产制造、检测、营销、使用、服务和管理的全过程，以实现优质、高效、低耗、清洁、灵活生产，即实现信息化、自动化、智能化、柔性化、生态化生产，取得理想的技术经济效益和社会效益的制造技术的总称。

可见，先进制造技术本质上就是“制造技术”加上各个学科的相关科学技术和管理科学而交融形成的在新的层次水平上的制造技术。

1.2.3　先进制造技术的进展概况

美国政府在 20 世纪 90 年代初提出了一系列制造业振兴计划，其中包括先进制造技术计划（ATP）和制造技术中心计划（MTC），并在财政上予以大力支持。

先进制造技术计划是美国联邦政府科学、工程和技术协调委员会（FCCSET）于 1993 年制订的 6 大科学和开发计划之一，其目标如下：

（1）为美国工人创造更多的高技术、高工资的就业机会，促进美国经济增长；

（2）不断提高能源效益，减少污染，创造更加清洁的环境；

（3）使美国的私人制造业在世界市场上更具有竞争力；

（4）使教育系统对每位学生进行更具有挑战性的教育；

（5）鼓励科学界把确保国家安全以及提高全民生活质量作为核心目标。

美国政府投入 14 亿美元研发经费将该项计划作为 1994 年度重点扶持的科技项目，围绕如下的三个重点领域开展研究：① 下一代的“智能”制造系统；② 为产品、工艺过程和整个企业的设计提供集成的工具；③ 基础设施建设，包括扩展和联合已有的各种推广应用机构、建立地域性的技术联盟（技术联合体）、制订有关国家制造技术发展趋势的监督和分析机制、制订评测基准和评测指标体系等。

制造技术中心计划又称为合作伙伴计划，指政府与企业在共同发展制造技术上进行密切合作，政府的职责是要帮助 35 万家中小企业掌握先进技术，使他们具有识别、选择适用于自己技术的能力。该计划要求在一个地区设立一个制造技术中心，为中小企业展示新的制造技术和装备，组织不同类型的培训，帮助企业了解和选用最新的或最适合他们使用的技术和装备。1996 年美国政府用于制造业的生产技术设备更新投资高达 3 420 亿美元。

先进制造技术计划和制造技术中心计划均由美国国家标准与技术研究院负责组织实施，该机构也是对于先进制造技术进行研究和推广的国家一级的研究与协调机构。这两项计划的实施取得了显著的效果，制造技术获得显著提升，制造业有了较大发展。

白宫科技政策办公室发表的国家关键技术报告中有四项涉及先进制造技术领域，即柔性计算机集成制造、智能加工设备、纳米级制造、系统管理技术。美国国家科学基金会（NSF）工程部也制订了有关先进制造技术的专项计划，包括：设计、制造和工业创新、战略性制造倡议计划；工程研究中心计划；管理和技术创新计划；面向小企业创新研究计划和新技术推广计划；促进产业和学术界结合计划等。

二次世界大战之后，日本在数控机床、机器人、精密制造、微电子工艺领域取得了较大的进展，走出了一条“技术引进→自主开发→加强基础研究”的技术发展道路。日本在 1986—1993 年期间用于制造业的技术设备更新和工艺改造投资达 3 万亿美元。

在美国最先提出智能制造的概念后，日本通产省在 1991 年 1 月立案批准由日本东京大学古川教授等人提出的智能制造系统(IMS)国际合作研究开发计划,以十年为期限,预算投资10亿美元。该计划于1992年秋开始执行,与欧共体、美国合作成立"IMS国际委员会",形成了一个大型国际共同研究项目,旨在组合工业发达国家的先进制造技术,探索将研究成果转变为生产技术的途径以及开发下一代的标准化技术。其目标重点是实现制造技术的体系化、标准化,开发出能使人和智能设备都不受生产操作和国界限制、彼此合作的高技术生产系统,以适应当今制造全球化的发展趋势。

智能制造系统研究开发计划选择了六个试验项目进行研究,分别是:过程工业中的清洁制造技术、并行工程技术、全球制造业集成技术、自律分散型(Holonic)控制系统、产品快速成形技术和知识系统化技术。这里所谓的"自律",是指装配和生产线具有一定的决策智能,能够根据周围环境以及生产作业状况自主地进行判断并进行及时决策变更作业工程。

在欧共体各国,制造业强烈地感受到来自美国和日本的压力,并清楚地认识到"任何一个欧洲国家都不可能仅靠自身的力量来有效地对付美国和日本的技术挑战,欧洲只有把财力和人力集中起来,才能保持自己在未来世界上的经济地位"(德国前总理科尔)。为此,欧共体各国政府与企业界共同掀起了一场旨在通过"欧共体统一市场法案"的运动,并制订了一系列发展计划。

(1) 尤里卡计划(EREKA):1988年用5亿美元资助了涉及16个欧洲国家600家公司的165个合作性高科技研究开发项目。

(2) 欧洲信息技术研究发展战略计划(ESPRIT):13个成员国向5 500名研究人员提供了资助。把CIM中信息集成技术的研究列为五大重点项目之一,明确要向CIM投资620万欧元作为研究开发费用,抓好CIM的设计原理、工厂自动化所需的先进微电子系统以及实时显示系统进行生产过程管理的三大课题。

(3) 欧洲工业技术基础研究计划(BRITE):重点资助材料、制造加工、设计以及工厂系统运作方式等方面的研究。

仅在1991—1994年期间,欧共体为研究开发先进制造技术就投入了74亿美元。

1.3　先进制造技术的特点和体系结构

1.3.1　先进制造技术的特点

1. 先进性

先进制造技术的核心和基础是优质、高效、低耗、清洁、灵活的工艺,这些工艺是经过优化的先进工艺,它们从传统的工艺发展而来,并与代表着时代发展水平的新技术相结合,两者实现局部或系统的集成,即保留了过去制造技术中的有效要素,又吸收了各种高新技术的最新成果。

2. 广泛性

先进制造技术的广泛性体现在两个方面:① 先进制造技术是由制造技术、信息技术、计算机技术、设计技术、自动化技术、系统管理技术等各方面的技术组成;② 先进制造技术不只是针对在制造全过程的某一环节,而是覆盖了产品设计、生产设备、加工制造、销售使用、维修服务、回收再生等所有领域及其全过程。

3. 实用性

先进制造技术是顺应制造业的需求而发展起来的一项面向工业应用的新技术，讲究实用性，有明确的需求导向，它的目的是提高企业对多变市场环境的适应能力和竞争能力，它的发展不是以追求技术本身的高新程度为目的，而是针对制造业中某一个具体的制造目标的需求。先进制造技术不是只在研究机构中“绕圈子”，而是注重在工业企业中推广应用并产生最好的实效。为了获得实效，先进制造技术常常是将许多单项的技术组合成有效的制造模式，通过制造资源的集成来获取生产的有效性，获得产品最好的实际效果，提高产品、企业，以及行业的综合经济效益和社会效益。

4. 系统集成性

先进制造技术是现代信息技术、自动化技术、管理技术与传统制造技术有机结合而成的整体新技术。它不是上列各单项技术的简单叠加，而是有效集成，使之成为多学科交叉发展而成的整体性工程技术。先进制造技术的先进性取决于各单项技术的集成效果，而不是直接由各单项技术的先进性来决定。由于与先进制造技术相关的各学科、专业间的不断渗透、交叉、融合，界限逐渐淡化甚至消失，技术趋于系统化、集成化，先进制造技术已发展成为集机械、电子、信息、材料和管理技术为一体的新兴交叉学科。

5. 动态性

先进制造技术本身是针对一定的应用目标，不断地吸收各种高新技术成果，将其渗透到企业生产的所有领域和产品寿命循环的全过程，实现优质、高效、低耗、清洁、灵活的生产，因此，先进制造技术是一个动态技术，其内涵不是绝对和一成不变的，不同时期有不同的特点。

1.3.2 先进制造技术的体系结构

先进制造技术是制造业为了提高竞争能力以适应时代的要求而形成的一个高新技术群，经过发展，已在一定程度上形成了体系结构。

先进制造技术所涉及的学科门类多，包含的技术内容广泛。1994 年美国联邦科学、工程和技术协调委员会下属的工业和技术委员会先进制造技术工作组将先进制造技术分为三个技术群，即：① 主体技术群；② 支撑技术群；③ 管理技术群。三个技术群的相互关系及各自所包含的单项技术如图 1-1 所示。

美国机械科学研究院(AMST)提出的先进制造技术的多层次技术群体系，如图 1-2 所示。在该体系中，核心是优质、高效、低耗、清洁、灵活的基础制造技术，体系包括 3 个层次。

第 1 层次：现代设计、制造工艺基础技术，包括 CAD、CAPP、NCP、精密下料、精密成形、精密加工、精密测量、毛坯强韧化、精密热处理、优质高效连接技术、功能性保护涂层、现代管理技术等。

第 2 层次：新型制造单元技术，这是在市场需求及新兴产业的带动下，制造技术与电子、信息、新材料、新能源、环境科学、系统工程、现代管理等高新技术结合而形成的崭新制造技术，如制造自动化单元技术、极限加工技术、制造与可靠性技术、系统管理技术、CAD/CAE/CAPP/CAM、清洁生产技术、新材料成形加工技术、激光与高密度能源加工技术、工艺模拟与工艺优化技术等。

第 3 层次:系统集成技术,这是应用信息技术和系统管理技术,通过网络与数据库对前两个层次的技术集成而形成的,如 FMS、CIMS、IMS 及虚拟技术等。

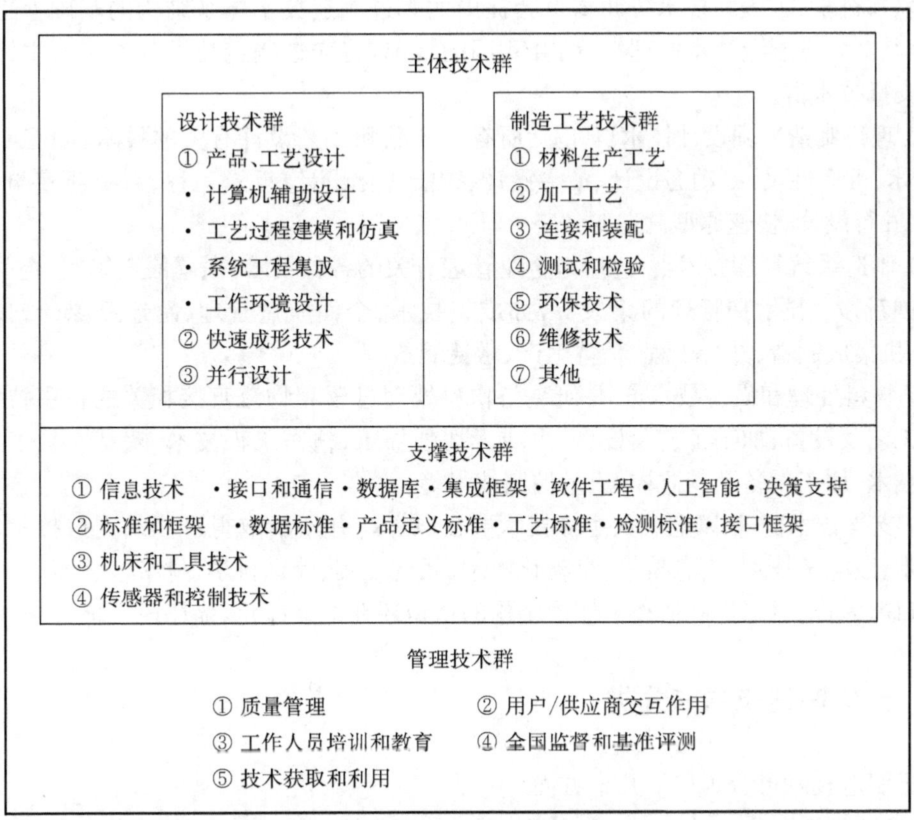

图 1-1 先进制造技术体系结构之一

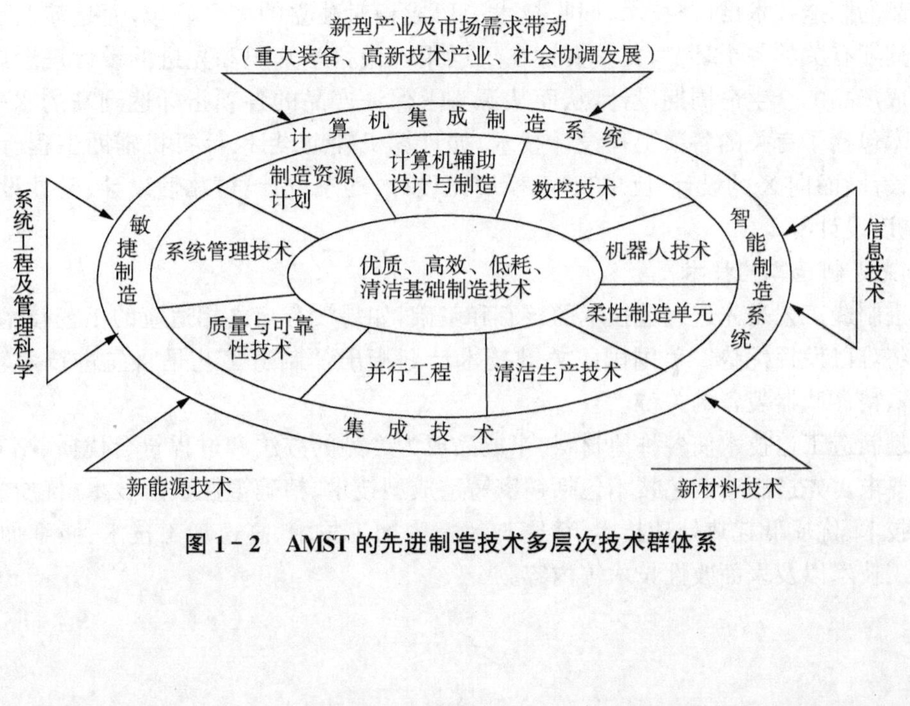

图 1-2 AMST 的先进制造技术多层次技术群体系

这个体系结构强调了先进制造技术从基础制造技术、新型制造单元技术到系统集成技术的发展过程。

不同的国家、不同的发展阶段，先进制造技术有不同的内容及组成方式。国内有研究者在美国联邦科学、工程和技术协调委员会提出的先进制造技术体系结构的基础上进行了研究，根据其对先进制造技术的理解，结合我国的情况，将先进制造技术分为三大主体技术群和一个支撑技术群。

(1) 现代制造工程设计技术群 包括所有与产品和工艺设计有关的技术，如 CAX 技术、DFX 技术、可靠性设计、动态设计、疲劳设计、智能优化设计、反求工程、系统建模与仿真、系统集成、并行设计、快速原型制造等。

(2) 制造系统管理技术群 包括与企业管理有关的各种技术，强调信息集成，企业的生产模式的创新，人、技术和管理的集成等，如成组技术、全面质量管理、制造资源计划、准时生产、计算机集成制造、并行工程、精益生产、敏捷制造等。

(3) 物料处理和设备技术群 是研究与物料处理过程和物流直接相关的各项技术，如材料生产工艺及设备、加工工艺及设备、少或无切削加工、精密工程技术、超高速加工技术、特种加工技术、加工设备及其监控、质量控制技术等。

(4) 支撑技术群 是以上三大主体技术群得以运行并不断取得进步的支撑技术，包括计算机技术、微电子技术、信息技术、自动化技术、系统工程、管理科学、材料科学等。

到目前为止，对先进制造技术体系结构的认识还在继续深化，描述还不统一。

1.3.3 先进制造技术的分类

先进制造技术可分为如下几个方面。

1. 现代设计技术

现代设计技术作为先进制造技术的一个方面，与传统设计技术的根本区别在于它并不是与产品的制造技术、维修技术、回收技术等形成相对独立的多个领域，而是涉及了与产品全生命周期有关的各个环节，其重要性在于运用现代科学知识和先进的设计理念以及设计手段完成产品的全生命周期设计，从而从源头上保证产品的各项指标达到高的水平。现代设计技术包括了有关的各项工程设计技术，如计算机辅助设计、计算机辅助工程、计算机辅助工艺设计、面向 X 的设计、反求工程、模块化设计、动态设计、可靠性设计、健壮设计、优化设计、精度设计等。

2. 先进制造工艺技术

先进制造工艺是先进制造技术的核心和基础，如果没有与之相适应的工艺技术，先进制造技术将难以发挥优势。美国国防关键技术计划指出："制造工艺是将先进技术转化为可靠、经济、精良武器装备的关键。"

先进制造工艺技术使各种原材料、半成品成为产品的方法和过程符合优质、高效、低耗、清洁的要求。先进制造工艺技术包括精密铸造成型技术、精确塑性成形技术、优质高效焊接及切割技术、优质低耗热处理技术、精密与超精密加工技术、高速加工技术、微细加工技术、特种加工技术以及表面改性技术等内容。

3. 制造自动化技术

制造自动化包括物料的存储、运输、加工、装配和检验等各个生产环节的自动化，制造自动化不仅能减轻操作者的劳动强度、提高生产效率，还是保证产品质量的必要手段。制造自动化技术包括了数控技术、工业机器人技术、自动化加工装备技术、物流系统及辅助过程自动化技术、网络化制造技术、传感技术、自动检测技术、信号处理和识别技术、制造过程监测与控制技术等方面的内容。

4. 先进制造模式及现代生产管理技术

先进制造模式及现代生产管理技术面向企业，涉及市场开发、产品设计、生产制造、质量、产品营销和售后服务的全过程。先进制造模式是制造业生产组织管理的新模式，包括计算机集成制造(CIM)、并行工程(CE)、精益生产(LP)、敏捷制造(AM)、智能制造(IM)等。现代生产管理技术是企业运行中采取的各种计划、组织、控制及协调的方法和技术的总称，包括生产信息管理(PMM)、产品数据管理(Product Data Management，PDM)、物流管理(Physical Distribution Management，PDM)、工作流程管理(WPM)等。现代管理应用系统已从最初的物料需求计划(MRP)发展到今天广为采用的制造资源计划(MRPII)、企业资源计划(ERP)、供应链管理(SCM)、企业经营过程重组(BRP)、客户关系管理(CRM)、伙伴关系管理(PRM)等，从而大幅度提高企业的效绩，实现整个制造系统资源优化。

1.4 先进制造技术的基础理论

先进制造技术以若干具有共性的理论和方法为理论基础，这些理论和方法本身的发展水平直接决定了制造技术的先进程度，并为先进制造技术的持续发展提供科学和技术上的支持。先进制造技术的理论基础的涵盖范围是多学科、多方面的，本节仅就其中的一些部分加以介绍。

1.4.1 制造科学的概念

随着制造水平的提高，制造已由技艺、经验、技术发展为科学，由此奠定了制造工程发展的理论基础。一门新型工程科学——制造科学——已经初步形成并正在不断发展、完善。

目前，先进制造技术在传统制造技术的基础上，越来越多地利用计算机技术、控制技术、传感技术以及光、机、电等方面技术的新成果，使制造技术的水平紧跟上科技的新发展，不断焕发出新的活力，新的制造手段和加工方式不断涌现；以系统论、信息论和控制论为核心的系统科学以及管理科学、人文科学等的思想和方法不断地融入制造过程的各环节，产生出各种新的概念和哲理，形成了对制造生产过程中的物质流、能量流和信息流更为完整和全面的认识，树立了不再是由物质和能量借助于信息的力量，而是由信息借助于物质和能量的力量生产的信息制造观；以各种人工智能手段为基础的计算智能在制造领域中获得广泛应用，正在形成制造智能，促进了制造技术由劳动密集型向信息密集型及知识密集型的转变。

随着时间的推移，先进制造技术也愈加依赖数学、物理、化学、材料科学、系统科学、计算机科学和技术等诸多理工学科以及人文、管理学科的基本理论和最新成果，这些科学改变着制造业的面貌，而制造业的发展又为这些科学提供新的工具，促进这些科学的进一步发展。

计算机技术、信息技术、控制与自动化技术、系统管理技术的集成，使制造系统向智能化过渡，逐步实现自适应性和自组织性。计算机科学和电子科学的发展已渗入融合到现代制造系统中，现代科学理论的系统论、信息论、控制论和智能理论与控制技术有机融合为一体，多学科交叉融合的结果形成了新的制造科学体系。

制造科学从理论上确定制造系统的基本内涵和外延，研究的内容涉及制造哲理、制造策略、制造系统的体系结构、各种基础性的理论和方法等多个方面。发达的工业国家已将制造科学与信息科学、材料科学、生物科学一起列为当今时代的四大支柱科学。

1.4.2 制造中的计算机几何

理论计算几何作为一门独立的研究领域在 20 世纪 70 年代发展起来，初期解决的问题包括旅行商问题、最小生成树问题及线性规划等，近年来着重于处理点、线和超平面等几何实体在系统中的几何算法的实现。

在计算机辅助设计与制造(CAD/CAM)、反求工程、测量和机器人路径规划及零件的寻位(如 Localization)等方面，在三维现实空间(3 - Real Space)中，都存在大量的几何算法设计和分析问题，尤其是几何表示、几何计算和几何推理问题。同时，制造过程中物理和力学现象的几何化研究也形成了制造科学中几何计算和几何推理等多方面的研究课题。当前的研究也越来越表明在制造领域中的几何表示和推理方面存在许多内在联系和共同点，有集成化和相互渗透的明显倾向，形成了制造领域计算机几何和几何推理的研究方向，以解决这些领域中与智能化有关的空间推理和计算机表示的理论等问题。

几何推理(Geometric Reasoning)也称空间推理，是涉及先进制造技术中多个领域问题求解的几何表示与推理方法。几何推理源于古代几何学的公理体系，其发展又与近代人工智能有关。自动几何推理的产生一方面是由于工程实际的需要，另一方面，计算机的广泛应用，软件工程的成熟，保证了自动几何推理实现的可能性，几何理论和有关的近代数学为几何推理提供了坚实的理论基础。几何推理不仅具有在较高层次上定义几何信息和推理几何对象特性的能力，还具有将几何对象从一种表示转化成另一种表示的能力，以适应各种任务的需要。

几何推理的理论和方法在制造领域有广阔的应用背景，如自适应夹具设计、物体操作(夹持、抓取和装配等)描述和机器人多指抓取规划、约束运动规划等，在面向装配的设计(DFA)中，几何推理不仅是评价可装配性的有力手段，而且可用来对装配算法复杂性进行分析，得到最优的装配顺序，达到降低装配成本及生产成本的目的。下一代基于特征功能的 CAD 系统将采用装配模型统一概念设计和详细设计，既能支持产品结构的功能描述，又能支持精确表示的造型设计，其概念设计将具有极强的智能分析和几何推理能力，是一个选择、综合和优化的设计过程。

计算机几何具有坚实严密的理论基础，与代数几何、组合几何、凸分析、优化和计算方法等学科有关，与计算机科学和技术有紧密的联系。算法分析、数据结构、复杂性分析等都是计算机几何实现的基础。计算机几何已成为解决制造领域各种问题的有力工具，计算机几何的理论框架包括几何模型、计算机表示和空间推理的理论和方法，随着 CAD/CAE/CAPP/CAM 以及制造的模式和管理技术的不断发展，计算机几何还有待在制造应用中进一步完善和发展，形成更完备严密的理论体系，更好地促进制造业各领域的自动化和智能化。

1.4.3 制造中的信息学方法

信息作为物质的一种属性，是对物质有序度的一种映射。在现代制造过程中，信息不仅已成为主宰制造产业的决定性因素，而且还是最活跃的驱动因素。产品是信息在原材料上的物化，许多现代产品的价值增值主要体现在信息上，现代制造系统正在发展成为一种信息系统，它由信息驱动，以提高产品的信息含量为目的。

与制造活动有关的信息包括产品信息和制造信息。产品信息指的是为了确切描述产品的特征所必需的信息，包括产品的几何形状、尺寸、精度、材料、各种规范及技术要求；而制造信息指的是为了实现某一制造过程，并获得满足预定要求的产品所需注入制造过程的各种信息，包括工艺信息、设备信息、加工信息、装配信息、生产过程控制信息和有关的管理信息等。

提高制造系统的信息处理能力已成为现代制造科学发展的一个重点。由于制造系统信息组织和结构的多层次性，制造信息的获取、集成与融合呈现出立体性、信息度量的多维性以及信息组织的多层次性。在制造信息的结构模型、制造信息的一致性约束、传播处理和海量数据的制造知识库管理等方面，都还有待进一步突破。

与制造有关的信息主要有产品信息、工艺信息和管理信息，而信息的主要来源之一是制造系统中各类人员的知识。制造系统对信息的依赖也是对知识的依赖，因此制造过程中信息的获取和应用十分重要。制造中的知识包括设计和工艺人员的经验、技能、诀窍、知识，其获取、处理、表示、存储、传递、推理及应用的研究是制造信息学的重要内容，也是制造技术上升到制造科学的关键之一。

在制造信息已广泛应用于制造全过程的当今，研究制造经验、技能和知识的信息化，特别是研究工作经历较长的设计人员、工艺人员和加工师傅的经验、技能、诀窍以及知识的获取、标识、传递、变换和保真的方法，是非常必要的。由于实际的制造经验、技能、诀窍和知识常常表现为无序的行为，迫切需要合理、恰当的表述、传递和保真技术，从这些貌似无序的智能行为中提取其有序映射的信息，并进行非损失的甚至是增量的传递。

人们一方面对制造技术开始探索产品设计和制造过程中的信息本质，另一方面对制造技术本身加以改造，以使得其适应新的信息化制造环境。目前主要有：

（1）制造信息的获取、处理、存储、传递和应用，大量制造信息向知识和决策转化；

（2）非符号信息的表达、制造信息的保真传递、制造信息的管理、非完整制造信息状态下的生产决策、虚拟管理制造、基于网络环境下的设计和制造、制造过程和制造系统中的控制科学问题。

1.4.4 制造中的计算智能

人工智能自 20 世纪 50 年代出现以来，其许多技术已成功用于制造领域。最初的智能行为表现为计算机的符号推理,专家系统就是符号推理的代表,它的出现使人工智能从对人类思维的一般规律的研究转为对知识的研究,包括知识表示、知识获取和基于知识的推理技术等,进而形成了知识工程。但符号推理有其内在的不足之处,如专家系统对领域专家的依赖性、知识获取的难度以及解决问题的非灵活性等,使得开发出来的专家系统的通用性也受到了限制。

近年来,人工智能的最新研究已经有向计算智能(Computational Intelligence)方向发展的趋势。从计算机的处理方式上来看,计算智能是基于数值计算的智能方法,其灵活性、通用性及严密性明显优于基于知识的人工智能技术。计算智能的研究对推动人工智能的发展有着重大的意义,如一类基于生物进化算法的计算智能工具,在包括调度问题在内的组合优化求解技术领域中,受到越来越普遍的关注,有望在计算制造中的组合优化问题时,在求解速度及求解精度方面突破原有问题规模的制约。

计算智能目前较为成功的研究有以下几方面。

1. 人工神经网络(Artificial Nervous Net, ANN)

人工神经网络是主要由节点和权值组成的具有学习能力的并行分布式结构处理模型,目前已广泛应用在制造的各个领域,包括设计、控制、调度和质量管理。神经网络具有下列主要优点:

(1) 基于并行处理的高速处理能力;

(2) 高效的知识获取和嵌套(Embedding)的学习能力和适应能力;

(3) 对组织缺陷和各种故障的鲁棒性;

(4) 对空间和能量约束应用问题的处理能力。

2. 模糊逻辑(Fuzzy Logic, FL)

由模糊集理论发展形成的模糊系统适用于不确定和近似推理,尤其适合难以推出数学模型的系统。以模糊系统为基础的模糊逻辑推理手段在制造系统的研究以及制造智能中起着越来越大的作用。

3. 遗传算法(Genetic Algorithm, GA)

遗传算法是模拟自然进化的一类随机搜索技术,它模拟由个体组成的群体的集体学习过程。其中每个个体表示给定问题搜索空间中的的一点。遗传算法从初始的群体出发,通过随机选择、变异和重组过程,使群体进化到搜索空间中越来越好的区域。选择过程使群体中适应性好的个体比适应性差的个体有更好的复制机会,重组操作将父辈信息集合在一起并将其传递到子孙个体,变异在群体中引入新的个体。

遗传算法能以较大的概率找到最优解,具有并行计算能力及很高的计算效率,采用自然进化机制来表现高度复杂、强非线性现象,能快速可靠地解决问题,受到许多学科的重视,获得广泛的应用。

4. 模拟退火算法(Simulated Annealing Algorithm, SAA)

模拟退火算法是基于材料热处理中固体物质退火时由高能态向低能态转变的过程与组合优化问题中寻找目标函数最优值过程的相似性而提出的,是一种通用的蒙特卡洛随机搜索算法,已被用于求解制造领域中的组合优化问题。

基于符号推理的知识工程和基于数值计算的计算智能是人工智能中两种不同的智能行

为，前者对应高层的智能行为（知识层），后者对应底层的智能行为（方法层）。而计算机处理的问题由非智能型的数值计算（如优化计算、有限元计算等）发展到带有智能的符号推理（专家系统等），然后再发展到带有智能型的数值计算即所谓计算智能（ANN、FL、GA、SAA等），则体现了工程应用对计算机技术的越来越高的要求。

计算智能目前已渗入制造的各环节，为制造系统提供了知识获取、学习、智能搜索和推理的能力，形成了智能调度、智能设计、智能测量、智能工艺规划、智能诊断、制造过程的智能调节和制造系统的智能控制等应用与研究领域，构成制造智能和智能制造的基础。

1.5　先进制造技术的应用和发展

先进制造技术已成为一个国家制造业水准的主要标志。目前，世界各国尤其是工业发达国家已充分认识到发展先进制造技术的重要性和紧迫感，纷纷对此进行广泛深入的研究，并积极地应用到制造业的工程实际中。

先进制造技术就其本身而言是若干技术群，但对于企业，它更像是一种特殊资源，如能有效利用这种资源，就能提高企业绩效水平，使企业的竞争能力显著增强，在同行业中的竞争地位不断提高，逐渐形成竞争优势。

企业对先进制造技术的有效利用包括对先进制造技术的选择、利用与实施水平等方面。虽然企业都十分需要先进制造技术，但不同的企业由于其客观条件的差异，对先进制造技术的各个技术群中技术的需求情况、需求程度是不同的，因此，企业应根据自身的特点对先进制造技术的选择、投入做出最佳决策。国内外研究者对于不同生产环境下的最为合理的先进制造技术的技术组合问题进行了研究，发现生产环境与先进制造技术的技术组合状况相匹配将能使企业的制造绩效最大化。

为了在应用中获得实效，先进制造技术重视制造过程组织和管理体制的简化以及合理化，从而形成一系列先进的制造模式，通过制造资源（技术、资金、信息、设备、人力等）的集成来获取生产的有效性。先进制造技术比传统制造技术更重视技术与管理的结合，重视并突出人的智能和主观能动性的核心地位。从目前的情况来看，先进制造技术的创新和应用也日益依赖于管理科学和社会科学的发展。

先进制造技术的应用实践表明，企业应用的先进制造模式往往是一个动态的概念，其动态性在于所采用的先进制造模式可能并不是特指某种有确切定义的制造模式，而是两种甚至更多种制造模式的组合，这个组合在逻辑上不是一个“并集”，而更倾向于一个“交集”，其范围根据企业的具体情况来确定。在具体的应用中，一种制造模式是否“先进”，应着重考虑两点：① 是否比现在执行的制造模式有质的改变，即更好地促进制造系统的良性循环、增强企业的竞争能力；② 是否可操作性强，且成本较低、时间较短、经济性较好。

先进制造技术的应用显著地提高了制造企业的产品质量，大幅度地优化了企业的产品结构、生产过程和经营管理模式，改善了企业的经济效益。同时在实施先进制造技术的过程中，各种创新成果和新技术也不断涌现。

从目前来看，先进制造技术呈现如下几个方面的发展特色。

1. 数字化

数字化技术是对信息进行离散化的表述、定量、感知、传递、存储、处理、控制、联网的集成技术。数字化制造技术是制造技术、计算机软硬件技术、网络技术等的交叉、融合、发展和应用的结果，它包含数字化设计、数字化制造和数字化控制等，而将数字化技术注入产品就获得了数字化产品。制造知识（包括技能、经验）的获取、表达、存储、推理乃至系统化、公理化等也与数字化有密切关联。

2. 精密化

社会需求对产品、零件的精度要求越来越高，从而在制造过程中对产品、零件加工精度的要求也越来越高。加工的精密化体现为精密加工、超精密加工、微细加工、纳米加工等。显然，没有先进制造技术，就很难实现制造的精密化。

3. 极端化

随着科学技术的发展，人们越来越关注在极端条件如高温、高压、高湿、强磁场、强腐蚀等条件下工作的产品，以及在性能上具有高硬度、高弹性、高脆性、高韧性等特性的，或在几何形体上极大、极小、极厚、极薄、极细的一类所谓有极端要求的产品。这些在极端条件下工作的或有极端要求的产品往往难以用传统制造技术来制造，需要采用先进制造技术来获得这样的产品。

4. 自动化

自动化是先进制造技术发展的前提条件，是制造业提高生产率、保证产品质量、降低生产成本的重要手段之一。制造自动化从最初的刚性自动化起步，已进入综合自动化阶段，从自动控制、自动调节、自动补偿、自动辨识等发展到自学习、自组织、自维护、自修复等更高的自动化水平，控制理论、控制技术、控制系统、控制元件等都有了很大的发展。

5. 集成化

先进制造技术的实施，使企业各部门之间以及制造过程各个阶段之间的界限逐渐淡化，向最终实现一体化迈进。

技术的集成，包括设计、加工工艺、制造过程监控等方面的各种技术的集成，也包括制造过程所涉及的相关设备的集成。技术的集成往往能形成新的结合点，对先进制造技术的发展很有意义。信息的集成，即通过计算机集成制造系统，实现信息的集成共享，使各个“自动化孤岛”有机地联系起来。企业管理的集成，则是通过先进的生产模式如并行工程、敏捷制造、精益生产、CIMS等实现生产过程的集成、产品全寿命周期过程的集成，以及企业内部的集成、企业外部的集成等。

6. 网络化

制造技术的网络化消除了制造资源在现实中的空间分布尤其是异地分布的“距离”，成为一种全新的业务操作模式。在网络化平台上，相关的技术和管理共同构成了制造的增值链。制造技术网络化的发展会导致一种新的制造模式，即形成动态的“企业联盟”，联盟中各企业致力于自己的核心业务，实现优势互补和资源优化动态组合与共享。

7. 智能化

制造系统不但要具备柔性，而且还要表现出某种智能，以便应对大量复杂信息的处理、瞬息万变的市场需求和激烈竞争的复杂环境。制造智能已表现在制造过程的多个方面，如智能调度、智能设计、智能加工、机器人学、智能控制、智能工艺规划、智能诊断等。

2 现代设计技术

2.1 计算机辅助设计

2.1.1 CAD概况

计算机辅助设计(CAD),是利用计算机软硬件系统在工程和产品设计的过程中提供的各种快速、有效的工具和手段,加快和优化设计过程与结果,以获得最优设计效果的重要技术。它的产生和发展使传统的设计过程发生了重大的变革。

传统的设计过程往往要经过多次“设计—评价—再设计”的循环,才能确保所设计产品的性能,满足设计任务书的要求。在人工设计的多个反复修改过程中,需查阅大量的设计手册、标准规范等资料,而繁杂的计算、分析、文件处理以及繁重的绘图工作等,常常把设计人员搞得疲劳不堪,无法把主要精力放在创造性工作上,严重影响了他们的创造性,同时也导致了产品开发周期长、产品改型慢、设计水平低等问题。

CAD的出现给设计工作带来了根本性的转机。CAD是人与计算机的密切结合,由于充分利用了计算机的快速和准确的计算功能、强大的图形及文字处理能力以及较大的并可扩充的信息存储容量,实现了对包括图形图像数据、多媒体数据在内的复杂工程数据的加工、存储与传输,从而把设计者从繁杂的和重复性的劳动中解脱出来,以主要精力从事创造性工作,最大限度地发挥了人的创造性思维和分析、判断问题的能力,使设计水平大为提高。

CAD是以计算机及其外围设备为硬件基础的,因此,CAD的发展与计算机技术的发展是不可分割的。CAD的发展大致经历了形成、发展、应用、CAD/CAM集成等阶段。

1950年,美国麻省理工学院(MIT)在旋风1号计算机上使用类似于示波器的阴极射线管(CRT)来显示一些简单的图形,这个CRT被认为是世界上第一台图形显示器。1953年,美国通用电气公司使用计算机设计变压器、电动机等,编制了许多设计计算程序。1958年,美国两家公司研制出自动绘画仪。后来,MIT研制出光笔,可在屏幕上直接指定目标。在这些硬件设备的基础上产生了CAD设想,也预示着CAD研究工作的开始。但此阶段只有电子管计算机,用机器语言编程,计算机的主要功能是科学计算。

1962年MIT的Ivan E. Sutherland发表题为“Sketchpad:人机通信的图形系统”的博士论文,提出了交互式图形生成技术,实现用光笔在屏幕上任意绘图与修改,开始了计算机图形学的研究。这个成果极大地推动了计算机图形学和CAD的发展。随后，美国通用汽车公司(GM)宣布了DAC－1系统，用计算机来设计汽车外形；美国洛克希德(Lockheed)飞机公司与IBM公司联合开发基于大型机的计算机辅助设计与制造系统CADAM，它具有三维结构分析能力。这一阶段的CAD系统非常昂贵，只有少数大型企业和研究机构拥有该技术。

20世纪70年代CAD在国际上开始进入广泛应用时期。大规模集成电路的出现，使计算机运算速度和内存容量大幅度提高，而价格却大大降低。这为CAD技术的广泛应用创造了条件，以小型机为主机的CAD系统进入市场。开发商提供的CAD系统包括图形输入设备、显示器及绘图机等硬件设备和相应的配套应用软件，这种系统被称为“交钥匙”系统(Turnkey System)，使得中小企业也开始采用CAD技术。

20世纪80年代以来，图形工作站的出现以及微机的普及，使CAD得到更广泛的应用，同时CAD软件的功能也更加强大，不但具有完善的二维图形处理模块，还有三维曲面造型、实体造型、有限元分析、机构分析与仿真、二次开发工具、产品数据管理与交换等模块。CAD过程中所执行任务可大致划分为CAD造型、工程分析、综合评价、工程绘图四个方面。CAD标准也已制定并采用，为CAD技术的推广和移植、资源的共享创造了条件。为了实现计算机辅助制造(CAM)过程的自动化，提出了产品数据模型概念，通过CAD和CAM之间的数据传输实现CAD/CAM系统集成。

CAD技术的发展主要有以下特点：

(1) CAD应用范围不断扩大；

(2) 软件系统标准化、集成化、商品化程度不断提高；

(3) 智能CAD不断发展；

(4) CAD与CAM、PDM密切结合；

(5) 更加重视对网络技术和数据库技术的研究；

(6) 更多地引入多媒体技术和可视化技术。

随着互联网技术的发展，一种新的理念正在变成现实，即所谓基于互联网的协同设计，它的主要思想是：

(1) 借助互联网使设计过程达到高度整合；

(2) 使设计信息传递到任何需要它的地方；

(3) 超越那些生成和组织设计信息的部门局限，使设计信息能沿企业价值链全程流通使用。

为了做到上述各点，一些CAD软件已经包含了若干Internet特性，如浏览器、对象超级链接、电子打印、数据库连接等。在这些软件中，网上发布工具可将CAD图纸以HTML格式发布到互联网上，Web拖放特性则可将CAD文件从浏览器中拖放到已经存在的文件中，有的软件可以在互联网上建立会议服务器，从而可以进行关于设计结果的讨论、在线确认设计、解释设计修改等。

2.1.2 CAD系统的功能与组成

2.1.2.1 CAD系统的功能

一个完善的CAD系统应具备如下功能。

1. 图形处理功能

能进行二维、三维图形的生成、显示，可以进行交互式编辑等操作，能自动绘图，实现各种仿真等。目前，三维几何造型功能在很大程度上反映了一个 CAD 系统的功能强弱。

2. 科学计算功能

能进行各种较复杂的数值计算、优化设计、有限元分析等。要求快速、准确地完成该项任务。

3. 数据管理功能

CAD 过程中产生大量的数据，包括图形数据和非图形数据，而且各种基于知识库的专家系统中数据的存储和检索等都要求 CAD 系统具有完善的数据管理功能。

4. 输入输出功能

CAD 过程中需要输入各种设计参数、图形信息等，经过计算机处理后，需要输出中间结果，直到最后输出详细图形、程序指令、文档资料等。

5. 交互功能

设计人员能通过交互方式进行各种操作，这要求 CAD 系统具有各类交互设备，良好的用户界面也是保证快速、方便的人机交互的必要条件。随着 CAD 技术的不断发展，交互功能将会更强。

2.1.2.2 CAD 系统的组成

CAD 系统以计算机及其外围设备为硬件环境的基础，再配上与 CAD 功能相关的设备如绘图仪、数字化仪、扫描输入设备、数码影像输入输出设备，此外往往还配有通讯接口、网络设备等。由于计算机硬件技术及通讯网络设备技术发展很快，用于 CAD 系统的硬件设备性能参数也相应地不断提高。

按硬件配置方式的不同，CAD 系统大致分为三类：

(1) 主机系统。这类系统以一台主机支持多个图形或字符终端，用户可以共享主机资源。

当主机是大型机时，系统的突出优点是主机性能优秀，可以进行大型计算、复杂模拟等，但其昂贵的价格使得它只能被少数特殊用户所拥有。较多的是用小型机作为主机，曾被较多地应用于大中型设计单位。

主机系统配有高精度、大幅面的图形输出设备，而且拥有功能强大的图形软件、设计软件及各种自行开发的应用软件，缺点在于主机的故障将导致整个系统的瘫痪。

(2) 单机系统。一般分为工程工作站系统和微机系统。

工作站具有一个或多个 32 位或 64 位 CPU，广泛采用精简指令(RISC)、超标量结构、超流水线及超长指令技术，一般配有 UNIX 操作系统和 X-Windows 窗口管理系统，具有较强的科学计算和图形处理能力。

随着微机的性能价格比迅速提高，以微机为基础平台的 CAD 系统得到迅速地发展，随着计算机硬件技术的不断进步，使得三维图形系统和较大型设计分析软件能够在微机上运行并达到一定的设计要求，因此受到中小型企业的广泛欢迎。

(3) 分布式网络系统。以网络形式将本地或异地的多台计算机连接起来，全部软硬件资源分布在网络的各个节点上，各节点之间可以进行信息通信和交互，每个节点的用户可以调用其他节点的资源，实现整个网络上的资源共享。

网络形式一般有星形网、环形网、以太网等。由于以太网具有良好的开放性和可扩展性，可将各种性能差别较大的设备联入网中，因此在CAD系统中得到了较广泛的应用。

CAD系统的软件分为三个层次：最低层是系统软件，其上是支撑软件和应用软件。

1. 系统软件

系统软件用于计算机的管理、维护、控制、资源调用和运行以及支持一些基本功能的实现。系统软件主要是操作系统，还包括语言系统、数据库管理系统和图形接口等。

2. 支撑软件

支撑软件是在系统软件基础上开发的、支持CAD通用性功能的软件，是用户开发应用软件的基础。支撑软件包括以下类型：

(1) 绘图软件　工程CAD最普及的应用就是计算机辅助绘图，绘图软件用于二维或三维图形的绘制、编辑等。典型产品如AutoCAD以及国内开发的多种二维CAD软件等，三维CAD系统的Drafting模块也可视作绘图软件。

(2) 计算分析软件　用于解决设计中各种数值计算、优化算法、结构分析及有限元分析等问题。如有限元分析软件SAP系列、ANSYS等。

(3) 运动学动力学仿真软件　用于对系统的运动特性与动力特性进行仿真，此类软件如ADAMS等。

(4) 数据库系统软件　数据库系统软件能支持CAD系统对数据的存储、管理和使用，以及CAD系统内部各个子系统之间的数据传递与共享。这类软件目前常用的有ORACLE、FoxPro等，但严格说来，这些软件更适合于商业数据管理，在功能上与CAD系统还不完全匹配，探求真正适合CAD系统的工程数据库一直是人们关注的重点之一。

(5) 计算机辅助设计制造软件　这类软件一般由多个模块组成，具有几何造型、装配、有限元分析、机构运动及加工过程仿真模拟、工程图纸生成等多种单一支撑软件的功能，是集CAD、CAM和CAE于一体的软件系统。常见的有Pro/Engineer、UG-Ⅱ、CATIA等，各个软件的特点、侧重点不同，但一般都有以下几个主要模块：

- 工程设计模块：包括实体建模、曲面建模、装配等子模块；
- 工程制图模块：生成各种二维视图和详细的工程图；
- 制造模块：具有NC前置处理、后置处理、编写器等功能；
- 有限元仿真模块：实现前处理、求解及后处理；
- 测试数据分析模块：对产品性能进行测试分析；
- 数据管理模块；
- 几何数据交换模块。

3. 应用软件

应用软件是针对用户的具体问题而开发的软件，用户为解决某一特定问题而自行开发的程序也属于此类。应用软件通常是对某个支撑软件的二次开发，这样可以利用支撑软件的通用功能，使其专门化，以提高其使用效率。例如，以AutoCAD为基础，用Auto LISP或C等语言进行二次开发，以达到用户要求等。针对某一具体问题而开发的优化设计软件、工程数据库、专家系统等，也是建立在支撑软件基础上的应用软件。

CAD软件性能的一般要求有：底层稳定性、功能先进性、操作友善性以及系统功能可扩展性。

2.1.3 CAD的工作过程

由于CAD的发展已进入CAD/CAM集成阶段，CAD的工作过程要放到CAD/CAM系统中去认识。

一个较为完整的CAD/CAM系统的工作过程如图2-1所示。

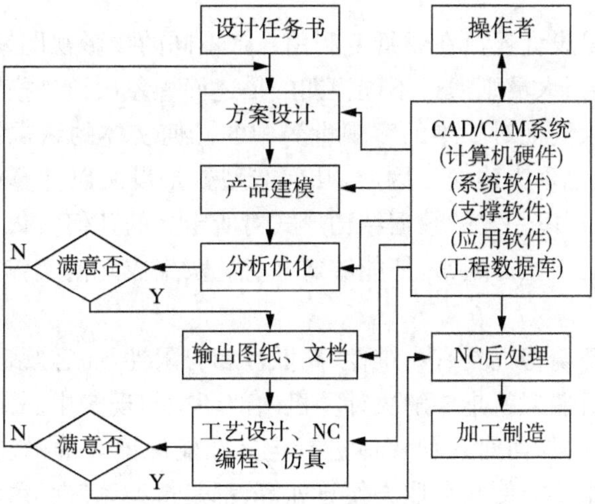

图2-1 CAD/CAM系统的工作过程

从图2-1中可以看到，操作人员使用各种设计、分析、绘图、仿真软件，以人机交互的形式进行操作。CAD/CAM软件的强大功能为设计制造工作带来许多方便，也使得一些靠人工不可能完成的任务得以完成。

图2-1所示的CAD/CAM系统的工作过程包括以下几个方面：

(1) 各种专家系统可以协助设计人员进行产品分析及方案设计；

(2) 使用几何造型系统快速、准确地建立产品的三维模型，并得到产品的基本数据，有些基于特征的建模系统还包含加工制造信息；

(3) 计算分析软件利用产品模型中的相关数据，自动生成有限元网格进行分析，得到静态和动态的分析结果，为结构设计及优化提供依据；

(4) 利用仿真软件进行动态仿真、装配仿真、检验零件干涉、碰撞情况、模拟刀具轨迹等，以代替物理模型试验或实际样机检验等；

(5) 图形处理软件用于图形的绘制、编辑、显示与打印输出等，可以得到产品的任意方向的视图、剖面图、效果图等图档；

(6) 计算机辅助工艺规程(CAPP)软件辅助设计人员设计工艺路线，确定工序，选择机床、刀具，制定切削用量，计算工时定额、加工成本等，最后输出完整的工艺文件等，实现零件加工工艺设计的自动化；

(7) 数控(NC)自动编程软件可以直接使用CAPP生成的结果进行自动编程，形成刀位文件，再经处理成机床的加工代码即 NC 代码。

根据应用要求的不同，实际的 CAD/CAM 系统可支持上述全部过程，也可仅支持部分过程。图 2 - 1 所示的系统包含了 CAD/CAM 的主要软件功能，实际的系统往往会有差别，不可能或不必要包含所有的软件模块，也有的系统需要该图中未列出的软件功能。

2.1.4 CAD 造型技术

2.1.4.1 概述

传统的设计方法是设计人员在图纸上利用几个不同的投影视图来表示一个三维产品设计模型，工艺和生产部门人员则通过不同视图的描述而想象出设计模型的各个细节。

计算机造型就是人们把对三维的客观世界中的几何实体的认识描述到计算机内部，让计算机理解，这个过程也称为建模。因此，几何造型就是设法以计算机能够理解的方式，对实体进行确切的定义，再以一定的数据结构形式对所定义的几何实体加以描述，从而在计算机内部构造一个实体的模型。通常，把能够定义、描述、生成几何实体，并能交互编辑的系统称为几何造型系统。

由于计算机内部环境特征具有一维性、离散性和有限性，而客观世界中的实体则是三维和连续的，因此，计算机造型就是要解决计算机内部环境与现实中三维实体的匹配问题。在表达与描述三维实体时，如何对几何实体进行定义才能保证其准确、完整和唯一，如何选择数据结构描述有关数据才能使其存取方便自如等，都是造型系统必须解决的问题。

几何造型的方法，是将对实体的描述和表达建立在几何信息和拓扑信息处理的基础之上。几何信息是指实体在空间的形状、尺寸及位置的描述，拓扑信息是构成实体的各个分量的数目及相互之间的连接关系。按照对这两方面信息的描述及存储方法的不同，三维几何造型系统可划分为线框造型、曲面造型和实体造型三种主要类型。

实体造型技术在 20 世纪 70 年代末开始出现，由于受到当时计算机硬件水平的制约，未能得到推广。随着计算机硬件技术的发展，实体造型技术所需的较大的数据计算量已基本不成问题，实体造型技术也成为 CAD 中最重要的一种造型方法。

实体造型技术使设计人员可在计算机上直接进行三维设计，马上在屏幕上看到所设计产品的真实三维模型，产品零件的形状和结构越复杂，更改越频繁，三维实体造型设计的优越性就越突出，例如美国波音 777 飞机的机体设计中 50％的零件用三维实体设计到 50％的细节，对整个设计工作起到了至关重要的作用。建立零件的三维模型以后，就可以在计算机上进行后续环节的工作，如零部件的模拟装配、运动仿真、碰撞干涉检验、数控加工编程等，所以，三维实体造型在 CAD 中有着重要的意义。

实体造型技术在目前仍处于成长和发展时期，若干技术难点尚未很好解决，国内外的研究者仍在积极地探索研究，近几年来的发展主要集中在先进的设计构思、拓扑和几何领域的拓宽以及基本算法性能和可靠性的提高等方面。

为适应 CAD/CAM 集成环境的需要，造型系统突破了纯几何的范畴，除了对几何实体的尺寸、形状加以描述外，还加上各种有关的产品信息，如材料、加工信息、尺寸公差、精度、表面粗糙度等，这就是特征造型技术。

2.1.4.2　线框造型与曲面造型

1. 线框造型

(1) 线框造型的原理　线框造型是CAD发展过程中应用最早、也是最简单的一种造型方法。

线框造型是利用基本线素来定义设计目标的棱边部分而构造立体框架图。所生成的实体模型是由一系列的直线、圆弧、点及自由曲线组成，描述的是产品的轮廓外形。在计算机内部生成三维映象，还可以实现视图变换及空间尺寸的协调。

线框造型的数据结构是表结构。在计算机内部，存储的是该物体的顶点及棱边信息，将实体的几何信息和拓扑信息层次清楚地记录在顶点表及边表中。

图2-2即为一物体的线框图，该物体有12条边、8个顶点，在给定坐标系中，各顶点的编号、顶点坐标、边的序号、边上各端点的编号等就构成了该物体线框模型的全部信息。

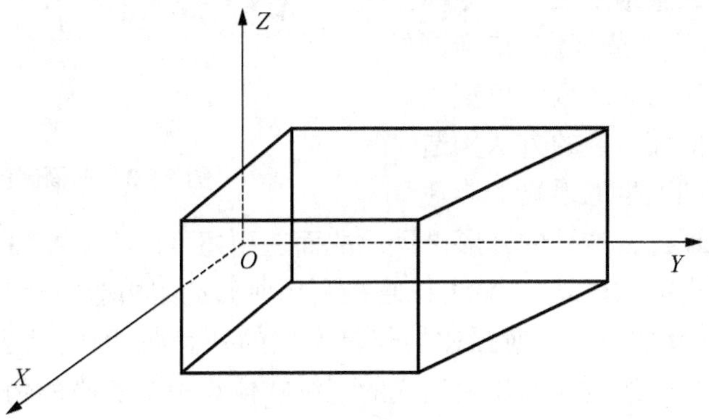

图2-2　物体的线框图

(2) 线框造型的特点　线框造型方法所需信息较少，数据运算简单，所占的存储空间也比较小，因此对计算机硬件的要求不高，容易掌握，处理时间较短。但是，线框造型也有局限性。首先，线框造型的数据对应各条边的两个顶点以及各个顶点的坐标，因此，对于由数据模型规定平面构成的物体来说，由于轮廓线与棱边一致，能够比较清楚地反映物体的真实形状。但是对于曲面体，仅能表示物体的棱边就不够完整了，必须采取补充措施，例如表示圆柱的形状，就必须添加母线，对有些轮廓就必须描述圆弧的起点、终点、圆心位置、圆弧的走向等。另一方面，线框造型所构造的实体模型只有离散的边，没有定义边与边的关系，即没有构成面的信息，由于信息表达不完整，在许多情况下，会对物体形状的判断产生多义性。同时由于造型后生成的物体所有的边都同时显示在图形中，而大多数的三维线框建模系统尚不具备自动消隐的功能，因此往往无法判断哪些是不可见边，哪些又是可见边，难以准确地确定实体的真实形状，这就在几何实体表达的完整性、准确性和唯一性方面存在着本质性缺陷。

2. 曲面造型

在CAD/CAM系统中，经常需要向计算机输入设计对象的外形数据和结构参数，这些数据往往通过计算求得，当结构形状比较复杂时，可以使用曲面造型的方法。

(1) 曲面造型的原理　曲面造型是通过对实体的各个表面进行描述而构造实体模型的

一种造型方法。

首先将复杂的外表面分解成若干个组成面，然后针对组成面定义出一块块的基本面素，基本面素可以是平面或曲面，通过各面素的连接构成了组成面，各组成面的连接就是所构造的模型。

图 2－3 所示为曲面造型的一个实例。在计算机内部环境中，曲面造型的数据结构仍是表结构，除了给出边线及顶点的信息之外，还提供了面表。

(2) 曲面造型的特点　由于增加了有关面的信息，在提供三维实体信息的完整性、严密性方面，曲面造型比线框造型进了一步，能够比较完整地定义三维立体的表面，所能描述的零件范围广，特别是像车身、机翼等难于用简单的数学模型表达的物体，均可以用曲面造型的方法构造其模型，并在图形终端上生成逼真的彩色图像，使用户能直观地进行产品的外形设计。曲面造型还可以为 CAD 中的其他环节提供数据，例如有限元分析中的网格划分，就可以直接利用曲面造型构造的模型。

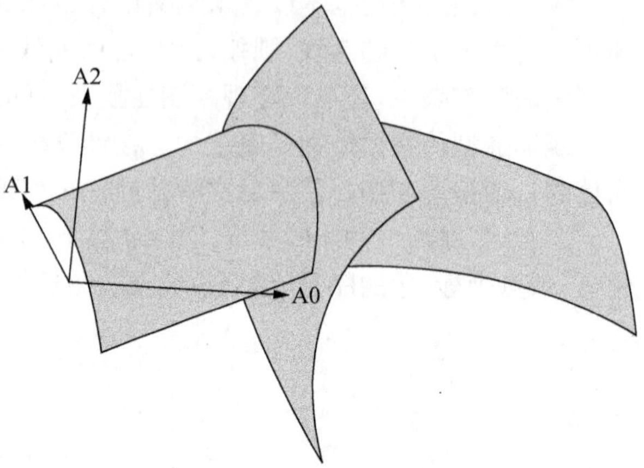

图 2－3　曲面造型实例

曲面造型的局限性主要在于所描述的仅是实体的外表面，因而无法表示零件的立体属性。由此，很难确定一个经过表面建模生成的三维物体是一个实心的物体，还是一个具有一定壁厚的壳，这种不确定性同样会给所设计对象的工程分析带来问题。事实上，纯几何的曲面是没有厚度的，也就谈不上体积、质量，当然也就不能进行涉及转动惯量、重心等的工程分析。

2.1.4.3　实体造型

实体造型的实质是在计算机内部以实体方式描述客观事物。实体造型系统可以提供实体完整的信息，同时可以实现对可见边、可见表面的判断，具有消隐的功能。

从实体造型的角度，形体在计算机内通常采用五层拓扑结构来定义，分别是体、面、环、边和点。如果考虑形体的外壳，则为六层结构。

实体模型常有以下表示方法。

1. 单元分解法

单元分解法是把复杂实体分解为一些相邻但不相交的，比原来实体更加基本(或简单)的简单实体。每一个单元分解系统都定义了一套互不相同的基本单元，这些单元是参数化的，并且可以是曲面体，犹如儿童积木中的积木块。

实体造型过程就是将这些简单而又基本的单元组合成复杂形体。组合过程可以看作是一种受约束的并集计算，其约束就是基本单元之间不能交错，常常还要有其他约束，如单元间要两两共点、共边或共面等。实体的单元分解不具备唯一性，因为一个物体可以分解为不同的单元，即不同的单元可以组成同样的物体，因此每对单元必须对潜在的相交性作检查，所以单元分解法有一定的局限性。

2. 八叉树表示法

八叉树表示法中将三维形体的外接立方体递归的分为八个卦限，用八叉树表示这些卦限。在立方体的递归分割过程中，根据分割后的单位立方体对三维形体的占有与否来对该形体进行定义。八叉树的根节点表示三维形体的外接立方体，它是一个部分满节点，对它进行第一次分割后，得到八个单位立方体，并用八个子节点表示。满节点表示该单位立方体属于三维实体的内部，无须再分，空节点表示该单位立方体位于三维实体的外部，也无须再分，对剩下的部分满节点再进行分割，直到所有子节点均为满节点或空节点时为止。

八叉树表示法对于任意形状的实体都能达到规定的分解精度。

3. 边界表示法

边界表示法即 B－rep 法(Boundary representation)，以形体的边界，即顶点、棱边和表面来描述形体。建立形体的边界模型时，先将形体表面分成若干个面，这些面除了在公共边和公共顶点外不再相交。每一个面用围成该面的边和顶点表示。连续的边构成环，对于带孔的面，表示孔的边又构成内环。显然，将一个三维形体的边界表面分成面的方法不是唯一的，因此该形体的边界模型也不唯一。为了保证形体边界表示的有效性，必须规定一些约束条件，也即各几何分量的拓扑关系。

边界表示法在计算机中存储的几何实体描述信息都包含着两部分内容：几何信息和拓扑信息。

图 2－4 是 B－rep 法的一个示例，图中三维形体的边界表面分为 5 个面。

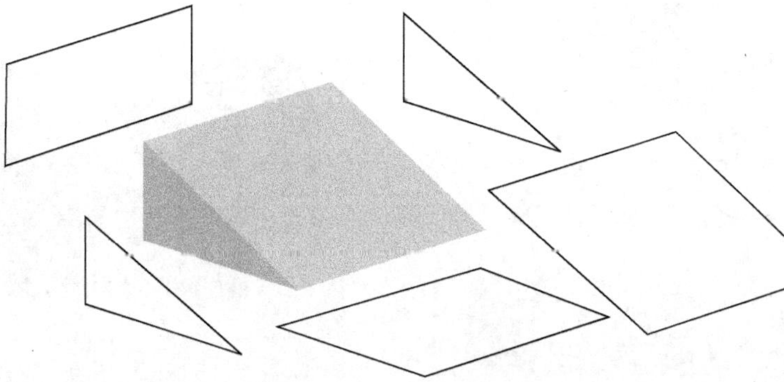

图 2－4　B－rep 法示例

4. 构造实体几何法

构造实体几何法即 CSG 法(Constructive Solid Geometry)，它用有界的体素(即简单的有界三维形体)代替了无界的半空间，一个复杂的三维形体可以通过对体素进行交、并、差等集合运算后构成。

常用的体素为长方体、圆柱体、圆锥体和球体等，如图 2－5 所示。基本体素的定义与描述和体素之间的集合运算是 CSG 法的实质所在。

描述体素时，除了定义体素的基本尺寸参数(例如长方体的长、宽、高；圆柱的直径、高等)外，为了准确地描述基本体素在空间的位置和方向，还需定义基准点，以便正确地进行集合运算。

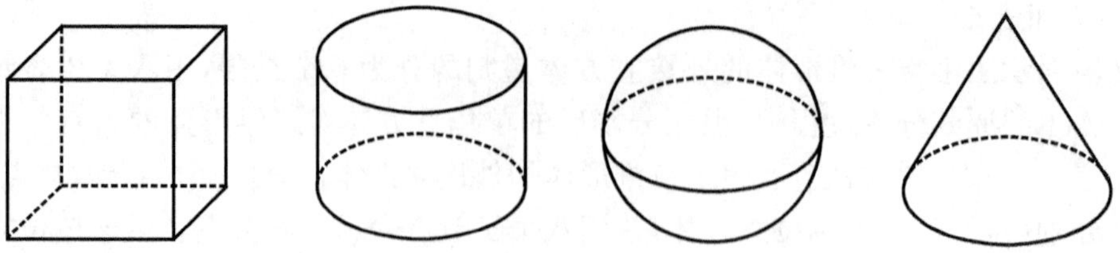

图 2-5　常用的体素

体素间的集合运算有交、并、差三种，CSG 法进行造型的过程就是集合运算的过程，此过程可以用二叉树来表示，这种二叉树称为 CSG 树，体素是树的叶子节点，树的根节点表示希望获得的最终实体。CSG 法已成为一种主要的实体造型方法。

以两个三维体素的并为例，运算结果如图 2-6 所示。

5. 扫描法

有些物体由于表面形状较为复杂，难以通过定义基本体素加以描述，则可以定义基体，利用基本的变形操作实现物体的造型，这种构造实体的方法称为扫描法。扫描法又可分为平面轮廓扫描和整体扫描两种。

平面轮廓扫描用于具有相同截面的零件实体造型。由于任一平面轮廓在空间平移一个距离或绕一固定的轴旋转都会扫描出一个实体。因此，可定义一个封闭的截面轮廓，再定义该轮廓移动的轨迹或旋转的中心线、旋转角度，就可得到所需的实体，如图 2-7 所示。

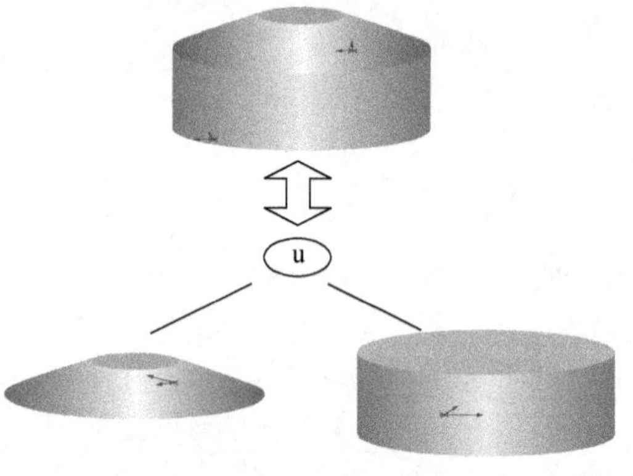

图 2-6　CSG 法示例

图 2-7　平面轮廓扫描生成实体

整体扫描就是首先定义一个三维实体作为扫描基体，让此基体在空间运动，运动可以是沿某方向的移动，也可以是绕某一轴线转动，或绕一点的摆动。运动方式不同，生成的实体形状也不同。整体扫描法对于生产过程的干涉检验、运动分析，以及在 CAM 中对于刀具轨迹的生成与检验方面等很有实用价值。

2.1.4.4　特征造型

1. 概述

实体造型技术能够较好地描述形体的几何信息和拓扑信息，但是不能提供非几何信息，如材料、公差、加工信息、装配要求等，所以它不提供完整的产品信息。因此，实体模型与产品模型还有很大的距离。为了提高设计水平，就出现了基于实体模型的特征模型和基于特征的设计思想。

特征造型的方法因此被提出来，它面向整个 CAD/CAPP/CAM 过程，完整地描述了产品的设计、分析、制造等过程所需的信息。

特征的定义有多种，目前尚未统一，从不同应用角度对特征的定义也不相同，一般认为，特征是一组具有特定属性的实体，它们反映了一个零件或部件的特定几何形状和特定加工的功能要求。

特征的分类一般有形状特征、精度特征、材料特征、装配特征、分析特征等。

形状特征是特征造型的主要部分，是其他特征的载体，形状特征定义为一组唯一确定该特征的参数，这组参数中有形状参数及定位参数，例如半径和高是圆柱体的形状参数，圆柱体的轴线位置为定位参数，形状特征可以描述为孔、槽、板，壳等，孔又可分为圆柱孔、圆锥孔、通孔、盲孔、阶梯孔、螺纹孔等，这样，每一个特征对应唯一确定的零件。

精度特征可分为两类：一种是各几何元素本身的要求，如尺寸公差、表面粗糙度等，另一种和其他几何元素相关，即相对于基准的精度要求，如形状及位置公差。

材料特征分为整体材料特征、表面处理特征及局部处理特征，整体材料特征作为零件的属性，包括材料种类代号、性能、热处理方法等，表面处理特征作为表面的属性，包括表面淬火、渗碳、渗氮等。

2. 形状特征的定义和分类

形状特征是特征造型的主要部分，对形状特征的定义目前还没有统一的认识，不同的领域对特征的认识各不相同，如设计人员感兴趣的是使用形状特征进行设计，制造人员感兴趣的是基于特征的制造，设计特征与制造特征并不存在一一对应的关系，因此形状特征的定义依赖于它的应用对象。

从设计与制造的角度出发，可以给形状特征作了如下定义：

形状特征是零件上一组相互关联的几何实体所构成的特定形状，具有特定的设计或制造意义。

从总体上看，形状特征可分为通用特征和应用特征两类。

下面是几个有关特征分类的定义：

类特征(Generic Feature)——从机械产品的几何形状抽象出来的一般性特征。

基本形状特征(Base Form Feature)——表达一个零件总体形状的类特征。

附加形状特征(Additional Form Feature)——对零件局部形状进行修改的类特征。

通用特征就是定义的类特征，它是由基本形状特征和附加形状特征组成。

基本形状特征可以单独存在，即可不与其他特征发生联系。附加形状特征不能单独存在，它必须与基本形状特征或其他附加形状特征发生联系，对它们进行修改。一个零件可由一个基本形状特征和若干个附加形状特征来描述。

基本形状特征与附加形状特征又可以分为许多子类，形成一个特征分类的树形结构，如图 2-8 所示。

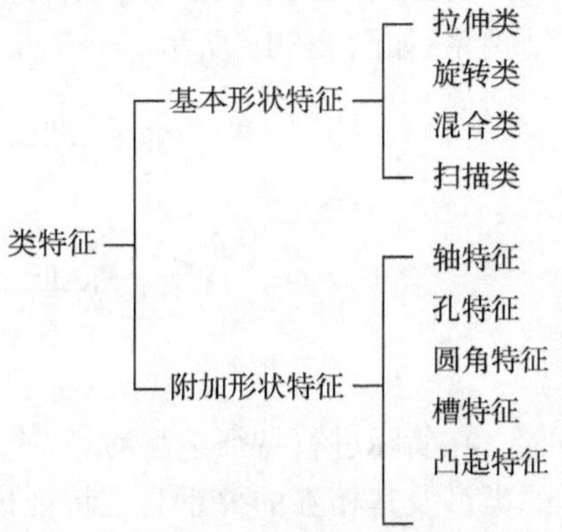

图 2-8　特征分类的树形结构

应用特征是指各种工程专业应用领域里所涉及的各种形状特征，这些特征中有的仍以通用特征为基础。

按机械零件的几何形状分，可大致分为轴类、盘类、支架类、箱体类和自由曲面类。每一类中又具有相应的特征。

3. 特征关系

在特征模型中，特征关系属性也是非常重要的信息，它为后续的CAPP、CAM 、CAE应用中对信息的理解与处理提供了方便。特征关系现在还无统一的表达方法，一般可将特征的相互关系分为两类，一类为特征定位关系，一类为特征联结关系。

(1) 特征定位关系及其表达　特征定位关系表达方法应该既方便用户的操作，又便于实现零件的参数化处理。当某一特征上的定位点或定位线发生变化时，即可通过定位关系图自动传递到所有相关的特征。如图 2－9 所示。

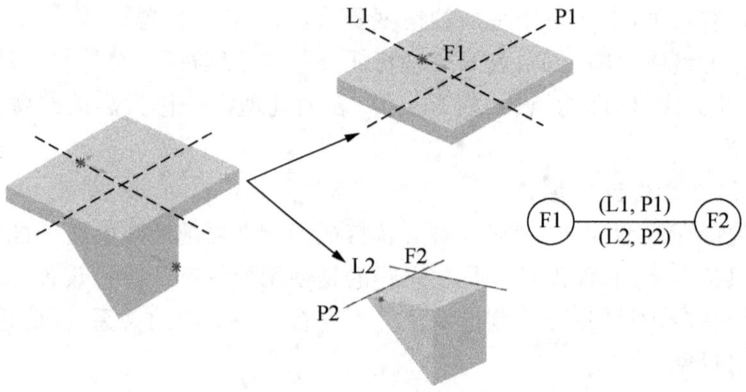

图 2－9　特征定位关系图

(2) 特征联结关系及其表达　特征联结关系描述了零件的总体结构，特征定位关系表达方法应该能有效表达特征间的联结关系。

零件上的特征一般存在三种联结关系：相邻关系(adj)表示两特征相邻接；父子关系(pc)表示一特征依赖于另一特征而存在；范式关系(pat)表示同一种特征以某种阵列方式排列所构成的关系。

特征间的联结关系可采用特征关系图来表达，其中图节点表示特征，图边表示特征间联结关系，如图 2－10 所示。

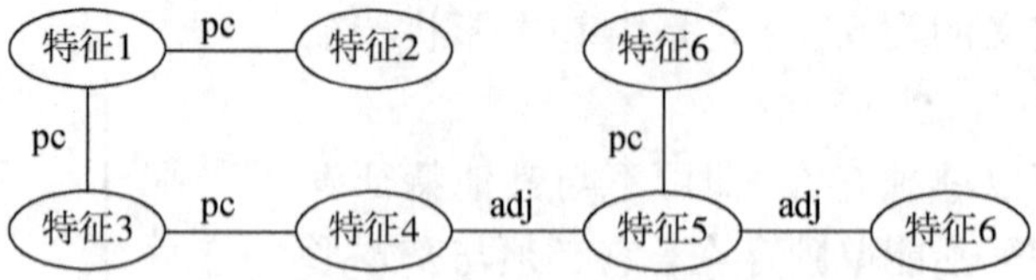

图 2－10　特征关系图

在实际进行特征造型时，一个零件就有一个特征树，由特征树反映组成零件的所有特征的类型及其相互的关系。在特征树中，邻接关系表示两个特征是并列的，它们依附于共同的父特征；父子关系表示两个特征之间存在依附关系，一个特征依附在另一个特征之上。被依附的特征叫做父特征，修改父特征会对子特征有影响，如果删除父特征，则子特征也将同时被删除。

4. 特征造型方法

特征造型方法主要有以下两种方式：

(1) 基于特征的设计　基于特征的设计(Design by Feature)是在产品设计过程中提供一套预先定义好的形状特征，也称作特征的前置定义(Predefinition of Features)。

基于特征的设计从一开始，特征就体现在零件的模型中，由设计者通过调用特征库中的特征参数与 CAD 系统本身的造型过程，根据设计要求进行增加、删除、修改等操作建立零件特征模型。设计者直接面向特征进行零件的造型，能较好地表达设计意图，而且由于特征造型系统不仅能构造出零件的几何形状还能加入非几何的生产工艺信息，所建立的特征模型具有丰富的工程语义，为后续应用提供了方便。

为能有效支持针对不同应用领域的基于特征的设计，特征造型系统应具备一个开放的参数化特征库，为用户提供自行定义特征的接口，依据特征库的组织原则，将新定义的特征添加到特征库中，以满足不断增加的工程设计需求。在设计过程中，允许设计者对参数赋值和调用特征，并将特征放在所希望的位置上。因此系统必须能对特征进行各种操作，通过对特征的调用与操作规则来处理设计约束的机制。

(2) 特征自动识别　特征自动识别(Automatic Feature Recognition)工作过程是首先进行几何设计，然后从几何模型中识别或抽取形状特征，也称作特征的后置定义(post-definition of features)，或叫做特征识别/抽取。其基本思想是通过事先开发的特征识别模块，将几何模型中的数据与预先存储在库中的类特征数据进行匹配，标识出零件特征，建立零件的特征模型，从而实现零件的特征造型。

不同几何模型的特征识别需要不同的算法，其中主要有：特征语义匹配法、几何体生长法、体分解法、CSG 树识别法等。目前针对 B-Reps 和 CSG 两种几何模型的特征识别的算法较常见。

特征识别为现有几何造型系统的进一步应用提供了方法，部分解决了实体造型系统与应用系统之间信息交换的不匹配问题，然而也有一定的局限：

- 对简单形状特征的识别比较有效，当产品比较复杂时，特征识别就显得很困难；
- 所识别的仅仅是几何信息特征，不能有效地表达各种非几何信息，如材料、加工信息、装配要求、尺寸公差、表面粗糙度等，因为在几何模型中没有这些信息；
- 特征识别使形状特征得到一定程度的表达，但特征之间的关系仍无法表达。

针对特征识别方法的欠缺，不少研究者指出：更合理的方法是使设计人员能够按照预先定义好的形状特征来建立模型，而不是事后识别形状特征，这正反映了基于特征设计的思想。一般认为，基于特征的设计是目前特征造型研究领域中的主流，而特征识别/抽取是对基于特征的设计的补充。

2.1.5 参数化与变量化设计技术

较早期的 CAD 系统存在着某些严重不足，主要表现在以下几个方面：

(1) 系统基于几何模型设计，所能处理的只是图形元素的几何信息，系统仅仅记录了几何形体的精确坐标信息，而大量具有实际工程意义的几何拓扑和尺寸约束信息、功能要求信息均被丢失，其应用不能支持设计过程的完整阶段，只能局限于产品的详细设计阶段。同时由于只记录了产品的几何坐标信息，即使一个很小的设计修改也往往会引起整个设计模型的删除或重画，导致放弃以前的大量设计工作，这不仅导致设计效率低下而且难以保持设计约束的前后一致性。

(2) 系统没有记录下设计对象内部元素相互之间的关系，在修改设计时，某一局部的改动不能自动带动相关部分的变动，需要设计人员逐步进行修改，反复进行设计，即使这样，往往还不能可靠地保证达到设计要求。

(3) 系统面向具体的几何形状，使工程设计人员一开始就过多地局限于某些设计细节，而工程设计往往应该是先定义一个结构草图作为原型，然后通过对原型的不断定义和调整，逐步细化达到最终设计结果的。

为解决上述问题，人们提出并成功地发展了基于约束的设计理论与技术，其中较有代表性的是参数化设计技术和变量化设计技术。

2.1.5.1　参数化设计技术

参数化设计是以一种新的思维方式来进行产品的创建和修改设计的方法。它用约束来表达产品几何模型的形状特征，定义一组参数以控制设计结果，从而能够通过调整参数来修改设计模型，并能方便地创建一系列在形状或功能上相似的设计方案。

1. 参数化设计技术的特点

参数化设计是编程者预先设置一些几何图形约束，然后供设计者在设计时使用。一个几何图形相关的所有尺寸参数可以用来产生其他几何图形。其主要技术特点是：基于特征、全尺寸约束、尺寸驱动和全数据相关。

基于特征：将某些具有代表性的平面几何形状定义为特征，并将其所有尺寸存为可调参数，进而形成实体，以此为基础来进行更为复杂的几何形体的构造；

全尺寸约束：将形状和尺寸联合起来考虑，通过尺寸约束来实现对几何形状的控制。设计以完整的尺寸参数为出发点(全约束)，既不能漏注尺寸(欠约束)，也不能多注尺寸(过约束)；

尺寸驱动：通过编辑尺寸数值来驱动几何形状的改变；

全数据相关：尺寸参数的修改导致其他相关模块中的相关尺寸得以全盘更新。

显然，参数化技术克服了自由建模的无约束状态，几何形状均以尺寸的形式而被控制住。如打算修改零件形状时，只需编辑一下尺寸的数值即可实现形状上的改变。

2. 尺寸驱动原理

尺寸驱动已经成为当今造型设计系统的重要功能，无此功能的 CAD 系统已无法生存。在工程设计中，几何形体的形状和大小是由尺寸标注确定的。这样就提供了修改几何形体的一种最合适的方式：即将尺寸标注的变化自动转换成几何形状的相应变化。

图 2 - 11 是原来的图形和尺寸驱动修改后的图形，前后图形拓扑关系不变。

一个确定的几何形体由两类主要约束构成：结构约束和尺寸约束。前者是指那些不可被修改的拓扑或其他约束，例如平行、相切、垂直、对称等；后者包含了集合形体的度量信息，它控制了图元的坐标、长度或半径以及图元之间的位置与方向等。所谓尺寸驱动，就是根据

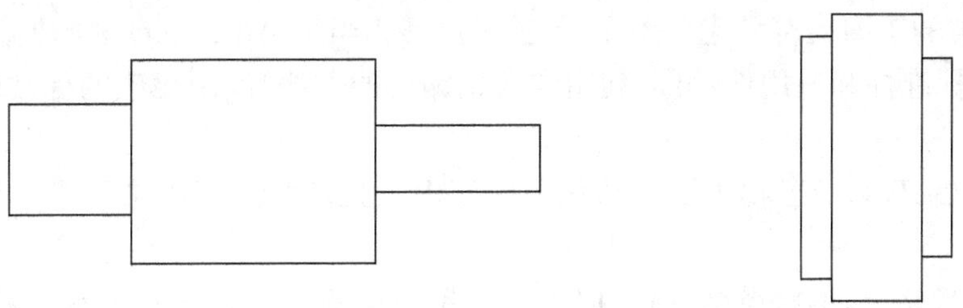

图 2-11　尺寸驱动不影响图形拓扑关系

尺寸约束，用计算的方法自动将尺寸的变化转换成几何形体的相应变化，并且保证变化前后的结构约束保持不变。

由于尺寸驱动一般不能改变图形的拓扑结构，因此想对一个初始设计作方案上的重大改变是做不到的，但对系列化标准化零件设计以及对原有设计作继承性修改则十分方便。目前，参数化设计系统实际上是尺寸驱动系统。

尺寸驱动的实质在于通过尺寸链的求解得到各图元特点的坐标值。如图 2-12 所示为一个水平尺寸链和由该尺寸链构成的树结构。节点表示一条尺寸界线所处的坐标点，节点间的连线表示尺寸线。当某一标注尺寸发生改变时，对应的所有节点则作出相应的改变，从而自动完成整个几何形体的修改。

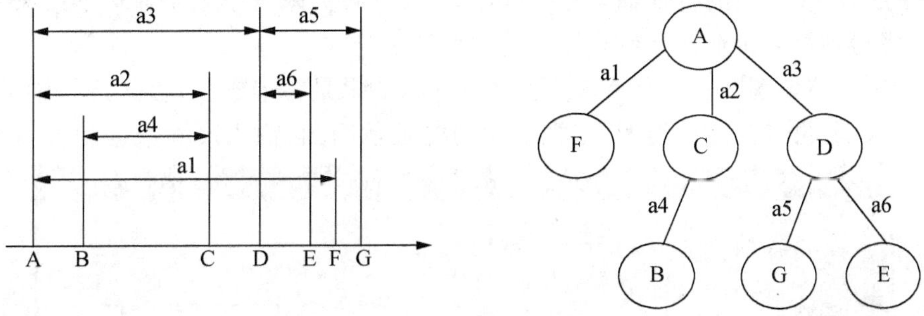

图 2-12　尺寸链的求解

尺寸驱动的几何模型由几何元素、尺寸元素和拓扑元素三部分组成。当修改某一尺寸时，系统自动检索该尺寸在尺寸链中的位置，找到它的起始几何元素和终止几何元素，使它们按新尺寸值进行调整，得到新模型；接着检查所有几何元素是否满足约束，如不满足，则让拓扑约束不变，按尺寸约束递归修改几何模型，直到满足全部约束条件为止。

尺寸驱动一般用于结构形状基本定形，可以用一组参数来约定尺寸关系的设计对象。生产中最常用的系列化零件就属于这一类。

3. *参数化图形建库方法*

在产品或工艺装备设计中大量使用的标准件，如螺钉、螺母、轴承等都有国家标准、行业标准或企业标准，供设计人员选用。这些标准件在图纸上经常重复出现，所以，绘图设计系统一般要求提供基本的标准件图形库，并提供给用户比较方便的建立和调用企业标准件库的开发手段，这是提高交互绘图效率的重要途径。

建立图形库通常有三种方法：

(1) 一些形状固定的图形，可用子图或符号的形式表示，对每一种具体规定的图形分别绘出，作为单独的子图或符号建立图库，单独调用。相当于 AutoCAD 中的形和块。

(2) 对于标准件和通用件，可以利用参数化编程的方法，编制相应的标准件图形生成程序库。

(3) 一些 CAD 系统已提供了参数化图库管理工具，因此，可以采用参数化图库管理工具建立图形库。

对于标准件来说，形状虽然一致，但不适合用固定的符号和子图表示。一方面，标准件零件各部分尺寸随规格不同而变化，另一方面，标准件通常规格比较齐全，数量比较多，因此，标准件图形库可采用参数化编程的方法或参数化设计的方法。

4. 参数化设计示例

下面是轴承参数化设计的示例。

轴承在机械工程中被广泛使用，机械设计的很多场合都会有对各种型号轴承的绘制。如果所设计的工程涉及的轴承较多，同时又没有现成的轴承标准件库时，各类轴承的绘制将占用设计者很多的时间与精力。

利用 AutoCAD 的二次开发工具 VBA 和 Visual Basic 6.0 开发轴承参数化设计程序模块，可以快速方便地设计轴承。

在设计轴承时，只需确定并输入轴承的有关尺寸参数，如果尺寸参数来自于轴承的国家标准设计手册，所设计出的将是轴承标准件，如果尺寸参数来自于某企业标准或某个工程的具体要求，将得到符合企业标准或非标准的轴承件。

轴承绘制窗体如图 2-13 所示，在设计绘制时，如果是标准轴承，首先选择轴承系列，如有轴承类型区别，再选择轴承类型，根据所弹出的轴承简图，输入尺寸数据和轴承自定义的

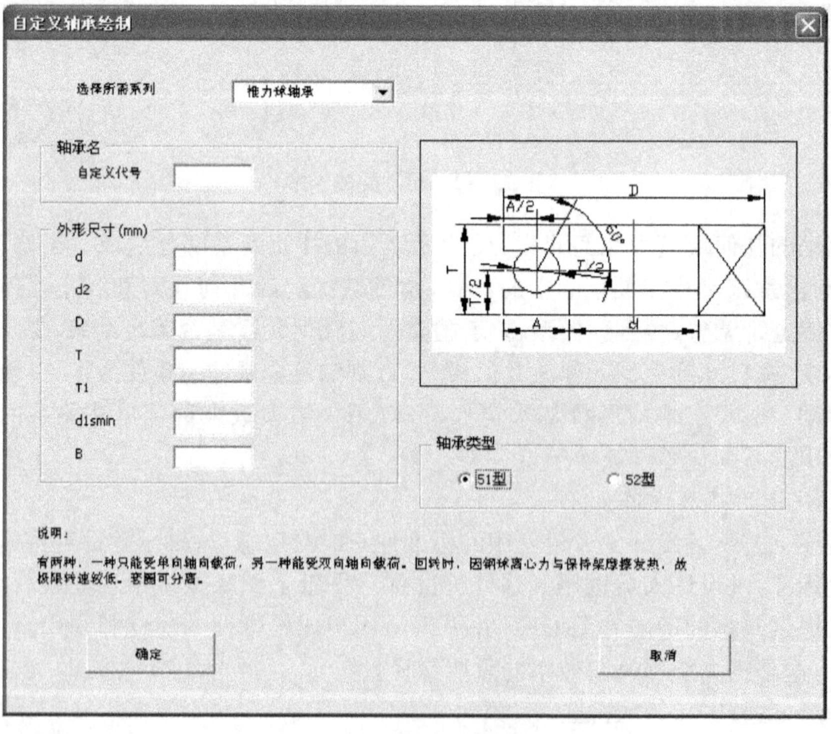

图 2-13　自定义绘制窗体

代号,单击“确定”,所需轴承就绘制完毕并自动将设计结果保存供调用。

2.1.5.2 变量化设计技术

1. 变量化技术的主要特点

变量化技术是在参数化的基础上又做了进一步改进后提出的设计思想。变量化技术特点是保留了参数化技术基于特征、全数据相关、尺寸驱动的优点,但在约束定义方面做了改变。

变量化技术“约束”进一步区分为形状约束和尺寸约束,而不是只用尺寸来约束全部几何。由于在新产品开发的概念设计阶段,设计者首先考虑的是设计思想及概念并将其体现于某些几何形状之中。这些几何形状的准确尺寸和各形状之间的严格的尺寸定位关系在设计的初始阶段还很难完全确定,所以希望在设计的初始阶段允许欠尺寸约束的存在。此外在设计初始阶段,整个零件的尺寸基准及参数控制方式如何处理还很难决定,只有当获得更多具体要领时,一步步借助已知条件才能逐步确定怎样处理才是最佳方案。

除考虑几何约束(Geometry Constrain)之外,变量化设计还可以将工程关系(Engineering Relationship)如:质量、载荷、力、可靠性等关键设计参数作为约束条件直接与几何方程联立求解,无须另建模型处理。这就比参数化设计更前进了一步。

2. 变量化技术的原理

变量化设计(Variational Design)一词是美国麻省理工学院 Gossard 教授提出的,他采用非线性约束方程组的联立求解,设定初值后用牛顿迭代法计算。这种方法的最大优点在于约束方程的内容不限,除了几何约束外还可引入力学等工程关系。英国剑桥大学 Johnson 在研究机械结构的功能建模时也联立求解一组非线性方程组,从多个可行解中寻求最优解。

变量化技术是一种基于约束的代数方法,它将几何模型定义成一系列特征点,并以特征点坐标为变量表成一个非线性约束方程组。当约束发生变化时,利用迭代方法求解方程组,就可以求出一系列的特征点,从而输出新的几何模型。

在三维空间中,一个几何形体可以用一组特征点定义,每个特征点有 3 个自由度,即 (x, y, z)坐标值。用 N 个特征点定义的几何形体共有 $3N$ 个自由度,相应需要建立 $3N$ 个独立的约束方程才能唯一确定形体的形状和位置。

将所有特征点的未知分量写成矢量,将已知的尺寸标注约束方程的值也写成矢量,问题即转化为求解以下一组非线性约束方程组的一个具体解:

$$F_i(x_i, d_i)=0 \qquad i=1, 2, 3, \cdots, n$$

公式中的 x_i 是特征点的坐标值,d_i 是尺寸标注约束方程的值。

约束方程中有 6 个约束用来阻止刚体的平移和旋转,剩下的$(n-6)$个约束取决于具体的尺寸标注方法。只有当尺寸标注合理,既无重复标注,又无漏注时,方程才有唯一解。

变量化技术的两个重要概念是约束和自由度。约束是对几何元素大小、位置和方向的限制,分为尺寸约束和几何约束两类。尺寸约束限制元素的大小,并对长度、半径和相交角度的限制;几何约束限制元素的方位或相对位置关系。常见的约束类型有垂直约束、水平约束、平行约束、相切约束、重合约束、共线约束、坐标约束等。自由度用来衡量模型的约束是否充分。如果自由度大于零,则表明约束不足,或没有足够的约束方程使约束方程组有唯一解,这时几何模型存在多种变化形式。

变量化系统是一种基于约束的方法，考虑了所有的约束，不仅考虑图形的变动而且考虑工程应用的有关约束，从而可表示更广泛的工程实际情况。这种系统更适合实际人员考虑更高一级的设计特征，作出不同设计方案对这些高级特征影响的分析，更适合作方案设计，因此变量化设计是一种约束驱动的系统。

综上所述，变量化技术是一种设计方法。它将几何图形约束与工程方程耦合在一起联立求解，以图形学理论和强大的计算机数值解析技术为设计者提供约束驱动能力。从技术的理论深度上来说，变量化技术具有更高的档次，更适于概念设计，适合于产品系统级的设计开发，但是也有不少研究者认为，从设计方法学的角度考虑，变量化设计系统的体系结构还有待作进一步探讨和研究。

目前，变量化技术和参数化技术都还在不断地得到丰富和完善。

2.2 计算机辅助工程

计算机辅助工程(Computer Aided Engineering，CAE)是一个很广的概念。在 CAD 中的 CAE 主要是指用计算机对设计的对象如工程或产品等进行性能与安全可靠性分析，对其未来的工作和运行状态进行模拟，尽早发现可能存在的缺陷，以便采取相应的措施，确保未来工程、产品功能和性能的可用性与可靠性。

当前 CAE 技术的典型功能主要有产品的工程分析与仿真。CAE 分析方法中主要是有限元分析法，另外还有边界元分析法、模态分析法等。

在计算机中分析和模拟一个产品，首先必须建立产品模型。该产品模型不仅包括与制造有关的所有信息，如几何形状、尺寸、精度、各表面的相互关系以及材料和热处理等信息，而且结构上还要清楚地表达这些信息之间的关联。有了产品模型，便可进行产品在工作环境中的力、热分析，包括变形、振动、应力场、温度场的分析等。

CAE 的仿真功能使产品性能在设计阶段就可得到准确预测，这对于制造业有重要的意义，直接关系到产品的研制开发成本与升级换代的周期，以及产品对市场的快速响应程度和客户对产品的满意程度等。

CAE 系统可以对运动的机构进行动态仿真分析，通过机构运动的动画描述来检查机构的运动轨迹、校核运动件的干涉碰撞情况，还可计算出各运动件的运动速度、加速度和受力的大小。随着计算机软件技术的迅速发展，CAE 的仿真已从二维仿真发展到三维仿真。有的研究者认为，对产品设计和加工的仿真分析已经可以将时间的因素包括在内，实际上是对四维空间的模拟。

2.2.1 有限元分析法

2.2.1.1 有限元法的基本概念

有限元法(Finite Element Method)是一种借助计算机进行工程分析的离散化数值方法，是最重要的工程分析技术之一。虽然有限元的概念早在 20 世纪 40 年代就被提出，但由于当时计算机尚未出现，计算手段无法适应复杂的计算过程，因此它并未受到人们的重视。

随着计算机的出现和发展,有限元方法作为一种新的数值计算方法在20世纪60年代问世后就获得迅速发展,被应用于力学、传热学、电磁学等方面。

随着计算机技术的进一步发展,尤其是计算机硬件系统性能价格比的迅速提高和各种有限元分析软件的不断推出,有限元法在各个工业领域中得到深入、广泛的应用,现已遍及机电、化工、航空航天、建筑、海洋、核能等工业,是产品动、静、热特性分析的重要手段。

目前,有限元法仍在理论上不断完善及发展,各种有限元分析软件的功能越来越强大,使用也越来越方便。

有限元方法的基本理论涉及数学、力学方面的有关知识,在此不作进一步阐述,有兴趣的读者可参阅有关书籍。

有限元方法的基本思想是将结构离散化,用有限个比较容易分析的单元来表示复杂的对象,单元之间通过有限个节点相互连接,然后根据变形协调条件综合求解。由于单元的数目是有限的,节点的数目也是有限的,所以称为有限元法。在使用有限元法的过程中,只要改变单元的数目,就可以使解的精确度改变,得到与真实情况无限接近的解。

有限元法对计算对象有较强的模型化能力,计算对象包括结构、流体、岩土以及它们的耦合;材料包括弹性、塑性、黏弹性、热塑性等多种性质的材料以及复合材料、聚合材料等。求解问题的范围十分广泛,包括位移计算、应力场计算、温度场计算、电磁场计算、流体场计算、稳定性计算、运动学和动力学计算、接触问题计算、断裂计算以及撞击、损伤、疲劳等问题,因此可应用于多个领域。

有限元方法的最大特点是能够适应各种复杂的边界形状和边界条件,这是因为它可以采用多种单元类型和节点几何状态的描述来模拟结构。在采用有限元法对结构进行分析计算时,依据分析对象的不同,采用不同的单元类型,常见的有以下几种单元:

(1) 一维杆、梁单元,这是最简单的单元,单元内任意点的变形和应力由沿轴线方向的坐标确定。

(2) 二维板单元,这类单元内任意点的变形和应力由 x、y 两个坐标确定,这是应用最广泛的基本单元,有三角形单元和矩形板单元。

(3) 三维多面体单元,它可分为四面体单元和六面体单元。

(4) 薄壳单元,这是由曲面组成的壳单元。

有的单元可有不同形状和节点数,等参数单元可以较好地描写曲线和曲面边界,可以方便地用多种单元模拟复杂的组合结构。另外,通过对节点位移状态的描写,有限元方法可以模拟各种边界支承条件和连接条件。

2.2.1.2 有限元法的前处理与后处理功能

有限元法的基本方法比较成熟,已有大量的商品化应用软件,如MSC/NASTRAN、ASKA、ANSYS、ADINA、PAFEC、TITUS、SAP等,各种典型的CAD/CAM系统软件中也内含有限元的计算分析模块,我国也自行研制了一些有限元分析软件。

有限元软件一般由有限元前置处理、有限元分析和有限元后置处理三部分组成。有限元前、后置处理功能是否强大直接影响有限元法在工程实际中的应用。

有限元前置处理包括从构造几何模型、选择所采用的单元类型、划分有限元网格、确定各节点和单元的编号及坐标,到生成、校核、输入计算模型的几何、拓扑、载荷、材料和边界条件数据。

有限元的前置处理工作不但繁琐、费时，也容易产生错误。有限元前置处理程序应能够自动地或在交互的控制下完成这些工作，其中很重要的是网格划分。在进行有限元网格划分时，网格划分的密度是个重要的问题，网格太稀会影响计算精度，网格太密又会大大增加计算时间，而计算精度并不会成比例地增加。因此，存在一个最佳网格密度问题，这个问题往往需要多年工作经验的积累。

实践证明，在网格划分时，对应力集中处和形状发生突变处采用局部网格加密常常是必要的。如果前置处理程序能够根据零件的状况自动确定网格密度，是很有意义的。在划分完网格后，应将结果显示出来，以供操作者检查其正确性。如果操作者认为有必要修改，系统应能够提供修改功能，并能对修改后的网格划分进行有效性检查，指出错误所在。

目前，一些较好的有限元分析软件都提供了各种使用便捷和高质量的对 CAD 模型进行网格划分的方法，如延伸划分、映像划分、自由划分和自适应划分等。

延伸网格划分可将一个二维网格延伸成一个三维网格；映像网格划分允许用户将几何模型分解成简单的几部分，然后选择合适的单元属性和网格控制，生成映像网格；自由网格划分可对复杂模型直接划分，避免了用户对各个部分分别划分网格后进行组装时可能出现各部分网格不匹配的问题；自适应网格划分是在生成了具有边界条件的实体模型以后，用户指示程序自动地生成有限元网格，并分析估计网格的离散误差，然后重新定义网格大小，再次分析计算、估计网格的离散误差，直至误差低于用户定义的值或达到用户定义的求解次数。

有限元后处理包括对计算结果进行分析、整理，并以图形方式输出，以便设计人员对设计结果作出直观判断，对设计方案或模型进行实时修改。在有限元分析结束后，由于节点数目非常多，输出的数据量很大。如果靠人工来分析这些数据，不仅工作量巨大，容易出错，而且也很不直观。所以，有限元分析程序用一个后置处理器来自动处理分析结果，并根据操作者的要求以各种方式将结果显示出来。例如，它可以显示在载荷作用下零件的变形，零件各部分的应力、应变或温度场的分布等情况。

图 2－14 是有限元分析的前处理网格划分和后处理显示零件变形和应力场分布的例子。

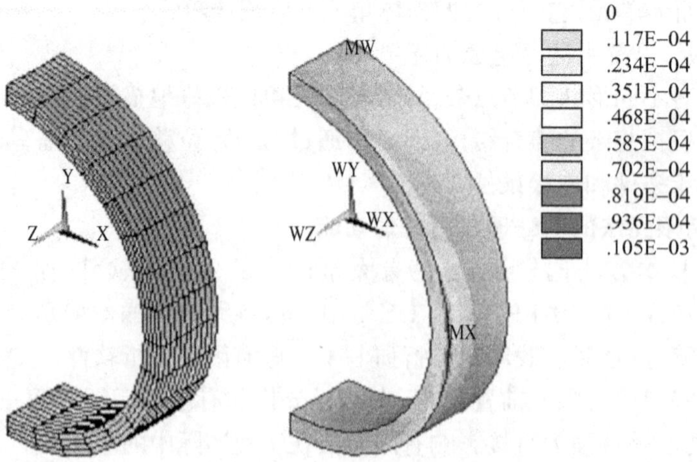

图 2－14　有限元分析的前处理和后处理结果的显示

因此，在选择有限元分析软件时，不仅要看它具有的计算分析功能，如能处理的单元类型、能处理的材料特征等是否满足需求，还要看它的前后置处理的功能是否强大，使用是否方便。

2.2.1.3 ANSYS 环境下的结构受力分析

ANSYS 是著名的分析软件之一，ANSYS 公司一直致力于分析设计软件的开发、维护及售后服务，为全球工业界所广泛接受。在我国，ANSYS 软件用户数量也迅速增长，遍及工业的各个领域。

ANSYS 分析软件主要包括三个部分：前处理模块、分析计算模块和后处理模块。

前处理模块提供了实体建模及网格划分工具，用户可以方便地构造有限元模型；分析计算模块包括结构分析、流体动力学分析、电磁场分析、声场分析、压电分析以及多物理场的耦合分析，可模拟多种物理介质的相互作用，具有灵敏度分析及优化分析能力；后处理模块可将计算结果以彩色等值线显示、梯度显示、矢量显示、粒子流迹显示、立体切片显示、透明及半透明显示(可看到结构内部)等图形方式显示出来，也可将计算结果以图表、曲线形式显示或输出。软件提供了 100 种以上的单元类型，用来模拟工程中的各种结构和材料。

ANSYS 软件的各处理模块分别为：PREP7(通用前处理模块)、SOLUTION(求解模块)、POST1(通用后处理模块)、POST26(时间历程后处理模块)。启动 ANSYS 后，双击菜单中的“ Preprocessor”，即进入 ANSYS 的前处理模块，这个模块主要有两部分内容：实体建模和网格划分。前处理阶段完成建模以后，用户可以运行求解模块获得分析结果，在此阶段中，可以定义分析类型、分析选项、载荷数据和载荷步选项，然后开始有限元分析求解。后处理模块可根据用户的要求将有限元分析结果以各种方式显示出来。

图 2-15 是应用 ANSYS 软件进行的橡胶圆环在一个端面固联于刚性件，另一个端面受到若干个集中载荷作用时的应力分析的示例。

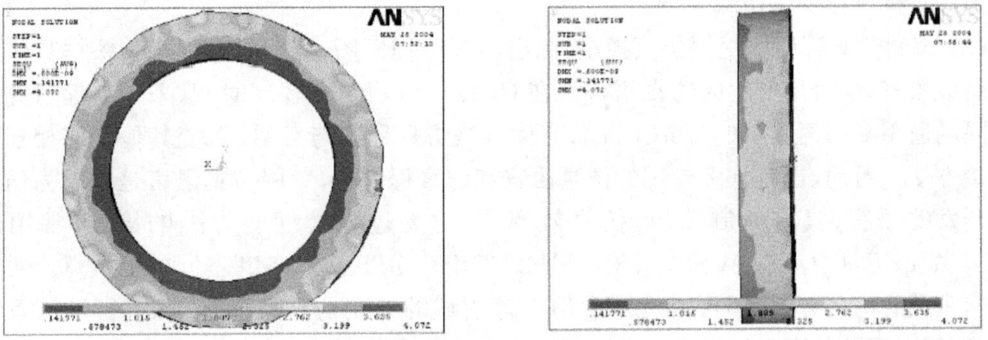

图 2-15 橡胶件应力场

2.2.2 计算机仿真技术

2.2.2.1 计算机仿真基本概念

计算机仿真就是基于计算机技术的数字仿真，在计算机内建立模拟真实系统的计算模型，通过运行仿真软件代替实际系统运行工作，通过对模型的分析和试验去研究真实系统的工作行为。采用计算机仿真技术，可以动态地输出在不同条件下反映被仿真系统工作的信息，一定程度上可以代替耗费人力、物力和时间的真实试验，并可以应用在某些实际试验很难或不可能实现的场合。

计算机仿真在各个领域获得广泛应用，其典型应用主要有三方面。

(1) 对设计中的产品或规划中的系统，通过仿真观察其性能是否满足预定要求，预测实际运行中可能发生的问题，以改进设计和修改规划。

(2) 对已有的产品或系统，通过仿真进一步获得其工作信息，进一步掌握工作规律，使其工作得更好。

(3) 人造的仿真环境，如飞行模拟器、船舶或汽车驾驶模拟器、数控设备操作模拟器等。采用仿真器训练，可以节省费用，缩短训练周期，可还保证被训练人员的安全。

CAD/CAM 中常采用仿真技术对设计对象的工作性能和制造过程进行考核和评估，其仿真系统通常由设计产品模型及其工作和加工环境组成。

根据仿真对象的状态变化特征，仿真计算模型分为连续系统模型和离散系统模型。连续系统指系统状态的改变是连续性的，流程工业大多属于连续系统；离散系统指系统状态的改变带有跳跃性，离散系统的状态的改变只在离散时刻发生，机械制造过程的仿真就是离散系统的仿真问题，如车间生产流水线工作仿真、零件仓库工作仿真等。模型的变量分为确定性和随机性两类，建立仿真模型时应对不同的状态变化特征和变量区别处理。

2.2.2.2 计算机仿真过程的一般步骤

计算机仿真过程可分为如下几个步骤：

(1) 建立数学模型　建立数学模型就是用计算机语言定义系统的逻辑关系和参数计算关系式，所建立模型的合理性体现为既能在所要求的精度范围内正确反映实际系统的本质，又便于求解。

(2) 确定仿真算法　根据已建立的数学模型，合理设计计算机求解算法，即将数学模型变换为计算机能接受的仿真模型。

(3) 编制仿真程序　根据仿真模型，画出仿真流程框图，编制仿真程序。根据具体情况可用高级语言，也可用专用的仿真语言。在 CAD 中编写仿真程序时，常采用与编写分析软件相同的通用高级语言(如 C、Fortran)，其优点是仿真程序与 CAD 系统其他程序相互调用和连接方便。目前，也有许多专用的仿真语言和仿真程序包，专用仿真语言是专门为仿真应用而开发的语言，具有编制简单，仿真效率高，仿真过程处理能力强的优点，常用的如 SIMULA、PCESP、DAS、ACSL、SIAN、SIMSCRIPT、GPSS 等，各有不同的侧重点。对于某些专门领域的仿真分析，还可以选用适用于该领域的专用仿真程序包，如进行液压系统仿真，可选用专用的仿真程序包 DSH、HYCAD、SIM－1 等。

(4) 实现仿真分析　输入仿真所需要的数据，运行仿真程序，获得并显示仿真结果。仿真结果有多种显示方式，对于运动学和动力学仿真，可以输出动画仿真文件，也可以输出表格、曲线图等。

(5) 仿真结果整理分析 对仿真结果进行整理分析，得出结论。

2.2.2.3 CAD 系统中的仿真应用

CAD 系统中的仿真对象是仍处在构思设计和规划制造阶段的数字化形态的产品，物理形态的实际产品还没有实现。因此，仿真分析所需的数据取自 CAD 产品模型和系统数据库，仿真结果又反馈给设计和规划模块，作为对设计和规划对象进行动态修改或调整的依据。

仿真在 CAD 系统中的应用，大致有如下几个方面：

(1) 产品形态仿真　仿真真实产品的结构形状、外观、色彩等形象化属性。

(2) 零部件装配关系仿真　仿真零部件装配过程，检验产品装配结构是否合理、是否发生干涉等。

(3) 运动学仿真　模拟机构的运动过程，包括自由度约束状况、运动轨迹、速度和加速度变化等。

(4) 动力学仿真　计算工程系统的动力学特性，如运动部件的启停、制动、调速等动态过程的运动和动力特性，系统振动的振形等，并以直观的方式表达仿真结果。

2.2.2.4 ADAMS 环境下的机构运动与动力仿真

机械系统动力学自动分析软件(Automatic Dyanamic Analysis of Mechanical Systems, ADAMS)是美国 MDI 公司开发的著名的虚拟样机分析软件，已经被全世界各行业的数百家主要制造商采用，在航空航天、汽车制造、造船业、铁道车辆和装备、各种工业机械设备、生物力学、人机工程学、运动和娱乐用品、工程咨询等方面的应用都取得了很好的效益。

虚拟样机技术是自 20 世纪 80 年代起随着计算机技术的发展而迅速发展起来的一项计算机辅助技术，通过在计算机上建立样机模型，对模型进行各种动态分析，然后改进样机设计方案，用数字化形式代替实物样机实验。虚拟样机技术大大简化了机械产品的设计开发过程，大幅度缩短开发周期，大量减少开发费用和成本，且明显提高产品性能，获得最优化的产品。

ADAMS 作为虚拟样机分析软件具有满足虚拟样机技术领域各个相关技术要求的功能。

ADAMS 软件包有 3 个最基本的解题程序模块：ADAMS/View(基本环境)、ADAMS/Solver(求解器)、ADAMS/PostProcessor(后处理)。另外还有一些附加模块，例如：ADAMS/Car(轿车模块)、ADAMS/Linear(线性模块)、ADAMS/Control(控制模块)、ADAMS/FEA(有限元模块)、ADAMS/Animation(高速动画模块)等。

在 3 个基本程序中，ADAMS/View 提供了一个面向用户的基本操作对话环境和虚拟样机分析的前处理功能；ADAMS/Solver 是求解机械系统运动和动力学问题的程序；ADAMS 仿真分析结果的后处理，可以通过调用后处理模块 ADAMS/PostProcessor 来完成，它可以回放仿真结果，也可以绘制各种分析趋向、输入实验数据绘制试验曲线，以及进行分析结果曲线图的各种编辑。

图 2-16 是应用 ADAMS 对万向轴传动系统进行运动与动力仿真的示例。

2.3 计算机辅助工艺设计

2.3.1 CAPP 概述

先进制造技术体系中的设计与传统设计在理念上的本质性区别就在于当产品还处于设计阶段就已经对产品在加工、装配、销售、维修等后续阶段可能出现的影响因素加以全面的考虑，因此所设计的产品具有良好的可加工性、可装配性及可维修性等。

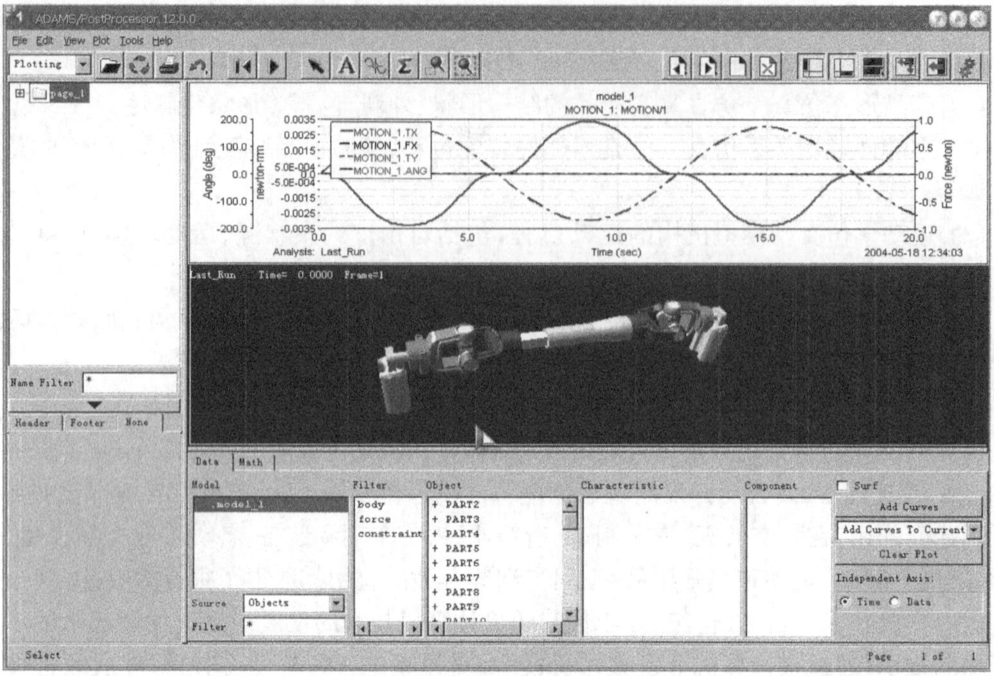

图 2-16　万向轴仿真分析结果显示

产品可加工性的判定涉及产品加工工艺，工艺规程是进行工艺装备制造和零件加工的主要依据，它对组织生产、保证产品质量、提高生产率、降低成本、缩短生产周期、改善劳动条件都有着直接的影响。

计算机辅助工艺设计(CAPP)是 CAD 与 CAM 的桥梁，对机械制造业有着重要的意义。随着 CAD/CAM 系统向着集成化和智能化方向的不断发展，CAPP 理论体系和关键技术也不断地提高，以适应各种新的要求。

工艺规程设计的主要任务是为被加工零件选择合理的加工方法、加工顺序，以及工、夹、量具的选择和切削条件的计算等，使制造过程能按设计要求生产出合格的成品零件。它所包含的主要内容包括：

(1) 选择加工方法和采用的机床、刀具、夹具及其他工装设备；

(2) 安排合理的加工顺序；

(3) 选择基准，确定加工余量和毛坯，计算工序尺寸和公差；

(4) 选用合理的切削量；

(5) 计算时间定额和加工成本；

(6) 编制包含上述所有资料的工艺文件。

其核心内容是选择加工方法和安排合理的加工顺序。

长期以来，传统的工艺规程设计方法一直是由工艺人员根据他们多年积累起来的经验，以手工方式进行的。在企业设计部门和制造部门都普遍采用了自动化的技术如 CAD、CAM、CNC、FMS 等的背景下，往往工艺设计工作仍在一定程度上处于凭经验手工操作的状态，再加上熟练的工艺人员正日益短缺，工艺设计自然就成为机械制造系统中的瓶颈。

工艺规程设计是工厂工艺部门的一项经常性技术工作，是生产技术准备工作的第一步。由于工艺规程设计处于产品设计和制造的接口处，需要分析和处理大量信息，既有产品设计方面有关零件结构形状、尺寸公差、材料、批量等的信息，又有制造方面有关加工方法、加工设备、生产条件、加工成本、工时定额等的信息，各种信息之间的关系又极为错综复杂，设计工艺规程时必须全面而周密地对这些信息加以分析和处理。

计算机技术的发展和在机械制造领域中的广泛应用为工艺规程设计提供了理想的工具。计算机能有效地管理大量的数据，进行快速、准确的计算和各种形式的比较、选择，能自动绘图和编制表格文件，这些功能正是工艺规程设计所需要的，于是就出现了 CAPP。CAPP 不仅能实现工艺设计自动化，还能把生产实践中行之有效的若干工艺设计原则与方法，转换成工艺设计决策模型，进行科学的决策逻辑，建立专家系统保存并利用长期从事工艺设计工作者的经验，编制出最优的制造方案。

在机械制造业中，CAD/CAM 集成系统实际上是 CAD/CAPP/CAM 集成系统。CAPP 从 CAD 中获取产品设计信息（如几何形状和拓扑信息、机械特征信息等），将其转化为制造加工信息（如工序安排和刀位文件等）及生产管理信息。

CAPP 系统的一般结构如图 2－17 所示。

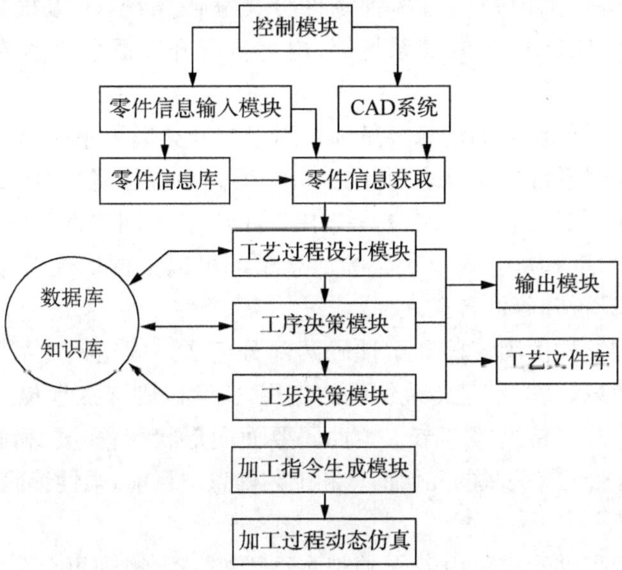

图 2－17　CAPP 系统的一般结构

系统主要由以下基本模块组成：

(1) 控制模块　协调各模块的运行，实现人机信息交流，控制零件信息获取方式。

(2) 零件信息输入模块　零件信息不能从 CAD 系统直接获取时，可用此模块进行零件信息输入。

(3) 工艺过程设计模块　决定加工工艺流程，生成工艺流程卡。

(4) 工序决策模块　生成工序图和工序卡。

(5) 工步决策模块　决定加工工步，生成刀位文件。

(6) 数控加工指令生成模块　依据刀位文件，调用数控指令系统代码，生成数控加工控制指令。

(7) 输出模块　输出工艺文档，调出工艺库文件。

(8) 加工过程动态仿真模块　对加工过程进行模拟仿真。

CAPP 的基础技术主要有：成组技术、零件信息的描述与获取、工艺设计、工艺知识的获取及表示、工艺数据库的建立等。

2.3.2　CAPP 系统中的零件信息描述

零件信息包括几何信息和工艺信息两方面的内容，零件信息描述是 CAPP 系统首先要解决的问题。零件信息描述就是要把零件的有关信息转化为让计算机能够识别的代码信息。能否将零件信息描述得准确且完整，对 CAPP 系统的运行有直接的影响，即使对于集成化、智能化的 CAD/CAPP/CAM 系统，零件信息的生成与获取也是关键问题之一。

目前国内外 CAPP 系统中采用的零件描述方法主要有下列几种。

1. 编码法

对已有的零件进行编码，将零件图上的信息代码化，把零件的属性用数字代码表示，使计算机容易识别。至今国内外已有多种零件分类编码系统，可以根据具体情况选用，如 JCBM、Opitz、KK－3、JLBM－1、KM 系统等，也可自行开发适合于本单位产品特点的专用分类系统。

码位长度和每一码位包含的信息容量都是固定的分类编码系统，如 OPitz、JLBM 等，人们称之为刚性分类编码系统。研究表明，刚性分类编码系统在完整、详尽地描述零件结构特征和加工特征方面还不能很好满足制造系统中不同层次、不同方面的需求。因此，出现了柔性编码系统，其码位长度和每一码位所含的信息量都可以根据描述对象的复杂程度柔性变化，没有固定的码位设置和码的含义。

柔性编码系统的结构由固定码和柔性码两部分组成。固定码主要用于零件分类、检索和描述零件的整体信息，基本上起传统编码的作用；柔性码则详细地描述零件各部分结构特征和工艺信息，用于加工、检测等环节。柔性码要面向形状待征，要详细地描述零件各加工部分的形状要素及与加工有关联的几何信息和工艺信息。目前，柔性编码系统尚在研究之中。

2. 型面描述法

这种描述方法把零件看成是由若干种基本型面按一定规则组合而成，每一种型面都可以用一组特征参数给予描述，型面种类、它的特征参数以及型面之间的关系都可以用代码来表示。

每一种型面也都对应着一组加工方法，可根据其精度和表面质量要求来确定。首先确定达到型面技术要求的最终加工方法，有了最终的加工方法后再确定其前面的准备加工方法。

型面又可以分为：

基本型面——圆柱面、圆锥面、平面等；

复合型面——螺纹、花键、构槽、滚花、齿形等；

型面域——把零件上那些功能、结构、工艺特点和精度要求类似的型面，合并为同一类别，以便更准确地描述零件的结构和便于将零件信息输入计算机。例如退刀槽、箱体凸缘、台阶面、均布的螺钉孔等。

3. 体素描述法

体素是零件可分解的最基本的三维几何体，如圆柱体、圆锥体、六面体、圆环体、球体等。

体素描述法把零件看成是由若干种基本几何体按一定位置关系组合而成。可以根据产品零件的结构形状特征，设计出一组体素模型，它们以图形文件的形式储存，还可以设计一组以基本体素按一定位置关系组成的零件标准图形。

当输入零件特征信息时，首先检索标准零件图形文件，寻找可供使用的标准零件图形，如检索到，即把标准图形调入内存，并继续输入标准图形中各体素的具体尺寸信息，最后在屏幕上显示输入的实际零件图形，还可以进行修改。当检索不到可供利用的标准图形时，直接从体素模型中调用所需的体素，按零件实际尺寸信息和相互位置关系拼合零件图形，并将它们储存在图形文件中。

进行工艺设计时，也以体素作为基本单元，每一种体素都对应着一组加工方法，可根据加工精度、表面质量和零件材料选用加工方法，最后根据加工顺序优先级判别法和各体素之间的相互位置关系，调整加工顺序，以获得完整的零件加工路线。

4. 特征描述法

特征描述法根据零件特点，以具有明显工程意义的实体来描述零件。特征是具有一定拓扑关系的一组几何元素构成的形状实体，它对应零件上的一个或多个功能，可通过特定的加工方式来生成。特征还可以进一步分为基本特征和组合特征。基本特征是在特定的加工条件下，一次走刀所形成的几何实体，组合特征是在特定的加工条件下，需要多次走刀或需要更换刀具、多次走刀才能形成的几何实体。

从上述定义可以看到，特征描述法不仅含有零件结构和几何信息，同时也包含零件制造信息，如尺寸精度、公差、材料、表面粗糙度等。这就使设计与制造相互之间易于实现信息的交换和共享。

考虑到非回转体零件，特别是箱体零件，它们的加工特征表面都分布在各个方向的零件表面上，可以在加工中心机床上按各个方位面分别进行加工。所以用特征描述法对非回转体零件进行描述时，一般都采用方位特征描述法。它并不试图从整体上描述零件，而是对零件进行分解，零件的各个方向自成一个描述单元，零件的特征表面和轮廓按照所在的方位单独描述。

一般情况下，空间一个立方体按其表面的法线所指方向分为十种情况。对于不太复杂的零件，可以只对与三个坐标平面相平行的六个方位面进行描述。对每一个方位面赋予一个方位代码。

零件的加工特征一般可以划分为平面、孔、槽、腔、轮廓等几种基本类型。每一种基本类型又可划分为几种典型形式，每一种特征都用一个特征标识符标识，并设置相应的特征参数。这样由方位代码、特征标识符和特征的几何、工艺参数组成了每一特征的原始数据信息。零件信息输入后形成的零件特征信息数据文件就可为工艺设计所用。

5. 从CAD系统的数据库中直接获得零件信息

该方法是利用中间接口或其他的传输手段，将零件的设计信息，直接从CAD系统的数据库中提取出，用于对零件进行工艺规程设计。采用这种方法可以省去工艺设计之前对零件信息进行二次描述，而且可以获得较完善的零件描述信息，对于在 CAD、CAPP 和 CAM 还处于各自数据库分别支撑的环境中实现 CAD/CAPP/CAM 的一体化有重要的现实意义。

综上所述，CAPP 系统中采用的零件描述方法有多种，每一种方法在工程实际中也有不同的实现形式。为使读者获得对零件信息描述的直观认识，下面介绍一个箱体零件信息描述的实例。

箱体在结构上由六个不同方位的面组成，即前面、后面、左面、右面、上面和下面。每个面包含了尺寸公差、粗糙度、形位公差基本要素，每个面上也分别对应着不同的结构要素，例如：凸台、孔（通孔、盲孔、阶梯孔、螺纹孔……）、槽（T 型槽、V 型槽……）等形状特征，它们之间具有一般树的结构，具有明显的父子关系。因此，箱体类零件以六个面为特征对象，以每一个特征对象为基类可派生出各自的子类，每一个子类又可以派生出相应的子类。

具体的描述如图 2－18 所示。

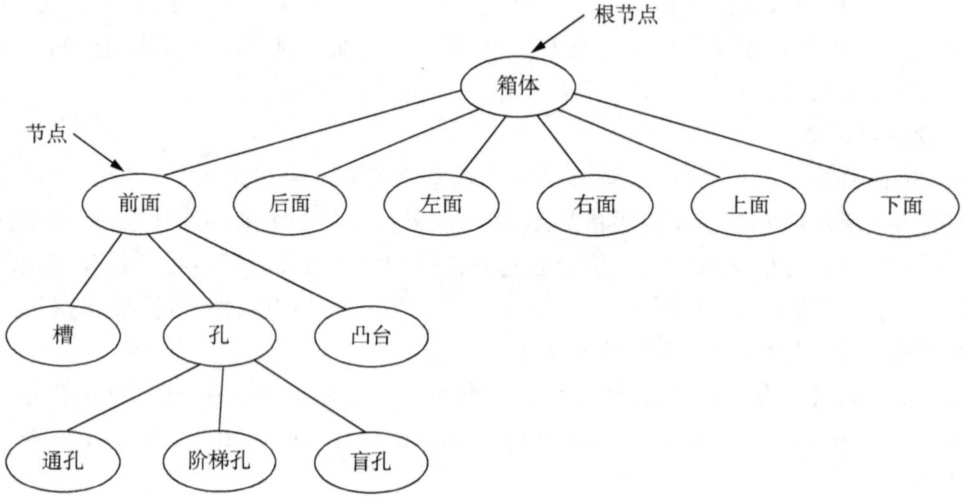

图 2－18　箱体零件数据结构

对于图 2－18 执行前序遍历算法，可得到如下线性序列：根节点箱体；前面、孔、阶梯孔、盲孔、槽、V 形槽、T 形槽；后面、孔、阶梯孔、盲孔、槽、V 形槽、T 形槽等。

2.3.3　派生型 CAPP 系统

派生型 CAPP 系统又称检索型或样件法、经验法 CAPP 系统等，它是利用成组技术原理将零件按几何形状和工艺相似性进行归类与分组，每一组中都有一个集中本组所有特点的主样件，对此主样件设计出典型的加工工艺文件，存储于工艺文件库中。对一个新零件进行工艺设计，就是通过对其进行成组编码，计算机将找出其所属的零件组，再检索出该组主样件的典型加工工艺规程，根据新零件的具体情况，通过人机交互方式对此加工工艺加以修改和编辑，从而获得新零件的加工工艺规程，最后按一定的格式输出有关结果。

派生型 CAPP 系统的开发过程一般包括以下工作。

1. 零件编码

对零件进行编码的目的是将零件图上的信息代码化，使计算机能识别。首先根据产品特点选择适当的编码系统。可以使用标准编码系统，目前国内外用于工业中的编码系统有100多种，有较大影响的有Opitz系统和KK-3系统等。JLBM-1系统是我国机械工业部门开发的编码系统，功能较强且使用也较方便。也可以自己设计适合于本部门产品特点的专用编码分类系统。

可采用手工编码和计算机辅助编码两种方法。手工编码是根据所选用的编码分类系统的编码法则，对照零件图用手工方式逐一编出各码位的代码。手工编码效率低，劳动强度大，不同的编码人员编出的代码往往不一致。计算机辅助编码一般是以人机对话方式进行，由计算机软件提出各种问题，由编码人员逐个回答这些问题，把零件的信息逐次输入给计算机，计算机软件进行逻辑判断后，便自动编出零件的代码，并在终端显示器上显示或打印输出。由于计算机软件自动完成对编码系统的理解和判断，所以编码效率较高，出错率低，减轻了编码人员的劳动强度。

2. 对零件进行归类分组

零件组的划分是建立在零件特征相似性的基础之上，分组时首先要确定相似性准则，即分组的依据。编码分组法是应用较为广泛的分组方法，进一步细分又可以分为特征数据法、特征矩阵法，此外还有生产流程分析法等。

(1) 特征数据法　特征数据法是从零件代码中选择几位特征性强，对划分零件组影响较大的码位作为零件分组的主要依据，而忽略那些影响不大的码位。

(2) 特征矩阵法　特征矩阵法首先对所有零件的代码，按代码大小的顺序重新排列，然后对零件的结构特征信息分布情况进行统计分析，在此基础上制订出分组的标准，即确定若干个特征矩阵，对零件进行分组。

(3) 生产流程分析法　生产流程分析法是通过分析全部零件的工艺流程，主要根据零件的加工方法和所用设备来分组，而不是依据零件图样代码。它划分零件组后还可得到加工该零件组的机床组。

3. 设计零件组的主样件

主样件又叫复合零件，它包含一组零件的全部特征要素，有一定的尺寸范围，由于组内所有零件的特征要素都集于一体，所以主样件可能是虚拟的。以主样件作为样板零件，设计适用于全组的通用工艺规程。

4. 设计标准工艺规程

以主样件为对象，设计适用于全组的标准工艺规程，该规程应能满足该零件组中所有零件的加工要求，并能反映工厂实际工艺水平，具有可操作性。

也可以采用复合工艺路线法。即在分析零件组中零件的全部工艺路线后，选择其中一个工序最多、加工过程安排合理的零件工艺路线作为基本路线，然后把其他零件特有的、尚未包括在基本路线内的工序，按合理顺序加到基本路线中去，构成代表零件组的复合工艺路线。

5. 建立工步代码文件

标准工艺规程是由各种加工工序组成的，一个工序又可以分为多个操作工步，所以操作工步是标准工艺规程中最基本的组成要素。标准工艺规程如何储存在计算机中，怎样随时调用，又怎样进行筛选，主要依靠工步代码文件。

6. 建立工艺数据库

CAPP 所要处理的数据包括切削数据、各类工艺数据、在生成工艺规程过程中临时生成的中间数据等，其种类繁多，数量很大，而且其中许多数据是和其他系统共享的。为能有效存储和便于随时调用这些数据，必须建立功能强大的数据库，实现有组织地、动态地贮存大量关联数据，方便多用户访问，使数据能充分共享，并对应用程序保持高度独立性。

7. 进行系统各功能模块设计和总体设计

由于 CAPP 系统中要应用各种计算方法，为此需预先将各种计算公式和求解方法编成各个功能模块，如切削参数的计算，加工余量、工序尺寸公差的计算，切削时间和加工费用的计算，工艺尺寸链的求解，切削用量的优化和工艺方案的优化等。在系统运行过程中各功能模块可随时调用，总体设计时，用一个主程序和界面把所有子程序连接起来，构成一个完整的 CAPP 系统的总程序。

派生型 CAPP 系统的开发周期较长，特别是要建立庞大的工艺数据库，这是一个工作量较大的过程。

2.3.4 创成型 CAPP 系统

2.3.4.1 创成型 CAPP 系统原理

创成型 CAPP 系统也叫生成法 CAPP 系统，可以定义为能自动地为新零件创建工艺规程的系统，即工艺规程是根据工艺数据库的信息在没有人工干预的条件下创造出来的。系统能根据零件模型通过逻辑决策自动产生各个工序，自动完成机床选择、工具选择和加工过程的优化。

系统要做到这一点，必须具备高水平的逻辑判断能力，必须能将零件用计算机易于识别的形式作精确的描述，必须能把获得的工艺逻辑和零件描述数据综合放入统一的数据库，必须具备所有加工方法的专业知识和经验，以及有关的可能后续工序、可替代的加工方法以及相互矛盾或排斥的加工方法等方面的信息。

显然，要实现真正的创成型 CAPP 系统是比较困难的，还需要进行大量的研究工作。目前在技术上至少有以下两个关键问题有待进一步解决：

(1) 零件的各种几何、工艺信息还不能做到用计算机能识别的形式完全准确地描述，特别是对复杂零件的特征模型的建立还有待完善。

(2) 工艺知识还停留在经验型知识的层面上，工艺过程的优化理论还不完善，没有严格的理论和数学模型，还难以建立计算机能够自动识别和处理的、完善的工艺决策模型。

创成型系统开发的成败是系统所获取的制造知识的状况，有效地收集提取和表达工艺知识是实现创成型系统的关键。

系统的决策逻辑是系统的核心，控制着程序的走向。决策逻辑用来确定加工方法、加工设备以及工艺流程等各环节，从决策基础来看，它又包括逻辑决策、数学计算以及创造性决策等方式。

图 2-19 是某箱体 CAPP 创成系统的结构框图，工作原理为：获取零件特征信息、零件特征分析、特征工艺链的生成、工序排序、工艺路线生成等，通过访问数据库获取所需的制造信息，将零件信息与知识库中的规则进行匹配推理完成工艺设计。

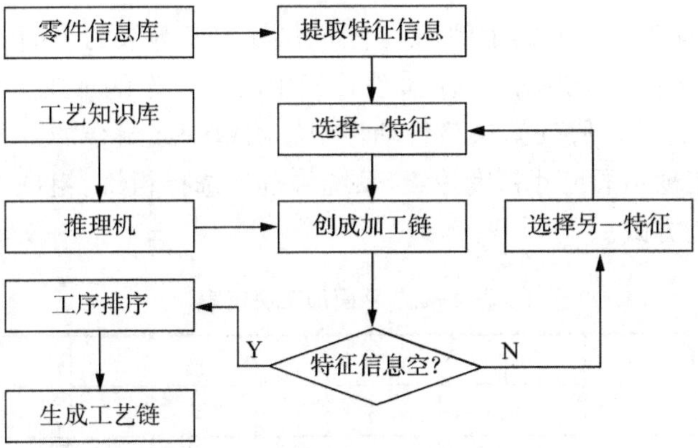

图 2-19　CAPP 创成系统总体结构框图

在创成型 CAPP 系统中，较多地应用逆向编程方法，以零件最终的几何形状和技术条件作为出发点，逐步填补金属材料并降低公差和表面粗糙度等技术要求。由于从已知要求出发选择预加工方法相对比较容易，所以加工过程的中间状态也容易确定，因此逆向编程易于满足最终目标的要求，便于确定零件在加工过程中的工序尺寸和公差以及绘制工序图。相比之下，传统的正向编程方法从毛坯开始进行工艺设计，编程的起始点是毛坯表面，其前提条件往往不明确，造成零件在加工过程中的状态也不很明确，若进行工艺规程的自动设计，则其包含的设计自由度就较多，易使工艺规程的自动设计走弯路。

2.3.4.2　创成型 CAPP 系统的关键技术

1. 工艺决策逻辑

决策逻辑是创成式工艺设计软件的核心，它引导程序的走向，创成型系统就是决策逻辑的应用。

建立工艺决策逻辑一般应根据工艺设计的基本原理、工厂生产实践经验的总结以及对具体生产条件的分析研究，如各表面加工方法的选择，粗、细、精、超精加工阶段的划分，装夹方法的选择，机床、刀具类型规格的选择，切削量的选择，工艺方案的选择等，并结合了各种零件的结构特征。

还要广泛收集各种加工方法的加工能力范围和所能达到的经济精度以及各种特征表面的典型工艺方法等数据，将其储存在计算机内。计算机将根据输入的零件特征的几何信息和加工技术要求，自动选择相应的工艺决策逻辑，确定其加工方法，或者选择已储存在计算机中的某些工艺规程片断，经综合编辑，生成所需的工艺规程。

工艺决策逻辑的主要形式通常是决策表或决策树。决策表是将一类不易用语言表达清楚的工艺逻辑关系用一个表格形式来表达的方法，它是计算机软件设计的基本工具。决策表的格式可如表 2-1 所示，表分为四个区域，左边分别为条件项目和决策项目，右边分别为条件状态和决策行动。右边每一列即为一条决策规则。

表 2-1　决策表格式

条件项目	条件状态 1	条件状态 2	……	条件状态 *n*
决策项目	决策行动 1	决策行动 1	……	决策行动 *n*

表 2-2 是平面加工决策表的示例，对于不同尺寸精度等级的平面加工进行加工方式决策，条件项目栏中给出各个精度等级，决策项目栏中给出可选的加工方法，条件状态栏中给出各个条件的真实(T)或虚假(F)，决策行动栏中给出单一或组合加工方法的决策结果。由表 2-2 中可知，对三种不同尺寸精度等级，系统将自动选择粗铣、粗铣—半精铣以及粗铣—半精铣—精铣的加工方式。

表 2-2　平面加工决策表

尺寸精度 IT11～13	T	F	F
尺寸精度 IT8～10	F	T	F
尺寸精度 IT6～7	F	F	T
粗　铣	1	1	1
半精铣		2	2
精　铣			3

决策表的格式并不唯一，但无论何种格式的决策表都必须清楚地表达条件与决策的逻辑关系，并且要易懂、易读和修改方便。

决策树由树根、节点和分支组成。树根和分支间都用数值互相联系，通常用来描述事物状态转换的可能性以及转换过程和转换结果。分支上的数值表示向一种状态转换的可能性或条件。当条件满足时，则继续沿分支向前传递，以实现逻辑“与”的关系；当条件不满足时则转向出发节点的另一分支，以实现逻辑“或”的关系，在每一分支的终端列出了应采取的动作。所以，从树根到终端的一条路径就可以表示一条类似于决策表中的决策规则。

下面是某箱体零件孔加工的决策表示例。

表 2-3　箱体孔加工决策表

$7 \leqslant IT \leqslant 8$	T	T
$0.63 \leqslant Ra \leqslant 2.5\ \mu m$	T	T
$D > 45$	T	F
粗镗—半精镗—精镗	×	F
钻—扩—铰	F	×

其中 D 表示零件直径。用决策表表示以上加工规则，如表 2-1 所示。决策表由四个部分组成，依次为：条件项目、条件状态、决策项目和决策行动。在决策表中，T 表示“真”，F 表示“假”，“×”表示动作，只有当表的一列中所有条件都满足时，动作才会发生。对应于决策表 2-3 的决策树如图 2-20 所示。树根表示需要决策的项目，分支表示条件，树叶表示决策结果。

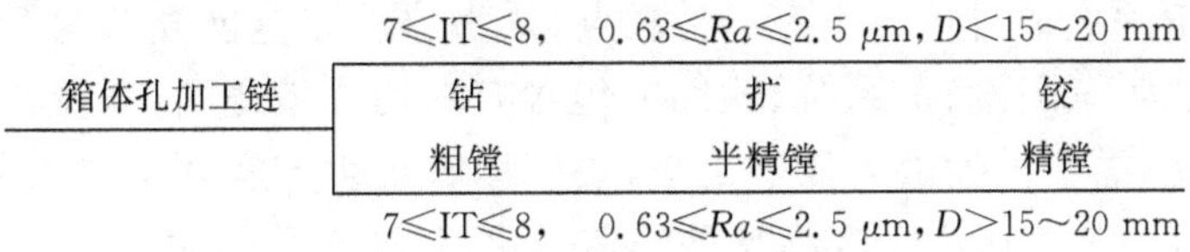

图 2-20　箱体孔加工决策树

在利用决策表和决策树的 CAPP 系统中，工艺知识和决策逻辑都用程序设计语言编制在软件程序中，系统程序一旦编制、调试完毕，其功能就确定下来。其中条件部分和结论部分按 VB 语言要求的语法结构表示，规则的录入、编辑、存盘等功能集成在一个称为规则库创建工具的对话框中进行。

2. 工艺知识库的建立

工艺知识库包括资源信息库（机床、刀具、夹具等）、切削参数库（主轴转速、切削速度、切削深度等）、常用加工方法的经济精度，它包含了通常意义上的工艺数据库、典型工艺库、工艺规则库等。

由于工艺知识是不断扩充、不断完善的，工艺知识库是一个开放的系统，例如工艺数据库部分就可提供一个树型结构的两类表格给用户扩充自己的工艺数据库。其中，单表数据用于描述一些工艺设计所需要的简单数据，如工厂的各加工车间列表、材料列表等；分类表数据用于描述一些比较复杂的基础数据，如：设备列表、刀具、夹具列表等。树的数据可以作增加、删除、修改等。

3. 推理机的设计

推理过程本质上是已知信息与知识之间的匹配过程，根据工艺知识的产生规则的表示形式，大多采用目标驱动的反向推理方式，也可以采用基于规则的正向推理方式，图 2-21 所示为某箱体 CAPP 创成系统的程序框图。

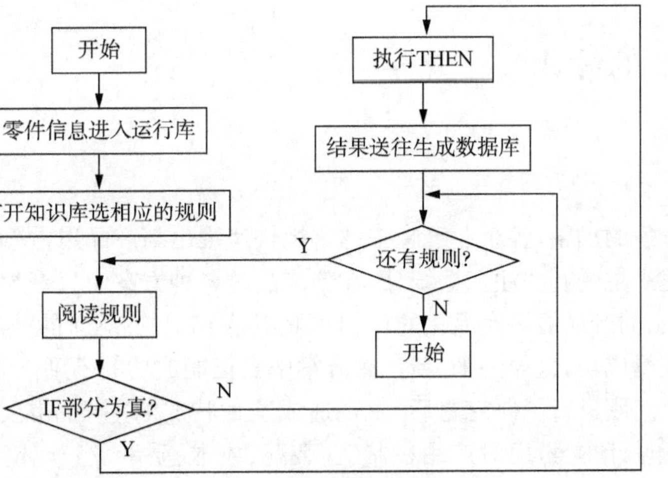

图 2-21　推理机程序框图

2.3.5　CAPP 系统的发展趋向

作为真正的创成型系统的近似，目前开发的创成型 CAPP 系统主要是指带有一定工艺决策逻辑的 CAPP 系统。理论界也有一种观点，认为追求完全创成型的 CAPP 系统并不明智，要使 CAPP 成为一个完整的系统，软件中包含有一切决策逻辑，系统具有工艺规程设计所需要的所有信息，需要做大量的准备工作，要广泛收集生产实践中的工艺知识，建立庞大的工艺数据库。而生产实际由于产品品种的多样化，各种产品的加工过程有很大的不同，每个生产环境都有它特殊的生产条件，工艺决策逻辑也都不一样，所以具有有限创成功能的 CAPP 系统更为实用，有更广阔的发展前途。

由于目前还不能完全实现创成型 CAPP 系统，所以在针对某一产品或某一工厂的生产情况而设计 CAPP 系统时，往往将派生型和创成型互相结合，称之为综合型 CAPP 系统，也叫半创成 CAPP 系统，利用各自的优点，克服各自的不足。例如某综合型 CAPP 系统采用派生与自动决策相结合的工作方式，对于零件的工艺路线是通过在计算机中检索其所属的零件组的标准工艺，由计算机按照派生法根据零件的几何形状和加工精度以及工艺参数等进行一系列的删减选择而得到。同时系统又具有一定的工艺决策逻辑，根据零件的输入参数经过工序创成而获得每一道工序的详细内容，体现了派生与创成相结合的特点。我国各高等学校及科研院所等开发的 CAPP 系统大多数是这类系统。

各国研究者对 CAPP 都给予了高度重视，但由于 CAPP 所涉及的是典型的跨学科的复杂问题，是一个研究难度较大的领域，还存在不少亟待解决的问题，例如由于各个具体制造生产环境的差别很大，虽然人们迫切希望 CAPP 系统具有如同 CAD 系统那样有较强的通用性，但是就目前的 CAPP 发展水平而言还很难做到这一点。总的来说，CAPP 在工程实际中应用的深度和广度上都还不理想，当前研究开发的热点课题主要有：产品信息模型的生成与获取、CAPP 体系结构研究及工具系统的开发、并行工程模式下的 CAPP 系统、基于分布型人工智能技术的分布型 CAPP 专家系统、人工神经网络技术与专家系统在 CAPP 中的综合应用、CAPP 与自动生产调度系统的集成、基于 web 技术的 CAPP 系统等。

2.4　面向 X 的设计

2.4.1　概述

随着市场竞争的加剧，各企业已越来越重视快速推出新产品以占领市场，因此新产品开发的成功率也越来越受到关注。据统计，在新产品的各种方案中只有约 6.5％能够制造出实际产品，而制造出的产品能够商品化的比例一般不足 15％，商品化的产品进入市场后一般又约有半数未能获得成功，这样一来，新产品方案中真正能成功的不到 0.5％。

人们对这个问题进行了研究之后，发现造成这种状况的主要原因之一是在产品的设计阶段只是注重了设计本身，而对产品在制造、装配、成本、质量、经营、销售、维修等方面的影响因素考虑不够，这就埋下了“隐患”。为能在产品的策划设计阶段就能对后续阶段可能出现的更多的影响因素加以全面的考虑，就产生了面向 X 的设计即 DFX(Design For X)，其中 X 可以代表产品生命周期中的各种因素，如制造、装配、成本、质量、检验、经营、销售、环境、使用、维修等。

DFX 使设计者在早期就能考虑设计决策对后续的影响。目前较为成熟的 DFX 技术有：

(1) 面向制造的设计 DFM(Design For Manufacturing) 此处的制造在习惯上一般是取它的狭义定义，即主要包括加工和装配两个方面，因此又可分为面向加工的设计 DFM (Design For Machining)和面向装配的设计 DFA(Design For Assembly)，前者强调在设计过程中考虑加工因素，即可加工性和加工的经济性；后者则要求在设计过程中考虑装配因素，即可装配性、装配的经济性。

(2) 面向质量的设计 DFQ (Design For Quality) 它强调在产品的设计阶段就综合考虑到一切与产品质量有关的活动，将质量管理与控制活动融入设计中，保证设计的完善性。

(3) 面向成本的设计 DFC (Design For Cost) 它在设计阶段综合考虑产品生命周期中的加工制造、装配、检测、维护等多种成本因素，并根据成本原因及时进行设计修改，从而达到降低产品成本的目的。

(4) 面向维修的设计 DFS(Design For Service) 它要求在产品设计阶段就充分考虑产品的维护、保养和修理问题，因此在产品设计目标中要包括维护简单、保养方便、修理工作容易进行等。由于产品的维修一般都涉及产品的拆卸和重装，DFS 要考虑如何降低拆卸和重装的难度，减少维修的时间，同时采用模块化设计、尽量使用标准件和通用件，以降低维修的成本。

(5) 面向环境的设计 DFE(Design For Environment) 它的基本目标是设计制造绿色产品，在设计时充分考虑产品在生产和使用过程中，消耗的资源最少，对操作者的危害最低，产品可以回收利用，以节约资源，保护环境。DFE 也称为生态化设计 ED(Ecological Design)，包括面向拆卸的设计 DFD(Design For Disassembly)和面向回收的设计 DFR (Design For Recovering and Recycling)。

2.4.2 面向制造的设计

1. DFM 的概念

新产品开发的成功率是衡量企业产品开发和创新的重要标志之一，直接决定了企业的市场竞争能力。我国企业往往有大量设计成果不能或难以有效地转化为有竞争力的商品，其中的重要原因之一是方案图样上的产品不可能按设计要求制造出来，或不得不用很高的成本才得以制成。面向制造的设计 DFM(Design For Manufacturing)是改变这一现状、提高企业市场竞争能力的关键之一。

面向制造的设计的核心思想就是把产品的设计和制造工艺相结合，使产品易于加工和装配，保证产品质量，在满足客户需求的前提下缩短产品开发周期，降低产品生产成本，提高产品竞争力。在通常的产品开发过程中，设计者主要考虑的是怎样实现产品的功能和性能指标，而较少考虑产品的可制造性和经济性。这可能是由于在设计工作完成以前，产品的可制造性和经济性信息不够全面，进行可制造性和经济性的评价有难度；但更多的情况是设计者对产品的制造工艺及其技术经济性缺乏足够的了解。事实上，往往只需对零件的结构稍加改动，就能用另一种更容易保证精度，同时也更便于实施的方法来加工或装配；或者即使仍然用原来的加工方法和装配工艺，其工艺性和经济性也有显著改善。另外，产品设计的标准化、通用化程度，产品各部分的精度等级分配等方面都与产品的可制造性和经济性直接相关。为解决这个问题，面向制造的设计 DFM 要求设计者不仅要考虑产品的功能和性能的要求，而且还必须同时考虑其可制造性、经济性，使制造成本尽可能降低。

2. 基于规则的 DFM

基于规则的 DFM，也称为公理化方法(Axiomatic Method)。该方法给予一系列设计指南(Guide Line)，这些指南来源于实际的设计制造经验和装配实践。归纳和建立一系列便于产品加工和装配的设计规则是重要的，可用来评价产品的设计方案。在产品的初始设计阶段和再设计阶段，正确运用这些设计规则，将能达到面向制造的设计 DFM 的基本目标。

狭义的制造主要包括加工和装配两个方面，因此面向制造的设计 DFM(Design For Manufacturing)一般又分为面向加工的设计 DFM(Design For Machining)和面向装配的设计 DFA(Design For Assembly)，面向制造的设计规则相应地也包括了面向加工和面向装配的设计规则。通常采用的规则有：

(1) 产品中尽量采用标准件、通用件，这样可以降低产品的设计制造成本，而且易于保证质量，便于维修；

(2) 尽量减少产品中的零件数，这样就直接减少了装配工作量，也提高了产品的可靠性；

(3) 尽量采用模块化设计，不但可以明显减少设计工作量，同时由于产品的最终装配是面向模块，装配工作量也将大大减小。模块化设计还可以扩大生产批量、降低生产成本、提高产品对市场的应变能力；

(4) 尽量采用少、无切削加工。成形技术正在从为工件切削加工阶段制造“毛坯”向着直接制造“工件”的方向发展，即精确成形或称净成形、近净成形技术，对于简化产品加工过程，降低产品成本有重要的意义；

(5) 对于加工工艺性，在满足产品性能要求的前提下应选用便于加工的材料；按照“经济精度”的原则制订合理的精度要求，产品零件上的结构要合理，便于夹具安装，保证刀具能自由地进、退刀；

(6) 装配工艺性则需考虑装配尽量在外部进行，以便于观察和装配的便利，尽量减少装配工作面；装配在一起的零件应有互锁特征，如设计时增加一些凸凹特征，以便使零件保持原位；尽量使产品所需的装配方向最少，各零件应尽量在同一个方向进行装配，且最好是垂直方向，以便保证效率和质量；装配过程的重要特点之一是使被包容特征的形体进入包容特征的形体，为使零件易于装配，端口处需设立倒角、锥度或引导面等。

下面分别对面向加工的设计 DFM(Design For Machining)和面向装配的设计 DFA(Design For Assembly)作进一步介绍。

2.4.2.1 面向加工的设计

目前较为成熟的面向加工的设计 DFM(Design For Machining)系统大多是基于零件进行研究，重点考虑加工工艺性和最小的材料与加工费用。DFM 把产品设计和加工工艺设计集成在一起，使设计者在产品的设计阶段就尽早地考虑与产品加工制造有关的约束，在加工工艺和制造资源环境(如毛坯选择、机床设备、工卡量具、操作者技术水平、加工场地等)的约束下进行零件设计，全面评价产品设计和工艺设计，同时提供改进设计的反馈信息，在设计过程中完成可加工性检测，使产品的结构合理、制造简单并实现全局优化。

随着数控机床、加工中心和柔性制造系统（FMS）等现代加工设备的发展，许多过去认为无法加工的复杂零件都可以加工出来，因此，现有的设计理论也要跟上去，如果依然过分强调把零件结构设计成传统机床所能加工的简单形状，先进制造设备的优点就无法得到发挥，面向加工的设计 DFM 在这个方面也对设计者提出了要求。

为此，随着简化机械设计，特别是简化装配技术和通信技术的迅速发展，人们在以零件为研究对象的面向加工设计领域的研究也取得了较大进展。这主要体现在对基本知识的可制造性（确切说是可加工性）评价系统工程 DFM 专家系统、CAD/CAPP 并行交互设计系统及基于制造特征的设计系统的开发研究上。

1. DFM 的基本原理

DFM 通常定义为"实现产品及其相关过程并行设计的系统化方法"。DFM 也译作"设计为了制造"。

DFM 方法的目标是同一产品概念，这一概念应便于装配和制造并便于集成工艺设计和产品设计，确保尽可能好地达到要求。它要求在制造系统各个组成部分之间保持通信联系，在产品实现的各个阶段能够保持设计调整和完善的柔性。

DFM 是一种综合方法，它使用了多种信息，包括：① 设计图、产品设计任务书、设备选择方案；② 生产和加工过程详情；③ 制造成本、产量和投产日期的估计。由此可见，DFM 既需要外部专家提供信息，也需要开发组成员搜索信息。许多公司实施 DFM 时，采用结构化的、跨部门的、以组为基础的开发机构，以集成和共享 DFM 信息。

DFM 的主要原则：由于不同的加工方法存在较大的差异，具体到面向不同加工的设计，必须有不同的具体的设计原则。有关 DFM 的原则（即零件的结构工艺性资料）在各种设计手册和工艺手册中能够找到。

2. 产品可加工性的评价

（1）产品可加工性评价的内容　实现 DFM 的一种重要手段是对产品的设计进行可加工性的技术、经济性评价。技术性评价体现了制造功能的约束，主要评价产品结构合理性及加工可行性；经济性评价则反映了企业的目标需求。评价的两个方面是相互联系的。技术性评价及时发现产品设计的不合理因素，避免不必要的浪费，从而提高经济性；经济性评价则要建立在技术分析的基础上，是技术指标的经济体现。

评价产品可加工性时要从产品全局角度考察单个零件的可加工性问题，例如同一产品中各零件的复杂程度不应太悬殊，以免因加工难度相差太大，造成某些零件加工周期过长而打乱生产节拍，使得零件的加工周期与产品整体的制造周期不协调。

产品可加工性评价的规则库需要不断扩展。在围绕一般切削加工制定规则库的基础上，还需广泛针对其他特殊加工手段（如激光加工、电火花加工等）建立相应的评价规则库。

（2）产品可加工性的评价方法：

1）基于知识的评价　随着计算机技术和人工智能的发展，产品的可加工性评价系统逐渐发展起来，成为计算机辅助 DFM 系统的重要部分。

产品的可加工性是一个多目标和多因素的概念，在多个目标中有一些是定量的，但更多的是定性的，甚至是模糊的；在多个因素中，有的是确定的和明显的，有的是不确定的和含糊的。要建立科学的可加工性评价模型是有相当难度的，这也是DFM研究中的热点之一，近年来取得了一定的进展，但还远不能满足实用的要求。

基于知识的计算机辅助DFM系统主要利用专家系统技术，建立规则和方案评价，通过知识库中的工艺知识和数据库中的制造资源数据，采用逻辑编程语言实现规则和推理过程，采用反向推理链接(Backward Chaining)方式访问规则集合以满足系统结论，对设计结果进行可加工性评价，并对加工成本和生产时间进行预测。系统的知识库是开放的，可以随时访问进行修改，或将新的规则存入知识库。

基于知识的系统是目前国内外采用较多的DFM实现模式，这种系统功能独立，便于模块化，但在处理复杂零件的几何问题，尤其判断涉及空间拓扑关系的加工干涉问题时有一定的局限。

2）基于几何模型的评价　基于几何模型推理的DFM系统输入能反映几何拓扑关系的零件三维几何模型，可在零件设计的概念设计与详细设计阶段发挥作用，其通用性强，尤其适用于结构复杂的零件的加工干涉判断。

基于几何模型推理的DFM系统，由于判断对象缺乏定位和装夹面、尺寸精度和公差、零件材料等工艺信息，因此在评价加工效率和加工精度的资源可行性等方面有其不足之处。但随着各主流三维CAD软件在特征造型技术方面的不断完善，在设计模型中已经能够加载相关工艺信息，加之这些软件功能覆盖了从设计、分析、制造到装配的几乎所有产品开发过程，在产品模型数据一致性等方面有其独特的优势，因此，构建于这些软件上的基于几何推理的DFM系统在零件可加工性评价时不仅能够判断复杂的结构工艺性问题，而且通过二次开发，其功能可以扩展到资源占用和加工效率评价等方面。

事实上，特征造型环境下的零件设计过程就是从特征库中选取所需的特征(包括非加工特征)，通过布尔运算，得到由特征组成的零件模型。可加工性评价就可分为特征关系评价、单元特征评价和零件总体评价三部分。特征关系评价可包括公差关系评价、尺寸关系评价；单元特征评价可包括特征尺寸精度评价、表面粗糙度评价和特征形状评价；零件总体评价则有总体结构加工工艺评价、总体尺寸精度评价和总体质量要求评价等。

3）定量评价　这类方法只限于对局部范围的近似估计，一般利用计算机程序按经验公式自动评价可加工性。

这类方法又分为三种：① 从缩短生产成本出发，以费用作为评价指标，综合考虑加工过程的各种费用，用经验公式进行量化处理，近似估计产品总费用。② 从制造工艺出发，以加工方法以及加工方法的难度为基础，结合生产单位的实际情况对各种加工方法分类，并用百分制表达加工难度和加工费用，找出产品的加工费用，并对不合理的加工方法进行改进，以评估产品的可加工性。③ 从产品的性能价格比出发，分析产品的每个功能和每个功能的价值，综合市场需求，精简或增加新的功能，去掉费用大而又增值少的产品的功能。

4）经验评价　这类方法也分为三种：① 通过专家对几个指标(如时间、费用等)来定性评价零件的可加工性，而且凭经验确定权值。缺点是常存在估算偏差和估算周期过长。② 从产品的功能出发，提出一些设计公理指导产品设计。③ 从制造工艺出发，保证实际出来的产品能够在给定的环境条件下，采用某种特定的加工工艺加工出来，例如，面向铸造的设计、面向锻压的设计、面向加工中心的设计等。

2.4.2.2 面向装配的设计

1. DFA 概况

面向装配的设计 DFA(Design For Assembly)是一种在设计阶段就统筹兼顾装配要求的设计思想和方法。产品是由零部件组成的系统,任何产品的功能都不是单独由某一个零部件实现的,而是要通过众多零部件间的相对运动、相互制约来实现,即通过装配体来实现。装配是将零件组合成部件、组件、总成乃至完整产品的生产过程,在制造企业的全部生产活动中,装配是最重要的环节之一。

在产品的概念设计阶段,设计者确定产品的整体方案和结构框架,并按设计意图逐步细分;在详细设计阶段进行系统结构的详细设计,确定每个零件与周围零件的相互约束关系,在此前提下进行单个零件的几何造型,以保证最后生产出来的零件经过装配能最终形成预定的产品。因此,装配信息是贯穿设计过程的主线。DFA 在产品设计阶段,通过分析影响产品可装配性的各种因素,对产品的可装配性进行评价。它一方面从装配角度优化产品及其零部件的结构设计,以获得最低的装配费用;另一方面通过装配规划为制订产品装配工艺规程提供指导性意见,并在此基础上给出产品再设计(redesign)建议,使产品的装配过程合理化,从而降低产品的装配费用。

面向装配的设计 DFA 的产生可追溯至 20 世纪 60 年代初。由于制造技术的发展很不平衡,装配方面的进展远远落后于零件的制造。大多数装配任务依靠手工完成,装配所耗的时间约占整个生产周期的 50%,成了生产过程中的瓶颈。企业生产迫切需要解决装配自动化问题,以消除这一瓶颈。因此,在为实现装配自动化而进行的产品结构改进的研究中逐步形成了早期的 DFA。

20 世纪 70 年代,面向装配的产品设计(Assembly-Oriented Product Design)热潮在工业化国家兴起。产品设计是否合理对制造成本影响很大,要想真正的降低产品成本,就要从系统观点出发,以简化产品结构为先决条件,先考虑产品的可装配性,再考虑零件的可加工性,因此,必须从产品设计开始就考虑制造因素,以减少制造费用,降低产品成本。DFA 思想正是在这一背景下产生的。1980 年美国马萨诸塞(Massachusetts)大学 G. Boothroyd 教授等人首次提出面向装配的设计(Design For Assembly)这一术语。DFA 也被译为可装配性设计。

2. 产品装配模型的信息描述

产品装配模型的信息包括五个方面:① 几何形体描述信息,包括了几何信息和拓扑信息两方面,几何信息是与产品的几何实体构造相关的信息;拓扑信息反映了产品装配的层次结构关系和产品装配元件之间的几何配合约束关系。② 工程语义信息,即与产品工程应用相关的语义信息,包括装配元件的角色类别、聚类分组、装/拆的强制优先关系、工艺约束和运动约束关系、设计参数约束和传递关系等。③ 装配工艺信息,即与产品装/拆工艺过程及其具体操作相关的信息,包括各装配元件的装配顺序、装配路径,以及装配工具的介入、操作和退出等信息。④ 装配资源信息,主要是装配系统(包括装配设备、装配平台、装配工具等)的组成与控制参数。⑤ 管理信息,是指与产品及其零部件管理相关的信息。

装配设计信息的描述方法有:① 基于图形的描述方法,以节点表示产品装配系统总的各种实体,以有向线弧表示实体与实体的装配关系;② 基于关系数据库的描述方法,采用关系数据库存储 DFA 信息,实现装配系统实体及其关系等信息的组织和维护;③ 面向对象的描述方法,对象的层次分为若干类及相关属性,如物理属性、几何属性、特征属性等等,装配方法由对象的类型确定。

3. 装配规划设计

经典的计算机辅助装配规划 CAAP(Computer Aided Assembly Planning)主要采用几何推理的方法,进行产品装配建模、装配序列的推理、表达、评价和选择以及装配仿真。

法国学者 Bourjault 最早建立了产品零件的联结图装配模型,并以此为基础提出了基于装配约束优先关系的装配序列生成方法。其方法主要是通过人机交互提问的方式获得零件间装配的优先约束关系,并以此推出装配序列。该方法在人机交互时用"Yes"或"No"回答各种联系关系之间的优先次序,因此当产品的零件数较多时,需要回答的问题量太大,从而影响了系统的实用性。后来,De Fazio 和 Whitney 改进了 Bourjault 的提问方式,大大减少了人机交互回答问题的数量。尤其是 Baldwin 等在 Bourjault 和 De Fazio 等人的工作基础上,提出了零件是否可装配的两条准则:

(1) 超集准则　如果某个零件或子装配体由于几何干涉无法装配,那么在该零件或子装配体上增加一个零件,同样不能装配该零件。

(2) 子集准则　如果两子装配体可以装配,那么去掉两子装配体中和另外子装配体不发生装配关系的任何零件,两子装配体仍然可以装配。

根据这两条准则,可以由系统自动判别一些装配优先约束关系,使需要由用户交互回答的问题进一步减少,极大提高了系统的实用性。

Homem de Mello 和 Sanderson 最先提出了以拆卸法求解装配序列的系统方法,即通过获取产品拆卸过程中的零部件优先约束关系规划出零部件的拆卸序列,再将拆卸序列反向即可得到产品的装配序列。由于装配体可能存在着大量的装配序列,Homem de Mello 和 Sanderson 提出了装配序列的 AND/OR 图表达方法,可以简洁地表示装配体所有可能的装配序列。图 2-22 是一个由四个零件组成的装配体及其对应的装配序列的 AND/OR 图。

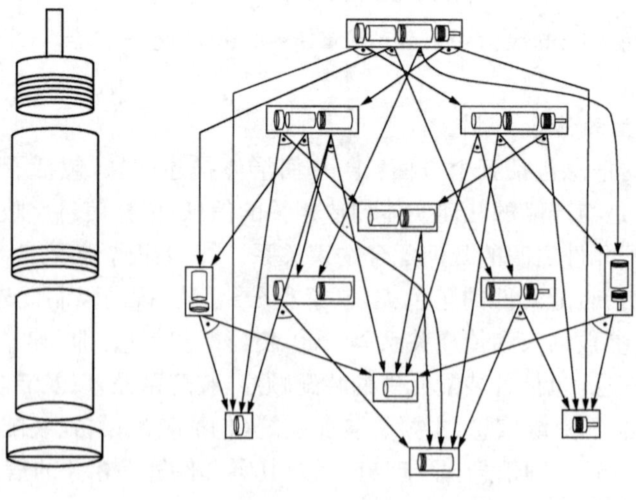

图 2-22　装配体及其对应的装配序列图

Wilson 和 Latombe 提出了非有向阻止图 NDBG(Non-Directional Blocking Graph) 的概念,描述了在多项式空间中零件运动的相互干涉关系的集合,同时也提出了评价装配过程复杂度的定量指标,根据非有向阻止图的结构,很容易推导出产品装配序列。

此外,国内外的不少学者也提出了类似于上述的基于图搜索的装配序列规划方法,这些装配序列规划方法仍在继续发展中,主要问题是在规划求解过程中由于过分依靠计算机的自动推理能力,对于具有较多零件数的产品进行装配序列规划时可能存在"组合爆炸"现象,导致无穷尽地搜索可行的装配序列,影响了系统的实用价值。

随着虚拟现实技术(Virtual Reality, VR)的发展,虚拟装配规划成为面向装配的设计 DFA 的重要方面之一,而从另一个角度看,面向装配的设计 DFA 已是虚拟设计制造系统中的一个重要模块。虚拟装配就是在虚拟环境下通过操作者对虚拟物体的装配完成装配任务。在虚拟装配的过程中,人机可以充分发挥各自的优势,即人通过直觉或装配/拆卸经验决定复杂产品的装配/拆卸过程。

华盛顿州立大学的 Connacher H. L 最早给出了虚拟装配的定义:"无需产品或支撑过程的物理实现,通过分析、检验模型、可视化和数据表达等手段,利用计算机工具来安排或辅助与装配有关的工程决策。"

美国华盛顿州立大学和美国标准技术局(NIST)Jayaram 等人联合开发的沉浸式虚拟装配系统 VADE(Virtual Assembly Design Environment),其特点包括:

(1) 逼真地模拟真实装配环境,虚拟物体由 CAD 系统导入;

(2) 支持双手的灵活装配和操作;

(3) 提取并导入 CAD 系统产生的装配约束信息,在虚拟环境引导装配过程;

(4) 记录虚拟装配过程中产生的扫描体积和路径信息并可进行编辑;

(5) 支持难于装配情况下设计参数的更改,并将更改信息反馈到 CAD 系统中;

(6) 建立了工具/零件/人相互作用的模型,支持装配工具在虚拟装配环境中的运用。

计算机技术与信息技术的发展带来了一项新技术——增强现实技术(AR),它将计算机生成的虚拟物体或场景叠加到真实场景和物体中,使真实世界信息和虚拟世界信息"无缝"集成,从而实现对真实环境和虚拟环境的双重"增强"。

增强现实的装配规划就是在增强现实的环境下通过对虚实场景、虚实物体的融合将虚拟环境与真实环境融为一体,在此环境下进行装配过程和分析。增强现实的装配可以让操作者有更多的真实感受,在看到虚拟物体的同时,也能看到真实的场景,因此在装配设计过程中会更加地主动。增强现实的装配使得装配序列规划可以由设计者来决定,也可以由计算机程序来得到,从而大大改善装配过程中的正确性、可靠性,较明显地缩短装配时间。

增强现实技术与装配理论相结合,形成了面向装配的设计 DFA 的新的研究领域,取得了大量的新成果。

Jose M. Molineros 等人实现了名为 AREAS 的增强现实的装配系统,该系统可以实现两方面的功能:① 该系统利用联系图的方法自动生成装配体的可装配序列供设计者选用;② 用户也可以自行决定装配顺序供系统保存和比较,可以控制整个 AREAS 系统。AREAS 系统的体系框架可用图 2-23 来表示 。

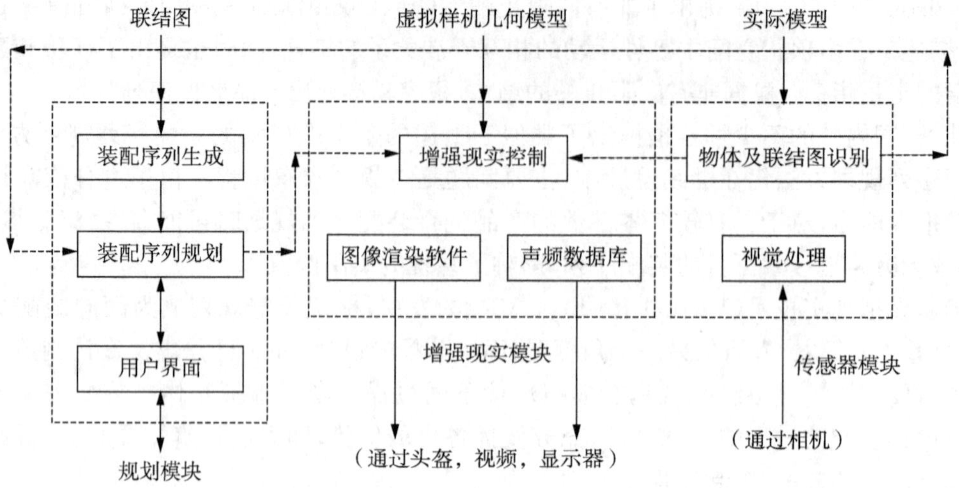

图 2－23　AREAS 系统框架

Yan Pang 等人提出了在增强现实环境中进行装配特征设计，为设计者在概念设计阶段提供零件间的约束信息，以便于进一步地详细设计。Nattapol Pathomaree 等人提出了在增强现实的系统中进行装配技能训练，系统可以提示和指导操作者完成操作任务，并检查装配的正确性。M. L. Yuan 等人提出了 VirIP（Virtual Interaction Panel）这种交互工具进行在增强现实系统中的装配指导。增强现实环境中的装配规划设计已成为各国研究者的重要关注点之一。

4. *产品可装配性分析与评价*

产品可装配性分析方法主要有：

(1) 基于实验的方法　是指通过设计可装配性实验，对产品的可装配性进行实验分析和综合，如通过实验，考察自动装配情况下，零件结构形状对机械手抓取及定位的影响；

(2) 基于统计的方法　即对工程实际中，大量的产品装配实例和活动进行系统的统计、分析和综合，如统计手工装配条件下，通常轴类零件与套类零件连接的时间花费等；

(3) 基于建模的方法　即建立产品的可装配性分析模型，对产品的可装配性进行理论分析和推导，如建立不同装配条件下零件装配阻力的数学模型，推导装配阻力经验公式，并进行工程验证。

产品可装配性分析有以下两个方面：

(1) 产品可装配性的影响因素分析　影响可装配性的因素主要表现在产品、装配工艺和装配系统这三个相互制约的方面，包括产品种类、产品结构、装配方式、装配系统类型、装配系统配置等。要分析各因素之间的相互作用和相互关系，从多方面分析产品的可装配性。

(2) 产品装配方法确定　在设计的早期阶段就应该确定采用哪种方法装配产品。基本的装配方法有手工装配、专用机械（自动化）装配、程序控制机械（包括机器人）装配以及三种方法混合的装配方法。不同的装配系统，对产品设计要求有很大不同。装配系统的选择可以根据产品的情况、生产的情况和企业的经营情况，如产品结构、产品批量、产品成本、市场分析、企业的投资策略等方面因素来确定。

产品可装配性的评价方法可分为基于装配准则的定性评价和以量化方式分析产品可装

配性的定量评价。定量评价内容一般包括产品结构评价、装配工艺评价、单一零件评价以及连接方式评价。

产品的可装配性评价要按照三方面的要求进行：

(1) 技术性要求　装配体的形成在现有技术下必须是可行的，即可以实现的。这是装配体赖以存在的前提条件，不满足该前提的装配是缺乏现实意义的。

(2) 经济性要求　在保证质量的前提下应尽可能降低装配成本，从而降低总的生产成本。这是产品具备市场竞争力的必要条件。

(3) 社会性要求　产品是为社会服务的，装配的过程和结果必然要受社会因素的制约，必须要符合社会的有关规范。

5. *产品的可装配性再设计*

可装配性再设计是产品 DFA 的关键问题之一，只有通过产品的可装配性再设计，才能改善产品的可装配性。DFA 系统提供的可装配性再设计一般采用两种形式：

(1) 再设计建议 系统根据可装配性分析和评价，给出再设计建议，以改进产品的可装配性。

产品可装配性再设计建议一般是在人机交互系统提问的基础上，根据产品的装配工艺和装配工况，由系统通过知识推理而给出。图 2 - 24 中所示为虚拟装配规划系统中再设计建议的作用框图。

(2) 再设计工具 在系统支持下，实现产品装配设计的改进、补充和完善，如调整装配设计参数、改变装配条件、改变装配结构等。

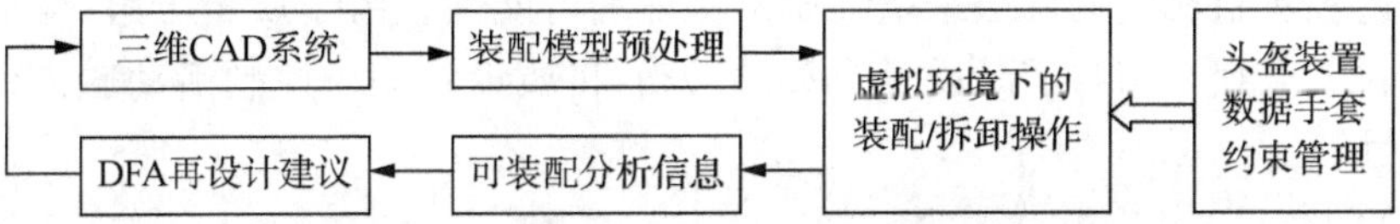

图 2 - 24　虚拟装配规划系统中再设计建议的作用框图

2.4.3 面向质量的设计

1. *DFQ 思想的产生*

产品在市场上的竞争力体现为顾客的满意度，而质量是使顾客满意的最有效的因素。

产品的质量从何而来？传统的生产方式是在生产线上布置大量的质量检验人员，由这些质检人员"检验"出合格的产品，那时人们认为"质量"是检验出来的。自从 Walter Shewhart 创造性地使用基于统计技术的控制图来监测生产制造过程的变化以来，人们开始发展和采用统计过程控制(Statistical Process Control，SPC)技术来控制生产过程，生产线上大量使用各种用于检测质量的传感器和检测设备，获得的检测数据用以控制生产设备的运行状态，确保在生产过程中获得人们预期的产品质量，于是观念转变为"质量"是生产出来的。

但是随着工业生产水平的发展，产品的质量保证由过去的以纠正、控制为主向着预防为主发展，即从单纯的生产过程质量控制向以产品设计质量控制为主体的更全面的体系转变，从制造程序控制向前延伸到设计程序控制。也就是说，"质量"首先是设计出来的，这是质量保证的首要环节，是实施质量保证措施的源头，是生产质量实现的前提。因此，提出了面向质量的设计 DFQ(Design For Quality)的思想。

2. DFQ 的基本概念

面向质量的设计 DFQ 是在产品的设计阶段就进行质量控制。DFQ 的定义有不同的表达方式，目前比较公认的是 Hubka 的观点：DFQ 就是建立一个知识系统，它能为设计者实现产品或过程的质量要求提供所有必需的知识。

为保证所设计的产品能最大限度地满足用户需求，首先要充分、准确地搜集用户需求，并将这些需求融入产品的设计方案，这就是面向质量的设计 DFQ 的核心问题。

产品质量可分成两类：一是外部质量，即产品最终所体现的特性，是用户能感受得到的质量。二是内部质量，是指企业内部所进行的与该产品有关的生产活动的质量，如采购、设计、生产、装配等质量。DFQ 实际就是要通过设计相对应的内部质量来保证所需的外部质量。

对用户需求理解的不准确性和不充分性往往导致对产品设计不得不做出变更，以至延缓了产品开发的步伐，而多目标政策的折中性，生产、服务、销售等的动态性以及某些未预料到的问题，都将使最终提供给用户的产品相对于用户的需求有一定的偏差，即存在质量问题。

质量问题发现得越早，改正所花费的成本越低，耽误的时间就越少。为避免产品设计完成后的设计变更，重要的是搞好产品的概念设计，在概念设计阶段尽量准确、全面地理解用户的需求，使设计者有足够的把握进入详细设计阶段。

DFQ 的实现策略是质量驱动的集成化产品和过程开发(Integrated Product and Process Development，IPPD)形式。它强调每一设计阶段中制订目标与评价决策过程的相互分离，通过对每一过程实施相应的方法来增强质量保证的可能性。由于质量分解、合成的引入，使设计阶段综合考虑到一切与产品质量有关的活动，将质量管理与控制活动融入设计中，保证设计的完善性。

3. DFQ 的工具

面向质量的设计 DFQ 对应每一设计阶段都有相应的三个过程：确定质量目标、质量分解与合成、质量评价与决策，DFQ 的工具也相应分为三类。

(1) 确定质量目标的工具　目前常用的工具是质量功能配置(Quality Function Deployment，QFD)，它是由日本 Shigeru Mizuno 博士于 20 世纪 60 年代提出来的，进入 80 年代后被介绍到欧美，引起广泛的研究和应用。确定质量目标就是要确保以顾客需求来驱动产品的设计和生产，具体做法是采用矩阵图解法，通过定义“做什么”和“如何做”将顾客要求逐步展开，逐层转换为设计要求、零件要求、工艺要求和生产要求。

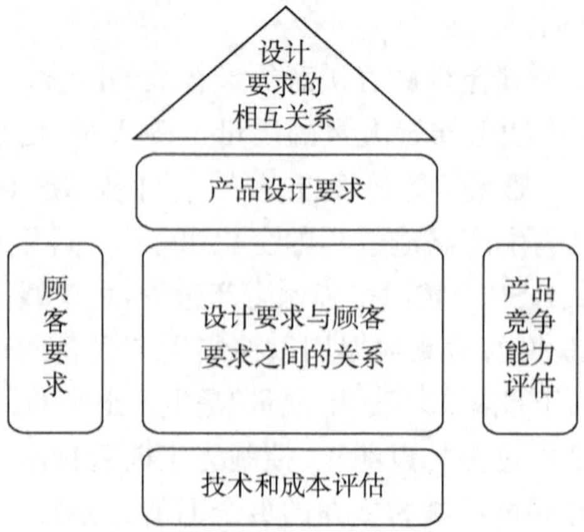

图 2－25　质量屋

QFD 的基本工具是“质量屋”(House Of Quality，HOQ)。质量屋是由若干个矩阵组成的样子像一幢房屋的平面图形。一个产品计划阶段的质量屋的组成如图 2－25 所示。

图 2－25 中的质量屋包括了反映产品设计

要求的行矩阵、反映顾客要求的列矩阵、表示设计要求与顾客要求之间关系的矩阵，质量屋的屋顶是个三角形，表示各个设计要求之间的相互关系。质量屋还包括计划开发的产品竞争能力的市场评估矩阵，矩阵中既要填写本企业产品的竞争能力的评估数据，也要填写主要竞争对手竞争能力的评估数据。质量屋底部是技术和成本评估矩阵，矩阵中的数据都是相对于设计要求的，矩阵中包括了本企业产品和主要竞争对手产品的技术和成本估价数据。

质量屋不仅可以用于产品计划阶段，它还可以应用在产品设计阶段（包括部件设计和零件设计）、工艺设计阶段、生产计划阶段和质量控制阶段。一系列的相互关联的质量屋就构成一个完整的QFD系统。

QFD系统在设计阶段用以保证将顾客的要求准确转换成产品定义（产品具有的功能和性能，实现这些功能和保证这些性能的机构和零部件的形状、尺寸、内部材质及表面质量等）；在生产准备阶段和生产加工阶段，QFD系统可以保证将产品定义准确转换为产品制造工艺规程和制造过程，以确保制造出来的产品能满足顾客的要求。也就是说，QFD系统可以保证将顾客的需求较准确地转移成产品工程特性直至零部件的加工装配要求，取得保证产品质量、增强产品竞争力的效果。

在正确应用的前提下，QFD系统可以保证在产品生命全周期内，顾客的要求不会被曲解，避免出现功能缺失，同时也避免出现不必要的功能冗余，使产品的工程修改减至最少，并减少使用过程中的维修和运行消耗。

(2) 实现质量分解与合成的工具　目前有多种方法被用来实现质量分解与合成，其中较典型的是三次设计法。它又称田口方法，是20世纪80年代初由日本田口博士提出的。

田口认为产品质量与其在生命周期内带来的社会损失有关，社会损失越小，产品质量越高，在这里，社会损失是指产品在生产过程中的费用（即成本）和用户对该产品的使用费用（使用与维护费用、工作中断造成的损失、修理费用等）。

田口引入损失函数来描述产品质量，设产品的输出特性值为 x，其目标值为 N，损失函数 $L(x)$ 可表示为：

$$L(x)=k(x-N)^2$$

式中 k 为比例系数，可根据具体情况来确定。

根据上式可知，当产品的输出特性值 x 与目标值 N 相等时，损失函数为0，没有损失，一旦输出特性值 x 偏离目标值 N，就会有损失，且损失随偏离程度的增大而成平方关系增大。当偏差增大到一定限度时（图2-26中的 x_1 和 x_2），产品即为不合格，拒绝接受，此时造成的损失为最大，即废品损失或修复损失。

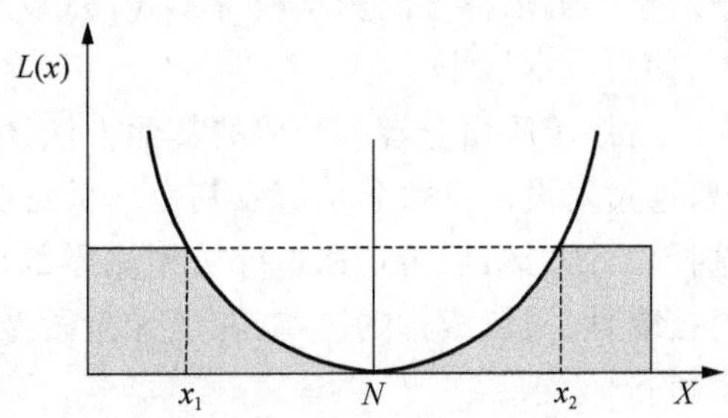

图2-26　田口损失函数图

由图2-26可看出，产品输出特性值 x 越接近目标值 N，损失越小，即产品质量越好，用户满意度越高，因此在进行产品设计时应使输出特性值 x 尽可能接近目标值 N，使损失降低到最小。

在传统的质量控制中一般按公差进行控制，引入田口的损失函数的概念，可画出传统质

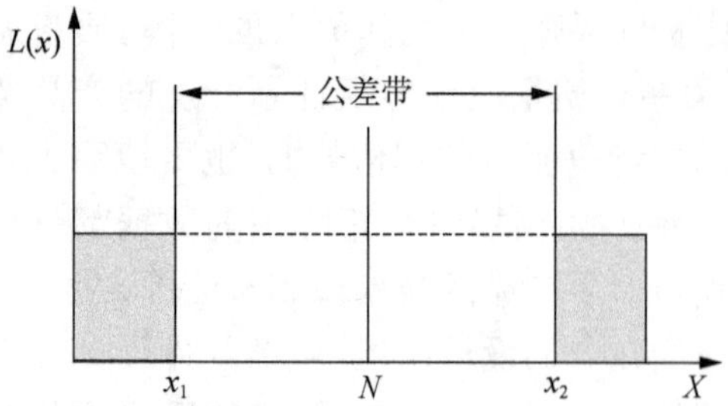

图 2-27　传统公差带图

量控制的公差带图如图 2-27 所示。由图 2-27 可看出，即使产品输出特性值 x 偏离了目标值 N，只要还位于公差带范围内，就算合格，只有当产品输出特性值 x 超出了公差带，才会有损失发生。显然，这是不尽合理的。

田口方法将产品和过程设计分为以下三个阶段：

1）系统设计（System Design）　系统设计是应用相关科学理论和工程知识，进行产品功能原理设计，产生关于该产品的新的概念、思想和方法，形成产品的整体结构和功能属性或过程的总体方案，即确定产品的形态和特性，并选择最恰当的加工方案和工艺路线。

2）参数设计（Parameter Design）　参数设计是确定产品的最佳参数（如部件的运动速度、零件的尺寸等）和过程的最佳参数（如加工零件的切削用量、热处理的温度等），以达到产品性能最优化的目标。

参数设计的一个重要思想就是利用系统参数与产品特性之间的非线性关系，选取恰当的参数值，使产品特性变化对参数变动不敏感，由于产品参数波动直接关系到加工成本，所以可以通过恰当选取有关参数及其最佳组合而达到以较低的生产成本获得较好的产品性能的目的，使产品在质量和成本两方面均得到改善。

产品或过程参数往往比较多，参数设计不是寻找某个参数，而是寻找有关参数的最佳组合。为能保证参数组合的最优化，应用正交试验方法寻优。

田口将误差因素定义为干扰（噪声），并引入信噪比（SNR）作为质量评价指标，同时引入灵敏度分析，来寻求最佳的参数组合。对于产品参数与输出特性之间的关系难以用显式数学解析形式来表达的情形，正交试验方法能较好地寻优。

3）公差设计（Tolerance Design）　公差设计是在各参数确定的基础上，进一步确定这些参数的公差，即参数的允许变动范围。公差太大会影响产品输出特性，公差太小又会导致加工难度大，制造成本增加，公差设计的实质是在成本与性能之间合理地平衡。同时，不同参数对产品输出特性的影响权重不同，公差设计时必须综合考虑，在输出特性得到保证的前提下，使总成本最小。

常用于质量分解与合成的其他方法还有响应模型法和适应性分析，前者是应用统计模型，通过对设计参数名义值及其变动量对功能指标的响应，以及产品质量指标的精确分析来选择设计方案；后者是通过分析预测零部件在生产、装配过程中的变化性风险，以及对设计可接受性、质量成本的影响，在设计阶段及早发现解决潜在的加工能力问题，使设计方案切实可行。

（3）质量评价与决策的工具　应用于质量评价与决策问题的几种常见的评价方法有：

1）失效模式和效应分析（FMEA）　它是指在系统设计过程中，通过对系统各组成单元潜在的各种失效模式及其对系统功能的影响与产生后果的严重程度进行分析，提出可能采取的预防改进措施，以提高产品可靠度。

2）故障树分析（FTA）　它是根据产品或系统可能产生的失效，利用失效树图分析，寻找一切可能导致此失效的原因。

3) 设计评审　它是指运用科学原理和工程方法,发挥集体智慧,在设计的各个阶段对设计进行评议审查,及早发现和消除设计缺陷,以便对设计提出改进或为下阶段设计提供决策依据。

4) 多目标优化　它是指同时考虑多个目标在某种意义下的最优化问题,在工程设计、生产管理等领域比单目标优化更具有现实意义。

5) 模糊综合评判　它是指利用隶属度函数和权重来表达指标优劣的模糊性和相对重要性,从而对模糊多目标系统进行评价和决策。

6) 信息谱熵分析　它是指用信息熵测量产品关键性能满足顾客需求的不确定性,以此作为备选方案中择优的依据。

这些方法大部分都是用于详细的、具体的产品模型产生以后,尚缺乏适用于设计早期的评价方法。

2.4.4 面向成本的设计

面向成本的设计(Design For Cost, DFC)的主要目标是在产品满足预期功能需求的前提下尽量降低生产成本,以获得最大的利润。

1. DFC 的概念

面向成本的设计 DFC 要求在产品的设计阶段就要进行成本分析。实践表明,通常产品的设计结果决定了产品成本的 70%～80%,在产品设计定型后因设计不合理所引起的产品经济性方面的先天不足是后续生产过程中的成本控制措施所无法弥补的。要想显著降低生产成本,首先就要向产品的设计阶段"要"效益。这就是面向成本的设计 DFC 的实质所在。

面向成本的设计 DFC 的核心和关键在于研究设计过程中产品成本的估算方法、预测理论,建立准确的成本估算模型,以及研究降低产品成本的设计方法,采用有效的优化手段,实现产品设计方案的技术经济性综合优化。

降低产品成本对于提高企业的市场竞争力具有十分重要的意义,发达国家商品的竞争力较强,其重要原因是在产品开发过程中有效地控制了成本,而我国企业大多存在产品生产成本过高、企业效益低下的问题,实施面向成本的设计 DFC 有现实的意义。

DFC 综合应用产品特征建模技术、制造工艺过程规划、装配工艺过程规划、DFA 和 DFM 技术价值工程分析方法、产品数据管理技术等,开发集成化的面向成本的设计支持系统。

2. DFC 的发展

国内外在 DFC 领域开发情况可归纳为以下三种情况。

(1) 基于回归分析的产品成本估计　通过对产品特征和订单相关信息的详细描述,比较过去的相似订单,对历史数据作线性或非线性回归分析,建立产品成本模型,实现快速成本估算。如美国 Cawthorne-Nugengt 等人开发了面向产品订货的基于知识的智能化产品成本估算系统,主要用于产品的报价。这种回归分析不能解释产品设计阶段的成本要素,与设计联系不够紧密,因而不能为设计者提供所需的产品成本信息。

(2) 产品成本估算模型　通过建立产品的成本模型,在设计阶段实现产品制造成本的估算。目前具有代表性的产品成本模型有以下两种。

1) 成本—公差模型。零件公差值是零件精度的反映,其大小直接决定零件的制造成本。图 2－28 为零件公差值与成本的关系图形,可看出两者是非线性的关系,公差降低到一定的程度,将引起成本的急剧增加,而公差增加到一定的程度,其增长对于成本的降低的作用又将很小。利用成本—公差模型,设计者可合理地进行公差分析与综合,从而降低零件制造成本。

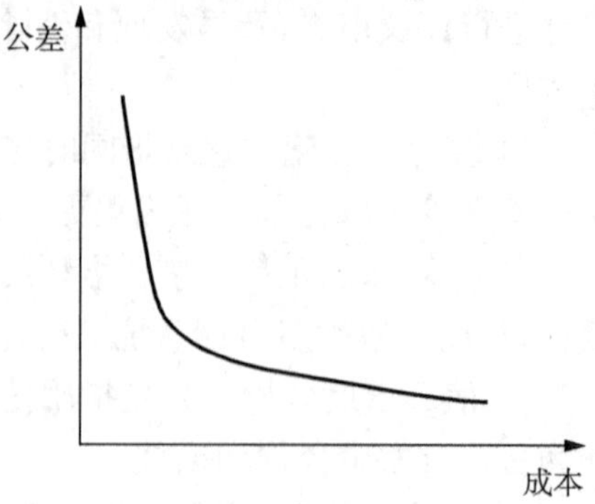

图 2－28　零件公差值与成本的关系

2) 工艺参数—成本模型。加工工艺过程是按一定顺序改变加工对象的形状、尺寸、位置和性质,使其成为预期产品的过程,这个顺序就是所谓工艺路线,不同的工艺路线包含着不同的工序,采用不同的工艺参数。加工成本以工艺过程的时间定额的形式体现,单件时间定额包括基本时间、辅助时间、工作地点服务时间以及操作者休息和自然需要时间等方面,成批生产的时间定额还需再加上准备终结时间。提高生产率实际上就是运用科技手段设法减少时间定额中除了操作者休息和自然需要时间以外的其他时间。时间定额直接与工艺参数相关,以零件的工艺过程信息为参数,可以建立零件的工艺参数—成本模型。利用该模型,可以在产品设计阶段就实现同一零件不同加工方法的成本估算,并进行不同加工方法的成本比较,以寻找合理的方案。

(3) 基于价值工程的产品成本分析　价值工程是实现面向成本的设计 DFC 的重要方法之一,在产品开发阶段,运用价值工程的分析方法,通过选择新颖设计概念和优化工艺过程达到降低产品成本的目的。有关价值工程的进一步介绍可参见本章第 2.6 节。

3. DFC 系统的关键问题

DFC 系统在产品设计阶段为设计者综合考虑产品生命周期中的加工制造、装配、检测、维护等多种成本因素提供支持工具,设计者通过对产品技术经济性评价结果及时进行设计修改,从而达到降低产品成本的目的。

从技术的角度看,DFC 系统的开发和运行需要解决多方面的问题,一般认为下面两个是其中的关键问题。

(1) 包含成本信息的产品建模　建立包含产品设计、加工、装配、检测等成本预算所需信息的产品数字化模型,这是在设计阶段可以进行产品成本估算的基础。产品数字化模型分两个层次:① 零件特征模型。它为零件制造成本估算提供信息。② 装配特征模型。它为产品装配成本估算提供信息。

产品成本信息从下到上依次分为三个层次:

1) 特征层　成本信息表达特征成本历史数据,特征成本根据该特征的加工制造过程确定,对于常见的制造特征,可根据其制造过程信息建立成本数据库,在此基础上可估算出零件的制造成本。

2) 零件层　零件成本取决于零件的材料成本和制造成本,零件制造成本取决于零件的制造过程,成本信息包括零件制造工艺过程信息、制造资源信息等,构成估算零件制造成本的基础。零件成本信息表达了零件成本的历史数据,零件成本组成可视作零件特征成本的综合。

3) 产品层 成本信息表达相似产品成本的历史数据,产品成本分解为零部件的制造成本和产品装配成本。产品装配成本取决于零部件的装配难易程度,零部件的装配难易程度又取决于零部件的装配特征,而产品的装配顺序以及企业拥有的装配资源对产品的装配成本也有直接影响。所以产品装配成本在产品装配特征模型、装配顺序规划以及装配资源信息的基础上进行估算。

(2) 面向成本的产品结构优化 影响产品成本的主要因素是产品的复杂程度以及所包含零部件的复杂程度和数目。在产品的设计阶段首先要注意简化产品结构,只有简化了产品结构,才能更有效地简化生产技术准备过程和制造过程,有效地降低成本。

简化产品结构有两方面含义:

1) 减少产品的层次 产品结构通常可以用树状结构加以描述。树状结构的层次数间接描述了产品的复杂程度和加工深度,进而反映了产品的制造周期。通常情况下,产品结构层次越多,产品的制造周期就越长。合理压缩产品的层次,简化产品的结构,可以简化产品制造过程,降低加工成本和装配成本。压缩产品层次的主要方法是提高零部件的"功能集成度"和采用由其他专业制造厂家提供的现成零部件。

2) 采用模块化产品结构 采用模块化产品结构是简化产品结构的另一种方法。模块化产品结构可以根据顾客的不同需要组合成不同的产品。对于顾客来说,得到的是符合特定需求的"新产品",而对于制造厂来说,则是利用成熟技术和标准零部件制造的"成熟产品",只是组合方式和构成要素不同而已。

实现面向成本的设计 DFC 的重要方法之一是引入价值工程,在产品设计阶段,根据价值工程的成本分析方法优化设计方案,优化零件的尺寸和工艺参数,优化结构设计以减少材料用量,降低材料成本,改善零部件的制造和装配性能等。

对于产品中的标准件、通用件和企业曾设计、制造过的零部件,可通过检索产品零部件库获得其成本信息,凡与产品数据库中相似的零件,其制造成本皆可通过与产品数据库中相似零件进行类比得出。这就是零件的分类方法及相似度比较方法,在产品的设计阶段应用成组技术(GT)将组成产品的零件根据其特征进行分类编码,从产品数据库中检索出同一类的零件组,在零件组中,通过基于特征的零件相似度比较,快速找出与所设计零件最相似的零件,实现同类零件的成本类比,在此基础上实现成本优化。

2.5 绿色设计

2.5.1 绿色设计的产生背景

自 20 世纪中期尤其是 70 年代以来,全球性环境恶化达到了很严重的程度,引起人们的极大忧虑。面对日益严重的生态危机,人们不得不共同采取行动来保护环境,以确保人类社会能持续健康地发展。

从 20 世纪 90 年代开始,各国的环保战略先后有了新的转折,产业结构呈现出绿色战略态势，向着资源利用合理化、废弃物产生少量化、对环境无污染或少污染的方向发展。具体体现为：

(1) 最大限度地利用材料资源　在满足产品基本功能的条件下，尽量简化产品结构，合理选用材料，尽量减少材料用量，并使产品中的零件材料能最大限度地再利用，尽量减少所使用材料的种类，特别是稀有昂贵材料及有毒、有害材料。

(2) 最大限度地节约能源　使产品在其生命周期的各个环节所消耗的能源最少。资源及能源的节约利用本身也是很好的环境保护手段。

(3) 保持优良的环境友好性　即产品从生产到使用、维修乃至报废、回收、处理处置的各个环节都对环境无害或危害甚小。这就要求在产品的整个生产过程中选用清洁的原料、清洁的工艺过程，生产出清洁的产品，同时在产品的使用过程中不产生或很少产生环境污染，不会对使用者造成人身危害，报废产品在回收处理过程中很少产生废弃物。

2.5.2 绿色产品

绿色产品的概念是20世纪70年代在美国政府起草的环境污染法规中首次提出的，但真正的绿色产品首先诞生于前联邦德国。1987年该国实施一项被称为“蓝天使”的计划，对在生产和使用过程中都符合环保要求，且对生态环境和人体健康无损害的商品，环境标志委员会则授予该产品绿色标志。这就是第一代绿色标志。

1. 绿色产品的定义

绿色产品（Green Product，GP）也称为环境协调产品（Environmental Conscious Product，ECP），是相对于传统产品而言的。由于对产品“绿色程度”的描述和量化特征还不十分明确，绿色产品目前还没有公认的权威定义，但分析对比绿色产品现有的的几种主要定义，仍可对绿色产品有一个基本的认识：

(1) 绿色产品是指以环境和环境资源保护为核心概念而设计生产的，是可以拆卸并分解的产品，其零部件经过翻新处理后，可以重新使用。

(2) 绿色产品是指将重点放在减少部件，使原材料的使用合理化和使部件可以回收并重新利用的产品。

(3) 绿色产品是在其使用寿命终结时，其部件可以翻新和重新利用，或能安全地把这些零部件处理掉的产品。

(4) 绿色产品是从生产到使用，乃至回收的整个过程都符合特定的环境保护要求，对生态环境无害或危害极少，以及利用资源再生或回收循环再用的产品。

从上述这些定义可以看出，虽然描述的表述方法和侧重点各不相同，但其实质基本一致，即绿色产品在其生命周期的全过程中均不产生环境污染或使污染最小化，有利于保护生态环境，同时有利于节约资源和能源。因此，综合上述分析，我们可以给出绿色产品的一般定义：绿色产品就是在其生命周期全程中，符合特定的环境保护要求，对生态环境无害或危害极小，对生产者和使用者有良好保护性，资源利用率高，能源消耗低的产品。

绿色产品的“绿色程度”不是只体现于产品的某一局部或某一阶段，而应体现在其整个生命周期阶段。绿色产品的生命周期有其特定含义，由于传统产品生命周期是指产品从“摇篮到坟墓”(cradle to grave),即从产品设计、制造、销售、使用乃至废弃的所有阶段,对于产品废弃后的一系列问题则一般很少考虑,显然,这不能满足绿色产品的要求。绿色产品生命周期应将其扩展成从“摇篮到再现”(cradle to reincarnation)的过程,即除了传统产品寿命周期阶段外,还应包括报废产品的回收、重用及处理处置阶段。另外,传统产品并不重视在生产过程和使用过程中对环境和用户的可能的污染和危害,而绿色产品要求在生产和使用过程中贯彻“清洁”的原则,因此,绿色产品生命周期包括以下五个过程,即:① 绿色产品的设计开发过程;② 绿色产品的制造与生产过程;③ 绿色产品的使用过程;④ 绿色产品的维护与服务过程;⑤ 绿色产品废弃淘汰后的回收、重用及处理处置过程。

2. 绿色产品的评价标准及其认证

绿色产品是20世纪80年代末期世界各国为适应全球环保战略,进行产业结构调整的产物。在“绿色浪潮”的冲击下,绿色产品逐渐兴起。由于发展历史不长,绿色产品至今尚无严格准确的行业标准,但从消费市场来看,目前得到公认的绿色标准包括以下三条:① 产品在生产过程中少用资源和能源,并且不污染环境;② 产品在使用过程中能耗低,不会对使用者造成危害,也不会产生环境污染物;③ 产品使用后可以并易于拆卸、回收、翻新及能够安全废置并长期无忧。

在工业发达国家,产品的绿色标志制度相继建立,只有经过严格认证,获得绿色标志(或称环境标志)的产品才是绿色产品,这种产品往往在国际上具有很强的竞争力,例如德国的水溶油漆被授予绿色标志后,销售额提高了20%。目前,德国绿色标志产品已达7 500多种,占其全国商品的30%。日本、美国、加拿大等国也相继建立自己的绿色标志认证制度,以保证消费者自识别产品的环保性质,同时鼓励厂商生产低污染的绿色产品。目前绿色商品涉及诸多领域和范围,如绿色汽车、绿色电脑、绿色相机、绿色冰箱、绿色包装、绿色建筑等。

与工业发达国家相比,我国不少工业产品还存在着原材料消耗大、资源和能源消耗大、环境污染较严重等问题,产品出口遇到的“绿色壁垒”问题比较突出。事实已经证明:谁拥有绿色产品,谁才能拥有市场。我国于1993年实行绿色标志认证制度,并制订了严格的绿色标志产品标准,目前涉及七类产品,即家用制冷器具、气溶胶制品、可降解地膜、车用无铅汽油、水性涂料和卫生纸。迄今为止,已有不少企业的多种产品获得了绿色标志。绿色标志认证可以根据国际惯例保护我国的环境利益,同时也有利于促进企业提高产品在国际市场上的竞争力。因此,我们必须大力推行绿色工程,通过绿色设计和绿色制造,开发绿色产品,尽可能减少以至消除环境污染和资源浪费,全面提高我国的工业水平和产品竞争力。

2.5.3 绿色设计的定义

绿色设计(Green Design,GD)又称生态设计(Ecological Design,ED)、环境设计(Design For Environment,DFE)、生命周期设计(Life Cycle Design,LCD)或环境意识设计(Environmental Conscious Design,ECD)等,是由绿色产品而引申出的一种设计方法。产品能否达到绿色标准要求,其决定因素是该产品在设计时是否采用绿色设计。

传统设计在设计过程中,设计人员通常主要是根据产品基本属性(功能、质量、寿命、成本)指标进行设计,其设计指导原则是:只要产品易于制造并满足所要求的功能、性能,而较少或基本没有考虑资源再生利用以及产品对生态环境的影响。这样设计生产制造出来的产品,在其使用寿命结束后回收利用率低,资源、能源浪费严重,特别是其中的有毒有害物质,会严重污染生态环境,影响生产发展的持续性。

绿色设计就是以绿色技术为原则所进行的产品设计。所谓绿色技术(Green Technology,GT)也被称为"环境友善技术"(Environmental Sound Technology,EST),是减轻环境污染或减少原材料、自然资源使用的技术或工艺的总称。

绿色设计的目的是克服传统设计的不足,使所设计的产品满足绿色产品的要求。它包含产品从概念形成到生产制造、使用乃至废弃后的回收、重用及处理处置的各个阶段,即涉及产品整个生命周期,是从摇篮到再现的整个过程。也就是说,要从根本上防止污染,节约资源和能源,关键在于设计与制造,不能等产品产生了对环境的不良后果再采取防治措施,要预先设法防止产品及工艺对环境产生的副作用,然后再制造。这就是绿色设计的基本思想。

概括起来,绿色设计是这样一种设计,即在产品整个生命周期内,着重考虑产品环境属性(可拆卸性、可回收性、可维护性、可重复利用性等),并将其作为设计目标,在满足环境目标要求的同时,保证产品应有的基本功能、使用寿命、质量等。绿色设计要求,在设计产品时必须按环境保护的指标选用合理的原材料、结构和工艺,在制造和使用过程中降低能耗、不产生毒副作用,其产品易于拆卸和回收,回收的材料可用于再生产。

绿色设计在产品整个寿命周期中都把其绿色程度作为设计目标,即在概念设计及粗略设计阶段,就充分考虑到产品在制造、销售、使用及报废后对环境的各种影响,与产品有关的技术人员都应密切合作、信息共享,运用环境评价准则约束制造、装配、拆卸、回收等设计过程,并使之具有良好的经济性。

绿色设计不仅停留在技术层面上,还更体现在设计的思维和原则方面,坚持以人为中心、以自然为本的绿色思维,建立绿色产品和清洁生产的评价指标体系,构建并完善绿色产品的服务体系,实现人类社会的可持续发展。

绿色设计必须遵循一定的系统化设计程序,其中包括:环境规章评价,环境污染鉴别,环境问题的提出,减少污染、满足用户要求的替代方案,替代方案的技术与商业评估等。绿色设计人员应该考虑这样的问题:制造过程中可能产生的废弃物是什么,有毒成分的可能替代物是什么,报废产品如何管理,设计对产品回收性有什么影响,零件材料对环境有何影响,用户怎样使用产品等。

绿色设计所关心的目标除传统设计的基本目标外,还有两个:一是防止影响环境的废弃物产生;二是良好的材料管理。也就是说,避免废弃物产生,用再造加工技术或废弃物管理方法协调产品设计,使零件或材料在产品达到寿命周期时,以最高的附加值回收并重复利用。

绿色设计通常有三个主要阶段,即:① 跟踪材料流,确定材料输入与输出之间的平衡;② 对特殊产品或产品种类分配环境费用,并确定相应的产品价值;③ 对设计过程进行系统性研究,而不是将注意力集中在产品本身。从产品的整体质量考虑,设计人员不应只根据物理目标设计产品,而应以产品为用户提供的服务或损害为主要依据。

由此可见,绿色设计与传统设计的根本区别在于:绿色设计要求设计人员在设计构思阶段就要把降低能耗、易于拆卸、再生利用和保护生态环境与保证产品的性能、质量、寿命、成本的要求列为同等的设计目标,并保证在生产过程中能够顺利实施。

绿色设计涉及制造学、材料学、管理学、社会学、环境学等诸多学科的内容,具有较强的多学科交叉特性。显而易见,单凭现有的某一种设计方法是难以适应绿色设计的要求的。绿色设计是一种集成设计,它是设计方法集成和设计过程集成。因此,绿色设计是一种综合了面向对象技术、并行工程、寿命周期设计的一种发展中的系统设计方法,是集产品的质量、功能、寿命和环境为一体的设计系统。绿色产品设计采用并行的闭环设计过程,是可持续发展思想的具体体现。图 2-29 所示为绿色设计的系统框图。绿色设计应着眼于产品生命周期全过程,而不应着眼于某一阶段、某一环节或某一部门。

由图 2-29 可看出,绿色设计是基于绿色设计数据库的设计,绿色设计数据库是一个庞大复杂的数据库,对绿色产品的设计过程起着举足轻重的作用。它包括了产品寿命周期中与环境、技术、经济等有关的一切数据,如材料成分、各种材料对环境的影响值、材料自然降解周期、人工降解时间、费用,制造、装配、销售、使用过程中所产生的附加物数量及对环境的影响值,环境评估准则所需的各种判断标准等。

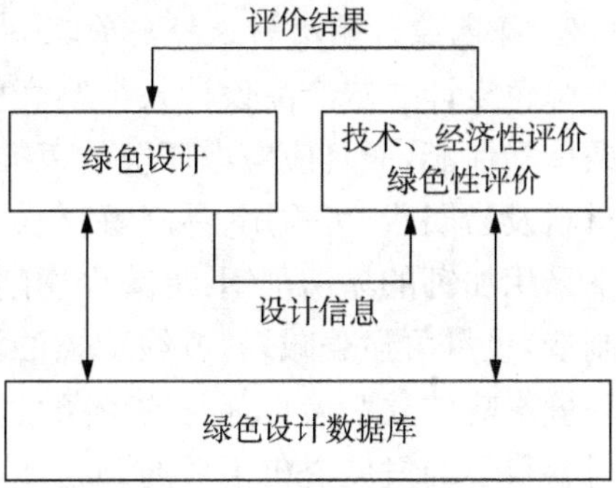

图 2-29 绿色设计系统框图

绿色设计的原则:

(1) 资源最佳利用原则 包含两方面内容,首先,在选用资源时要充分考虑资源的再生能力和跨时段配置问题,避免加剧有限资源的枯竭,尽可能利用可再生资源,同时,要尽可能保证所选用的资源在产品的整个生命周期中得到最大限度的利用。

(2) 能量消耗最小原则 产品在制造、使用、维修、回收等环节的能量消耗要做到尽可能小。

(3) 零污染原则 设计过程中充分考虑可能的污染源,贯彻预防为主的环境保护策略。

(4) 零损害原则 通过合理的设计,确保在产品制造过程和使用过程中,生产者和使用者获得保护,身心健康不受到损害。

2.5.4 绿色设计的主要内容

绿色设计的主要内容包括:① 绿色产品的描述与评价模型;② 绿色设计的材料选择与管理;③ 产品的可拆卸性设计;④ 产品的可回收性设计;⑤ 绿色产品的成本分析;⑥ 绿色设计数据库等。

1. 绿色产品的描述与评价模型

准确全面地描述绿色产品、建立系统的绿色产品评价模型是绿色设计的关键,是针对某一产品实施绿色设计的前提。

绿色产品评价既包括产品通常的技术经济指标如性能、质量和成本等的评价,也包括对产品全生命周期内的资源消耗和对环境的影响程度的评价，即评价指标体系包含技术性、经济性与绿色性三个方面。

显然，这样的产品评价指标体系中既有定量指标，又有定性的甚至是模糊的指标，评价不是一个简单的过程，例如对于产品制造过程的评价就比较复杂。因此绿色产品的评价不能简单地应用常规的决策评价方法。目前国内外应用较为广泛的绿色产品评价方法有成本效益法、价值工程评价法、层次分析法、模糊综合评价法、产品生命周期评价法、灰色聚类分析法、基于神经网络的评价法等，各种方法都有一定的适用范围，在实际应用中还有待进一步完善。各个行业也开始针对典型的产品建立评价指标体系，例如针对冰箱产品，已提出了绿色产品的评价指标体系、评价标准制定原则，利用模糊评价法对冰箱的"绿色程度"进行了评价，并开发了相应的评价工具。

2. 绿色设计的材料选择与管理

绿色设计要求产品设计人员改变传统的选材程序和步骤，选材时不仅要考虑产品的使用条件和性能，而且应考虑环境约束准则，同时必须了解材料对环境的影响，选用无毒、无污染材料及易回收、可重用、易降解材料，选用易加工的、轻质的材料，如在保证性能参数的前提下采用加钙的易切削钢，可减少切削加工过程中的能耗和设备损耗，汽车车身改用轻型铝材制造，重量可显著减轻，节约了燃油消耗。绿色设计中的材料选择问题要围绕性能、成本与环境影响建立决策目标与约束条件，寻求材料选择的最优解。绿色设计对材料的要求也为材料科学的发展提出了新的课题，即能提供或生产出适合绿色产品设计的绿色材料。

除合理选材外，同时还应加强材料管理。绿色产品设计的材料管理包括两方面内容：一方面不能把含有有害成分与无害成分的材料混放在一起；另一方面，达到寿命周期的产品，有用部分要充分回收利用，不可用部分要采用一定的工艺方法进行处理，使其对环境的影响降到最低限度。

3. 产品的可回收性设计

可回收性设计是指：在产品设计初期充分考虑其零件材料的回收及再生的可能性、回收及再生价值的评价、回收及再生的处理方法、回收处理结构工艺性等与回收性有关的一系列问题，最终达到零件材料资源、能源的最大利用，并对环境污染为最小的一种设计思想和方法。可回收性设计包括以下几方面的主要内容：① 可回收材料及其标志；② 可回收工艺与方法；③ 可回收性经济评价；④ 可回收性结构设计。

4. 产品的可拆卸性设计

拆卸是从装配体上实现零部件分离的过程，产品的可拆卸性设计主要研究产品如何设计才能高效率、低成本地进行组件、零件的拆卸，并尽量保证不对目标零部件造成损害。由于现代产品往往使用着多种不同材料，因此还要研究如何进行材料的分类拆卸。

人们越来越认识到产品不可拆卸不仅会造成大量可重复利用零部件材料的浪费，而且因废弃物不好处置，还会严重污染环境，拆卸是实现绿色回收的重要手段，只有拆卸才能实现材料回收和零部件再利用。因而产品的可拆卸性就成为目前绿色设计研究的主要热点。可拆卸性在现代生产的良性发展中起着重要的作用，已成为产品结构设计的一个重要准则。

可拆卸性是绿色产品设计的主要内容之一，它要求在产品设计的初级阶段就将可拆卸性作为结构设计的一个评价准则，使所设计的产品结构易于分离、易于拆卸、维护方便，并在产品报废后可重用部分能充分有效地回收和重用，以达到节约资源和能源、保护环境的目的。

可拆卸性要求在产品结构设计时改变传统的连接方式，代之以易于拆卸的连接方式。产品的可拆卸性设计要充分利用产品的模块化，这样既可以简化拆卸过程，又易于对回收材料和残余废弃物的分类和后处理。

5. 绿色产品的成本分析

绿色设计不能以大幅提高产品成本为代价，否则社会对其接纳的程度将大打折扣，因此要进行绿色产品的成本分析。绿色产品的成本分析与传统的成本分析不同，在产品设计初期，就必须考虑产品的回收、再利用等性能，因此成本分析时，就必须考虑污染物的替代、产品拆卸、重复利用成本、特殊产品相应的环境成本等。

例如，绿色产品的材料选择就要综合考虑材料的购买成本、制造成本与回收成本，即所谓材料生命周期成本，以追求产品全生命周期的最佳经济效益。制造成本是材料生命周期成本的重要组成部分，材料性能由于是制订加工工艺的主要前提之一，因而直接关系到制造成本的高低。回收可以有多种不同的处理方案，各种方案的处理成本和回收价值都不一样，对于给定的材料，需要确定出最佳的回收处理方案，从而以最少的成本代价，获得最高的回收价值。

对企业来说，是否支出环保费用，会形成产品成本上的差异，同样的环境项目，在各国或地区间的实际费用不同，也会形成企业间成本的差异。因此，在每一设计决策时都应进行绿色产品成本分析，以便设计出的产品“绿色程度”较高而总体成本较低。

2.5.5 产品的绿色制造过程

绿色设计涉及产品整个生命周期，包含了产品从概念形成到生产制造、使用乃至废弃后的回收、重用及处理的各个阶段，针对产品的生产制造过程，人们引入了绿色制造的概念。

绿色制造就是使用绿色资源，采用绿色生产技术，获得绿色产品的过程。

联合国环境保护署提出了绿色制造技术的三项原则。

(1)“不断运用”原则　绿色制造技术持续不断运用到社会生产的全部领域和社会持续发展的整个过程；

(2) 预防性原则　对环境影响因素从末端治理追溯到源头，采取一切措施最大限度地减少污染物的产生；

(3) 一体化原则　将空气、水、土地等环境因素作为一个整体考虑，避免污染物在不同介质之间转移。

根据这些原则，绿色制造过程应当做到尽量减少制造过程中的资源能源消耗、尽量减少制造过程对环境的不利影响、尽量使报废产品获得再生与利用。

1. 减少制造过程中的能源消耗

机械制造过程会消耗可观的能量，消耗的能量并非都转为有用功，相当一部分转化为热能、声能等耗散掉了。例如，在切削过程中，研究表明转化为切削热的能量超过总切削功的

70%，还有一部分能量以振动和噪声的形式消耗掉，同时机床的空转、摩擦、发热等也会消耗能量。因此要采取措施，减少制造过程中的能量消耗。

传统机床设备的能耗通常很难降下来，这是过去的设计理念、制造工艺、科技发展水平等所决定了的。新型机床设备采用电主轴，进给传动系统以调速电机代替齿轮变速装置，有效地消除了机械传动链固有的能量损失，同时广泛采用滚珠丝杠和滚动导轨代替普通丝杠和滑动导轨，减少了运动副的摩擦损失。绿色制造要尽可能选用节能的机床设备。

采用先进的工艺方法对降低能耗往往有重要意义。例如齿轮油泵的圆柱齿轮的成批制造，原采用的毛坯是 40Cr 锻件，改为粉末冶金齿坯后，不但大大缩短了加工路线，同时还因为不再需要热处理工序而使制造过程的能耗大为降低。

对加工设备进行合理布置，例如布置为成组加工单元形式等，不但提高生产率，还可大大节省半成品件的搬运时间，减少搬运设备和能源消耗。

2. 减少制造过程中的原材料消耗

在毛坯转变为零件的半成品、成品的过程中会有原材料的消耗，这部分被消耗的原材料以加工余量的形式体现。产品制造过程中消耗的原材料越多，消耗的有限资源就越多，降低原材料消耗是绿色制造的重要任务之一。

显然，降低原材料消耗首先要尽量减少毛坯加工余量，有效的措施是采用先进成形方法，如精密锻造、精密铸造等，使毛坯在形状、尺寸上已经比较接近甚至是基本达到成品的要求，这就极大地降低了加工过程中的原材料消耗，人们称之为“少、无切削加工”。

对于大型件和形状复杂件，采用组合结构往往可以显著地减少切削加工量，由于材料去除量大为下降，原材料消耗也明显降低。

3. 减少制造过程对环境的不利影响

制造过程中要尽量减少环境污染，创造安全、舒适的工作环境。

对制造过程中可能产生有毒有害物质的环节应采取预防性措施，例如机械加工中为获得较好的冷却和润滑效果，在冷却液加入了各种添加剂，这又使得冷却液浇注在切削、磨削的高温区域产生有害气体，在污染环境的同时，还直接损害操作者的健康。为解决这个问题，人们采用了两类措施，第一类措施是采用无害的冷却方式，如采用水蒸气冷却、液氮冷却、空气冷却等，第二类措施是在引入新型刀具材料和新的加工技术的前提下采用微小量冷却，甚至取消冷却，前者称为准(半)干式切削，后者称为干式切削。

安全、舒适的工作环境是保证操作者健康的必要条件，要避免各种污染。铸造的粉尘与锻造和机加工的噪声以及电焊的强烈弧光是机械产品制造过程中最常见的污染，必须严格加以控制。采用金属型铸造代替砂型铸造，可基本消除粉尘污染；采用压力机代替锻锤，可使锻造噪声大幅下降；选择合理的刀具几何角度和切削用量可以有效地防止切削振动和噪声；采用埋弧焊可消除弧光污染。当然，这些措施的采用不是绝对的，要根据具体情况来安排，但是通过采用先进的制造方法及设备来创造安全、舒适的工作环境已成为人们的共识。

安全、舒适的工作环境包括各种必要的安全保护措施，以防止设备在工作过程中对操作者可能造成的伤害，如冲压机的动作开关设置在操作者身后，且设置两个串联的开关，操作者必须双手都伸到身后握住开关，才能使冲压机动作，这就从根本上防止了安全事故的发生。工作环境还应照明良好、温度与湿度适中、空气流畅清新、色彩协调以利于操作者身心健康。

4. 使报废产品获得再生与利用

为使报废产品获得再生与利用，发展了再制造（Remanufacture）技术。再制造的含义是指产品报废后，对其中损坏的零件采用表面工程或其他加工技术进行翻新和再加工，恢复零件原有的形状、尺寸和性能，使产品获得再利用。由于通过维修翻新的方式恢复某种产品的原有性能所消耗的人力物力资源，往往只是制造该种产品所需消耗的人力物力资源的几分之一、十几分之一，甚至更少，这对于节能降耗和减少环境污染都具有重要的意义。

绿色制造中的加工技术见图 2-30。

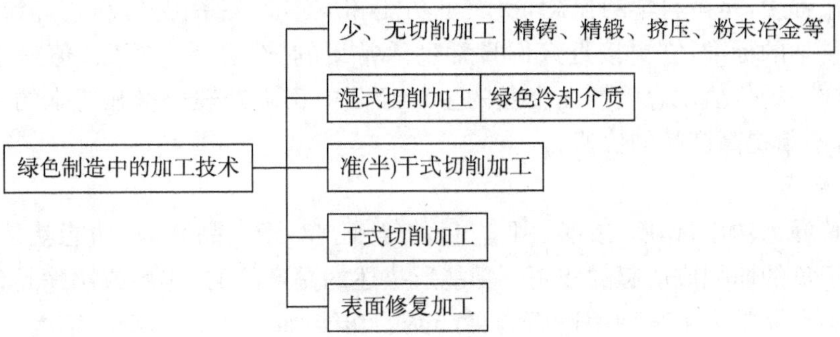

图 2-30　绿色制造中的加工技术

2.6　价值工程

2.6.1　价值工程的概念

价值工程（Value Engineering）又称价值管理（Value Management）、价值分析（Value Analysis），它以产品的功能分析为核心，寻求功能与成本的最佳组合，目标是获得最佳的产品价值。价值工程的概念由美国通用电气公司（GE）负责物资采购工作的电气工程师 L. D. Miles 首先提出。价值工程最早在产品和设备制造中使用，并逐步受到人们的重视，被推广应用到军工、建筑工程及服务业等领域，目前已经在 100 多个国家和地区得到了广泛的应用。日本的一些企业用价值设计和价值革新等方法，在产品开发中有效地提高了产品的价值；欧洲共同体国家把价值工程的原理和方法制订成整套的标准，推行价值工程很有成效。价值工程引入我国后，逐步演变为国家标准并作为设计规范得以实施，也产生了较显著的效益。

价值工程中的“价值”是一个相对的概念，是指作为某种产品（或作业）所具有的功能与获得该功能的全部费用的比值。这里所说的产品泛指以实物形态存在的劳动成果，如材料、制成品、设备、建筑物等；作业则是指提供一定功能的工艺、工序、作业、活动等。

功能与费用的比值关系可以表示为一个数学公式：

$$V=\frac{F}{C}$$

式中 V——价值(Value)；

F——功能评价值(Function Worthy)；

C——总成本(Total Cost)。

可见，产品价值是产品功能与产品成本的综合反映，而价值工程包括三个基本要素，即价值、功能和成本。

1. 价值要素

价值在政治经济学中被定义为“凝结在商品中的一般的、无差别的人类劳动”，在统计学中被用货币来表示。而价值工程中的价值则有另外的含义，它不是对象的使用价值，也不是对象的交换价值，而是对象的比较价值，是作为评价事物有效程度的一种尺度提出来的，是指事物的有益程度，是个科学的概念，反映了功能和成本的关系，为分析与评价产品的价值提供了一个科学的标准，它更接近人们日常生活常用的“合算不合算”、“值得不值得”的意思。树立这样一种价值观念就能在企业的生产经营中正确处理质量和成本的关系，生产适销对路产品，不断提高产品的价值。

2. 功能要素

功能可解释为功用、作用、效能、用途、目的等等。对于产品来说，功能就是产品的用途以及产品所担负的职能或所起的作用。功能所描述的是产品的“作用或用途是什么”。人们在市场上购买产品是为了某种用途而购买产品的功能，而非产品本身的结构。价值工程自始至终，都要求围绕用户要求的功能，对事物进行本质的思考。价值工程中，功能含义很广，功能本身必须表达它的有用性。没有用的东西就没有什么价值，也就谈不到价值分析了。

功能是各种事物所共有的属性，同时又具有多样性，价值工程中一般将其分为以下几类：

(1) 按功能的重要程度分为基本功能和辅助功能。

1) 基本功能是指产品为实现某种用途而必不可少的功能，即产品的主要功能。例如，钟表的基本功能是显示时间。基本功能改变了，产品的用途也将随之改变。确定基本功能应从用户需要的功能出发。可以从它的作用是否是必须的，主要用途是否真是主要的，其作用改变后是否会使性质全部改变等三方面来考虑。例如移动电话的主要功能是电话通讯，不少移动电话还带有摄影功能，显然，有没有摄影功能都不会改变移动电话的性质，但如果没有了电话通讯功能，移动电话的性质也就不复存在了。

2) 辅助功能是指基本功能以外附加的功能，也叫二次功能。如石英钟的基本功能是显示时间，但有的附加了音响、日期等辅助功能。辅助功能使产品功能更加完善或增添特色，可以依据用户需要进行改变。

(2) 按功能的性质分为使用功能和外观功能。

1) 使用功能是指提供使用价值或实际用途，直接满足用户使用需求的功能。使用功能通过基本功能和辅助功能反映出来，如带夜光的钟表，既要显示时间，又能在黑暗处发光，方便用户观看时间。

2) 外观功能是指外表装饰、美化功能，如产品的外观造型、颜色等等。外观功能主要是提供欣赏价值，可起到扩增价值的作用。值得提出的是，外观功能可在一定程度上刺激用户的购买欲望。

(3) 按用户需求分为必要功能和不必要功能。

1) 必要功能是指用户需要的功能。如钟表的“走时”功能是必要功能。产品若无此功能,也就失去了作为钟表应具有的价值。必要功能包括基本功能和辅助功能,但辅助功能不一定都是必要功能。

2) 不必要功能是指对用户来说是可有可无的功能,包括过剩的多余的功能。

区分上述各项功能的目的是尽量减少那些不必要的功能成本,从而提高产品价值。

3. *成本要素*

企业财会工作中的成本计算是以产品本身为对象来进行成本核算,将产品中某种零部件的数量乘以单个零部件成本单价,得出该种零部件的成本,然后把各种零部件成本额相加,求得零件总成本,再加上产品装配、调试、包装等环节的成本支出,最终得到产品的成本。这与价值工程中的成本计算是有较大的差别的。

价值工程中的“成本”,是指为实现功能而支付的全部费用,是以功能为对象而进行的成本核算,即所谓功能成本。

功能成本是根据所研究的功能对象确定的。一个产品往往包含许多零部件的功能,而各功能又不尽相同,就需要把零部件的成本转变为功能成本,把每一零部件按不同功能的重要程度分组后计算功能成本的“大小”。

2.6.2 设计阶段引入价值工程的意义

在产品形成的各个阶段都可以运用价值工程提高产品的价值。但在不同的阶段进行价值工程活动,所获得的经济效果却有很大不同。对于大型复杂的产品,应用价值工程的重点是在产品的设计阶段,一旦产品已经完成设计并投产,产品的价值就基本决定了,这时再进行价值工程分析就变得比较复杂。不仅原来的许多工作变得无效,而且改变生产工艺、设备、工装等可能会造成很大的浪费,使价值工作活动的技术经济效果大大下降。事实上,新产品在设计阶段被赋予的各项特性对产品投产后的价值水平的影响是长远的,设计阶段造成的浪费在产品生产过程基本上是难以挽回的。与其在产品设计定性投产后再设法降低成本,不如在设计阶段就针对整个产品生命周期进行通盘考虑,节约挖潜。因此,价值工程活动更侧重于产品的研制与设计阶段,以寻求技术突破,取得最佳的综合效果。

因此,我们必须从产品设计研究着手,把技术与经济结合起来寻求降低产品成本的途径,即降低产品成本首先要从推行价值工程开始。

价值工程不是通过一般的方法来降低产品成本,而是通过对产品功能的分析,正确处理产品成本与功能的关系,剔除不必要的功能,消除多余成本,核算最优化的功能成本,达到以最低的总成本来可靠地实现产品的必要功能的目的。

2.6.3 价值工程的工作程序

价值工程是一种有组织的活动,其组织性首先体现在有工作程序,其次体现在采用集体群组式的并行工作方式。实施价值工程需要集中企业中的规划、设计、制造、采购、销售、核算等各方面的人员组成工作小组，按照价值工程中的工作程序进行。

价值工程以功能分析为核心，有一套发现问题、分析问题和解决问题的科学的、系统的、卓有成效的方法。归纳起来要解决如下 7 个问题：① 它是什么？② 它是干什么用的？③ 它的成本是多少？④ 它的价值是多少？⑤ 有其他方法能实现这个功能吗？⑥ 新的方案成本是多少？⑦ 新的方案能满足要求吗？

为了能在进行过程中正确地回答和解决以上问题，在产品开发的各个阶段，价值工程应按照表 2-4 中的工作程序来进行。

表 2-4　产品开发阶段与所对应的价值工程工作程序

产品开发的阶段划分		价值工程的工作程序	
产品规划阶段	产品调研	分析问题	选择对象
	产品开发建议书		收集情报
	产品开发计划书		功能分析
设计试验阶段	方案设计与试验	综合求解	创建新方案
	技术设计与试验		方案分析评价
	加工方案设计	决　策	方案审批
	样机试制与定型	实　施	方案实施与检查
生产加工阶段	小批量试制	成果评价	价值工程成果评价
	市场试销		
	根据订单批量生产		

价值工程工作程序中各个步骤的具体内容如下。

1. 选择对象

选择对象是在众多产品中确定功能分析的对象，是要回答“它是什么？”。对象要根据企业、市场的需要，从得到效益出发来分析确定选择得是否恰当，这关系到价值工程的实施效果。对象选择的基本原则是：在生产经营上有迫切的必要性，在改进功能、降低成本方面有取得较大成果的潜在空间。

在产品功能方面，下列几种产品应考虑作为价值工程的分析对象：不能很好满足用户需求、导致用户反应强烈的产品；高能耗、高噪声、环保不能达标的产品；可靠性差、可维护性差的产品；技术落后、必须更新换代的产品以及新研制、尚不完善的产品。

在产品成本方面，对于原材料昂贵或供应途径不可靠而原材料消耗量又大的产品，以及加工成本高、生产周期长的产品应考虑作为分析对象。

在市场前景方面，对于需求量大、发展前景好的产品，对于国民经济有重大影响、可以替代进口的产品，以及出口创汇高的产品也应积极考虑作为价值工程的分析对象。

总之，价值工程的分析对象一定是对企业具有重要的意义。

价值工程分析对象的选择是一个指标量化的过程，通常可采用综合加权评分法，根据各因素对产品价值的影响程度确定权重，对各产品方案进行评分，将各产品方案中各因素的得分与其权重相乘，获得各因素的加权评分值，再计算各产品方案的总分值，根据总分值决定价值分析的对象。此外还可应用经验分析法、ABC 分析法、强制确定法等确定价值分析的对象。

2. 收集信息情报

收集信息情报。价值工程所需要的信息情报是在各个工作步骤进行分析和决策时所需要的各种资料信息。收集情报是价值工程全过程中不可缺少的重要环节。收集信息资料的工作是整个价值工程活动的基础。通过收集信息情报,可以从中得到进行价值工程活动的依据、标准、对比对象;同时可以受到启发、打开思路,深入地发现问题,科学地确定问题的所在和问题的性质,以及设想改进方向、方针和方法。

信息情报收集的内容包括市场情报、用户情报、竞争对手情报、设计方面的情报、制造及外协方面的情报、经济方面的情报、本企业的情况,国家和社会有关的法律、法规、条例等方面的信息资料等。

3. 功能分析

功能分析也就是功能研究,是从功能入手系统地研究、分析产品,对新产品来讲,也叫功能设计,是价值工程的主要特征和方法的核心。价值工程的活动就是围绕这个中心环节在进行,由于价值工程的目的是用最低的寿命周期成本,可靠地实现用户所需的功能,通过功能分析,加深对分析对象的理解,明确对象功能的性质和相互关系,从而调整功能结构,使功能结构平衡,功能水平合理。因此,价值工程对产品的分析,首先不是分析产品的结构,而是分析产品的功能,这就从传统的对产品结构的分析(研究)转移到对产品功能的分析(研究),从而摆脱产品现有结构对设计思路的束缚,为广泛运用科学技术的新成果,找出实现所需功能的最优方案,提高对象的价值,提供了一种有效方法。

功能分析包括功能定义、功能整理和功能评价三个环节。

(1) 功能定义 任何产品都具有使用价值,即功能,这是存在于产品中的一种本质属性。功能定义就是用来确定分析对象的功能。为了能对功能给予科学的定义,需要进行功能分类,其实质是确定功能的类型和重要程度。按功能的重要程度分类,可分为基本功能和辅助功能。按功能的性质分类,可划分为使用功能和美学功能。按用户的需求分类,可分为必要功能和不必要功能。按功能的量化标准分类,可分为过剩功能与不足功能。按总体与局部分类,可划分为总体功能和局部功能。价值工程正是抓住产品功能这一本质,通过对产品功能的分析研究,正确、合理地确定产品的必备功能,消除多余功能,加强不足功能,以改进设计,降低产品成本。通过功能分类,理顺功能之间的逻辑关系,为功能分析提供系统资料。

(2) 功能整理 功能整理是用系统的观点制作功能系统图,将已经定义了的功能加以系统化,科学地确定产品的功能系统,找出功能间的"目的"和"手段"的逻辑关系,发现和提出不必要的功能和不正确的或可以简化的功能,从而为功能评价和方案构思提供依据。

(3) 功能评价 功能评价包括对象的价值评价和成本评价两方面的内容。其目的是寻求功能最低的成本。它是用量化手段来描述功能的重要程度和价值,以找出低价值区域。明确实施价值工程的目标、重点和大致的经济效果。功能评价着重计算、分析,研究对象的功能与成本之间的关系是否协调、平衡,评价功能价值的高低,评定需要改进的具体对象。功能评价的主要尺度是价值系数,可由功能和费用来求得。价值是功能与成本的比值,由于成本是以货币形式来数量化的,功能也必须以货币形式来数量化,都用货币表示后对两者直接进行比较。

进行功能评价的步骤一般是:① 确定零件或功能的现实成本;② 采用一定的方式使功

能量化；③ 计算零件或功能的价值；④ 确定改善幅度；⑤ 按价值从小到大顺序排队，确定价值工程活动的首选对象。功能评价的方法可分为两大类即功能成本法与功能指数法。

功能成本法（又称为绝对值法）是通过一定的测算方法，测定实现应有功能所必须消耗的最低成本，同时计算为实现应有功能所耗费的现实成本，经过分析、对比，求得对象的价值系数和成本降低期望值，确定价值工程的改进对象。

功能指数法（又称相对值法）是通过评定各对象功能的重要程度，用功能指数来表示其功能程度的大小，然后将评价对象的功能指数与相对的成本指数进行比较，得出该评价对象的价值指数，从而确定改进对象，并求出该对象的成本改善期望值。

4. 创造新方案

创造新方案是从提高对象的功能价值出发，在正确的功能分析和评价的基础上，针对应改进的具体目标，通过创造性的思维活动，提出能够可靠地实现必要功能的新方案。价值工程的活动能否取得成功，关键在于在功能分析后能否构思出可行的方案。L. D. Miles 曾说过，要得到价值高的设计，必须有 20～50 个可选方案。提出实现某一功能的各种各样的设想，逐步使其完善和具体化，形成若干个在技术上和经济上比较完善的方案。

提新方案是一个创造的过程，常用的方法有以下几种：头脑风暴法、歌顿法（模糊目标法）、专家意见法（德尔菲法）、专家检查法、智力激励法、特性列举法、缺点列举法、希望点列举法、联想类比法、检核表法、设问创造法和组合法等。要从各种不同角度来设想，敢于打破旧框框，不受原设计的束缚，完全根据功能定义来设想实现功能的手段；要充分发挥各有关人员的智慧，组织不同学科、不同经验的人在一起提改进方案，互相启发，集思广益，把不同想法集中，发展成方案，并逐步使其完善。

5. 方案评价

在创造新方案阶段形成的各种可选新方案，不可能十分完善，也必然有好有坏。因此，一方面要使方案具体化，另一方面要分析其优缺点，进行评价，最后选出最佳方案。方案评价就是在方案创造的基础上对新构思方案进行估价，以便于选择最佳方案。

方案评价要从两方面进行：一方面要从满足需要、满足要求、保证功能等方面进行评价；另一方面要从降低费用、降低成本等经济方面进行评价。总之，要看是否提高了价值，增加了经济效果。

方案评价包括概略评价和详细评价两个阶段。其评价内容和步骤都包括有技术评价、经济评价、社会评价以及综合评价。在对方案进行评价时，一般是先做技术评价，再做经济评价和社会评价，最后做综合评价。

6. 方案验证与实施

为了确保选用的方案是先进可行的，必须对选出的方案进行验证，通过验证，方可实施。价值工程活动和生产经营管理一样. 离不开严密的计划来组织和指导，新方案的实施也不例外。要将企业各方面的力量组织起来，协调好各部门间的纵横关系，才能确保新方案的顺利实施. 并取得成效。

7. 检查、评价和验收

新方案实施过程中，还会有这样那样的问题，应该对方案的实施情况进行检查，发现问题及时解决。方案实施完成后，要进行总结评价和验收。

2.7 模块化设计

2.7.1 模块化设计的基本概念和方法

模块化设计 MD(Modular Design)源于朴素的“搭积木”的思想。20 世纪初期,机械制造业就出现了模块化的产品,最有代表性的是组合机床。“模块化设计”这一概念的提出,把模块化设计的思想和方法提高到理论的高度来研究,具有重要的意义,促进了模块化设计的发展,并在工业实际中获得了成功的应用。例如在 20 世纪 70 年代,法国的 Potain 公司、瑞典的 Linden 公司以及德国的 Liebherr 公司等将模块化设计应用到塔机产品的开发过程中,用有限的模块组合成适用于各种具体施工需要的塔机。

开发具有多种功能的不同产品,不必对每种产品施以单独设计,而是精心设计出多种模块,将其经过不同方式的组合来构成不同产品,以解决产品品种、规格与设计制造周期、成本之间的矛盾,这就是模块化设计的含义。模块化设计与产品标准化设计、系列化设计密切相关,即所谓的“三化”。“三化”互相影响、互相制约,通常合在一起作为评定产品质量优劣的重要指标,目前,模块化设计的思想已渗透到许多领域,不仅应用于硬件设备的设计,也应用于软件产品设计。

模块是指一组具有同一功能和接合要素(指连接方式和连接部位的形状、尺寸,连接件间的配合或啮合等),但性能、规格或结构不同却能互换的单元。

模块具有两个基本特征,一是与另外模块连接的通用接口,二是模块各自的特定功能。前一个特征使模块之间能自由连接,后一个特征,使得模块的连接带来不同功能的组合。

在模块化设计中,也用到大量的标准件,但模块不同于标准件,尽管在概念上两者有相似之处。模块多指除标准件之外,仍需被设计而又可以用于不同的组合,从而形成具有不同功能的设备的单元,更强调的是部件级的通用。

模块也不同于部件,主要区别在于:

(1) 模块强调功能的独立性,部件不一定要具备独立的功能;

(2) 模块具有通用的接口,而部件与外部的连接只服从特定的装配关系。

模块化设计在对产品进行市场预测、功能分析的基础上,划分并设计出一系列通用的功能模块,通过对这些模块进行选择和组合,就可以构成不同功能或功能相同但性能不同、规格不同的产品。

模块化设计包括针对产品的设计和针对模块的设计,主要方式有以下几种。

1. 横系列模块化设计

针对产品的设计并不改变产品主参数,只是利用变更或添加模块发展变形产品设计,称为横系列模块化设计。由于产品主参数不变,产品的基础部分往往可以采用,对于同一规格的基型产品或基础模块,常是在基型品种上更换或添加模块,形成新的变形品种,模块化设计容易实现,应用较广。

例如,对减速器进行横系列模块化设计,在某基型减速器基础上,通过增减或变更某些特殊功能的模块,得到不同的变型减速器。各种变型减速器的主参数(尤其是动力参数)不变,而只在某些功能、结构方面有变化。在卧式铣床上添加立铣头、转塔铣头等,形成的立式铣床或转塔铣床等也属于横系列模块化设计。

横系列模块化设计还体现为不改变模块主参数的前提下针对模块的设计,通过改变模块组成或部分结构,发展出变形模块。例如在保持立铣头模块主参数不变的前提下,通过选用精密轴承等手段,发展精密立铣头。

2. 纵系列模块化设计

在同一类型中对不同规格的基型产品进行设计称为纵系列模块化设计。由于产品主参数不同,动力参数也往往不同,导致结构形式和规格尺寸不同。与横系列模块化设计相比,纵系列模块化设计可以得到各种主参数的产品,但其通用模块少,专用模块多,模块通用化程度低,模块化设计难度大,因此比横系列模块化设计要复杂。

例如,减速器的纵系列模块化设计是对不同主参数的同一类型的基型减速器进行模块化设计。由于主参数(尤其是动力参数如功率、转矩等)不同,主要零部件的结构或尺寸也就不同,若过分强调结构形式和规格尺寸的统一,把对应于不同动力参数的零部件设计成相同的通用模块,势必造成强度或刚度的欠缺或冗余,欠缺会影响功能发挥,冗余则造成结构笨重、材料浪费。而从另一个角度看,如果结构形式相差太大,规格尺寸繁多,又会失去模块化的意义,因此,恰当的做法是合理划分区段,使每一个动力参数所对应的模块数量适当。在与动力主参数有关的模块设计时,只在同一区段内模块通用;而对于与动力或尺寸无关的模块,则尽量按通用模块进行设计,使其在更大范围内通用,既兼顾客户需求,又形成一定批量。

纵系列模块化设计针对模块本身进行设计时,也适用于上述原则。

3. 跨系列模块化设计

综合横系列模块化设计和纵系列模块化设计的长处,在横系列模块化设计的基础上兼顾纵系列模块化设计,就形成既有横系列又有纵系列的跨系列模块化设计。如德国沙曼机床厂生产的模块化镗铣床,除可发展横系列的数控及各型镗铣加工中心外,通过更换立柱、滑座及工作台,可将镗铣床变为跨系列的落地镗床。

4. 全系列模块化设计

当跨系列模块化设计应用于全部系列范围的模块化设计时,就称为全系列模块化设计。由于覆盖了同类产品的全部规格品种,因此全系列模块化设计所需的模块种类最多,模块化复杂程度最高,难度最大。

2.7.2 模块化系统的分类

按产品中模块使用多少,模块化系统可分为:

(1) 纯模块化系统　一个完全由模块组合成的模块化系统;

(2) 混合系统　一个由模块和非模块组成的模块化系统。

按模块组合可能性多少,模块化系统可分为:

(1) 闭式系统　有限种模块组合成有限种结构形式。由于组合的方案有限,设计这种系统时需要采用枚举法,考虑到所有可能的方案。

(2) 开式系统　有限种模块能组合成相当多种的结构形式。设计这种系统时主要考虑模块组合变化规则。例如瑞典的 Linden 公司采用 61 个标准模块和一些非模块零部件,理论上可组合成 4 万多种不同性能的回转塔机。再如比利时的 Hansen 专利模块化减速器系列,其基本模块为 17 对弧齿锥齿轮和 28 对螺旋齿圆柱齿轮,由此组成具有 2 320 种传动比的减速器系列。

模块化设计是用功能模块组成产品,各个模块都要实现一定的功能,对整个产品系列而言,功能和相应的模块类型如图 2-31 所示。

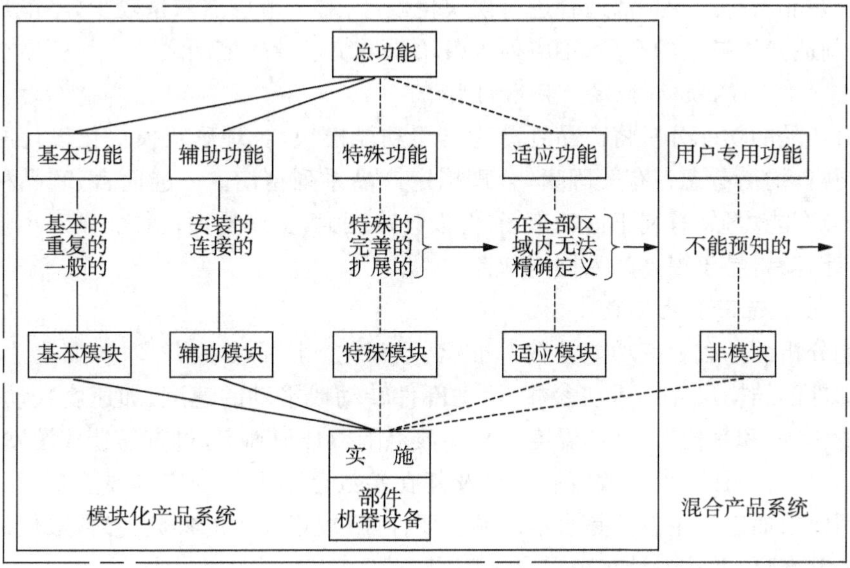

图 2-31 模块化产品系统中功能和模块类型

基本功能是系统中基本的、经常重复的、不可缺少的功能,在系统中基本不变。如车床中主轴的旋转功能。相应的模块称为基本模块。

辅助功能主要指实现安装和连接所需的功能,相应模块称为辅助模块,例如一些用于连接的压板、特制连接件。

特殊功能是使得系统中某种或某几种产品的作用更完善或有所扩展的功能。如车床上的靠模切削装置模块,便是扩展了的功能,相应模块称为特殊模块。

适应功能是为了和其他系统或边界条件相适应所需要的可临时改变的功能。相应模块称为适应模块。它的尺寸基本确定,只是由于上述未能预知的条件,某个(些)尺寸须根据当时情况予以改变,以满足预定要求。一些可调支撑就属于这种性质的模块。

用户专用功能指某些由用户特别指定的功能,不同的用户往往提出不同的要求,作为设计者不可能准确预知,该功能由于其不确定性和极少重复,由非模块化单元实现。

2.7.3 模块化设计的步骤

模块化设计分为两种不同类型,第一种类型为系列模块化产品研制过程,需要根据用户需求和市场调研结果对整个系列进行模块化设计,本质上是系列产品研制过程;第二种类型为单个产品的模块化设计,需要根据用户的具体要求对已有模块进行选择和组合,并加以必要的设计计算和校核计算，本质上是选择及组合过程。

对于系列模块化产品研制过程，一般有以下设计步骤。

1. 市场调查与分析

准确的市场定位是提高产品竞争力的关键。根据市场对同类产品的需求量、市场对同类产品基型和各种变型的需求比例，分析来自用户的要求，分析模块化设计的可行性等，结合企业设计制造能力，选择市场前景广阔的一类产品作为模块化设计的对象，这是模块化设计的前提。并非所有的产品都适合进行模块化设计，对于市场需求量较少，不能形成变型分支，设计与制造费用较高的产品，不应列入模块化系统设计的范围之中。

2. 进行产品功能分析，拟定产品系列型谱

通过对产品的功能分析将产品划分为若干功能模块，合理确定模块化设计所覆盖的产品种类和规格，均衡考虑各有关因素，合理拟定产品系列型谱。一般而言，产品种类和规格多，对市场应变能力强，有利于占领市场，但设计难度大，工作量大；反之，则对市场应变能力减弱，但设计容易，易于提高产品性能和针对性。

3. 确定参数范围和主参数

在功能分析的基础上使功能参数标准化、系列化。产品参数有多种，如尺寸参数（总体或某主要部件的结构尺寸）、运动参数（运动部件转动或平动的速度、加速度）、动力参数（功率、转矩、电压等）和其他参数（如温度等），参数范围须合理确定，过宽易造成浪费，过窄则可能不能满足要求。另外，参数数值的大小及其在参数范围内的分布也很重要，最大、最小值应根据使用要求而定。主参数是表示产品主要性能、规格大小的参数，参数数值的分布一般用等比或等差数列，并按设计规范尽量采用优先数。

4. 确定模块化设计类型，划分模块

这是模块化设计过程中的核心步骤，是与通常设计方法的主要区别所在。根据产品总功能和分解后的各分功能建立对应的功能模块系统。

要合理确定功能与模块的映射关系，一般有三种类型的关系：某一功能由单一模块实现，即一对一的关系；某一功能要由多个模块来实现，即一对多的关系；某些功能可由一个模块来实现，即多对一的关系。例如对于数控机床，刀具监测功能只是由刀具监测模块来实现，工件定位功能要由夹具模块和工作台模块来共同实现，而刀具的定位功能、夹紧功能、松开功能都可由刀架模块来实现。对于只有少数方案用到的特殊功能，可由非模块实现。

5. 模块结构及接口设计

模块结构应尽量标准化，以保证模块便于制造、装拆和维修，制造过程中尽量用多工位组合机床同时加工，降低模块的加工成本；还应建立全生命周期的模块数据模型，使各模块寿命相当。由于模块要求有多种可能的组合方式，因此设计时要充分考虑到模块的接口问题，在模块上设置足够的接口部位，该部位也应具备加工合理、装配合理的特性。

6. 编写技术文件

由于模块化设计建立的模块常不直接与产品联系，为便于模块化设计能系统地使用和管理，必须注意其技术文件的编制，才能将不同功能的模块有机联系起来，指导制造、检查和使用，这对于设计者、制造者乃至用户都是很重要的。

技术文件主要包括以下内容：

(1) 编制模块组合与配置各产品的关系表。其中应包括全系列的模块种类及各产品使用的模块种类和数量；

(2) 编制所有产品的模块组和模块目录表，标明各产品和模块组的组成。

(3) 编制系列通用的制造与验收条件；

(4) 编制模块式的使用说明，以适应不同产品、不同模块的需要。

2.7.4 模块化设计的关键环节

1. 模块标准化

模块标准化主要体现为模块结构标准化，尤其是模块接口标准化。模块化设计所依赖的是模块的组合，即连接或啮合，又称为接口。为了保证不同功能模块的组合和相同功能模块的互换，模块应具有可组合性和可互换性两个特征，而这两个特征主要体现在接口上，必须提高其标准化、通用化、规格化的程度。例如，具有相同功能、不同性能的单元一定要具有相同的安装基面和相同的安装尺寸，才能保证模块的有效组合。在计算机行业中，由于采用了标准的总线结构，来自不同国家和地区厂家的模块均能组成计算机系统并协调工作，各个厂家只需生产某些特定的模块，并不断进行研究、更新，生产更先进的模块。相比之下，机械行业针对模块化设计所做的标准化工作就逊色一些，这与机械产品的复杂性也有一定关系。机械产品中模块化设计还主要应用于机床、机械设备等一些行业，尚未在机械领域较全面地铺开。

2. 模块的划分与组合

模块划分是否合理直接影响模块化产品的性能、种类及成本，直接关系模块化设计能否成功。模块化设计的原则是力求以少数模块组成尽可能多的产品，并在满足要求的基础上使产品精度高、性能稳定、结构简单、成本低廉。从模块本身而言，模块结构应尽量简单、规范，模块间的联系尽可能简单。因此，如何科学地、有节制地划分模块，是模块化设计中很具有艺术性的一项工作，既要照顾制造管理方便，具有较大的灵活性，避免组合时产生混乱，又要考虑到该模块系列将来的扩展和向专用、变型产品的辐射。总的说来，划分前必须对系统进行仔细的、系统的功能分析和结构分析，具体来说，在功能分析的基础上建立相应的功能部件，通过对功能部件的结构分析再划分为不同的模块。

为了更好地发展模块化设计，近年来出现了分级模块的思想，把模块分成不同的级别，低一级模块可以组合成为高一级模块。由于低级模块的结构简单，因此更容易地实现标准化，并且可以灵活地组合，从而提供更多的解决方案，简化设计过程。

3. 模块的接口设计

具有一个连接界面的模块可与另一个模块形成单向连接，以此类推，具有两个或更多连接界面的模块可同时与另外两个或更多的模块形成两向或多向连接。连接的模块之间有直接的装配关系，则称为刚性连接。刚性连接又分为两类，当装配关系体现为通过定位件、紧固件等使相互连接的模块之间没有相对运动，称为固定连接，当这种装配关系体现为模块之间形成某种运动副，则称为活动连接。若连接的模块之间没有直接的装配关系，例如模块之间只是通过液压软管或通信电缆等相互连接，则称为柔性连接。

显然,模块接口设计直接决定了模块组合的便捷性,从而影响模块化产品的性能。模块接口设计一般要考虑如下问题:便于模块之间的连接与分离;对模块之间的相互位置能准确定位;能确保模块之间连接的可靠性;能确保模块接口处具有所需的力学、物理特性(如连接刚度、阻尼特性、导热性等);模块接口便于加工制造。

2.7.5 模块化设计的发展

目前,模块化设计技术的发展呈现以下几方面的特点。

1. 计算机辅助技术与模块化设计的结合

随着计算机辅助设计(CAD)的发展,模块化设计也相应有了很大的进展,在设计中充分利用各种计算机软、硬件平台,形成了以计算机为工具,以模块化设计为目标的多学科交叉的新型技术领域,发展了多项技术,如模块化产品的实体建模、特征建模、基于 STEP 的建模,模块的计算机辅助运动学、动力学分析及强度、刚度分析,模块的虚拟仿真装配,智能模块化设计等,被称之为计算机辅助模块化设计。

从设计理念来说,计算机辅助模块化设计是基于功能分析,对整个产品系列从顶向下规划设计出若干组功能模块,再根据具体用户的需求,进行功能模块的选择和综合,设计出所需产品。

2. 成组技术与模块化设计的结合

利用成组技术(Group Technology, GT)的基本思想,在模块化设计中按模块的功能、结构特点、接口形式、尺寸、精度、方位等特征进行分类编码,按相似程度分组,以模块为基本单元进行设计,并将设计结果储存在数据库中。在设计具体的模块化产品时,首先依据其有关特征按预定的编码原则进行编码,根据其编码查询出相同或最为接近的模块,从数据库中调出来进行适当修改,就获得所需的产品。修改后的模块还可再编码并存入数据库,使数据库不断扩充,适应更多的需求。

3. 全寿命周期多目标优化决策与模块化设计的结合

在模块化产品的整个寿命周期中,不同的阶段往往有不同的目标,这些不同的目标对模块往往有不同的要求,而这些要求又可能会存在冲突,因此需要从模块化产品的整个寿命周期出发,采用专家系统、模糊评判、多变量寻优、人工智能等方法对多个目标进行综合、权衡,进行优化决策,确定最优的解决方案。

2.8 动态设计

2.8.1 动态设计的概念

机械设备系统在实际工作状态下将承受各种复杂可变的载荷和环境因素的作用,因此,系统不但要具有预定的功能,而且其结构的动态性能也要满足一定的要求,使系统受到各种预期的变化载荷和环境因素作用时,仍然能保持良好的工作状态。

动态设计的主要任务就是要解决产品的动态性能问题。与之相对照的是,静态设计是在载荷和周围介质的状态参数保持“不变”的前提下进行的设计，显然，动态设计比静态设计复杂得多。

动态设计是机械系统现代设计的最重要的内容之一，是结构设计的核心与关键部分，直接关系到产品动态性能和工作性能以及产品的运行可靠性及使用寿命。

随着振动理论、材料疲劳断裂理论等科学理论的发展和计算机技术、有限元分析技术、模态分析技术及试验测试技术等的进步，为机械系统的动态设计构筑了坚实的基础。一些工业发达国家在产品设计中已经较普遍地采用了动态设计技术，在设计阶段就可以预估产品结构的动力学性能和使用寿命。

动态设计分析技术可分为两类基本问题：一是动态分析，即在已知系统模型、外部激励载荷和系统工作条件的基础上分析研究系统的动态特性；二是以动态性能满足预定要求为目标，建立系统模型，这是动态修改、优化、再设计的过程。可见动态设计较之动态分析具有更高的水平，难度更大。在现阶段，工程上一般将动态设计问题转化为动态分析来处理，故统称为动态设计。

2.8.2 动态分析

1. 传递函数分析

传递函数是动态分析中的重要概念。为描述大型、多自由度系统的动态特性，通常需要建立一个复杂的微分方程组，这样的方程组原则上是可以完全求解的，但实际上往往因为运算求解过程过于繁杂，应用起来不方便。而利用传递函数则不必求解微分方程就可研究初始条件为零的系统在输入信号作用下的动态过程，同时还可研究系统参数变化对动态过程的影响，从而使分析过程大大简化。另外，可以把对系统性能的要求转化为对系统传递函数的要求，把系统的各种特性用数学模型结合在一起，使系统的综合设计易于实现。

设系统的输入量和输出量已知，通过对系统微分方程进行拉普拉斯变换，并由初始条件为零时的拉普拉斯变换后的代数方程可得到系统的传递函数。根据系统的传递函数，便可以通过计算获得系统的稳态响应和瞬态响应，从而知道系统的动态性能。

传递函数法只适用于线性系统且初始条件为零的情形。如果已知系统的组成，并已求出各组成部分的传递函数，就可以画出各个部分的传递函数结构图，将它们联结在一起，获得整个系统的传递函数结构图。

2. 模态分析

应用传递函数进行系统动态分析的前提是需要求出相应的传递函数，但在许多实际情况下，往往求不出相应的传递函数。这时，就要应用模态分析方法。

模态分析是系统辨别方法在工程振动领域中的应用。模态是机械结构的固有振动特性，每一个模态具有特定的固有频率、阻尼比和模态振型。将一个多自由度振动系统的固有振动特性由一系列模态参量来表达，各模态参量之间的关系就形成了系统的传递函数。这些模态参数可以由计算或试验分析取得，这样一个计算或试验分析过程称为模态分析。

模态分析过程如果是由有限元计算的方法取得的，则称为计算模态分析。首先将整个结构划分为若干个子结构，建立子结构的运动方程并进行模态分析，再将运动方程变为模态方程，在模态坐标下将各个子结构进行模态综合，计算整个结构的模态，再返回到原来的物理坐标，再现整个结构的动态特性。对于大型的复杂结构，计算模态分析方法可将整个系统划分为较小的相互连接部件，其中每一个都能用解析法或实验法进行分析，再以模态坐标建立系统方程，从而求出系统的动态特性。

如果通过试验将采集的系统输入与输出信号经过参数识别获得模态参数，称为试验模态分析。试验模态分析是基于机械阻抗技术给系统施加稳态、瞬态或随机三种激励信号之一，测出其响应与传递函数，再通过曲线拟合的数值方法识别出模态参数和振型，即所谓系统识别技术。通常，模态分析主要是指试验模态分析，这主要是因为就目前的结构计算分析方法而言，还有一些问题有待解决，计算理论也有待深入。振动模态是弹性结构的固有的、整体的特性。如果通过模态分析方法搞清楚了结构物在某一易受影响的频率范围内各阶主要模态的特性，就可能预言结构在此频段内在外部或内部各种振源作用下的实际振动响应。因此，模态分析是结构动态设计及设备的故障诊断的重要方法。

实际的系统如机械设备、飞行器、船舶、车辆等的振动情况很复杂，模态分析提供了研究各种实际结构振动的一条有效途径。首先，将结构物在静止状态下进行人为激振，通过测量激振力与振动响应并进行双通道快速傅里叶变换(FFT)分析，得到任意两点之间的机械导纳函数(传递函数)。用模态分析理论通过对试验导纳函数的曲线拟合，识别出结构物的模态参数，从而建立起结构物的模态模型。根据模态叠加原理，在已知各种载荷时间历程的情况下，就可以预言结构物的实际振动的响应历程或响应谱。

近年来，由于计算机分析软件、FFT 分析仪、高速数据采集系统以及振动传感器、激励器等设备及试验测试技术的发展，已有多种类型的模态分析硬件与软件问世，试验模态分析得到了很快的发展。

模态分析大致可分为四个基本过程。

(1) 动态数据的采集及频响函数分析。

1) 激励方法　人为地对结构物施加一定的动态激励，采集激振力信号及各点的振动响应信号，根据力及响应信号，用各种参数识别方法获取模态参数。激励方法不同，相应识别方法也不同。目前主要有单输入单输出(SISO)、单输入多输出(SIMO)和多输入多输出(MIMO)三种方法。输入力的信号特征还可分为正弦慢扫描、正弦快扫描、稳态随机(包括白噪声、宽带噪声或伪随机)、瞬态激励(包括随机脉冲激励)等。

2) 数据采集　单输入单输出(SISO)方法要求同时高速采集输入与输出两个点的信号，用不断移动激励点位置或响应点位置的办法取得振型数据。单输入多输出(SIMO)和多输入多输出(MIMO)的方法则要求大量通道数据的高速并行采集，因此要求安装较多的振动测量传感器或激振器。

3) 时域或频域信号处理　例如各种谱分析、传递函数估计、脉冲响应测量以及滤波、相关分析等。

(2) 建立结构数学模型。

根据已知条件，建立一种描述结构状态及特性的模型，作为计算及识别参数依据。目前一般假定系统为线性的。由于采用的识别方法不同，也分为频域建模和时域建模。根据阻尼特性及频率耦合程度分为实模态或复模态模型等。

(3) 参数识别。

参数识别方法按识别域的不同可分为频域法、时域法和混合域法,后者是指在时域识别复特征值,再回到频域中识别振型,激励方式不同(SISO、SIMO、MIMO),相应的参数识别方法也不尽相同。

(4) 振型动画。

参数识别的结果得到了结构的模态参数模型,即一组固有频率、模态阻尼以及相应各阶模态的振型。以动画的方法将放大了的振型叠加到原始的几何形状上,以便直观、清晰地反映振型。

以上是模态试验及分析的四个主要过程。而支持这个过程的除了激振拾振装置、FFT分析仪、计算机等硬件外,还要有一个完善的模态分析软件包。通用的模态分析软件包必须适合各种结构物的几何特征,能设置多种坐标系,可划分多个子结构,具有多种拟合方法,并能将结构的模态振动在屏幕上三维实时地动画显示。

3. *结构动力修改与灵敏度分析*

一般来说,由于结构的复杂性,很难做到一次设计成功,满足结构的动态特性要求,这就牵涉到结构动力修改(Structure Dynamic Modify,SDM)。SDM 有两类问题:

(1) 当系统做了某种设计上的修改,它的动力学特性将会有何种变化?这类问题被称为 SDM 的正问题。相对来说,正问题比较简单,一般只要改变参数重新计算就可以。

(2) 如果系统结构的动态特性不合要求,要求结构动力学参数做某种改变,应该对设计做何种修改?这是 SDM 的反问题。

反问题则是特征值的反问题,由于结构的复杂性和数学处理的难度较大,目前在理论上还不完善,但在实用上已尝试了多种方法,获得一定的效果。对于局部结构动力修改问题,在修改量较小、结构基本框架不会因修改而改变的前提下,多采用摄动法,各种优化方法也在不同的条件下被采用。另外,人工神经网络由于其强大的非线性映射功能,也被用于解决结构动力修改的逆问题,其基本思想是通过对已知的结构参数和对应的动力学参数分析,建立起结构参数和动力学参数之间的非线性映射关系,从而得到与要求的动力学参数相对应的结构参数,实现结构设计修改。

不论是结构动力修改的正问题还是反问题,都要涉及针对结构进行修改。这就涉及修改何种参数以及如何修改才最有效的问题。例如,机床动力学特性直接决定其加工精度,为改善它的动力学特性,是进行质量修改,还是进行刚度修改。质量或刚度修改时,在机床结构上何处是最灵敏部位,使得在该处能以较少的修改量得到动力学特性的较明显改善。由此,引出了结构动力修改中的灵敏度分析技术。

从数学的角度看,灵敏度分析是通过一个或多个设计变量可行区域内的分段插值,分析目标函数的变化状况,从而获得各个设计变量对目标函数的敏感性。在结构分析中,目前较为常见的是基于矩阵摄动法的灵敏度分析,但该方法在一定程度上存在收敛速度较慢和收敛范围受到限制的问题,不适用于对结构作大修改,通过引进有理函数逼近可使该方法获得改进,而基于有限元法的灵敏度分析一般多采用解析法。通常在结构灵敏度分析模型中,设计变量和参数都假定为确定性的,当这些变量和参数具有模糊性时,则需利用模糊集理论的扩展原理及模糊函数的求导法则推出有关计算公式,进行模糊参量的灵敏度分析。

2.8.3 动态设计的内容与流程

动态设计是一门综合各种学科理论与实验技术的边缘科学，可分解出 8 个学科分支，即：系统控制理论；机械、结构动力学与振动理论；概率、统计理论与随机过程理论；计算数学与计算力学；疲劳断裂失效分析；优化方法；实验力学技术；信号分析与数据处理。

图 2－32 和图 2－33 给出了动态设计的内容和动态设计的一般流程。

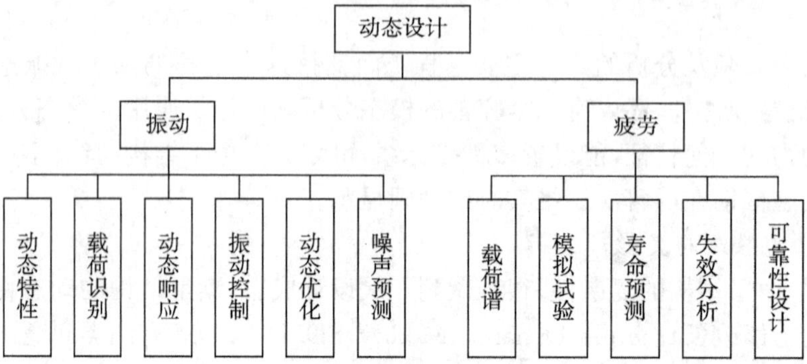

图 2－32　动态设计的内容

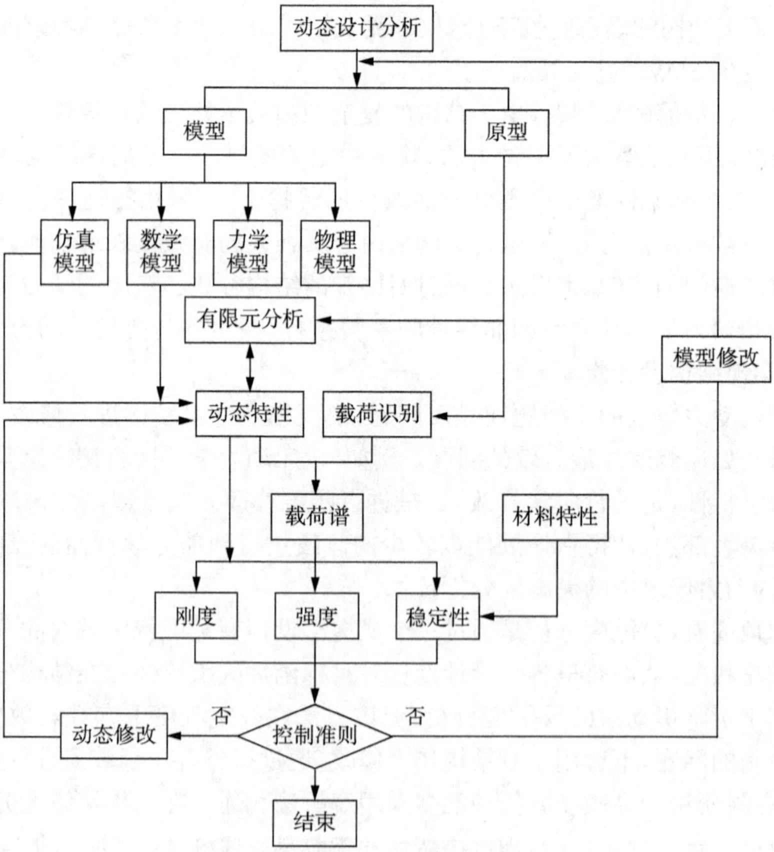

图 2－33　动态设计分析的一般过程

动态设计的一般步骤包括以下内容。

(1) 系统的动态模型　在结构的原型上研究结构系统的动态性能可充分反映实际情况，但由于现场条件的限制及各种因素的影响，难以完全满足实验要求。根据相仿原理建立并以此收集系统信息的客体称之为系统模型，按其性质可分为实物模型与抽象模型。实物模型就是物理模型，物理动态模型的设计必须严格遵循相似定理及量纲分析；抽象模型是以功能相似及数学形式相似的数学原理来描述，抽象动态模型又可分为力学模型与数学模型，它们可按等效原则或系统辨识方式或系统仿真方式来建立，如复杂系统可简化为由三种理想元件即阻尼器、弹簧和质量组成的等效系统。

动态设计主要研究系统的动态原理，一般应以原型及模拟模型结合进行。

(2) 载荷识别　确定系统的输入载荷称为载荷识别。在大多数情况下，载荷可由直接测试来确定，但在某些场合，直接测试载荷是不可能的，只能用间接方法。所谓间接法就是通过系统的响应(如速度、应变)来计算结构的外载荷。也就是说，由系统的输出 $\chi(t)$ 和系统动特性 $h(t)$ 求系统的输入 $f(t)$。例如由汽车的振动识别路面谱，由转子动响应来识别不平衡载荷等。

载荷识别技术有以下两个假设：

1) 输入输出是线性关系；

2) 系统的响应是有待识别的载荷产生。

载荷识别的过程是确定传递函数矩阵、实测结构动力响应，根据不同载荷求解矛盾方程。

确定传递函数矩阵常以实验模态分析技术获得。对于不同的测量响应可能得到不同解，一般测量响应的点数多于待识别载荷数。此时，应充分利用尽量多的测点响应数据，建立方程数多于未知数。用最小二乘法求解矛盾方程，得到传递函数矩阵 $\{F(\omega)\}$：

$$\{F(\omega)\}=\{[H^*(\omega)]^{\mathrm{T}}[H(\omega)]^{-1}[H^*(\omega)]\}^{\mathrm{T}}X(\omega)$$

对于随机激振情况，激振与响应关系为

$$[S_{\mathrm{x}}(\omega)]=[H(\omega)][S_{\mathrm{F}}(\omega)][H^*(\omega)]^{\mathrm{T}}$$

式中　$[S_{\mathrm{x}}(\omega)]$——被测量的各响应之间的功率谱密度矩阵。

(3) 动态特性　系统动态特性是用传递函数来描述的，传递函数可用实验模态分析及解析模态分析两种方式进行，一般应以两种方式一并进行，并进行相互验证，更大的优点在于应用动态修改技术来预测修正系统动态特性。

(4) 动态响应　记录与分析各种随时间变化的物理参量的时间历程统称为动态响应。动态响应的信号处理用一系列振动参数表达，有时域、频域、幅值域等。为了解振动信号的频率成分与分布范围，(幅值与能量分布)需要进行谱分析。谱分析有频谱分析及功率谱分析两种方法，这在控制工程、信号处理类的教材里都有介绍，在此不再赘述。

(5) 载荷谱　以概率统计的方法研究载荷的特性，对载荷的统计特性(载荷水平与循环次数的关系)用图形、表格、矩阵等形式来表示，统称为载荷谱。这里所提的“载荷”具有广义含义，对于特定的机械系统，具有各自特征的“载荷”，如机床的切削力、挖掘机的挖掘力等。对于零件及构件疲劳分析来说，“载荷”可以是某一内力，也可以是某一截面的应力，此时载荷谱就相应定义为力谱或应力谱。

载荷谱的编谱方法有：

1）计数法　统计各种不同大小载荷出现的频次，如峰值法、雨流法等。

2）功率谱法　计算载荷的功率谱密度函数。

通过载荷谱，可以了解载荷的幅值分布及频率结构，用于阐明零部件损坏原因及防止措施，主要作为模拟试验程序加载的依据，并进一步用作寿命估算及评定产品性能。

（6）寿命预估　寿命预估基于累积损伤理论的技术。在循环应力作用下，损伤逐步积累最后达到疲劳破坏，这就是累积损伤的概念。通常应用的是线性累积损伤理论，又称为Palmgren-Miner 理论。

使用累积损伤理论估算寿命时，必须已知材料特性 S-N、P-S-N 曲线及给定的载荷谱，并选择某一损伤理论如断裂裂纹扩展速度法、局部应力应变法、功率谱法等来估算寿命。这种估算是粗略的，但很简便，故获得广泛应用。

直接根据载荷谱进行加载的模拟试验来预估疲劳寿命，较为快速正确。模拟试验即是根据载荷谱施加的载荷去模拟真实的现场载荷，在概率统计上两者形成的损伤是等效的，使产品的模拟试验如同现场使用一样。

模拟试验有程序加载、使用再现、随机频谱等方法。

（7）系统仿真　系统特性实验研究可以在实际系统或以物理模型进行模拟实验，也可用计算机对实际系统进行仿真，即将实际系统运动规律用数学形式表达，建立其模型，然后用计算机来解析，统称为计算机仿真。数学模型一般以微分方程式来描述，也可用状态方程式来表达，并可将连续的系统状态方程转化为离散状态方程，即建立仿真模型，因此，有两次模型化的过程。第一次模型化，由实际系统变成数学模型；第二次模型化是将数学模型变成仿真模型，然后编写出仿真程序，现在已有面向仿真问题的仿真语言。

（8）减振和防振　在机械结构的动态设计过程中，避开共振或减小振动的量值是重要的内容。特别是随着结构的大型化，结构的自振频率（或模态）都有不同程度的降低，容易引起共振。例如，大型汽轮机末级叶片或叶片组的弯扭振动、大型汽轮发电机组轴系的临界转速、高速内燃机曲轴的扭转振动、飞机机翼的颤振、火箭结构的振动等。此时，都需要从总体上把握结构的固有频率、振型、阻尼等基本特性，查清薄弱环节和传递途径，以改进设计。

为了减小振动，可以通过改变激励频率、调整系统的质量和刚度分布、改变支承条件、采取措施减振（如安装阻尼减振器、动力吸振器或采用大阻尼材料）和隔振措施（包括隔离振源的主动隔离和防止振动传入的被动隔离）等措施来解决。

3 先进成形制造技术

3.1 精密铸造成形技术

铸造是机械工业重要的基础工艺与技术，广泛地应用于机械制造、航空航天、能源、交通、化工及社会生活的各个领域，并随着各相关领域的发展自身不断更新、发展和完善。同时高速发展的社会，对铸造的精密性、质量与可靠性、经济、环保等要求越来越高，铸造已从单一的加工工艺发展成为新兴的综合性的先进工艺技术。

3.1.1 消失模精密铸造技术

消失模铸造工艺是20世纪80年代末开始投入工业应用并逐步得以发展完善的铸造新技术。由于其诸多优点（如铸件尺寸精度高、表面粗糙度低、机械加工量少、环境污染小等），该技术被认为是一项很有发展前景的近净型加工技术和清洁生产技术。近年来，国外发达国家如美国、德国等，对该技术又进行了系统的开发和研究，使得如今消失模铸造技术的自动化程度更高、铸件废品率大大降低、铸件质量大幅度提高。

1. 消失模铸造的特点

消失模铸造（Expendable Pattern Casting，EPC），又称为实型铸造（Full Mold Casting，FMC）。它是采用泡沫塑料模样代替金属和木模，造型后模样不取出，呈实体型腔，直接浇入金属液后，在高温金属液的作用下，泡沫塑料模样受热汽化、燃烧而消失，产生金属—模样的置换过程，金属液取代原来泡沫塑料模样占据的空间位置，冷却凝固后即获得所需的铸件。

与砂型铸造相比，消失模铸造方法具有如下主要特点：

(1) 铸件的尺寸精度高、表面粗糙度低。铸型紧实后不用起模、分型，没有铸造斜度和活块，取消了砂芯，因此避免普通砂型铸造时因起模、组芯、合箱等引起的铸件尺寸误差和错箱等缺陷，提高了铸件的尺寸精度；同时由于泡沫塑料模样的表面光洁、其粗糙度较低，故消失模铸造的铸件的表面粗糙度也较低。

(2) 增大了铸件结构设计的自由度。在进行产品设计时，必须考虑铸件结构的合理性，以利于起模、下芯、合箱等工艺操作及避免因铸件结构而引起的铸件缺陷。消失模铸造改变了要分型和必须取模的铸造工艺上的概念，扩大了铸造的工艺可能性使铸件达到产品要求的理想结构。设计者可以依产品要求任意设计，从而可以制造出符合产品要求的、普通铸造难以生产的最佳结构的铸件。

(3) 简化了铸件生产工序，提高了劳动生产率，容易实现清洁生产。消失模铸造不用砂芯，省去了芯盒制造、芯砂配制、砂芯制造等工序，提高了劳动生产率；型砂不需要黏结剂，铸件落砂及砂处理系统简便；同时，劳动强度降低、劳动条件改善，容易实现清洁生产。

(4) 减少了材料消耗，降低了铸件成本。消失模铸造采用无黏结剂干砂造型，可节省大量型砂黏结剂，旧砂可以全部回用。型砂紧实及旧砂处理设备简单，所需的设备也较少。因此，大量生产的机械化消失模铸造车间投资较少，铸件的生产成本较低。

2. 消失模铸造的工艺过程

消失模铸造浇注的工艺过程如图 3－1 所示。整个消失模铸造过程包括：制造模样、模样组合（模片之间及其与浇注系统等的组合）、涂料及其干燥、填砂及紧实、浇注、取出铸件等工序。

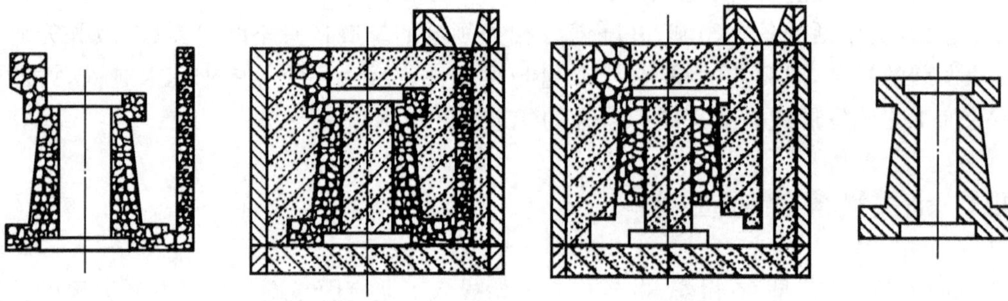

图 3－1　消失模铸造浇注的工艺过程

(1) 模样成形　用于消失模铸造的泡沫模样材料主要包括聚苯乙烯（EPS）、聚甲基丙烯酸甲酯（EPMMA）、STMMA（共聚物，EPS 与 MMA 的共聚物）等，它们受热汽化产生的热解产物及其热解的速度有很大不同。泡沫塑料模样通常采用两种方法制成：一种是采用商品泡沫塑料板料（或块料）切削加工、粘接成形为铸件模样；另一种是商品泡沫塑料珠粒预发后，经模具发泡成形为铸件模样。目前，不少工厂采用木工机床（铣、车、刨、磨等）来加工泡沫塑料模样，但由于泡沫塑料软柔脆弱，在加工原理、加工刀具及加工转速上都有很大区别。泡沫塑料一般按“披削”原理加工，加工转速要求更高。

由泡沫塑料珠粒（原材料）制成铸件模样主要工艺过程为：把经过发泡并熟化的聚苯乙烯珠粒用压缩空气吹入到成形机的金属模具中，加热使珠粒再次软化膨胀，并胀满整个金属模具及珠粒之间的间隙，使珠粒互相融结在一起，冷却后取出即得到需要的模样。

(2) 模样组合　为了制模方便，降低制模成本，对于复杂模样，需要分片成形，再组合成整体模样（铸件形状）。组合好的模样与浇口、冒口系统模样组装在一起形成一个模样簇。模样的组合主要通过黏结剂胶合方式和模样热合方式。

模样胶合是将模样块用专用特定造型夹具固定，在模板表面均匀涂上一层黏结剂，模板上升与上模样块黏结面接触一定时间，将黏结剂均匀涂在上模样块黏结面上，然后移走模板并将下模样块快速与上模样压合在一起，待黏结剂固化后即得到组合好的完整模样。

模样热合是通过加热将聚苯乙烯粘接表面熔化后，在压紧到一起直至模样粘合在一起。模样粘接表面的加热不是与热体表面直接接触，而是通过感应加热进行的。

(3) 挂涂料　泡沫塑料模样及其浇注系统组装成形后，通常都要上涂料。涂料在消失模铸造工艺中具有十分重要的控制作用：

1) 涂层将金属液与干砂隔离，可防止冲砂、粘砂等缺陷；

2) 浇注充型时，涂层将模样的热解产物气体快速导出，可防止浇不足、气孔、夹渣、增碳等缺陷产生；

3) 涂层可提高模样的强度和刚度，使模样能经受住填砂、紧实、抽真空等过程中力的作用，避免模样变形。

为了获得高质量的消失模铸件，消失模铸造涂料应具有如下性能：

1) 良好的透气性　模样受热汽化生成的气体容易通过涂层，经型砂之间的间隙由真空泵强行抽走；

2) 较好的涂挂性　涂料涂挂后能在模样表面获得一层厚度均匀的涂层；

3) 足够的强度　常温下能经受住搬运、紧实时的作用力使涂层不会剥落，高温下能抵抗金属液的冲刷作用力；

4) 发气量小　涂料层经烘干后，在浇注过程中与金属液作用时产生的气体量小；

5) 低温干燥速度快　低温烘干时，干燥速度快，不会产生龟裂、结壳等现象。

消失模铸造涂料与普通砂型铸造涂料的组成相似，主要由耐火填料、分散介质、黏结剂、悬浮剂及改善某些特殊性能的附加物组成。但消失模铸造涂料的性能不同于一般的铸造涂料，消失模铸件的质量和表面粗糙度在很大程度上依赖于涂料的质量。

涂料涂挂方式有浸涂、淋涂、刷涂及喷涂四种。涂挂方式的选用主要取决于生产批量、模样的大小和形状。大批量生产小件和形状复杂的模样一般采用浸涂方式，单件或小批生产的中大型模样一般采用刷涂和喷涂方式。

(4) 干砂造型　干砂造型包括加砂和型砂紧实两个工序。

消失模铸造通常采用无黏结剂的石英散砂来填充、紧实模样，砂粒的平均粒度一般为AFS 25～45。粒度过细，有碍于浇注时塑胶残留物的逸出；粗砂粒则会造成金属液渗入，使得铸件表面粗糙。砂子粒度分布集中较好(最好都在一个筛号上)，以便保证型砂的高透气性。

在选择型砂之后，在模样放入砂箱内紧实之前，砂箱的底部要填入一定厚度的型砂作为放置模样的砂床(砂床的厚度一般约为100 mm)。然后放入模样，再边加砂、边振动紧实，直至填满砂箱、紧实完毕。为了避免加砂过程中因砂粒的冲击使模样变形，由砂斗向砂箱内加砂常采用柔性管加砂、雨淋式加砂两种方法。前者是用柔性管与砂斗相接，人工移动柔性管陆续向砂箱内各部位加砂，可人为地控制砂粒的落高，避免损坏模样涂层；后者是砂粒通过砂箱上方的筛网或多管孔雨淋式加入。雨淋式加砂均匀、对模样的冲击较小，是生产中常用的加砂方法。

消失模铸造中干砂的加入、填充和紧实是得到优质铸件的重要工序。砂子的加入速度必须与砂子紧实过程相匹配，如果在紧实开始前将全部砂子都加入，肯定会造成变形。砂子填充速度太快会引起变形；但砂子填充太慢会造成紧实过程时间过长，生产速度降低，并可能促使变形。消失模铸造中型砂的紧实一般采用振动紧实的方式，紧实不足会导致浇注时铸型壁塌陷、胀大、粘砂和金属液渗入，而过度紧实振动会使模样变形。

振动紧实应在加砂过程中进行，以便使砂子充入模型内部空腔，并保证砂子足够紧实而又不发生变形。

(5) 真空下浇注　型砂紧实后的浇注通常在抽真空下进行(有时振动紧实时也施加真空)。抽真空的目的是将砂箱内砂粒间的空气抽走，使密封的砂箱内部处于负压状态，因此砂箱内部与外部产生一定的压差。在此压差的作用下，砂箱内松散流动的干砂粒可变成紧实坚硬的铸型，具有足够高的抵抗液态金属作用的压缩强度、剪切强度。抽真空的另一个作用是可以强化金属液浇注时泡沫塑料模汽化后气体的排出效果，避免或减少铸件的气孔、夹渣等缺陷。

真空度大小是消失模铸造重要的工艺参数之一，真空大小的选定主要取决于铸件的质量、壁厚及铸造合金和造型材料的类别等。通常真空度的使用范围是－0.02～－0.08 MPa。

(6) 型砂的冷却　消失模铸件落砂后的型砂温度很高，由于是干砂，其冷却速度相对也较慢，对于规模较大的流水生产的消失模铸造车间，型砂的冷却是消失模铸造正常的关键。

3.1.2 半固态金属铸造技术

20 世纪 70 年代初年美国麻省理工学院的 D. B. Spencer 和 M. C. Flemings 发明了一种搅动铸造(stir cast)新工艺，即用旋转双桶机械搅拌法制备出 Sn 15% Pb 半固态金属浆料用于浇注，并对半固态合金组织的形成机制、半固态浆料的力学行为和成形特点进行了深入的研究，创立了半固态金属铸造的概念、理论和技术。经过 20 年的发展，在美国和欧洲该项工艺技术的应用较为广泛，由于该技术的产品具有高质量、高性能和高合金化的特点。除军事装备上的应用外，开始主要集中用于自动车的关键部件上，例如，用于汽车轮毂，可提高性能、减轻重量、降低废品率。此后，逐渐在其他领域获得应用，生产高性能和近净成形的部件。半固态金属铸造工艺被认为是 21 世纪最具发展前途的近净成形和新材料制备技术之一。

1. 半固态金属铸造的特点

半固态金属铸造成形是在液态技术的凝固过程中进行强烈的搅动，使普通铸造易于形成的树枝晶网络骨架被打碎而形成分散的颗粒状组织形态，然后将其压铸成坯料或铸件。它是传统的铸造技术和锻压技术融合而成的新的成形技术。

与普通的铸造成形方法比较，半固态金属加工具有许多独特的优点。

(1) 铸件质量高　金属在充型过程中，不易发生喷溅，减轻了合金的氧化和裹气，提高了铸件的致密性。因此，可以通过热处理来进一步提高铸件的力学性能，其强度比液态金属的压铸件高；金属浆料或坯料在充型前已析出一半左右的初生固相，减少了凝固收缩，铸件具有更少的收缩孔洞，能够承受更高的液体压力。固态金属浆料或坯料不存在宏观偏析，因而铸件也不存在宏观偏析，其性能更均匀。

(2) 生产率高 半固态浆料具有流变性和触变性,变形抗力小,可以更高的速度成形零件,而且可进行复杂件的成形;缩短了加工周期,提高了材料利用率。利用半固态金属可以进行机械零件的近终化成形,可大幅度减少零件毛坯的机械加工量。

(3) 加工温度低 半固态金属浆料或坯料的充型温度低,减轻了模具的热冲击,提高了模具的寿命。

(4) 实行绿色生产 由于制坯和成形分离,成形车间不需处理液态金属,专业化程度高,工艺操作更安全,容易实现全过程智能控制,工作环境更优良。

2. 半固态金属铸造的工艺过程

半固态铸造的基本工艺及过程如图 3-2,主要分为流变铸造和触变铸造两类。流变铸造是将从液相到固相冷却过程中的金属液进行强烈搅动,在一定的固相分数下将半固态金属浆料压铸成形。触变铸造是先由连铸等方法制得具有半固态组织的锭坯,然后切成所需长度,再加热到半固态状,然后再压铸成形。

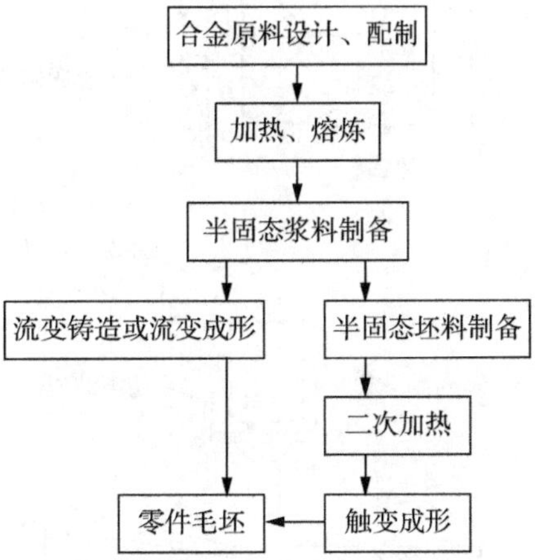

图 3-2 半固态铸造的基本工艺及过程

(1) 半固态浆料制备 无论是流变铸造成形还是触变压铸成形,首先要获得半固态浆料。因此,半固态金属浆料的制备方法及设备的发展是多年来半固态铸造成形技术发展的标志性技术,目前主要有电磁搅拌、机械搅拌两大类。

1) 机械搅拌法 机械搅拌是最早采用的半固态浆料制备方式,是在坯料开始凝固不久,通过剧烈的搅拌作用,改变凝固中的金属初晶的生长与演化。在搅拌过程中,可以通过控制搅拌温度、搅拌速度和冷却速度等工艺参数,使初生树枝状晶破碎而成颗粒结构。机械搅拌可以获得很高的剪切速率,有利于形成细小的球形微观组织。机械搅拌式装置的缺点是在高温下机械搅拌构件的热损耗大,被热蚀的构件材料对半固态金属浆料会产生污染,因此对搅拌构件材料的高温性能(耐磨、耐蚀等)要求较高。机械搅拌式装置通常可分为连续式和间歇式两种类型。

2) 电磁搅拌法 电磁搅拌法是利用感应线圈产生的平行于或垂直于铸型方向的强磁场对处于液-固相之间的金属液形成强烈的搅拌作用,产生剧烈的流动,使金属凝固析出的枝晶充分破碎并球化,进而制备半固态浆料或坯料。该方法不污染金属液,金属浆料纯净,不卷入气体,可以连续生产流变浆料或连铸锭坯,产量可以很大。通常,影响电磁搅拌效果的因素有搅拌功率、冷却速度、金属液温度、浇注速度等。但直径大于 150 mm 的铸坯不宜采用电磁搅拌法生产,电磁搅拌获得的剪切速率不及机械搅拌的高。

从搅拌金属液的流动方式看,电磁搅拌有两种形式,一种是垂直式,即感应线圈与铸型的轴线方向垂直;另一种是水平式,即感应线圈平行于铸型的轴线方向,如图 3-3 所示。电磁搅拌法在国外已用于工业化生产,大量生产半固态原材料铸锭。

3) 超声波振动法 超声波振动半固态浆料制备原理是利用超声机械振动波扰动金属的凝固过程,细化金属晶粒,获得球状初晶的金属浆料。

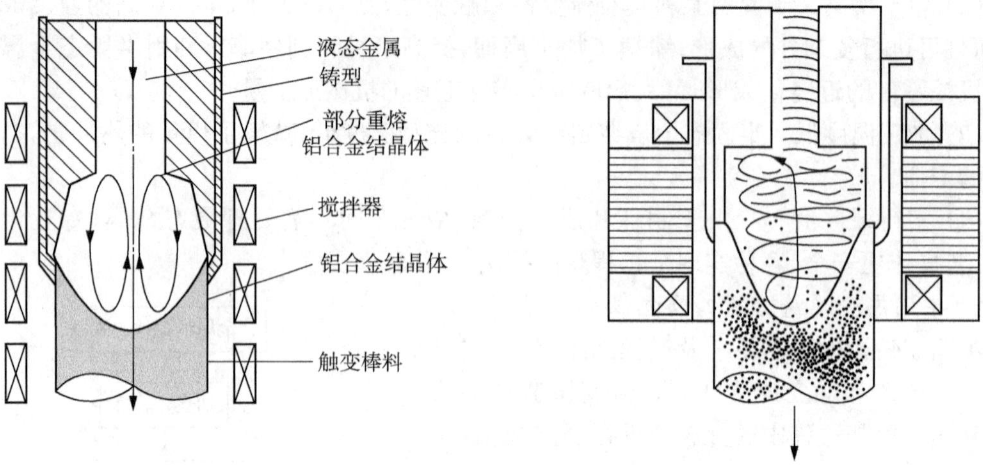

图 3-3　电磁搅拌式浆料制备装置示意图

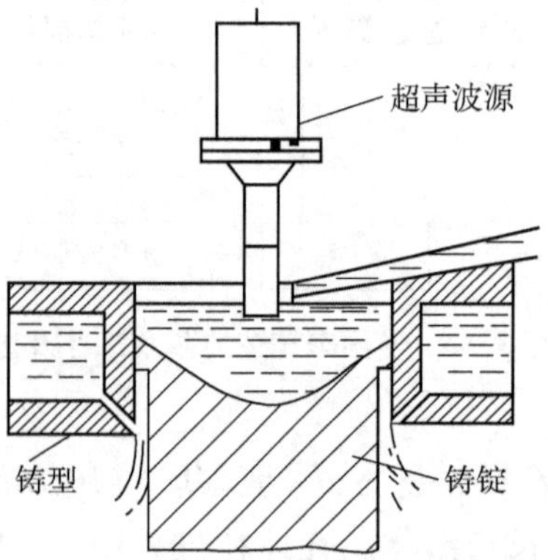

图 3-4　超声波振动半固态浆料制备示意图

超声波振动作用于金属熔体的方法有两种：一种是将振动器的一面作用在模具上，模具再将振动直接作用在金属熔体上；另一种是振动器的一面直接作用于金属熔体上（图 3-4）。试验证明，对合金液施加超声波振动，不仅可以获得球状晶粒，还可使合金的晶粒直径减小，获得非枝晶坯料。

4）应变诱导熔化激活法　应变诱导熔化激活法制备半固态料坯主要是利用传统的连铸法制出晶粒细小的金属锭坯；然后将该金属锭坯在回复再结晶的温度范围内进行大变形量的热态挤压变形，通过变形使铸态组织破碎；再对热态挤压变形过的坯料进行少量的冷变形，在坯料的组织中储存部分变形能量；最后按需要将经过变形的金属锭坯切成一定大小，迅速将其加热到固液两相区并适当保温，即可获得具有触变性的球状半固态坯料。

（2）半固态金属坯料的重熔加热　在半固态金属触变成形中，金属坯料必须被重新加热至固液两相区的某一温度下，恢复金属坯料的半固态特性，并保证金属坯料具有一定的固液相体积比例和均匀的温度场。根据加工零件的质量大小，精确分割经流变铸造获得的半固态金属棒料，然后在感应炉中重新加热至半固态供后续成形。重熔的目的是获得不同工艺所需要的固相体积分数，使半固态金属棒料中细小的枝晶碎片转化成球状结构，为触变成形创造有利条件。

目前，半固态金属加热普遍采用感应加热，它能够根据需要快速调整加热参数，加热速度快、温度控制准确。图 3-5 为一种重熔加热装置的原理图，它利用传感器信号来控制感应加热器，得到所要求的液固相体积分数。其工作原理为当金属由固态转化为液态时，金属的电导率明显地减小（如铝合金液态的电导率是固态的 0.4～0.5）；同时，当坯锭从固态逐步转变为液态时，电磁场在加热坯锭上的穿透深度也将变化，这种变化将会引起加热回路的变化，因此可通过安装在靠近加热锭坯底部的测量线圈测出回路的变化。比较测量线圈的信号与标定信号之间的差别，就可计算出坯锭的加热温度，从而实现控制加热温度（即控制液相体积分数）的目的。

（3）半固态金属零件的成形　将半固态金属坯料送入压铸机的压射室，进行压射成形，并进行适当的保压，然后卸压开型，取出压铸件。

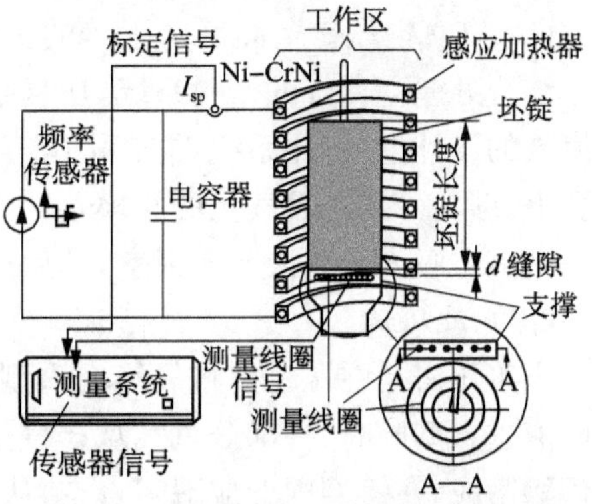

图 3-5　一种重熔加热装置的原理图

3.1.3　压力铸造新技术

1. 真空压铸

为了减少或避免压铸过程中气体随金属液高速卷入而使铸件产生气孔和疏松，压铸前采用对铸型抽真空的真空压铸最为普遍。真空压铸按获得真空度的高低可分为普通真空压铸和高真空压铸两种。

真空压铸的特点是可消除或减少压铸件内部的气孔，压铸件强度高，表面质量好，还可以进行热处理；减小了压铸时型腔的反压力，可用小型压铸机生产较大、较薄的铸件；但真空压铸的密封结构复杂，制造及安装困难，控制不当则效果不明显。

（1）普通真空压铸　即采用机械泵抽出压铸模腔内的空气，建立真空后注入金属液的压铸方法。真空罩及分型面抽真空示意图如图 3-6、图 3-7 所示。

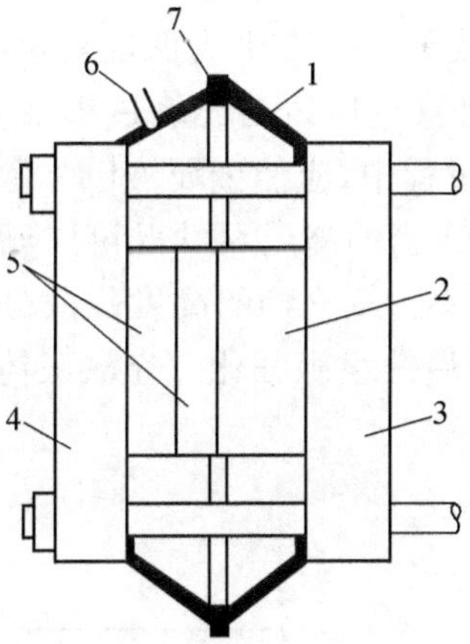

图 3-6　真空罩安装示意图

1—真空罩；2—动模座；3—动模安装板；4—定模安装板；5—压铸模；6—抽气孔；7—弹簧垫衬

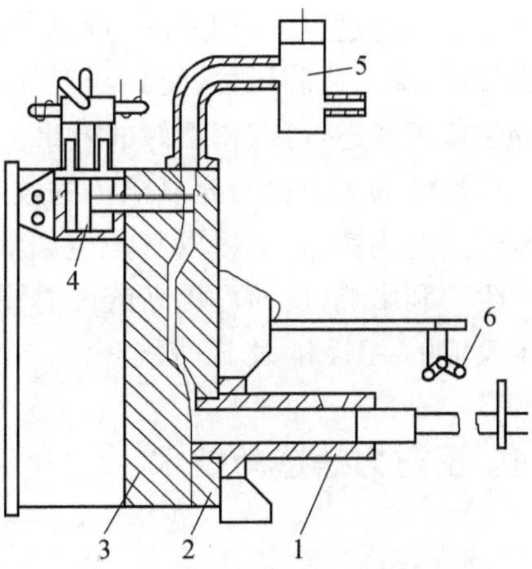

图 3-7　由分型面抽真空示意图

1—压室；2—定模；3—动模；4—小液压缸；5—真空阀；6—行程开关

实践表明，真空压铸可以提高压铸件的致密性，而普通真空压铸由于获得的真空度不高，压铸件的致密性还不能达到热处理的要求，因此，应用不太广泛。近年来，高真空压铸技术的应用表明，其压铸件的致密性明显提高，其推广应用的速度也较快。

(2) 高真空压铸　高真空压铸的关键是能在很短的时间内获得高真空。为此，必须在铸型结合处建立良好的密封系统，在真空建立时有阻止金属液流入真空管道的真空闭锁阀。在模具的设计上(浇注系统、抽芯机构等)采用防止卷气、排气措施；在模具的脱模剂上，采用高温下高附着力、小发气量的脱模剂材料。图 3-8 为吸入式高真空压铸机的工作原理图，它采用真空吸入金属液至压射室，然后进行快速压射，可获得较高的压铸真空度。

2. 充氧压铸

充氧压铸是在压铸前将氧气充入型腔，取代其中的空气，图 3-9 为其工作原理图。当金属液进入型腔时，一部分氧气从排气槽排出，残留的氧与金属液发生反应，生成弥散状的氧化物微粒，在铸型内形成瞬间真空，从而获得无气孔的压铸件。

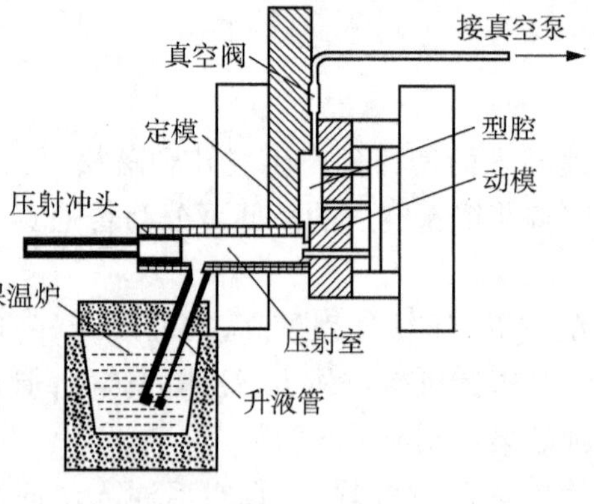

图 3-8　吸入式高真空压铸机的工作原理图

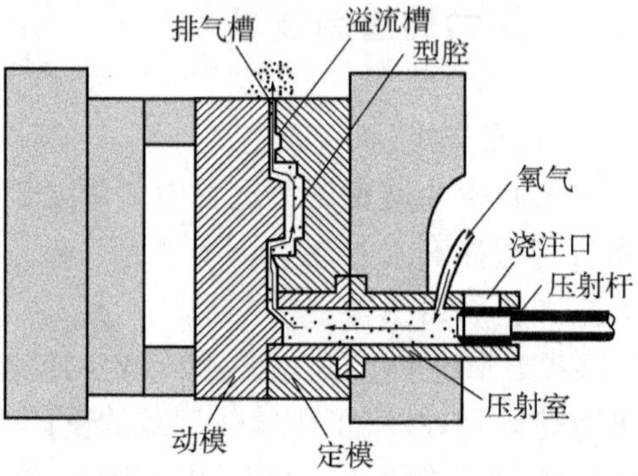

图 3-9　充氧压铸工作原理图

在充氧压铸过程中，型腔内的真空是由化学反应产生的。生产中为保证安全性，应严格控制充氧量，降低型腔压力，使其与充氧压力相匹配。将真空压铸与充氧过程结合起来，使型腔处于负压状态，可获得更好的效果。在金属液充型过程中，应使金属液以弥散喷射状充型。浇道尺寸的大小也对充氧压铸的效果有较大影响，适当的浇道尺寸既可以满足金属液以紊流形式充满铸型，又可以避免金属液温度下降得过快。氧化物的高度弥散分布不会对铸件产生不利影响，反而可提高铸件的硬度，并使热处理后的组织细化。充氧压铸可用于与氧发生反应的 Al、Mg 及 Zn 系合金。

3.1.4　反重力铸造新技术

1. 调压铸造

调压铸造是根据铝合金熔模精密铸件的特点，通过调节浇注过程中的压力来满足铸件充型和凝固的动力学条件，其工艺原理如图 3-10 所示。调压铸造的浇注过程为经充分干燥和过滤的惰性气体或压缩空气将铝液从坩埚中经过输液管压入型腔。调压铸造的充型和凝固过程分别在不同的压力下进行，具有优越的充型流体动力学和凝固动力学条件，有利于获

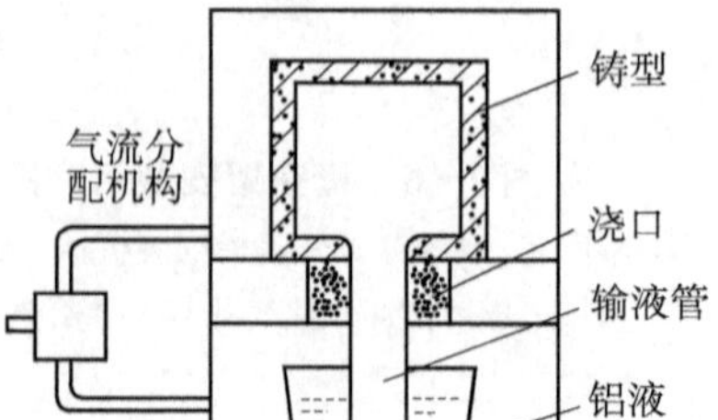

图 3-10　调压铸造工艺原理图

得轮廓清晰和气密性高的薄壁、复杂精密铸件，也可用于金属基复合材料的制备。研究表明，在相同的浇注温度下，以填充薄片状精铸试样的面积作为衡量充型能力的标准，调压铸造的充型能力分别比重力铸造和差压铸造高 29%和 9%。

由于调压铸造是在负压下充型，消除了气体反压，故充型压力较小，而调压既保证了铸件的压力结晶，又使壳型不致变形和破裂。也就是说，调压铸造对壳型的强度和透气性均没有特殊要求。调压铸造的另一个突出特点是，在调压过程中，随着压力增加，铸件与铸型之间的换热强度增大，使凝固速度加快。因此，用调压铸造法浇注的铸件晶粒细小，力学性能特别是延伸率较其他铸造方法有显著提高。调压铸造通常用于性能要求很高的(航空航天)铝合金铸件的生产。

2. *真空吸铸*

真空吸铸是在熔模精密铸造技术上发展起来的一种铸造工艺方法。它把普通熔模铸造工艺制作的壳型放在密封室内，密封室下降，直浇道浸入液体金属中，再启动真空泵将密封室抽成真空，液体金属同时被吸入。壳型内铸件凝固后，真空状态解除，浇道内的残余金属液回流到熔炉中，经清砂后得到精密铸件。真空吸铸的工艺原理如图 3-11 所示。

真空吸铸的优点是金属的利用率高、工艺出品率可达 90%；与普通精铸工艺比较，生产率高(提高 85%～135%)；在负压下平稳充型，氧化夹杂少；负压作用使型内的背压降低，显著提高了铸件的充型能力；吸铸温度较重力铸造低 100～150 ℃。真空吸铸适于薄壁铸件的生产，在航空、航天、电子等领域有广泛的应用前景。该工艺的不足是铸型需预热，导致铸件晶粒粗大，力学性能下降；铸件凝固时无补缩压力，铸件可能发生缩孔、缩松缺陷。

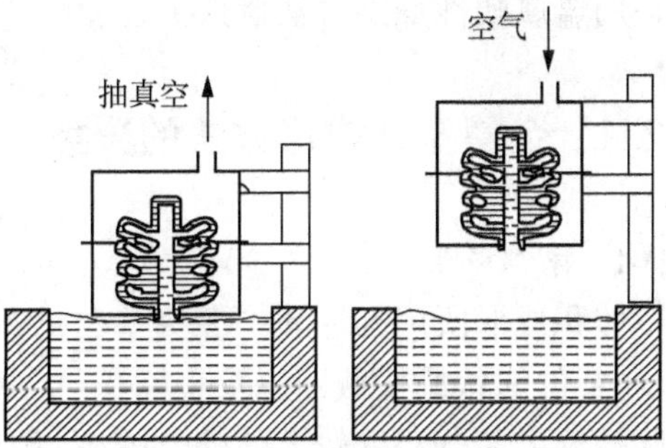

图 3-11　真空吸铸工艺原理图

3. *真空压差铸造*

真空压差铸造是在差压铸造的基础上引入真空吸铸的方法，其工艺原理如图 3-12 所示，该铸造法的充型是在铸型室的真空度达到一定值后进行的，不仅克服了真空吸铸抽气不完全而产生背压的缺点，使充型能力有很大提高，而且充型时气体稀少，可有效地抑制紊流和送气的产生。在充型完成后，能及时地给予金属液面以较大的压力，使铸件在较大的压力下实施补缩凝固，获得致密的铸件。

该方法能在铸造过程中综合运用真空和压力，控制充型与凝固过程中的压力差，达到生产高质量铸件的目的。真空压差铸造的充型速度快(最高充型速度为 3 m/s，远远高于低压铸造和差压铸造 0.05～0.8 m/s 的充型速度，仅低于压力铸造的充型速度)，有利于成形复杂薄壁铸件；在较大的压力差(0.4～0.5 MPa)下进行补缩、凝固，铸件的

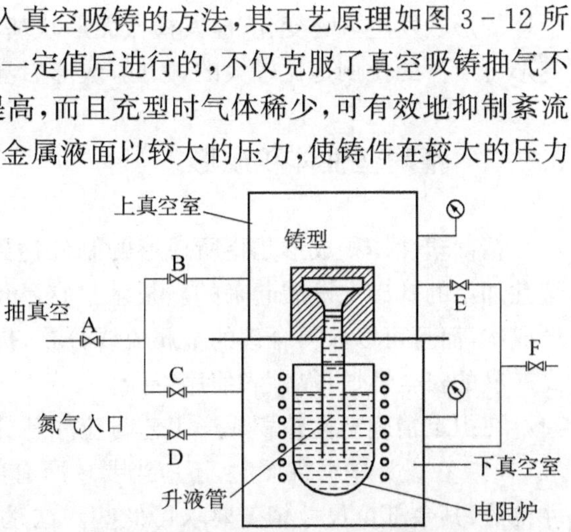

图 3-12　真空压差铸造工艺原理图

致密性好；在设备结构上，避免了结构复杂的高压罐容器部件，结构简单、成本低、操作控制方便。

3.2 精密塑性成形技术

金属塑性加工是金属加工方法之一。它是利用金属的塑性，通过外力使金属发生塑性变形，成为具有所要求的形状、尺寸和性能的制品的加工方法。因此，这种加工方法也称为金属压力加工或金属塑性加工。

由于金属塑性加工是通过塑性变形得到所要求的制件的，因而是一种少(无)切屑加工方法。金属塑性加工时，一个零件一般是在设备的一个行程或几个行程内完成的，因而生产率很高。对于一定质量的零件，从力学性能、冶金质量和使用可靠性看，一般说来，金属塑性加工比铸造或机械加工方法优越。由于上述情况，金属塑性加工在汽车、拖拉机、宇航、船舶、兵工、电器和日用品等工业部门获得了广泛应用。仅就航空工业而言，机身各分离面间的对接接头、机翼大梁，发动机的压气机盘和涡轮盘、整流罩和火焰筒等重要零件或其毛坯都是用金属塑性加工方法制成的。

3.2.1 金属塑性成形方法的分类

1. 体积成形

体积成形所用的坯料一般为棒材或扁坯。当采用体积成形时，坯料经受很大的塑性变形，坯料的形状或横截面以及表面积与体积之比发生显著的变化。由于在体积成形过程中，工件的绝大部分经受较大的塑性变形，因而成形后基本上不发生弹性恢复现象。属于体积成形的典型塑性加工方法有挤压、锻造、轧制和拉拔等。

2. 板料成形

板料成形所用坯料是各种板材或用板材预先加工成的中间坯料。在板料成形过程中，板坯的形状发生显著变化，但其横截面形状基本上不变。当采用板料成形时，弹性变形在总变形中所占的比例是比较大的，因此，成形后会产生弹性回复或回弹现象。

3.2.2 精确塑性体积成形

精确塑性体积成形是指所成形的制件达到或接近成品零件的形状和尺寸，它是在传统塑性加工的基础上发展起来的新技术。它不但可以节材、节能、缩短产品制造周期、降低生产成本，而且可以获得合理的金属流线分布，提高零件的承载能力，从而减轻制件的质量，提高产品的安全性、可靠性和使用寿命。

在拟定精确塑性体积成形工艺时应注意的问题：

(1) 在设计精锻件图时，不应当要求所有部位的尺寸都精确，而只需保证主要部位的尺寸精确，其余部位尺寸精度要求可低些。这是因为现行的备料工艺不可能准确保证坯料的尺寸和质量，而塑性变形是遵守体积不变条件的。因此，必须利用某些部位来调节坯料的质量误差。

(2) 对某些精锻件,适当地选用成形工序,不仅可以使坯料容易成形,保证成形质量,而且可以有效地减小单位变形力和提高模具寿命。

(3) 适当地采用精整工序,可以有效地保证精度要求。例如,叶片(尤其是型面扭曲的叶片)精锻后,应当增加一道精整工序。有时对锻件的不同部位需采用不同的精整工序。

(4) 坯料良好的表面质量(指氧化、脱碳、合金元素贫化和表面粗糙度等)是实现精密成形的前提。另外,坯料形状和尺寸的正确与否以及制坯的质量等对锻件的成形质量也有重要影响。在材料塑性、设备吨位和模具强度允许的条件下,尽可能采用冷成形或温成形。

(5) 设备的精度和刚度对锻件的精度有重要影响,但是模具精度的影响比设备更直接、更重要。有了高精度的模具,在一般设备上也可以成形精度较高的锻件。

(6) 在精密成形工艺中,润滑是一项极为重要的工艺因素,良好的润滑可以有效地降低变形抗力,提高锻件精度和模具寿命。

(7) 模具结构的正确设计、模具材料的正确选择以及模具的精确加工是影响模具寿命的重要因素。

(8) 在高温和中温精密成形时,应对模具和坯料的温度场进行测量和控制,它是确定模具材料、模具和模锻件热胀冷缩率以及坯料变形抗力的依据。

精密塑性体积成形有模锻、挤压、闭塞式锻造、多向模锻、径向锻造、精压、摆动辗压、精密辗压、特种轧制、变薄拉深、强力旋压和粉末成形等。主要应用于成形大批量生产的零件,如汽车、摩托车上的一些零件,特别是复杂形状的零件以及成形航空、航天等工业的一些复杂形状的零件,特别是一些难切削的复杂形状的零件;还有要求性能高、使结构质量轻化的零件等。

1. 精密塑性体积成形的分类

按成形温度分类:

(1) 冷成形(冷锻) 室温下的成形。产品的尺寸精度高、表面质量好、材料利用率高,其缺点为冷成形的变形抗力大、材料塑性低、流动性差等。

(2) 温成形(温锻) 在室温以上、再结晶温度以下的成形。与冷锻比较,温锻时由于变形抗力小、材料塑性好,成形比冷锻容易,可以采用比冷锻大的变形量,从而减少工序数量、减少模具费用和压力机吨位,模具寿命也比冷锻时高;与热锻相比,温锻时由于加热温度低,氧化、脱碳减轻,产品的尺寸精度和表面质量均较好。如果在低温范围内温锻,产品的力学性能与冷锻产品差别不大。对不易冷锻的材料,改用温锻可减少加工难度。有些适宜冷锻的低碳钢,也可作为温锻的对象。因为温锻常常不需要进行坯料预先软化退火、工序之间的退火和表面磷化处理,这就使得组织连续生产比冷锻容易。

温锻主要用于以下几种情况:冷锻变形时硬化剧烈或者变形抗力高的不锈钢、合金钢、轴承钢和工具钢等;冷变形时塑性差、容易开裂的材料,如铝合金 LC 4、铜合金 HPb 591 等;冷态难加工,而热态时严重氧化、吸气的材料,如钛、钼、铬等;形状复杂,或者为了改善产品综合力学性能而不宜采用冷锻的零件;变形程度较大或者尺寸较大,以致冷锻时现有设备能力不足的零件;为了便于组织连续生产的零件。

(3) 热成形(热锻) 在材料再结晶温度以上的成形。变形抗力低、材料塑性好、流动性好、成形容易、所需设备吨位小，但其缺点包括产品的尺寸精度低、表面质量差、钢件表面氧化严重、模具寿命低、生产条件差。

(4) 等温成形(等温锻)　变形温度通常在再结晶温度以上，在几乎恒温条件下的成形，这时模具也加热到与坯料相同的温度。通常是在行程速度较慢的设备上进行的。主要用于铝合金、镁合金和钛合金锻件的成形。

2. 闭塞式锻造

闭塞式锻造是近年来发展十分迅速的精密成形方法，先将可分凹模闭合，并对闭合的凹模施以足够的合模力，然后用一个冲头或多个冲头，从一个方向或多个方向对模膛内的坯料进行挤压成形。这种成形方法也称为闭模挤压，是具有可分凹模的闭式模锻(图 3－13)。

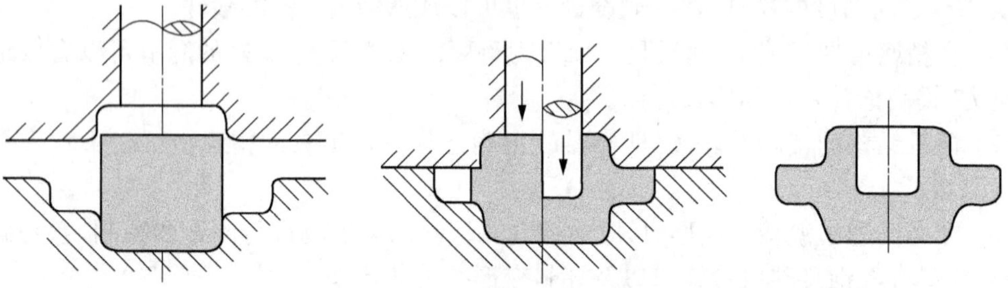

图 3－13　闭塞式模锻示意图

闭塞式锻造的优点如下：

(1) 生产效率高，一次成形便可以获得形状复杂的精锻件；

(2) 由于成形过程中坯料处于强烈的三向压应力状态，适于成形低塑性材料；

(3) 金属流线沿锻件外形连续分布，因此，锻件的力学性能好。

3. 径向锻造

径向锻造是在自由锻型砧拔长的基础上发展起来的，用于长轴类件锻造的新工艺，用于锻造截面为圆形、方形或多边形的等截面或变截面的实心轴(图 3－14(a))、内孔形状复杂或内孔细长的空心轴(图 3－14(b))。

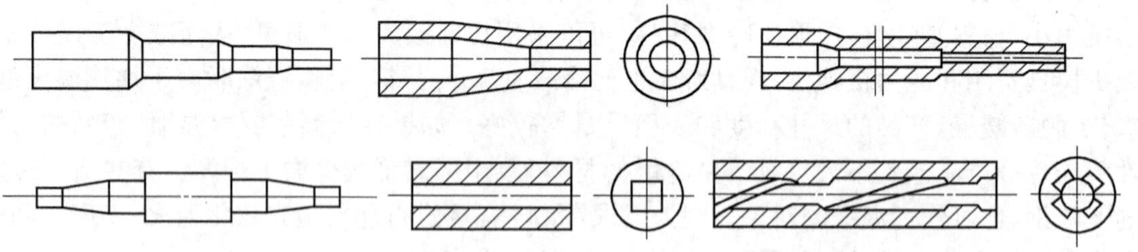

(a)　　(b)

图 3－14　径向锻造零件

径向锻造的工作原理(图 3－15)是利用分布于坯料横截面周围的两个或两个以上的锤头，对坯料进行高频率同步的锻打。在锻造圆截面的工件时，坯料与锤头既有相对轴向运动，又有相对旋转运动；在锻造非圆截面的工件时，坯料与锤头仅有相对轴向运动，而无相对旋转运动。

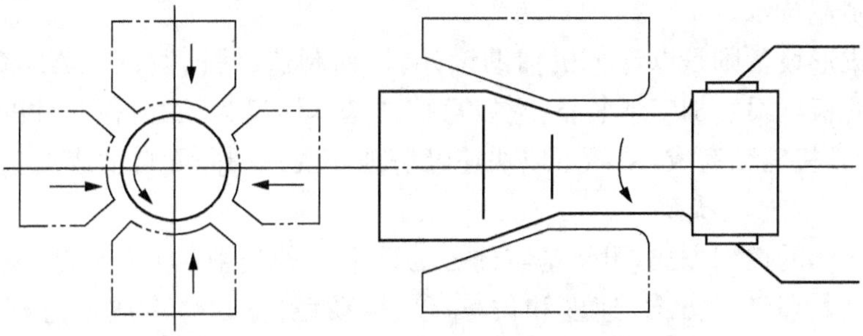

图 3-15 径向锻造工作原理

(1) 径向锻造的变形特点：

1) 径向锻造是多向同时锻打，可以有效地限制金属的横向流动，提高轴向延伸效率。

2) 径向锻造能够减小和消除坯料横截面内的径向拉应力，可以锻造低塑性、高强度的难熔金属，如钨、钼、铌、锆、钛及其合金。

3) 径向锻造机的“脉冲加载”频率很高，每分钟在数百次甚至上千次，这种加载方式可以使金属的内、外摩擦因数降低，使变形更均匀，更易深入内部，有利于改善锻件心部组织，提高其性能。

4) 径向锻造时每次锻打的变形量很小，变形区域小，金属移动的体积也很小。因此，可以减小变形力，减小设备吨位，提高工具的使用寿命。

(2) 径向锻造的加工质量　由于径向锻机的工作精确度高、刚度大、每次锻打的变形量小，因此径向锻造的锻件可以获得较高的尺寸精度和较低的表面粗糙度。

冷锻时，尺寸精度为 2～4 级，表面粗糙度 Ra 为 0.4～0.8 μm；热锻时，尺寸精度为 6～7 级，表面粗糙度 Ra 为 1.6～3.2 μm。锻件的表面粗糙度随坯料横截面压缩量的增大而降低。

3.2.3 金属板料数字化成形技术

金属板料数字化成形技术的主要特点是无模成形和数控渐进成形。

金属板料无模成形工艺最早是用手工方法，后来出现了旋压技术。近 10 年来，由于市场需求的多样化，制造业对产品开发技术提出了更高的要求，促使板料无模成形方法有了新的发展，日本和德国在这方面进行了大量的研究。

1. 无模多点成形

无模多点成形是把模具曲面离散成有限个高度分别可调的基本单元，用多个基本单元代替传统的模具(图 3-16)进行板材的三维曲面成形。每一个基本单元称为一个基本体(base element)。用来代替模具功能的基本体的集合叫基本体群(elements group)。无模多点成形就是由可调整高度的基本体群随意形成各种曲面形状，代替模具进行板材三维曲

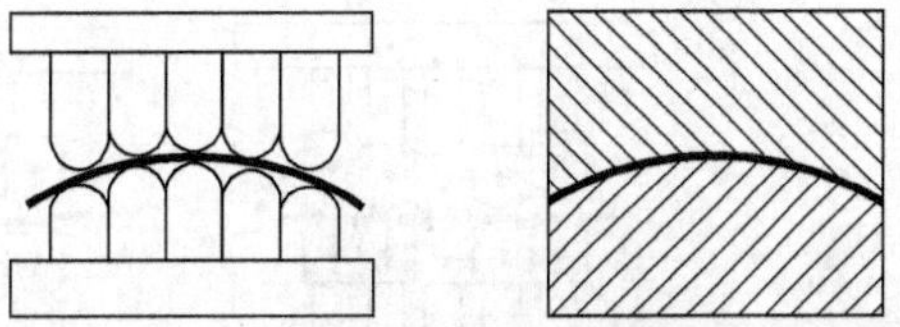

图 3-16 多点模具成形和传统模具成形的比较

面成形的先进制造技术。

无模多点成形设备则是以计算机辅助设计、辅助制造、辅助测试(CAD/CAM/CAT)技术为主要手段的板材柔性加工新装备,它以可控的基本体群为核心,板类件的设计、规划、成形、测试都由计算机辅助完成,从而可以快速经济地实现三维曲面自动成形。

(1) 无模多点成形的类型。

按照对基本体的控制方式,可将基本体分为以下三种类型:① 主动型:基本体在成形过程中可随意控制其移动的方向、速度和位移;② 被动型:基本体在成形过程中不能随意控制、调节其位移、速度和方向,只是在被施加一定的压力后被动地产生位移;③ 固定型:这种类型的基本体的相对位置在成形前调整,在成形过程中基本体的高度不变。

按照基本体调整方式的不同,又可以派生出不同的多点成形方法:多点模具成形、半多点模具成形、多点压机成形和半多点压机成形。

1) 多点模具成形　就是上、下基本体群所包含的基本体都为固定型时的无模多点成形(图 3-17)。采用多点模具成形方式成形工件时,上、下基本体群在成形工件前就被调整到适当的位置,形成对成形工件曲面的包络面,在成形过程中,基本体的相对位置不再发生变化,这相当于模具成形中的上、下模具,故称为多点模具成形。

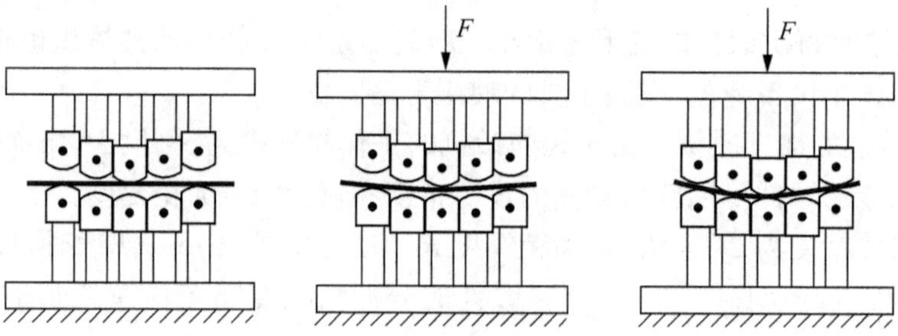

图 3-17　多点模具成形

当板材变形量超过一定的极限,一次不能成形变形程度比较大的工件时,可以进行逐次成形,即先将工件成形到某一中间形状,然后以此中间形状为坯料直至得到合格的制品。使用逐次成形方法可以获得比传统模具一次成形更大的变形量。当由于变形量较大而传统模具不能成形时,多点模的“柔性”将充分发挥其优势。

2) 半多点模具成形　当上(或下)基本体群中基本体的类型为固定型,而下(或上)基本体群的基本体类型为被动型时,这种无模多点成形就称为半多点模具成形(图 3-18)。

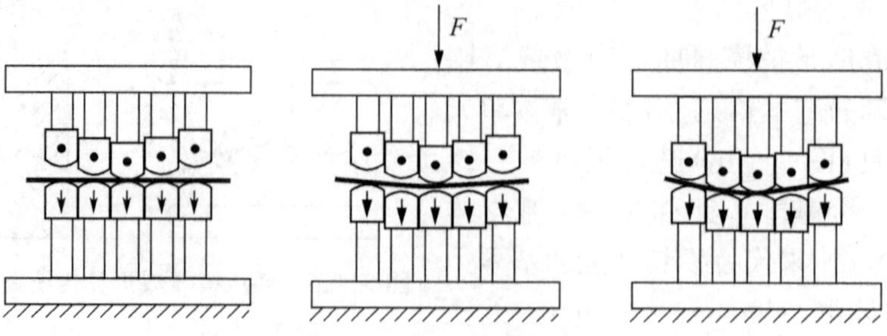

图 3-18　半多点模具成形

采用这种成形方式时，被动移动的基本体始终与板料保持接触状态，而且与多点模具成形方法相比，显著地减少了控制点的数目和对基本体的调整时间，在采用自动控制方式时，可以降低控制系统的制作费用。半多点模具成形法由于基本体与板材的接触点比较多，能够得到比多点模具成形更好的成形效果。

3）半多点压机成形　上（下）基本体群中基本体的类型为主动型，而下（上）基本体群中基本体的类型为被动型的多点模具成形称为半多点压机成形（图 3-19）。

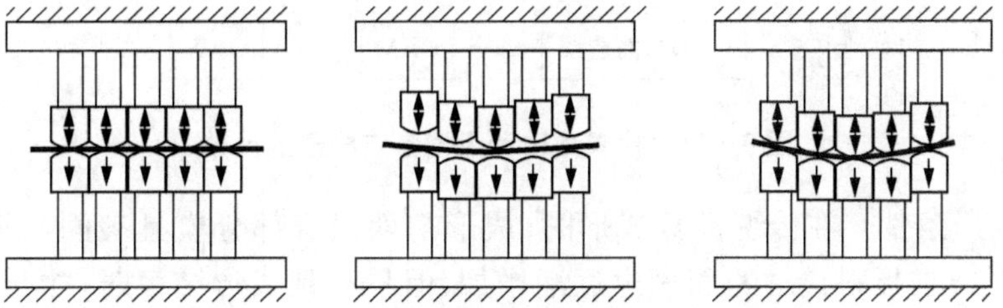

图 3-19　半多点压机成形

半多点压机成形方式与半多点模具成形方式类似，只不过它的上、下基本体群中基本体的位移、速度和方向可以随意控制，从而也可以有更多的成形路径可以选择。半多点压机成形方式的控制系统要比半多点模具成形方式的控制系统复杂，成形工件的质量要好于后者的成形质量，但从经济上来考虑，这种成形方式的应用受到了一定的限制。

4）多点压机成形　上、下基本体群中基本体的类型都为主动型的压机成形称为多点压机成形（图 3-20）。

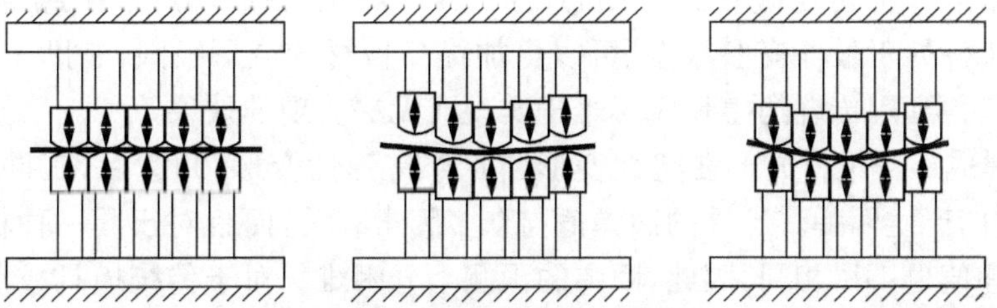

图 3-20　多点压机成形

在多点压机成形方式中，可以实时地控制每个基本体运动的方向和速度，在成形前不需进行预先调整，上、下基本体群夹住成形板材，在受载的情况下，每个基本体根据需要移动到合适的位置，进行板材三维成形。每一个基本体都像一个小压力机，故称为多点压机成形。多点压机成形方式在成形时可以按照成形工件的最佳成形路径进行成形。所有的基本体在成形过程中始终与板材保持接触，使板材保持最好的受力状态，从而可以最大限度地减少成形时的缺陷，提高板材的成形极限。这种成形方式充分发挥了柔性加工的特色，可以实现多种工件的加工，而中间无需任何换模时间，具有相当高的效率，是几种成形方法中最好的一种。缺点是制作设备费用太高。

（2）无模多点成形工艺特点方法

1）实现板类件快速成形　如图 3-21 所示，无模多点成形在进行生产时，直接进行曲面造型后就进行工件生产，免去了传统模具设计、制造与调试的工序，节约大量的模具材料及制造模具所需的时间、空间和费用，大大地缩短了产品的开发周期，适应多品种、小批量现代化生产的需要，能够使生产企业适应市场，及时调节产品结构。

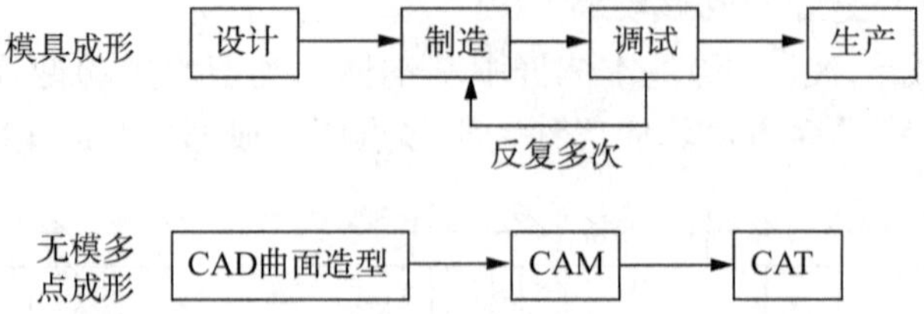

图 3-21　模具成形和无模多点成形的比较

2）改善变形条件　在传统模具成形时，成形初期只有部分模具表面与板料表面接触。随着变形的增加，与板料接触的面积也逐渐增加，但只有到成形结束时，才有可能使模具表面全部与板料接触。这就是说，在成形的绝大部分过程中，只有部分表面参与变形，从而对板料的约束较少，应力集中现象也很突出，容易产生皱纹等缺陷。因此，模具成形时往往要设计较大的压边面来抑制皱纹的产生。在多点模具成形中，情况也类似。

然而在多点压机成形时情况就完全不同。从成形一开始，所有的基本体都可以与板料表面接触；而且在成形过程中所有的基本体始终与工件表面接触。这样，一方面增加了对板料表面的约束，使工件产生皱纹的机会明显减少；另一方面还减少了单个基本体的集中载荷，减少压痕。如果再结合使用弹性垫就可以大大增加工具与工件的接触面积，减少缺陷的产生。也可以说，在多点压机成形时，工件的表面既是成形面，同时又是压边面。

另外，如果进一步充分利用多点压机成形的柔性特点，在成形过程中适当地控制工件变形的路径，使工件处于最佳变形状态，可以更加提高板材的成形极限，有助于实现难加工材料的塑性变形，得到用传统的模具成形难于实现或无法实现的效果。

3）无回弹成形　板材成形在塑性变形前总伴有弹性变形，卸载后，工件必然会向着与变形相反的方向产生回弹。工件的回弹值与众多因素有关，而且对于同一种材料，由于生产批号不同，回弹值也不尽相同，因此，回弹的预测十分困难。对于传统模具成形，由于回弹的存在造成模具反复调试，带来了各种问题。多点成形可以采用反复成形法加以解决。

4)无缺陷成形　多点成形时，板料与基本体之间的接触是点接触，为了均布载荷、改善板料的受力状态，应使用弹性垫技术。成形时，使用两块弹性垫，把板料夹在中间（图 3-22）。因为在成形中弹簧钢带板很容易产生变形，并且将冲头集中载荷分散地传递给板料，所以能显著抑制压痕的产生。另外，板料和弹性垫在变形过程中始终接触，使得板料与工具的接触面积比用模具成形还大很多，所以能起到抑制皱纹的作用。成形后，弹性垫完全恢复到原来的形状，成为平整状态。

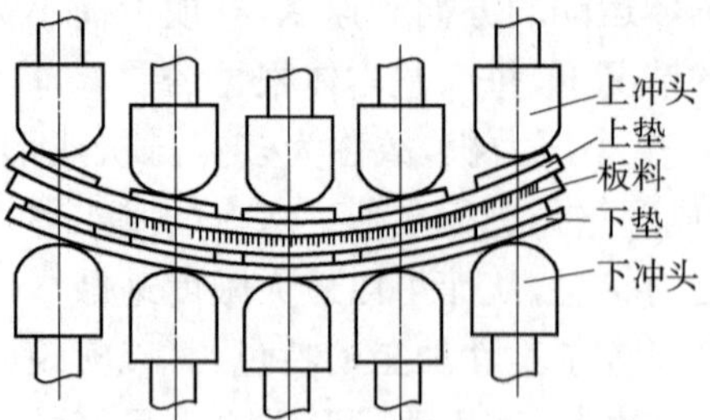

图 3-22　使用弹性垫时的成形情况

5）小设备成形大型件　在整体成形时，工件的尺寸要小于或等于设备的一次成形面积；而采用分段成形技术，成形件分成若干不分离的成形区域，利用多点成形的柔性特点连续、逐次成形大于设备尺寸的工件，这是无模多点成形的最大优点之一。然而在分段成形时，在一块板料上既有强制变形的区域，又有相对不产生变形的刚性区域，而且在产生变形的强制变形区与不产生变形的刚性区之间必然形成一定的过渡区。在过渡区里，与基本体接触的区域因受刚性区的影响，使变形结果与基本体所控制的形状产生较大的差别；而在不与基本体接触的区域里，也会受到强制变形区的影响，使其产生一定的塑性变形。这样即使是最简单的二维变形，也会变成复杂的三维变形。在分段成形中，对于不同的总体变形量有不同的成形工艺。对于总体变形量较小的情况，采用无重叠区的成形工艺和有重叠区的成形工艺；对于较大变形，由于分段一次压制后，在过渡区产生剧烈塑性变形，发生加工硬化，留下加工缺陷，并在随后的压制中很难消除。可以采用变形协调成形工艺和多道分段成形工艺。

6) CAD/CAM/CAT 一体化生产　在无模多点柔性成形系统中，所要成形曲面的规划、设计、成形、测试等一系列过程全部采用计算机技术，真正实现大型三维板材的无人自动化生产。

2. *金属板材渐进成形*

金属板材渐进成形是一种基于计算机技术、数控技术和塑性成形技术的先进制造技术，其特点是采用快速原型制造技术分层制造的思想，将复杂的三维形状沿 z 轴方向切片（离散化），即分解成一系列二维断面层，并根据这些断面轮廓数据，用计算机控制一台三轴联动成形机，驱动一个工具头，以走等高线的方式，对金属板料进行局部塑性加工。着重强调层作为加工单元的特点，每层可采取更低维或高维单元进行塑性加工得到，即无需制造模具，用渐进成形的方式将金属板料加工成所需要的形状。其成形过程如图 3－23 所示，分 3 个工作步骤。

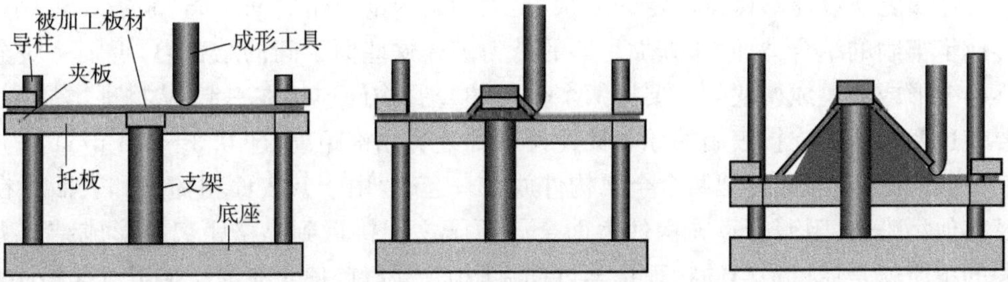

图 3－23　金属板材渐进成形

(1) 将板料放置于托板上，四周用夹板夹紧。托板可以沿导柱自由上、下滑动。

(2) 根据切片断面轮廓数据，用计算机控制三轴联动成形机驱动一个成形工具对板料压下一个量，并以走等高线的方式，对板料进行加工。

(3) 每完成一个断面层轮廓的加工后，工具头沿 z 轴方向压下一个高度 H，接着加工下一层的断面轮廓，如此循环往复，直至工件最终成形。

金属板材渐进成形无需形状一一对应的模具，成形工件的形状和结构也相应地不受约束。其工艺是用逐层塑性加工来制造三维形体，在加工每一层轮廓时都和前一层自动实现光顺衔接。渐进成形既可实现成形工艺的柔性，又可节省制造工装的大量成本。由于不是针对特定工件采用模具一次拉伸成形，可以加工任意形状复杂的工件。由于该法省去了产品设计过程中因模具设计、制造、实验修改等复杂过程所耗费的时间和资金，极大地降低了新产品开发的周期和成本。特别适合于轿车新型样车试制(概念车)，也适合于飞机、卫星等多品种、小批量产品；对家用电器等新产品的开发，也具有巨大的经济价值。

以轿车大型覆盖件快速成形系统为例，覆盖件的三维图形可在计算机上用 UG、Pro/E 等三维设计软件绘制，然后进行前处理，对图形分层。并把分层的数据通过接口软件直接驱动三轴联动的成形设备，成形设备则像绘图机分层"绘制"零件断面框一样，用一个成形工具头以走等高线的方式，对板材逐层进行渐进式塑性加工，使板材逐步成形为所需的轿车覆盖件。试验结果证明，与传统工艺比较，这种渐进成形方法可加工出具有更高延伸率的工件，也可加工那些用传统工艺加工不出来的具有复杂曲面的工件。

3.3　激光焊接成形技术

3.3.1　概述

连接成形技术包括焊接技术、机械连接技术和粘接技术等。作为制造业的传统基础工艺与技术，在工业生产中应用的历史并不长，但它的发展却非常迅速。在短短的几十年中，连接技术在各个重要领域，如航空航天、造船、汽车 桥梁、电子信息 海洋钻探、高层建筑金属结构等得到了广泛应用，连接技术已成为一门重要的制造技术，是材料科学的一个重要专业学科。

焊接技术的范畴包括焊接方法的特点、焊接热过程、焊接冶金、焊接缺陷、金属焊接性及其试验方法等。

固态金属之所以能够保持固定的形状，是因为其内部原子之间距离(晶格)非常小，原子之间形成了牢固的结合力，除非施加足够的外力破坏这些原子间的结合力，否则一块金属固体是不会变形或分离成两块的。要把两个分离的金属构件连接在一起 从物理本质上来看，就是要使这两个构件连接表面的原子彼此接近到金属晶格距离(即 0.3～0.5 nm)。

在一般情况下，当我们把两个金属构件放在一起时，由于其表面粗糙度和表面存在的氧化膜及其他污染物，阻碍着不同构件表面金属原子之间接近到晶格距离并形成结合力。焊接过程的本质就是通过适当的物理化学过程克服上述困难，使金属原子接近到晶格距离。

焊接作为一种传统技术，面临着时代的挑战。一方面，材料作为 21 世纪的支柱已显示出以下变化趋势，即从黑色金属向有色金属变化，从金属材料向非金属材料变化，从结构材料向功能材料变化，从多维材料向低维材料变化，从单一材料向复合材料变化。新材料连接必然要对焊接技术提出更高的要求，新材料的出现成为焊接技术发展的重要推动力。例如，异种材料之间的连接，采用通常的焊接方法已经无法完成，而此时固态连接的优越性日益显现，扩散焊与摩擦焊已成为焊接领域的热点。比如金属与陶瓷已经能够进行扩散连接，这在以前是不可想象的。另一方面，先进制造技术的蓬勃发展，从自动化、集成化等方面对焊接技术的发展提出了越来越高的要求，出现的新型高能密度焊接，如电子束焊、等离子焊、激光焊等，其焊接精密度、温度都大大高出了传统电弧焊。

现代连接技术自诞生以来一直受到诸学科最新发展的直接影响与引导，受材料、信息学科新技术的影响，不仅导致了数十种焊接新工艺的问世，而且也使得焊接工艺操作正经历着从手工焊到自动焊、自动化、智能化的过渡。连接技术的主要发展趋势是：① 精确焊接成形技术；② 特种材料及特种环境下的焊接技术；③ 焊接过程的智能控制；④ 胶接与复合材料构件的成形技术。

可以达到精确成形制造目的的连接工艺主要有高能密度焊接方法，如激光焊和电子束焊，以及固态焊接、扩散焊和焊熔近终成形技术等，下面着重介绍代表现代连接技术的激光焊接技术。

3.3.2 激光焊接技术的特点

激光焊接在机械工业中得到日益广泛的应用，它是基于大功率激光所产生的小孔效应基础上的深熔焊接，它既是一种熔深大、速度快、单位时间熔合面积大的高效焊接方法，又是一种焊缝深宽比大、比能小、热影响区小、变形小的精确焊接方法。

激光焊接的主要优点是：

(1) 深宽比高，激光聚焦后功率密度高，焊缝深宽比可高达 10∶1；

(2) 线能量小，焊件热变形小，焊缝窄，焊缝热影响区也很小；

(3) 能实现精密可控微区焊接，极小的聚焦光斑且能精密定位以及极高的加热、冷却速度，使得激光容易实现微区精密焊接，对焊缝周围区域几乎没有热损伤；

(4) 高的焊接速度，激光焊接速度比电弧焊高一个数量级以上，薄板激光焊接速度可高达 20～30 m/min，是一种极为高效的焊接方式；

(5) 材料适应性好，用激光可实现常规方法难以实现的焊接，并能对异种材料施焊，效果良好；

(6) 良好的过程适应性，通过灵活的光束传导，且与现代数控技术相结合，容易实现多工位、难以接近部位以及同一设备不同零件的焊接。

激光焊接存在如下局限性：

(1) 要求焊件的装配精度高，激光聚焦后光斑尺寸很小，约为 0.1～0.6 mm，且一般不加填充材料，故对工件装配精度和光束定位精度有严格要求；

(2) 激光器及相关系统的成本高，一次性投资较大。

以下几方面的研究进展将决定激光焊接的技术水平和应用范围。

(1) 焊接过程和焊接质量的检测与控制。影响激光焊接质量的因素包括激光功率、聚焦状态、等离子体状态、聚焦光束与焊缝的对中以及焊缝轨迹跟踪等。其中有些参数，如等离子体状态、聚焦光束与焊缝的对中程度等的检测比较困难。因此，对激光焊接过程的控制尚限于焊接轨迹的可编程序控制。闭环控制的研究才处于初始阶段，优化控制、自适应控制和智能控制将会成为该项技术基础研究的热点。因此，焊接过程中一些关键因素的检测和更高层次的控制是今后一段时间的主攻目标。

(2) 特种材料的精确焊接。利用激光可以焊接一般焊接方法难以焊接的高熔点金属以及非金属材料。因此，特种材料，如锆合金、钨合金、钼合金和复合材料等的焊接工艺，将成为下一阶段的重要研究内容。

3.3.3　激光焊接设备

激光焊接设备主要由激光器、光束检测仪、焊接过程监测系统、导光反聚焦系统、保护或切割气源、工作台和计算机等组成。

用于焊接等热加工的固体激光器主要是 YAG 激光器，气体激光器主要是 CO_2 激光器。

1. YAG 激光器

激光焊接用 YAG 激光器，平均输出功率为 0.3～3 kW，最大功率可达 6 kW 以上。YAG 激光器可在连续或脉冲状态下工作，也可在调 Q 开关状态下工作。三种输出方式的 YAG 激光器的特点如表 3-1 所示。YAG 激光器的一般结构如图 3-24 所示。

表 3-1　不同方式 YAG 激光器输出特点

输出方式	平价功率/kW	峰值功率/kW	脉冲持续时间	脉冲重复频率	能量/脉冲/J
连续	0.3～4	—	—	—	—
脉冲	约 4	约 50	0.2～20 ms	1～500 Hz	约 100
Q 开关	约 4	约 100	<1 μs	约 100 kHz	10^3

YAG 激光器输出激光的波长为 1.06 μm，是 CO_2 激光波长的十分之一。波长较短有利于激光的聚焦和光纤传输，也有利于金属表面的吸收，这是 YAG 激光器的优势；但 YAG 激光器采用灯浦泵，能量转换环节多，器件总效率比 CO2 激光器低，而且灯浦泵使用寿命较短，需经常更换。YAG 激光器一般输出多模光束，模式不规则，发散角大。

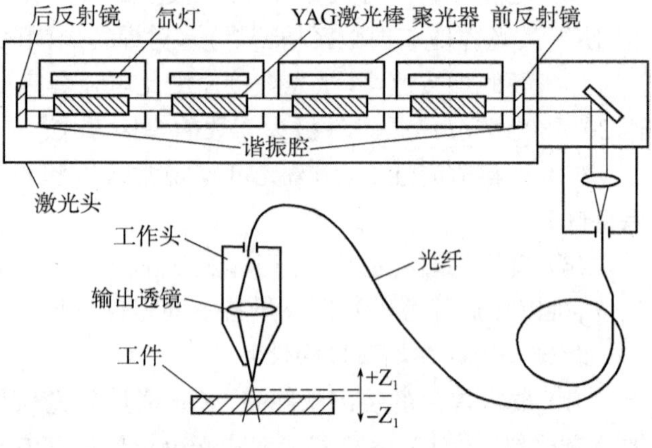

图 3-24　典型的 Nd:YAG 激光器结构示意图

2. CO_2 激光器

CO_2 激光器是目前工业应用中数量最大、应用最广泛的一种激光器。CO_2 激光器工作气体的主要成分是 CO_2、N_2 和 He。CO_2 分子是产生激光的粒子，N_2 分子的作用是与 CO_2 分子共振交换能量，使 CO_2 分子激励，增加激光上能级上的 CO_2 分子数，同时它还有抽空激光下能级的作用，即加速 CO_2 分子的弛豫过程。He 分子的主要作用是抽空激光下能级的粒子。He 分子与 CO_2 分子相碰撞，使 CO_2 分子从激光下能级尽快回到基级。He 的导热性很好，故又能把激光器工作时气体中的热量传给管壁或热交换器，使激光器的输出功率和效率大大提高。不同结构的 CO_2 激光器，其最佳工作气体成分不尽相同。CO_2 激光器具有如下特点：

(1) 输出功率范围大。CO_2 激光栅的最小输出功率为数毫瓦，最大可输出几百千瓦的连续激光功率，脉冲 CO_2 激光器可输出 10^4 J 的能量，脉冲宽度为纳秒级(ns)。因此，在医疗、通讯、材料加工及军事武器等诸方面广为应用。

(2) 能量转换效率大大高于固体激光器。CO_2 激光器的理论转换效率为 40%,在实际应用中,其电光转换效率也可达到 15%。

(3) CO_2 激光波长为 10.6 μm,属于红外光,它可在空气中传播很远而衰减很小。在热加工中应用的 CO_2 激光器,根据它们的结构分为封离式或半封离式、横流式、轴流式三种。

光束检测仪的作用是监测激光器的输出能量或功率及测量光束横截面上的能量分布状况,用来判断激光束的模式。

导光及聚焦系统一般由若干块反射镜组成导光系统,使激光器输出的激光通过反射镜改变光路方向,到达指定的方位,然后通过聚焦镜对激光聚焦进行焊接或其他工作,常用的导光聚焦系统如图 3-25 所示。有时为了加工或焊接的方便,还可在导光系统中加入工件观察对中系统。

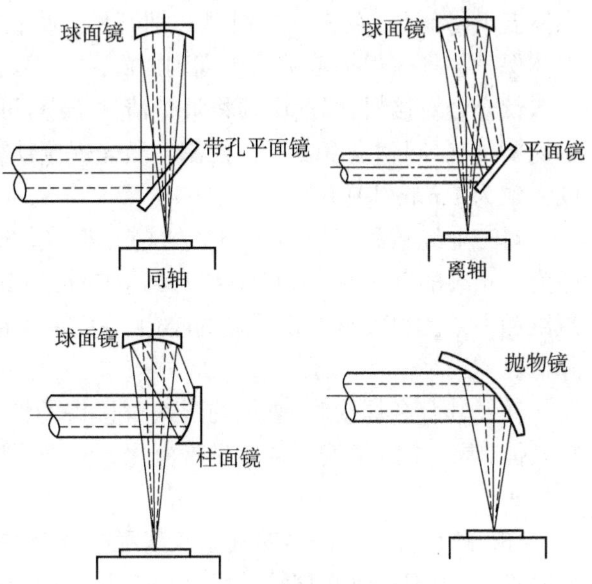

图 3-25　常用导光聚焦系统

焊接过程监测系统对整个加工过程从质量进行监控。保护或切割气源为工件提供正、反面保护气或切割时吹气,根据不同的材料和加工要求,配用合适的气体和喷嘴。

工作台不仅能装夹工件,而且还要做二维以上的多维运动,使聚焦后的激光束始终能照射到所需要加工或焊接的部位上。对于大型工件,特别是大型板料工件的加工,可用龙门式工件台。但是这种三维工作台的激光束在工作时其光轴始终是垂直向下的,有时并不能对空间形状复杂的工件进行加工,为此,还可进行改进,增加激光头的两个"关节",即增加两个方向的旋转自由度,这样就形成五维工作台,实现全方位加工。

计算机用于对整个激光加工机的控制和调节,如控制激光器的输出功率,控制工作台的运动,对激光加工质量进行监控等。利用计算机可以控制整个加工机的焊接规范或加工规范参数,使焊接和加工过程在最好的焊接和加工参数范围内进行,得到良好的加工质量。

3.3.4　特种材料的激光焊接成形技术

激光焊适用于多种材料尤其是难焊材料的焊接成形。

(1) 不锈钢　奥氏体不锈钢由于具有良好的抗腐蚀性以及高温和低温韧性而获得了广泛的应用。这类不锈钢的特点是合金元素含量高,导热性仅为低碳钢的 1/3,线膨胀系数大,为低碳钢的 1.5 倍。

对 Ni-Cr 系(300 系列)不锈钢,激光焊接时,具有很高的能量吸收率和熔化效率。CO_2 激光焊 304 不锈钢,在功率为 5 kW,焊速为 1 m/min,光斑直径为 0.6 mm 的条件下,光的吸收率为85%，熔化效率为71%，由于焊速快，减轻了不锈钢焊接时的过热现象和膨胀系数大的不良影响，焊缝无气孔、夹杂等缺陷，接头强度与母材相当。不锈钢的激光焊的另一个特点是，用小功率CO_2激光焊不锈钢薄板，可以获得外观上成形良好、焊缝平滑美观的接头。不锈钢的激光焊可用于核电站中不锈钢管、核燃料包等的焊接，也可以用于化工等其他工业。

（2）钛及钛合金　钛合金因具有高的比强度（强度和质量比）而广泛用于航空、航天工业，它们是制造卫星、宇宙飞船、航天飞机和现代飞机不可缺少的材料。钛合金化学活性高，在高温下易氧化，在300 ℃时晶粒即开始长大。在进行激光焊时，正、反面均必须施加惰性气体保护。气体保护范围须扩大到400～500 ℃。

钛合金对接时，焊前必须将坡口清洗干净，可先用喷砂处理，再用化学方法清洗。另外，装配要精确，间隙宽度要严格控制。激光焊接钛合金，焊速一般较高（80～100 m/h），焊接深度大致为1 mm/kW。

对工业纯钛和Ti－6Al－4V的CO_2激光焊研究表明，使用4.7 kW的激光功率，焊接板厚为1 mm的Ti－6Al－4V，速度可达15 m/min。经X射线检验表明，接头致密，无气孔、裂纹和夹杂。也没有发现明显的咬边。接头的屈服强度、极限拉伸强度与母材相当，塑性不降低。

钛及其合金焊接时，氧气的溶入对接头的性能有不良影响，在激光焊时，只要使用了保护气体，焊缝中的氧就不会有显著变化。激光焊接高温钛合金，也可以获得强度和塑性良好的接头。

（3）耐热合金　许多镍基和铁基耐热合金都能用CO_2激光进行焊接。激光焊接这类材料时，容易出现裂纹和气孔。用2 kW快速轴向流动式激光器，对厚2 mm的JM－152合金进行焊接，最佳焊接速度为8.3 mm/s；1 mm厚的Ni基合金，最佳焊接速度为34 mm/s。

（4）异种金属　在一定条件下，Cu－Ni、Ni－Ti、Cu－Ti、Ti－Mo、黄铜-铜、低碳钢-铜、不锈钢-铜及其他一些异种金属材料，都可以进行激光焊接。对Ni－Ti焊接熔合区的金相分析表明，熔合区主要由高分散度的微细组织组成，并有少量金属间化合物分布在熔合区界面。对铜的激光焊发现，其接头强度为退火态铜的92%，并具有较好的塑性，但焊缝金属呈化学不均匀性。

（5）非金属　激光不仅可焊接金属，还可以用于焊接陶瓷、玻璃、复合材料及金属基复合材料等非金属材料。

硅酸盐及氧化物对CO_2激光和YAG激光的吸收率很高，不需很高的功率就能够熔化Al_2O_3、Y_2O_3和ZrO_2等。但在焊接陶瓷等非金属材料时，要注意的是焊缝及热影响区可能会产生裂纹及气孔，熔化区和热影响区有晶粒长大的倾向，要将结晶控制为所希望的晶粒，焊前预热能防止产生上面所说的缺陷。

3.3.5　激光焊接过程的监测与控制

激光焊接过程包含着许多复杂而又相互影响的物理过程，如材料的熔化和蒸发、小孔的形成以及光致等离子体的出现等。一方面，这种激光—物质—等离子体之间的相互作用，使得影响激光焊接质量的因素十分复杂；另一方面，在被焊工件的预加工和装配过程中，会不可避免地出现一些误差。在长时间的焊接过程中，激光器及其光学系统会出现不稳定性和污染等，这些因素都会使得激光焊接质量有偏差。为了充分发挥激光焊接高速高效的优势，对焊接质量进行在线监测和控制是十分必要的。激光焊接的在线监测包括过程监测和质量监测。过程监测是在焊接时，对加工过程，通过加工体系中机械量、物理量的同步测量，进行有关过程稳定性准则的检验，从而判定加工过程是否稳定有效，并将测量结果以相同或变换对应的信息输出，供生产人员进行如终止加工、修改加工参数等操作。质量监测是指对加工后的工件尺寸、形状、性能等，进行采集和测量，与设计要求指标比较，若不相符，则参考加工专家系统修改加工工艺参数，最终依靠相应的加工过程使加工质量符合要求。图 3-26 是激光焊接的质量监测系统。

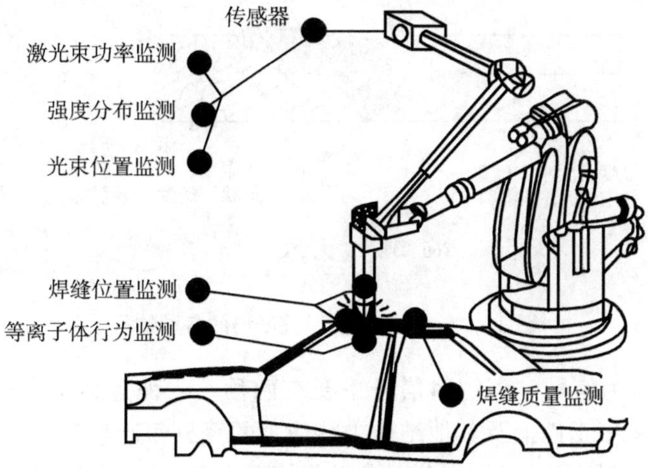

图 3-26 激光焊接的质量监测系统

激光焊接过程和质量监测手段，可以标示焊接工艺的有效性和焊接系统的稳定性；分析造成焊接过程失稳、焊接质量欠缺的物理机制；对各类因素分类判别并实时采取补偿措施。常用技术单元有光电技术、采样点定位技术、信号处理技术、微电脑控制技术等，这些单元技术的有机结合形成了现代质量监测系统。下面从传感信号的选取和激光焊接缺陷诊断方法的发展来讨论目前的进展。

1. 传感信号

(1) 用光辐射作为信号　在激光焊接过程中，与焊接质量有关的信号有很多(图 3-27)，其中光信号有被工件反射或在穿透焊情况下透过小孔的激光辐射；工件上方或在穿透焊情况下工件下方等离子体发出的从紫外到红外的光辐射；熔池或焊根的热辐射等。

从熔池或焊根发出的红外信号主要反映熔池或焊根的温度变化，对其进行取样的一种方法是用高温计或红外监测仪作为传感器，但这种传感器响应速度较慢。另一种方法是采取被工件反射或在穿透焊情况下透过小孔的激光辐射作为信号。在不同焊接状态下，等离子体对激光的反射、折射、散射和吸收等作用是不同的。如小孔一旦形成，由于壁聚焦效应，工件对激光的吸收率大大提高，即被工件反射的激光功率减小，若未出现小孔，那么由工件反射的激光功率就大大提高。因此，通过对激光辐射进行测量就可监测激光焊接过程。第三种也是最常用的传感信号是光致等离子体的光辐射。

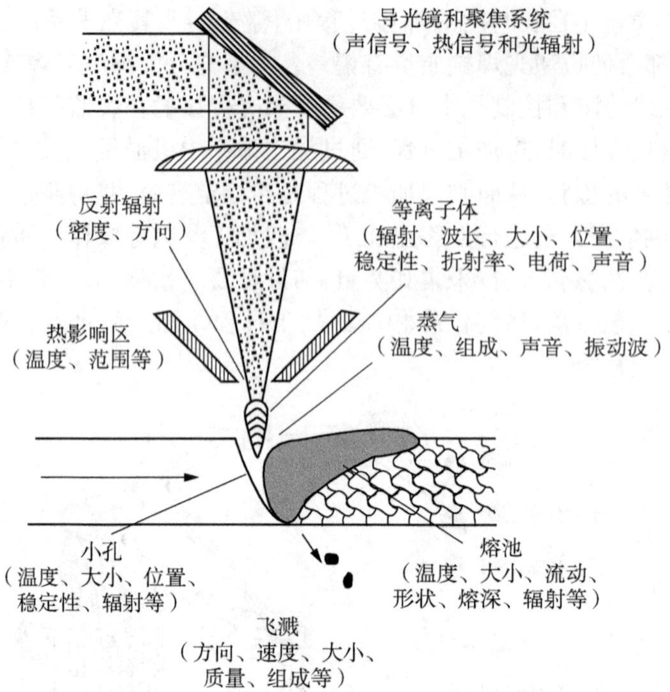

图 3-27　激光焊接过程发出的各种信号

（2）用声辐射作为信号　声辐射信号主要有两种。一种是结构中产生的声辐射信号，它是由激光焊接过程中工件上及其他结构中热应力的释放而产生的。由于在不同的焊接状态下，等离子体对激光的折射、反射、散射和吸收情况在不断变化，激光器输出窗口上受热的作用也在不断改变，因此会产生声辐射信号；如果在工件上方放置一块金属板，由于受到等离子体压力波冲击的影响，该金属板上也会产生声辐射信号。声辐射信号频率很高，信号微弱而庞杂，可由放置在工件、激光器输出窗口或邻近加工区的金属板上的压力传感器进行探测，这种传感器需要与工件或激光器输出窗口紧密耦合，同时对声辐射信号的分析要进行电子滤波和信号调制。

另一种是可听声信号。进行深熔激光焊接时，会发出一种可听见的声音。一般认为这种声信号是由等离子体从小孔中喷射出来时造成的压力波形成的。其声压与等离子体的粒子密度及小孔形状有关。这种声信号除了与等离子体有关外，还与小孔及熔池的行为密不可分，故能反映焊接质量的变化。可听声信号可用麦克风进行探测并转化为覆盖小孔的等离子体压力的变化。

（3）用喷嘴与工件之间的电位差作为信号　宏观呈电中性的等离子体中存在着大量带负电的自由电子和带正电的离子，这些带正电的离子和带负电的自由电子在蒸气压力的作用下，从小孔或工件表面向喷嘴方向运动。由于自由电子的运动速度大大高于带正电离子的速度，在等离子体内部，局部的电平衡会被破坏，形成相对于激光入射点、沿激光入射轴线方向的电位差。通过测量工件与焊接喷嘴之间的电位差，可以判断等离子体的强度或电子密度。在未形成深熔焊时，工件上方的金属蒸气未被电离，不存在带电离子和自由电子，就不会有电信号产生。

2. 激光焊接缺陷诊断方法

(1) 双限比较法　这种方法主要依据以下结论:在未焊透时,等离子体光强或声压较低;当小孔稳定存在时,焊接质量良好,光强和声压基本维持在一个稳定的水平上;当出现烧穿等情况时,光强和声压会在短时间内急剧上升。这种质量监测系统只对信号做简单的放大、滤波、比较处理,对罐身、汽车板激光焊接中的未焊透、烧穿等缺陷可进行较好的监测,不过响应速度较慢。

(2) 信号数字化处理及频谱分析方法　目前普遍认为等离子体经历产生、从小孔喷出、熄灭、再一次产生的动态周期性过程。等离子体受到熔池凝固、吹气气流的影响。因此激光焊接过程中的光、声信号属于动态信号。要了解动态信号规律,必须对信号进行时域以外的频域分析。最常用的方法就是快速傅里叶变换。这种分析方法可加深对信号物理本质的认识,同时又可提高诊断系统的精度和灵敏度。

典型的分析系统主要包括一套由计算机控制的模拟信号采集器和数字信号处理器,可对信号快速进行采样、保持、模数转换、快速傅里叶频谱分析(FFT)等处理(图 3－28)。采样速度最高达 40 kHz,然后对数字信号进行傅里叶变换,分析信号的频谱特征。在出现不同缺陷时,可找出信号在频域上的特征,从而提高缺陷诊断系统的精度。

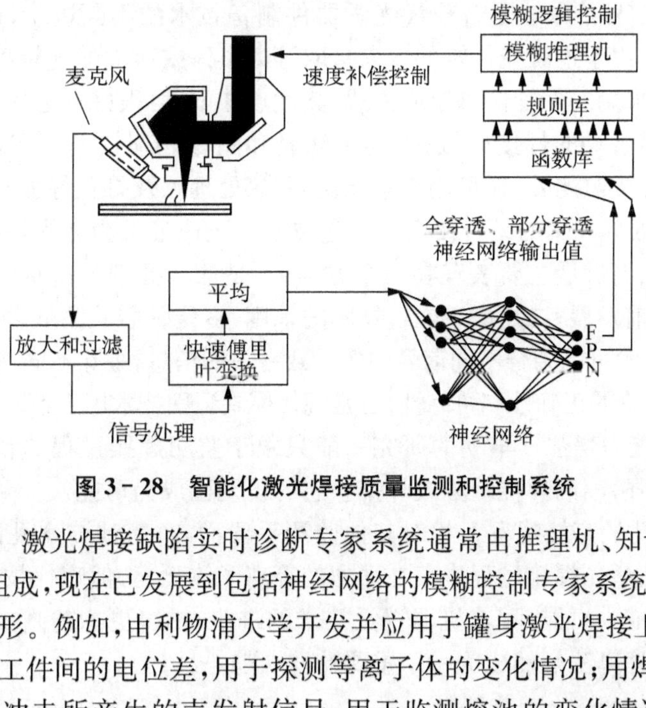

图 3－28　智能化激光焊接质量监测和控制系统

(3) 专家系统　激光焊接缺陷实时诊断专家系统通常由推理机、知识库(包括规则、数据库)和用户界面组成,现在已发展到包括神经网络的模糊控制专家系统。对缺陷的识别依据是信号强度和波形。例如,由利物浦大学开发并应用于罐身激光焊接上的专家系统,所使用的信号为喷嘴与工件间的电位差,用于探测等离子体的变化情况;用焊接喷嘴作为探针,探测由熔池压力波冲击所产生的声发射信号,用于监测熔池的变化情况。其采样速度为 25 Hz。

(4) 人工神经网络　人工神经网络是基于神经科学、计算机科学、哲学和心理学等领域的最新研究成果发展起来的新型边缘学科。一个人工神经网络通常由很多个神经元组成,表现为一个高维非线性动力学系统,使得单个神经元特性的畸变并不致造成人工神经网络的整体特性的严重损失。人工神经网络能根据环境不断修正自己,表现出自适应、自组织和自学习的能力,适合处理具有多种变化的信息。光致等离子体辐射的光、声信号是一种频谱庞杂的动态信号，而进行频谱分析，并由此诊断出不同的缺陷，人工神经网络是一种理想的工具。图 3－28 是智能化激光焊接质量监测和控制系统示意图，由信号处理单元、神经网络部分和模糊逻辑控制系统等组成，是包括神经网络的模糊控制专家系统。

尽管激光焊接过程是一个难以用数学解析方法建立精确模型的系统，但随着计算机技术的发展，人工智能技术（包括专家系统、模糊控制、人工神经网络）在非线性、时变性和不确定性系统中解决问题的能力日益加强，可以预见，激光焊接质量监测技术将向智能化方向发展，人工智能技术在激光焊接质量诊断上的应用将发挥巨大作用。

近年来，随着现代光学技术、信息技术及计算机技术的飞速发展，激光焊接质量的诊断在信号拾取、信息提取、缺陷识别以及通用性、适应性等方面取得了较大进展。主要表现在以下几个方面。

（1）多传感器的广泛采用　早期的激光焊接实时监测系统一般采用一到两个传感器采集焊接过程中的光或声信号，从中可提取的有效信息较少，并且容易受到干扰，系统的可靠性差，且只能用于监测焊接过程的稳定性。近几年来，采用多传感器从多个方面获取焊接质量信息成为一个研究的热点，多传感器的采用不仅可以获取更为全面的质量信息，使焊接缺陷的识别成为可能，更大大提高了系统在恶劣工业环境下的可靠性。

（2）同轴方向信号拾取　随着现代光学器件制备技术的不断进步，已经可以制造出特殊的分光/反射镜片用于逆激光传输的方向拾取等离子体或熔池的光辐射信号，这种同轴信号拾取方式较早期采用的偏轴信号拾取方式，其优点如下：可很好地适用于二维曲线和三维曲面焊接；传感器易于对准焊接区域；借助于滤光和图像处理技术可实现熔池和小孔的观察；除了用于激光焊接监测外，还可用于激光切割、热处理以及打孔等加工方式的质量监测。

（3）现代信息处理技术的结合使用　信息技术的飞速发展为激光焊接质量的诊断提供了有效手段，近年来新进展主要表现在三个方面：一是信号处理方法从时域分析、频域分析到时频分析不断向前发展；二是信息融合技术的采用，多传感器监测从多方面提取了焊接质量信息，信息融合技术可以结合不同信号中的一致有效的信息，去除不同信号中冗余甚至矛盾的信息，从而保证结论的正确性和可靠性；三是现代模式识别技术用于不同焊接缺陷的判别。

（4）缺陷识别能力增强　早期的研究一般只限于监测焊接过程的稳定性，随着信息获取与处理手段的增强，不同焊接缺陷或焊接状态的识别已成为可能。

（5）熔池与小孔的直接观察　相对其他监测手段而言，熔池与小孔的直接观察具有无可比拟的优势，虽然激光焊接过程中存在强烈的等离子体弧光，但现代技术的发展已使熔池与小孔的直接观察成为可能，随着机器视觉技术的进步，拍摄更为清晰的熔池与小孔图像、开发更快的图像处理算法必然成为一个重要的发展趋势。

3.3.6　激光焊接成形技术的应用

早期的激光应用大都是采用脉冲固体激光器，进行小型零部件的点焊和由焊点搭接而成的缝焊。这种焊接过程多属于传导型传热焊。近年来，大功率 CO_2 激光器的出现以及高功率 YAG 激光器的突破性进展，出现了平均功率 4 kW 左右的连续或高重复频率输出的 YAG 激光器，可以用其进行深熔连接，且因为其波长短，金属对这种激光的吸收率大，连接过程受等离子体的干扰少，因而在汽车、钢铁、船舶、航空、轻工等行业得到日益广泛的应用。实践证明，采用激光焊接，不仅生产率高于传统的焊接方法，而且焊接质量也得到了显著的提高。

1. 在制造业的应用

20 世纪 80 年代后期，千瓦级激光焊成功应用于工业生产，而今激光焊接生产线已大规模出现在汽车制造业，成为汽车制造业突出的成就之一。激光拼焊技术在轿车制造中得到广泛的应用，据统计，2000 年全球范围内剪裁坯板激光拼焊生产线超过 100 条，年产轿车构件拼焊坯板 7 000 万件，并继续以较高速度增长。国内生产的引进车型帕萨特、别克、奥迪等也采用了一些剪裁坯板结构。高强钢激光焊接装配件因其性能优良在汽车车身制造中使用得越来越多，根据美国金属市场统计，至 2002 年底，激光焊接钢结构的消耗已达到 70 万吨。根据汽车工业批量大、自动化程度高的特点，激光焊接设备向大功率、多路式方向发展。在工艺方面美国 Sandia 国家实验室与 Pratt Witney 联合进行在激光焊接过程中添加粉末金属和金属丝的研究，德国布莱梅应用光束技术研究所在使用激光焊接铝合金车身骨架方面进行了大量的研究，认为在焊缝中添加填充金属有助于消除热裂纹，提高焊接速度，解决公差问题，所开发的生产线已在奔驰公司的工厂投入生产。日本以 CO_2 激光焊代替了闪光对焊进行制钢业轧钢卷材的连接，在超薄板焊接的研究，如板厚 100 μm 以下的箔片，无法熔焊，但通过有特殊输出功率波形的 YAG 激光焊得以成功，显示了激光焊的广阔前途。日本还在世界上首次成功开发了将 YAG 激光焊用于核反应堆中蒸气发生器细管的维修等。

2. 在材料加工中的应用

随着科学技术的不断发展，许多工业技术上对材料特殊要求，应用冶铸方法制造的材料已不能满足需要。由于粉末冶金材料具有特殊的性能和制造优点，在某些领域如汽车、飞机、工具刃具制造业中正在取代传统的冶铸材料，随着粉末冶金材料的日益发展，它与其他零件的连接问题显得日益突出，使粉末冶金材料的应用受到限制。在 20 世纪 80 年代初期，激光焊以其独特的优点进入粉末冶金材料加工领域，为粉末冶金材料的应用开辟了新的前景，如采用粉末冶金材料连接中常用的钎焊的方法焊接金刚石，由于结合强度低，热影响区宽特别是不能适应高温及强度要求高而引起钎料熔化脱落，采用激光焊接可以提高焊接强度以及耐高温性能。

在特种材料焊接方面对激光焊接进行了许多研究，如对 BT 20 钛合金、HE 130 合金、Li-ion 电池等激光焊接，德国玻璃机械制造商 Glamaco Coswig 公司与 IFW 接合技术与材料实验研究院合作开发出了一种用于平板玻璃的激光焊接新技术。

3. 在电子工业的应用

激光焊接在电子工业中，特别是微电子工业中得到了广泛的应用。由于激光焊接热影响区小、加热集中迅速、热应力低，因而正在集成电路和半导体器件壳体的封装中，显示出独特的优越性，在真空器件研制中，激光焊接也得到了应用，如钼聚焦极与不锈钢支持环、快热阴极灯丝组件等。传感器或温控器中的弹性薄壁波纹片其厚度在 0.05～0.1 mm，采用传统焊接方法难以解决，TIG 焊容易焊穿，等离子稳定性差，影响因素多，而采用激光焊接效果很好，得到广泛的应用。

4. 在生物医学领域的应用

生物组织的激光焊接始于 20 世纪 70 年代，Klink 等及 Jain 用激光焊接对输卵管和血管的成功焊接及显示出来的优越性，使更多研究者尝试焊接各种生物组织，并推广到其他组织的焊接。有关激光焊接神经方面目前国内外的研究主要集中在激光波长、剂量及其对功能恢复以及激光焊料的选择等方面的研究，刘铜军在进行了激光焊接小血管及皮肤等基础研究的基础上又对大白鼠胆总管进行了焊接研究。激光焊接方法与传统的缝合方法比较，激光焊接具有吻合速度快，愈合过程中没有异物反应，保持焊接部位的机械性质，被修复组织按其原生物力学性状生长等优点将在以后的生物医学中得到更广泛的应用。

3.4　材料成形仿真技术

3.4.1　概述

材料成形是使材料获得一定的形状、尺寸，更重要的是赋予材料最终的成分、组织与性能，以满足毛坯或零件的使用要求和工艺要求。它是材料与制造两大行业的交叉和接口技术。在成形过程中，材料经液态流动充型、凝固结晶、固态流动变形、相变、再结晶和重结晶等多种微观组织变化及缺陷的产生与消失等一系列复杂的物理、化学、冶金变化。为了获得优质构件，必须控制成形过程使材料的成分、工艺、组织与性能处于最佳状态，同时使缺陷减少到最低限度或将其转移到危害最小的区域。但这些都难以直接观察，主要是材料成形过程是极其复杂的高温、动态和瞬时过程，另外，间接测试也十分困难。以往传统材料的成形工艺是建立在经验及试错基础上，试验费用高、周期长，特别是对于大件制备工艺的研制，一旦失败，会造成很严重的经济损失。

近年来，随着试验技术及计算机技术的发展和材料成形理论的深化，材料成形过程工艺设计方法正在发生着质的改变。材料成形仿真技术就是在材料热加工理论指导下，通过数值模拟和物理模拟，在试验室动态仿真材料的热加工过程，预测实际工艺条件下材料的最后组织、性能和质量；减少试验次数；确定最佳的工艺流程，以达到某一特殊性能的要求；动态显示各个物理量的演变历程和空间分布。根据美国科学研究院工程技术委员会的测算，模拟仿真可提高产品质量 5～15 倍、增加材料出品率 25％、降低工程技术成本 13％～30％、降低人工成本 5％～20％、提高设备利用率 30％～60％、缩短产品设计和试制周期 30％～60％等。

材料成形仿真研究开始于铸造过程，这是因为铸件凝固过程温度场模拟计算相对简单。1962 年，丹麦 Forsund 首次采用计算机及有限差分法进行铸件凝固过程的传热计算，继丹麦之后，美国在 20 世纪 60 年代中期在 NSF 资助下，开拓进行大型铸钢件温度场的数值模拟研究，进入 70 年代后，更多的国家（我国从 70 年代末期开始）加入到这个研究行列，并从铸造逐步扩展到锻造、焊接。在全世界形成了一个材料成形仿真的研究热潮。下面简要介绍材料成形过程仿真的内容和方法。

3.4.2　铸造过程模拟仿真

铸造的实质就是直接将液态金属浇入铸型并在铸型中凝固和冷却，进而得到铸件。目前铸造过程模拟仿真主要集中于四个方面：铸件充型过程模拟、铸件凝固过程模拟、微观组织模拟和铸造过程应力场模拟。

1. 铸件充型过程模拟

液态金属的充型过程是铸件形成的第一个阶段。许多铸造缺陷(如卷气、夹渣、浇不足、冷隔及砂眼等)都是在充型不利的情况下产生的。因此,了解并控制充型过程是获得优质铸件的重要条件。铸件充型过程的数值模拟是一个多学科交叉的研究领域,它涉及计算流体力学、传热学、计算机图形学、计算方法、偏微分方程的数学理论和铸造工艺理论等。铸件充型过程的流场温度场模拟包括很多内容,如几何实体造型、计算域的网格划分、充型过程中自由表面的处理、流场中速度和压力的求解、充型过程紊流的模拟、充型过程对凝固过程的影响、充型过程对铸造缺陷形成的影响以及计算结果的可视化等。

首先进行速度场和压力场的求解即用有限差分或有限元等数值方法求解质量守恒方程(连续性方程)和动量守恒方程即纳维尔-斯托克斯(Navier - Stokes)方程,简称 N - S 方程,以得出流体运动规律。Patankar 提出的 SIMPLE(Semi - Implicit Method for Pressure - Linked Equations)方法和 SIMPLER 方法,是比较全面的流场计算方法,计算出的速度场不仅满足连续性方程的要求,也满足动量方程的要求,其主要特点是压力场和速度场同时迭代。SIMPLER 法是对 SIMPLE 法的改进。求解压力场和速度场的另一种迭代方法是美国 LosAlamos 实验室的研究人员提出的 SOLA(Solution Algorithm)方法,目前铸件充型过程流场数值模拟常采用这种方法。

铸件充型过程是带有自由表面的流动问题,这类问题的难点之一就是确定自由表面的位置和形状,考虑自由表面的计算流体动力学是其数值模拟的基础。目前,用来处理自由表面的方法主要有 MAC 法和 VOF(Volume Of Fluid)法。VOF 法定义了一个体积函数 $F(x, y, z)$,在被流体占据的点上 F 值为 1,否则为 0。当对一个流体单元进行平均时,F 的平均值等于流体占据的体积分数值,特别是当 F 为 1 时,格子被流体充满;F 等于 0 时,格子中无流体;$0<F<1$ 则表示流体单元中具有自由表面。这样,通过解出每个单元中的液相体积分数,就可以确定自由表面的位置和形状。目前多数以 SOLA - VOF(Solution Algorithm)法为基础,引入体积积函数处理自由表面,并在传热计算和流量修正等方面进行研究改进。

充型过程的数值模拟近 10 年来取得了迅速的发展,已出现了一些商品化的软件包,并在压力铸造、低压铸造、消失模铸造等铸造方法中,在对实际铸件的缺陷分析和优化工艺等方面得到了积极的应用,取得了较好的效果。

2. 铸件凝固过程模拟

铸件在实际凝固过程中,当金属从液态转变为固态时,原子间距要大大减小,在宏观方面表现为体积要减小,即发生收缩。当铸件发生收缩时,剩余可流动液体将对收缩部分进行自动补缩,这时在重力作用下,液体将自动由顶向下流动进行补缩,即表现为宏观的液面降低。因此假定冒口或铸件最高部位液面的下降量等于铸件(包括冒口本身)的凝固收缩量,称为等效液面下降法。冒口或铸件中的金属液面降低后,原来充满金属液的部分将变为一个空腔(充满空气),这个空腔即为一次缩孔,若铸件一次缩孔下部出现与一次缩孔不相连通的二次缩孔,则该缩孔由于常常被 H_2 或 CO_2 等气体充满,故又可称其为气孔。这时铸件已凝固或正在凝固的单元与缩孔单元之间的热交换将由原来铸件自身单元之间变为铸件与大气(或其他气体)单元之间(铸件和缩孔边界单元)以及气体与气体单元之间(缩孔内部单元)

的热交换，即传热性质发生了变化。这时需要重新设置边界条件，原来是铸件自身单元之间传热，现在变为铸件与气体边界单元以及大气单元之间的换热。传热方面的变化是由收缩引起的。对于大型铸件，由于收缩量很大，往往需要进行多次浇注即需多次补浇。但每次补浇应在何时进行、补浇量是多少，这些因素如能事先确定对于浇注工艺的优化是非常重要的，对于防止铸造缺陷、改善铸件质量、提高铸件性能，从而获得健全的铸件具有十分重要的意义。

铸件凝固过程数值模拟的基本理论基础是傅里叶导热微分方程。数值模拟的基本方法主要是有限差分法、有限元法和边界元法。通过铸件凝固过程数值模拟的计算，确定了铸件内的温度场后，根据各单元每个时刻所处的液固状态就可以计算各单元在各时间步长的收缩量用于预测缩孔的形状、大小和所在的位置。对于缩松出现部位的预测，可用新山英辅判据进行判断，当单元的判据值小于某一临界值时，该单元便是可能出现缩松的单元。所有可能出现缩松的单元的集合就表示了缩松的分布范围。

3. 铸造过程应力场模拟

在铸造生产中，经常由于铸件结构方面的原因及工艺处理不当而出现热裂或者在某些部位存在较大的残余应力或残余变形（如板形件容易产生挠曲，半圆形铸件容易产生扩口），这是铸钢件尤其大型铸钢件中普遍存在的铸造缺陷，这些缺陷严重影响了铸件质量和使用寿命，给工业生产造成了巨大损失。这两种铸造缺陷都直接和凝固过程中热应力的产生与发展有关。铸件凝固过程中各处冷却不均匀和砂型的阻碍作用，造成了热应力和变形，结果产生热裂或者在落砂后铸件中仍然存在较大的残余应力和残余变形，这对铸件的形状、尺寸精度和使用性能有很大的影响。对铸件凝固过程进行应力数值模拟可以更好地了解铸件凝固过程中应力和变形的动态变化，在此基础上研究和预测热裂，并且对铸件进行残余应力和残余变形分析，进行尺寸精度控制，为实际生产提供科学指导。

铸件凝固过程一般要经过液态、固液两相共存区和固态三个阶段。因此铸件铸造过程应力场数值模拟，包括铸件凝固过程中热应力场的计算和凝固以后阶段残余应力场与应变场的计算。

铸件凝固过程中热应力场的计算利用流变学理论研究铸件热应力场。一般采用简单流变模型的组合体来表示铸造合金随时间而变化的复杂的流变规律，从而准确地反映流变时变性。逐渐凝固过程中热应力场的计算，主要采用 FEM 法进行热-力耦合分析，因为，铸件各部分之间的凝固速度不同使得金属收缩受阻产生热应力和机械应力，而应力的产生又影响了铸件的冷却过程。因此对实际铸件进行应力分析是系统性的。

凝固完成后应力场模拟，在此阶段应力分析所采用的计算力学模型主要有热弹塑性模型、热弹黏塑性模型、热弹性模型及弹性—理想塑性模型等，其中热弹塑性模型被广泛使用，研究人员常采用根据应力应变间的增量关系建立起来的增量理论建立本构关系，此理论可以真实地描述材料的塑性行为。

4. 微观组织模拟

凝固微观过程的模型化及其数值模拟，是对铸件凝固组织的相形态、晶粒度、枝晶间距等微观组织和微观缺陷形成过程的模拟，最终达到预测铸件各部位组织和力学性能的目的。以此为依据优化设计重大件的铸造工艺，保证其内在质量和提高铸件的使用性能。

目前主要的模拟方法有确定性模拟、随机性模拟、相场方法、介观尺度模拟方法等。确定性模拟是指在给定时刻，一定体积熔体内晶粒的形核密度和生长速度是确定的函数。该函数通过实验得出(如对于在各种冷速下凝固的试样，观察其横截面，测量冷却曲线和晶粒密度)。确定性模拟法是基于某些体积元求解连续性方程。首先将铸件的计算空间分成宏观体积元，每一体积元的温度假定是均匀的，然后基于某些形核规律将每一体积元进一步划分成微观体积元(如等轴晶为球形、柱状晶为圆柱形)，在一个微观体积元中只能有一个晶粒以一定的速度生长。随机性模拟是指主要采用概率方法来研究晶粒的形核和长大，包括形核位置的随机分布和晶粒晶向的随机取向。凝固过程中的传质过程以及能量和结构起伏是随机过程，因此采用概率方法来研究微观组织的形成过程更能接近实际。随机性方法主要包括，蒙特卡罗(Monte Carlo)方法和元胞自动机(Cellular Automata)方法。

近年来国内外相继开发出许多不同类型的铸造模拟软件，这些软件基本可以模拟以砂型为代表的常用铸造工艺。常用的商品化模拟软件，如美国著名的 ProCast、德国的 MAGMA、芬兰的 CastCAE、西班牙的 ForCast、日本的 CASTTEM、法国的 SIMULOR、瑞典的 Novasolid 等，许多软件可以进行温度场、流场及应力场模拟，预测铸件的缩松、缩孔、热裂等缺陷和各部位的组织。虽然在这方面国内起步较晚，但进展迅速，已开发的商品化软件主要有清华的 FT - Star、华中科技大学的华铸 CAE，其部分功能已与国外软件相当。

3.4.3 塑性成形模拟仿真

塑性成形过程的计算机模拟是在计算机上对金属塑性成形过程进行实时跟踪描述，并通过计算机图形系统演示整个过程的技术。其目的在于通过建立分析模型对金属的变形、应力、应变和组织等进行仿真，实现对工艺过程、毛坯形状以及模具结构的优化。它能缩短研发周期，提高产品质量，延长模具寿命，降低生产成本。

根据变形特征，金属塑性成形可以分为体积成形和板料成形工艺。体积成形中，如锻造、挤压、轧制等，金属材料产生较大塑性变形，弹性变形相对极少，可忽略不计。而在板料成形中，如冷冲压、冷轧等，金属材料虽然总的变形较大，但其中的弹性变形部分所占比例并非太小，此时必须与塑性变形同时考虑。正因为如此，形成了两种典型的材料模型，即刚塑性材料模型和弹塑性材料模型。由于金属材料的弹性与塑性本构关系差别较大，其对应问题的描述乃至求解都有明显不同。因此，与之相对应塑性有限元法也分为刚塑性有限元法和弹塑性有限元法。

弹塑性有限元法同时考虑金属材料的弹性变形和塑性变形，弹性区采用胡克(Hooke)定律，塑性区采用普朗特一罗伊斯(Prandtl - Reuss)方程和米席斯(Mises)屈服准则，求解未知量是节点位移增量。弹塑性有限元法又分为小变形弹塑性和大变形弹塑性有限元法，前者采用小变形增量来描述大变形问题，处理形式简单，但累积误差大，目前很少采用。后者以大变形(有限变形)理论为基础，采用拉格朗日(Langlange)描述，同时考虑材料的物理非线性和几何非线性，因而理论关系较为复杂，并且增量步长很小，计算效率低。弹塑性有限元法既可以分析塑性成形的加载过程，又能分析卸载过程，包括计算工件变形后内部的残余应力、应变、工件的回弹以及与模具的相互作用。

刚塑性有限元法不计弹性变形，采用列维-米席斯(Levy - Mises)方程和米席斯(Mises)屈服准则，求解未知量为节点速度。它通过在离散空间对速度的积分来处理几何非线性，因而解法相对简单，并且求解效率高。由于体积成形中工艺条件的差异而使金属材料呈现不同特性，典型的有刚塑性硬化材料和刚黏塑性材料(即速率敏感材料)。刚塑性硬化材料对应的有限元法是习惯上称谓的刚塑性有限元法，它适用于冷、温态体积成形问题。刚塑性材料模型对应为刚黏塑性有限元法，它适于热态体积成形问题，并且可以进行变形与传热的热力耦合分析。

已商用的模拟软件有美国的体积塑性成形模拟软件 DEFORM、AUTOFORM、SUPERFORGE、板料塑性成形模拟软件 LS - DYAN3D；英国的有显示积分求解的 CAE 系统 ITAS - 3D，法国工程系统国际组织开发的板料成形工业软件 PAM - STAMP 以及日本 26 家公司联合投资组成的板料成形研究协会开发的模拟软件 ROBUST。

3.4.4 焊接成形仿真

焊接过程是一个非平衡的、瞬时的、极不均匀的物理化学冶金过程。焊接过程数值模拟包括以下几个方面：焊接热过程的数值模拟、焊接熔池液体流动及形状尺寸的数值模拟、焊缝金属凝固和焊接接头相变过程的数值模拟、焊接应力和应变发展过程的数值模拟、非均匀焊接接头的力学行为的数值模拟、焊接接头组织变化和热影响区氢扩散的数值模拟、焊接结构断裂韧性和疲劳裂纹扩展的数值模拟。

焊接过程中大部分非平衡的物理、化学反应都在短时间内集中在焊接熔池这一局部高温区域内，这部分区域存在着很大程度上的成分、组织和性能的不均匀性。因此焊接熔池的传热和流体流动计算机模拟是焊接模拟领域的一个重要领域，同时也是焊接冶金模拟中最为复杂的一个方向之一。目前主要采用基于 Navier - strokes 方程描述的焊接熔池传热与流体流动模型模拟熔池内部金属流动和熔池内部的温度场分布。这种模型还同时能够模拟熔池内部的溶质场分布、流速分布、压力分布等信息，这些信息有助于更好地理解焊接的物理本质。

通过组织模拟，可以预测焊接接头的微观形貌、各相分数，进一步模拟力学性能。焊接接头的组织模拟主要涉及热影响区的晶粒生长、相变和扩散及熔池内液态金属凝固过程中的形核与生长，溶质再分配等。最初的研究均是采用基于相变热力学和相变动力学所建立的确定性数学模型来实现组织转变的模拟，该方法无法计算晶粒生长过程中所存在的各种不确定因素所带来的影响，也无法反映出晶粒生长的几何及拓扑情况。基于概率模型的蒙特卡罗(Monte Carlo)方法和元胞自动机(Cellular Automata)方法很好地解决了这一问题。MC 法与 CA 法在模拟晶粒生长时，能量上的计算方法均是以晶粒生长物理原理为基础，按照概率的方法通过自由能增量进行计算。而目前应用于组织模拟的另一种方法——相场法，则在能量守恒的基础上通过计算组织转变过程中界面形态的变化实现组织模拟。目前这几类方法都已经得到了广泛的应用。

针对焊接过程仿真的软件，在有限元计算方面，现在已经有商业化的大型通用有限元工具软件 NASTRAN、MARC、ABAQUS、ANSYS 等，还有专门用于分析焊接现象的软件，如法国的 SYSWELD、日本的 HEARTS 和 QUICKWELDER 等。

3.5 快速成形技术

随着全球市场一体化的形成，制造业的竞争十分激烈，新产品的开发和上市速度已成为市场竞争的关键因素。尽管借助虚拟产品开发技术可缩短新产品的设计周期，但在许多情况下，仍然需要能够快速制造出产品的物理原型（样机、样件），以便征求包括用户在内的各方面意见，反复进行修改，在短期内就形成能投放市场的定型产品。用传统的方法制造物理原型时，通常需要使用多种机床设备和工模具，费时又费钱。有些企业往往由于缺乏原型制作能力而造成产品设计不尽合理或上市太慢，错过大好的市场机遇。由于产品复杂程度的增加，其信息量随产品设计和制造过程的进展而增大，生成和修改信息的费用也随之增高，设计自由度减少。因此，人们希望在设计初期能通过计算机仿真和成形增加产品信息量，以便实施并行工程，将产品和过程的设计加以集成，防止投产后发现问题造成不可挽回的损失。为此，对集成化的产品和过程设计来说，物理成形的实物信息仍然是不可缺少的组成部分。此外，为了满足客户在品种、批量和供货时间上越来越苛刻的需求，以及新产品推销和展览的需要，企业还必须掌握灵活性强、市场响应速度快、能以小批量甚至单件生产而不明显增加产品成本的技术。

快速成形技术（Rapid Prototyping，简称 RP 技术，也称快速原型技术）就是在这样的社会背景下出现的。它 1988 年诞生于美国后，迅速扩展到欧洲和日本，并于 20 世纪 90 年代初期引进我国。它借助计算机、激光、精密传动、数控技术等现代手段，将 CAD 和 CAM 集成于一体，根据在计算机上构造的三维模型，能在很短的时间内直接制造出产品样品，无须传统的刀具、夹具、模具。RP 技术创立了产品开发的新模式，使设计师以前所未有的直观方式体会设计的感觉，感性地、迅速地验证和检查所设计产品的结构和外形，从而使设计工作进入一种全新的境界，改善了设计过程中的人机交流，缩短了产品开发周期，加快了产品更新换代的速度，降低了企业投资新产品的风险。

3.5.1 快速成形技术的基本原理

传统的零件加工过程是先制造毛坯，然后经切削加工，从毛坯上去除多余的材料得到零件的形状和尺寸，这种方法统称为材料去除制造。

快速成形技术彻底摆脱了传统的“去除”加工法，而基于“材料逐层堆积”的制造理念，将复杂的三维加工分解为简单的材料二维添加的组合，它能在 CAD 模型的直接驱动下，快速制造任意复杂形状的三维实体，是一种全新的制造技术。其基本过程如下：

(1) 构造产品的三维 CAD 模型　应用三维 CAD 软件（如 ProE、UG、Solidworks 等）根据产品要求设计三维模型，或采用逆向工程技术获取产品的三维模型。

(2) 三维模型的近似处理　用一系列小三角形平面来逼近模型上的不规则曲面，从而得到产品的近似模型。

(3) 三维模型的 Z 向离散化（即分层处理）　将近似模型沿高度方向分成一系列具有一

定厚度的薄片，提取层片的轮廓信息。

(4) 处理层片信息，生成数控代码　根据层片几何信息，生成层片加工数控代码，用以控制成形机的加工运动。

(5) 逐层堆积制造　在计算机的控制下，根据生成的数控指令，RP 系统中的成形头（如激光扫描头或喷头）在 $X-Y$ 平面内按截面轮廓进行扫描，固化液态树脂（或切割纸、烧结粉末材料、喷射热熔材料），从而堆积出当前的一个层片，并将当前层与已加工好的零件部分粘接。然后，成形机工作台面下降一个层厚的距离，再堆积新的一层。如此反复进行直到整个零件加工完毕。

(6) 后处理　对完成的原型进行处理，如深度固化、去除支撑、修磨、着色等，使之达到要求。

快速原型工艺流程如图 3-29 所示。

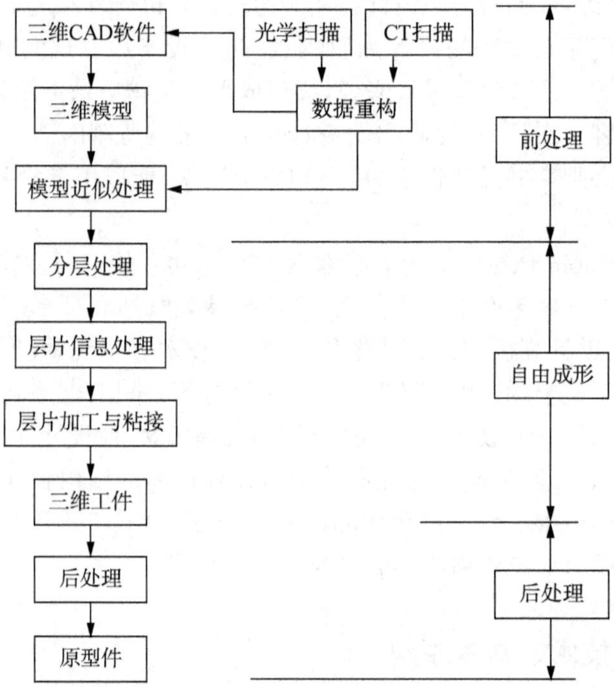

图 3-29　快速原型工艺流程

3.5.2　快速成形技术的特点

(1) 高度柔性。成形过程无需专用工、模具，它将十分复杂的三维制造过程简化为二维过程的叠加，使得产品的制造过程几乎与零件的复杂程度无关，可以制造任意复杂形状的三维实体，这是传统方法无法比拟的。

(2) 成形的快速性。RP 设备类似于一台与计算机和 CAD 系统相连的“三维打印机”，将产品开发人员的设计结果即时输出为实实在在可触摸的原型，产品的单价几乎与批量无关，特别适合于新产品开发和单件小批量生产。

(3) 全数字化的制造技术。RP 技术基于离散/堆积原理，以计算机软件和数控技术为基础，实现了 CAD、CAM 的高度集成和真正的无图样加工。

(4)无切割、噪声和振动等，有利于环保。

3.5.3 典型快速成形工艺

自从 1988 年世界上第一台快速成形机问世以来，各种不同的快速成形工艺相继出现并逐渐成熟。目前快速成形方法有几十种，其中以 SLA、LOM、SLS、FDM 工艺使用最为广泛和成熟。

1. 光固化成形(SLA)工艺

光固化成形工艺，也称立体光刻(Stereo Lithography Apparatus，简称 SLA)，于 1984 年由 Charles hull 提出并获美国专利。该工艺是基于液态光敏树脂的光聚合原理工作的，这种液态材料在一定波长和功率的紫外光照射下能迅速发生光聚合反应，分子量急剧增大，材料就从液态转变成固态。

图 3-30 为 SLA 工艺原理图。液槽中盛满液态光敏树脂，氦-镉激光器或氩离子激光器发出的紫外激光束在偏转镜作用下，能在液体表面进行扫描，扫描的轨迹及光线的有无均按零件的各分层截面信息由计算机控制，光点扫描到的地方液体就固化。成形开始时，工作平台在液面下一个确定的深度，聚焦后的光斑在液面上按计算机的指令逐点扫描，即逐点固化。当一层扫描完成后，未被照射的地方仍是液态树脂。然后工作台下降一个层厚的高度，已成形的层面上又布满一层液态树脂，然后刮刀将黏度较大的树脂液面刮平，进行下一层的扫描加工，新固化的一层牢固地粘在前一层上，如此重复直到整个零件制造完毕，得到一个三维实体原型。

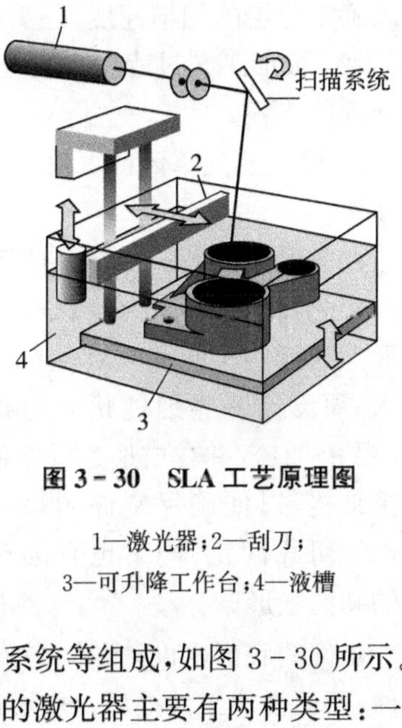

图 3-30 SLA 工艺原理图

1—激光器；2—刮刀；
3—可升降工作台；4—液槽

(1) 系统组成 光固化成形系统由激光器。$X-Y$ 运动装置或激光偏转扫描器、光敏树脂、液槽、升降台和控制系统等组成，如图 3-30 所示。

1) 光学部分 激光器大多采用紫外光式。成形系统用的激光器主要有两种类型：一是氦-镉激光器，输出功率为 15～50 mW，输出波长为 325 nm，激光器寿命约为 2 000 h；另一种是氖离子激光器，输出功率为 100～500 mW，输出波长为 351～365 nm。激光束光斑直径一般为 0.05～3.00 mm，激光位置精度可达 0.008 mm，重复精度可达 0.13 mm。

数字控制的激光束扫描装置也有两种形式：一种是电流计驱动式的扫描镜方式，最高扫描速度达 15 m/s，适合于制造尺寸较小的原型件；另一种是 $X-Y$ 绘图仪方式，激光束在整个扫描过程中与树脂表面垂直，适合于制造大尺寸的原型件。

2) 液槽 盛装液态光敏树脂的液槽采用不锈钢制作，其尺寸大小取决于成形系统设计的最大尺寸原型件或零件。升降工作台由步进电动机控制，最小步距应在 0.02 m 以下，在 225 mm 位移的工作范围内位置精度为±0.05 mm。刮刀保证新一层的光敏树脂能够迅速、均匀地涂敷在已固化层上，保持每一层厚度的一致性，从而提高原型件的精度。

3）控制系统　控制系统主要由工控机、分层处理软件和控制软件等组成。激光器光束反射镜扫描驱动器、$X-Y$ 扫描系统、工作台 Z 方向上下移动和刮刀的往复移动都由控制软件来控制。

光敏树脂的固化速率与单位面积激光功率供给量直接相关。为使固化均匀，要求控制系统保证恒功率扫描。控制系统的核心部件是激光束扫描器，它由两个检流计驱动的反射镜来控制激光束进行 X 和 Y 方向的扫描运动，达到 250～2 540 mm/s 的扫描速度。由于激光束斜射造成的激光斑点尺寸变化会在很大程度上影响该点的激光功率分布，即影响激光功率的单位面积供给量，为此需要一个微定位器控制的聚焦透镜进行变焦。

聚焦透镜的移动控制必须与调节轴的检流计保持同步，以使激光束焦点保持在树脂液面上。透镜对改变扫描线宽或填充大的区域有重要作用。同时，还需要调整扫描速度或激光功率，以补偿变焦引起的功率密度变化。反射镜偏转角一个很小的误差，也会造成扫描激光斑点在液面上很大的位移误差，因而扫描器应该采用闭环控制。激光束的控制开关必须保证在非加工动作时切断光束，此时快门的速度影响着扫描线的精度。需要测量激光的功率以确定每层的扫描速度，还需要掌握光敏树脂的变形特性，以此确定补偿参数。

（2）成形工艺过程　光固化成形工艺过程包括模型及支撑设计、分层处理、原型制作、后处理等步骤。

1）模型及支撑设计　模型设计是应用三维 CAD 软件进行几何建模，并输出为 STL 格式文件。

在成形过程中，由于未被激光束照射的部分材料仍为液态，它不能使制件截面上的孤立轮廓和悬臂轮廓定位。因此，必须设计一些细柱状或肋状支撑结构（图 3－31），并在成形过程中制作这些支撑结构，以便确保制件的每一结构部分都能可靠固定，同时也有助于减少制件的翘曲变形。

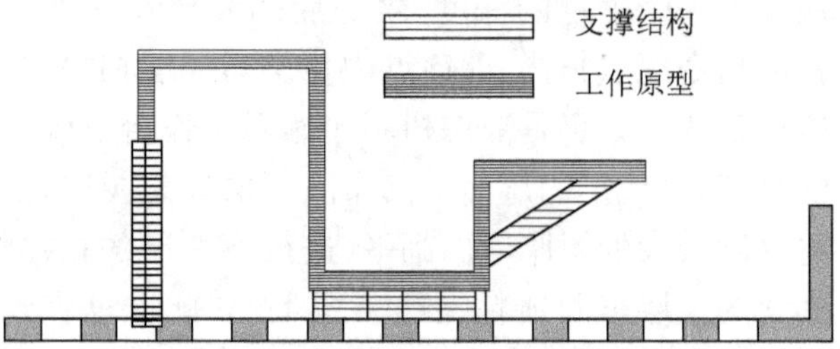

图 3－31　支撑结构示意图

工件的底部也设计和制作了支撑结构，这是为了成形完成后能方便地从工作台上取下工件，而不会使工件损坏。成形过程完成后应小心地除去上述支撑结构，从而获得最终所需的工件。

2）分层处理　采用专用的分层软件（由各个制造商自己开发安装在 RP 系统的计算机内）对 CAD 模型的 STL 格式进行分层处理，得到每一层截面图形及其有关的网络矢量数据，用于控制激光束的扫描轨迹。分层处理还包括层厚、建立模式、固化深度、扫描速度、网格间距、线宽外偿值、收缩补偿因子的选择与确定。这些参数和建立方式的不同选择，对建立时间和模型精度都有影响，因此要选择合适的参数和建立方式，才能得到理想的工件。

3）原型制作　在计算机控制下，液态光敏树脂被逐层扫描、固化，完成零件的制作。

4）后处理　原型制作完毕后，需进行剥离，以便去除废料和支撑结构，有时还需进行后固化、修补、打磨、抛光、表面涂覆、表面强化处理等，这些工序统称为后处理。

SLA 原型制作完毕后，需从工作台上取下原型，然后小心地剥离支撑结构。由于刚制作的原型强度较低，需要通过进一步固化处理，才能达到需要的性能。后固化工序是采用很强的紫外光源使刚刚成形的原型件充分固化，这一工序可以在紫外烘干箱中进行。固化时则根据制件的尺寸大小、形状和树脂特性而定，一般不少于 30 min。

(3) SLA 材料　SLA 原型材料是液态光敏树脂，如环氧树脂、乙烯酸树脂、丙烯酸树脂等。较广泛地用于为 CAD 的设计提供样件和试验模型等，也可以通过加入其他成分用 SLA 方法代替熔模精密铸造用的蜡模来间接生产金属零件。要求 SLA 树脂在一定频率的单色光照射下迅速固化，并具有较小的临界曝光和较大的固化穿透深度。为保证原型精度，固化时树脂的收缩率要小，并应保证固化后的原型有足够的强度和良好的表面粗糙度，且成形时毒性要小。

光敏树脂材料中主要包括齐聚物、反应性稀释剂、光引发剂。根据光引发剂的引发机理，光敏树脂可分为三类：自由基光敏树脂、阳离子光敏树脂、混杂型光敏树脂。

(4) SLA 工艺特点　SLA 工艺具有如下优点：

1) 尺寸精度高。SLA 原型的尺寸精度可达 0.1 mm，是 RP 技术中最高的；

2) 原型表面质量优良。虽然在每层固化时侧面及曲面可能出现台阶，但上表面仍可得到玻璃状的效果；

3) 可以制作结构复杂、细小的模型；

4) 成形过程自动化程度高。SLA 系统非常稳定，加工开始后，成形过程可以完全自动化，直至原型制作完成。

当然，和其他几种快速原型方法相比，SLA 工艺也存在如下缺点：

1) 成形过程中伴随着材料的物理和化学变化，会产生收缩，并且会因材料内部的应力导致制件较易翘曲、变形。成形过程中需要支撑，否则也会引起制件变形；

2) 设备运转及维护成本高。由于液态光敏树脂和激光器的价格较高，并且为了使光学元件处于理想的工作状态，需要进行定期的调整，费用较高；

3) 需要二次固化。在大多数情况下，成形完毕的原型树脂并未完全固化，所以通常需要二次固化；

4) 液态树脂固化后在性能上不如常用的工业塑料，一般较脆、易断裂。

SLA 技术成形速度较快，精度较高，在概念设计的交流、单件小批量精密铸造、产品模型、快速工模具及直接面向产品的模具等方面广泛应用于汽车、航空、电子、消费品、娱乐以及医疗等行业。

2. 叠层实体制造(LOM)工艺

叠层实体制造工艺，也称分层实体制造(Laminated Object Manufacturing，简称 LOM)，LOM 工艺方法和设备于 1991 年问世。该工艺采用薄片材料，如纸、塑料薄膜等，片材表面事先涂覆一层热熔胶。图 3-32 为 LOM 工艺原理图。加工时，热粘压机构热压片材，使之与下面已成形的工件部分粘接，然后用 CO_2。激光器按照分层数据，在刚粘接的新层上切割出零件当前层截面的内外轮廓和工件外框，并在截面轮廓与外框之间多余的区域切割出上下对齐的网格以便在成形之后能剔除废料；激光切割完成后，工作台带动已成形的工件下降一个纸厚的高度，与带状片材(料带)分离；原材料存储及送进机构转动收料轴和供

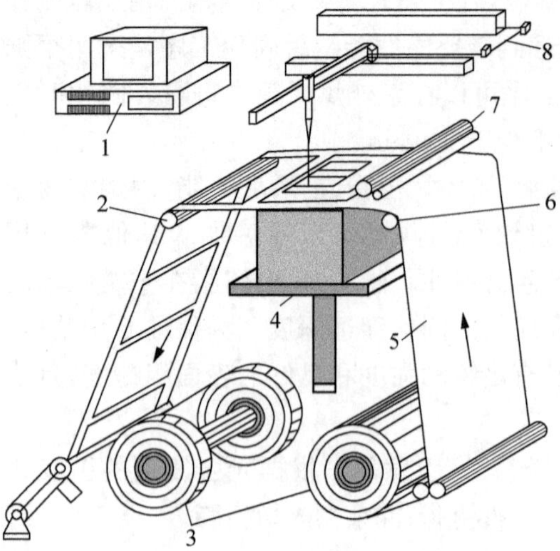

图 3-32　LOM 工艺原理图

1—计算机；2—导向辊；3—原材料存储及送进机构；
4—工作台；5—原材料；6—导向辊；
7—热粘压机构；8—激光切割系统

料轴，带动料带移动，使新层移到加工区域，工件的层数增加一层，高度增加一个料厚；再在新层上切割截面轮廓。如此反复直至零件的所有截面粘接、切割完，得到分层制造的实体零件。

（1）系统组成　LOM 快速原型机工控机及控制系统、材料存储及送进机构、热粘压机构、激光切割系统、可升降工作台、模型取出装置和机架等组成。

工控机用于接收和存储工件的三维模型，对模型进行分层处理，发出控制指令。

原材料存储及送进机构将存储于其中的原材料逐步送至工作台的上方，并通过热粘压机构将一层层材料粘合在一起。所使用的原材料是底面涂有热熔胶和改性添加剂的高性能纸，当热压辊被加热到 210～250 ℃并辗压纸时，能使纸上的胶熔化并产生黏性。混入添加剂的作用是改善纸和成形件的性能，使其具有优良的黏性、机械强度、硬度和抛光性，较小的收缩率，较高的工作温度和易于剥除废料。常用纸的厚度为 0.13 mm 左右。

激光切割系统按照计算机提取的截面轮廓，逐层在材料上切割出轮廓线，并将无轮廓区切割成小方网格。网格的大小根据被成形件的形状复杂程度选定，网格愈小，愈容易剔除废料，但成形花费的时间较长。激光切割系统由 CO_2 激光器、外光路、切割头、$X-Y$ 工作台、驱动伺服电动机等组成。配上激光切割速度及切割功率的自动匹配控制后，光束能恰好透正在成形的一层材料，而不会损伤已成形的下面一层截面轮廓。切割头由二台伺服电动机驱动，能在 $X-Y$ 平面上作高速、精密扫描运动。$X-Y$ 工作台由精密滚珠丝杠传动，用精密直线滚珠导轨导向，重复定位精度为 10 μm。

可升降工作台由伺服电动机经精密滚珠丝杠驱动，用精密直线滚珠导轨导向，从而能在高度方向作快速精密往复运动。当每层成形之后，工作台降低一个材料厚度，以便送进、粘合和切割新一层材料。

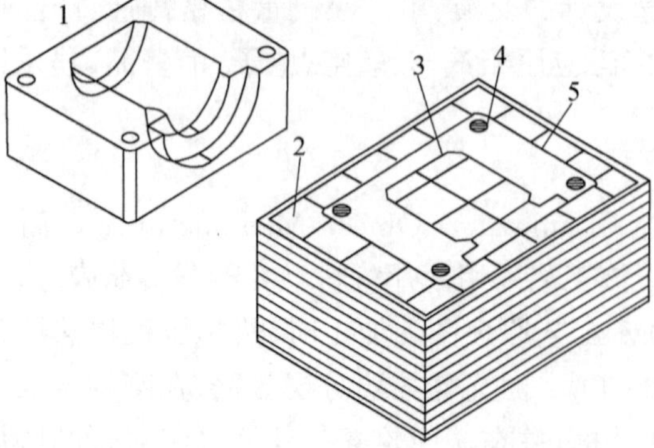

图 3-33　废料未剥离的 LOM 原型

1—产品；2—废料；3、4—内轮廓线；5—外轮廓线

采用 LOM 工艺刚刚成形后的制品如图 3-33 所示，其中所需的工件被废料小方格包围，剔除这些小方格之后，便可得到三维工件。

（2）成形工艺过程　和其他快速原型工艺方法一样，LOM 工艺过程也大致分为模型设计及分层处理、材料分层叠加、后处理三个主要阶段。其制作工艺过程大致如下。

1）基底制作　由于叠层在制作过程中要由工作台带动频繁起降，为实现原型与工作台之间的连接，需要制作基底。为避免起件时破坏原型，基底应有一定的厚度，通常制作 3～5 层。为保证基底的牢固，在制作基底之前要将工作台预热，可使用外部热源，也可以让加热辊多走几遍来完成预热。

2）原型制作　制作完基底后，即可由设备根据给定的工艺参数自动完成原型所有叠层的制作过程。LOM 原型制作的精度、速度以及质量都与选定的制作工艺参数有关，其中关键参数为激光切割速度、加热辊温度和压力、激光能量、碎网格尺寸等。

3）余料去除　余料去除主要是将成形过程中产生的网状废料与工件剥离，通常采用手工剥离的方法，为保证原型的完整和美观，要求工作人员熟悉原型，并有一定的技巧。

4）后置处理　余料去除以后，为提高原型表面状况和机械强度，保证其尺寸稳定性、精度等方面的要求，需对原型进行后置处理，比如防水、防潮、加固和使其表面光滑等，通常采用的后置处理工艺包括修补、打磨、抛光、表面涂覆等，经处理的 LOM 原型表现出类似硬木的效果和性能。

（3）LOM 材料　LOM 技术使用薄层材料，常用的有纸、金属箔、塑料薄膜、陶瓷膜等，除了可以制造模型外，还可以直接制造结构件或功能件。

LOM 工艺的成形材料涉及三方面的问题，即薄层材料、黏结剂和涂布工艺。目前的 LOM 成形材料多采用纸，要求 LOM 纸材具有良好的抗湿性、浸润性、稳定性，较小的收缩率，较高的抗拉强度，并要求其剥离性能好，成形后易于打磨。黏结剂一般为热熔胶，以 EVA 型热熔胶最为常用，并加入某些特殊组分。涂布工艺的确定主要考虑涂布方式和涂布厚度。

目前使用的 LOM 纸材在激光切割过程中一直保持为固态，不发生状态变化，因此翘曲变形小，最适合中、大型制件的原型制作，并且成本较低。所成形的制件坚如硬木，表面光滑；制件最小壁厚可达 0.3～0.5 mm；成形过程中只有很小的翘曲变形，即使间断地制作原型，也不会出现黏结裂缝；成形后工件与废料容易分离，经过表面涂覆处理后不吸水，有良好的稳定性。

（4）LOM 工艺特点　与其他 RP 工艺相比，LOM 工艺具有如下优点：

1）生产效率高。由于在成形时激光束只需切割截面轮廓，而不需对整个截面进行扫描，因此成形效率比其他 RP 工艺要高，非常适合于制作中、大型实心原型件。

2）无需设计和制作支撑结构，因为纸本身可起到支撑的作用。

3）后处理工艺简单，成形后废料易于剥离，且不需后固化处理。

4）原材料价格便宜，原型制作成本低。

5）制件能承受高达 200 ℃的高温，有较高的硬度和较好的力学性能，可以进行各种切削加工。

LOM 工艺的不足之处在于：

1）工件（尤其是薄壁件）的抗拉强度和弹性不够好。

2）工件易吸湿膨胀，因此成形后应尽快做表面防潮处理。

3）不能直接制作塑料工件。

4）工件表面有台阶，其高度等于材料厚度，因此，成形后需进行表面打磨。

LOM 工艺虽然在精细产品和类塑料件制作方面不及 SLA 工艺，但是在比较厚重的结构件模型、实物外观模型、砂型铸造模型、快速模具母模等方面的应用有其独特的优越性。

3. 选择性激光烧结(SLS)工艺

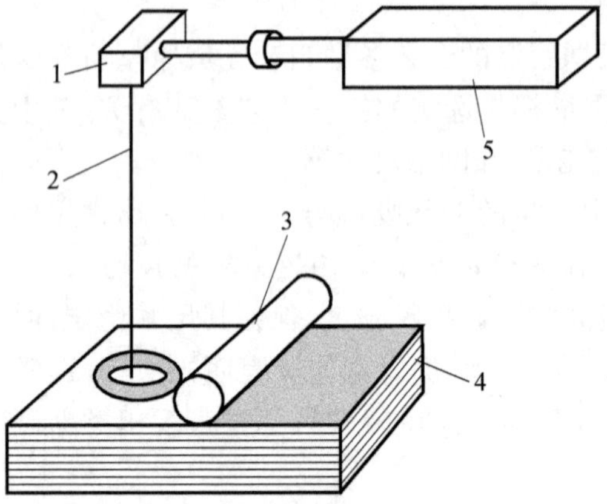

图 3 - 34　SLS 工艺原理图

1—扫描镜；2—激光束；3—平整辊；4—粉末；5—激光器

选择性激光烧结工艺（Selective Laser Sintering，简称 SLS），由美国得克萨斯大学奥汀分校 C. R. Dechard 于 1989 年研制成功，并首先由美国 DTM 公司商品化。它是利用粉末状材料在激光照射下烧结的原理，在计算机控制下层层堆积成形的。图 3 - 34 为 SLS 工艺原理图。加工时，将材料粉末铺撒在已成形零件的上表面，并刮平；用高强度的 CO_2 激光器在刚铺的新层上以一定的速度和能量密度按分层轮廓信息扫描出零件截面，材料粉末在高强度的激光照射下被烧结在一起，得到零件的截面，并与下面已成形的部分连接，未扫描过的地方仍然是松散的粉末；当一层截面烧结完后，铺上新的一层材料粉末，选择地烧结下一层截面，如此反复直到整个零件加工完毕，得到一个三维实体原型。

(1) 系统组成　SLS 快速原型设备由机械系统、光学系统和计算机控制系统组成。机械系统和光学系统在计算机控制系统的控制下协调工作，自动完成制件的加工成形。

机械结构主要由机架、工作平台、铺粉机构、活塞缸、集料箱、加热灯和通风除尘装置组成。光学系统实现激光束的精密控制。光路的主要组成部件有：激光器、反射镜、扩束聚焦系统、扫描器、光束合成器等。控制系统是一个由计算机控制的开环系统，其基本过程是计算机先控制铺粉机构，将粉末均匀地铺在烧结面上，然后控制激光器和扫描器，使激光束在烧结面上扫描，然后烧结面下降一个层厚的距离，完成一次烧结过程。不断重复上述过程完成逐层叠加。

(2) 成形工艺过程：

1) 成形参数选择　主要是合理确定分层参数和成形烧结参数。分层处理过程中需要控制的参数包括零件加工方向、分层厚度、扫描间距和扫描方式；成形烧结参数包括扫描速度、激光功率、预热温度、铺粉参数等。

2) 原型制作　SLS 原型制作中无需加支撑，因为没有烧结的粉末起到了支撑的作用。成形后用铲等工具小心将制件从成形室取出。

3) 后处理　SLS 原型从成形室取出后，用毛刷和专用工具将制件上多余的附粉去掉，进一步清理打磨之后，还需针对原型材料作进一步后处理。对于刚刚成形的树脂原型，由于零件内存在大量孔隙，密度和强度较低，须作强化处理，即利用 SLS 烧结体的多孔质产生的虹吸效应，将液体可固化树脂浸渗到烧结零件中，将其保温、固化，得到增强的零件。对增强的零件进行打磨和抛光处理，即可得到最终零件；对于陶瓷原型，需将其放在加热炉中烧除黏结剂，烧结陶瓷粉；当原型材料为金属与黏结剂的混合粉时，由于黏结剂的熔化温度较低，成形中施加热能和激光能后，黏结剂熔化并渗入金属粉粒之间，使之成形。此后，需将成形的制件置于加热炉中，烧去其中的黏结剂，烧结金属粉，此时的原型件虽已成形，但内部结构疏松，还需在加热炉中进行渗铜处理，以得到高密度的金属件。

(3) SLS材料　SLS工艺使用粉末材料，它来源较为广泛，原则上讲所有受热能相互黏结的粉末材料或表面附有热固(塑)性黏结剂的粉末都可用作SLS材料，目前SLS材料主要有塑料粉、蜡粉、金属粉、表面附有黏结剂的覆膜陶瓷粉、覆膜金属粉及覆膜砂等。用蜡可以制造精密铸造用蜡模，用热塑性塑料可以制造消失模，用陶瓷可以制造铸造壳型、型芯和陶瓷构件，用金属可以制造金属结构件和模具。

(4) SLS工艺特点　SLS工艺具有如下优点：

1) 可以采用多种材料。从原理上讲，这种方法可采用加热时黏度降低的任何粉末材料，通过材料或各类含黏结剂的涂层颗粒制造出任何造型，适应不同的需要。特别是可以直接制造金属零件，这使SLS工艺颇具吸引力。

2) 不需要支撑。由于围绕制件的粉末构成了支撑结构，因此，SLS工艺不需要支撑，这不仅简化了设计、制作过程，而且不会由于去除支撑操作而影响制件表面的品质。

3) 制件具有较好的力学性能，可直接用作功能测试或小批量使用的产品。

4) 材料利用率高，未烧结的粉末可以重复利用。材料价格便宜、成本低。

SLS工艺的缺点如下：

1) 成形速度较慢。

2) 成形精度和表面质量稍差，因此在成形要求精细结构和清晰轮廓的制件时不及SLA工艺。

3) 成形过程能量消耗高。

采用SLS工艺，可以直接通过CAD文件转换成经久耐用的、功能性的塑料或金属零件或模具，所需时间只是传统加工和制模时间的很少一部分。这样就可以在很短时间(几天)内，快速制造小批量的塑料或金属零件，而不需要制造模具，大大降低了成本，缩短了周期。对于大批量的零件生产，在一两天内就可以制造出复杂的金属模具工作零件，具有很高的效益。

4. 熔融沉积制造(FDM)工艺

熔融沉积制造工艺(Fused Deposition Modeling，简称FDM)，由美国学者Scott Crump博士于1988年研制成功，并于1991年由美国的Strata-sys公司率先推出商品化设备。它是利用热塑性材料的热熔性、黏结性，在计算机控制下层层堆积成形的。图3-35为FDM工艺原理图，其所使用的材料一般是蜡、ABS塑料、尼龙等热塑性材料，以丝状供料。材料通过送丝机构被送进带有一个微细喷嘴的喷头，并在喷头内被加热熔化。在计算机的控制下，喷头沿零件分层截面轮廓和填充轨迹运动，同时将熔化的材料挤出。材料挤出喷嘴后迅速凝固并与前一层熔结在一起。一个层片沉积完成后，工作台下降一个层厚的距离，继续熔喷沉积下一层，如此反复直到完成整个零件的加工。

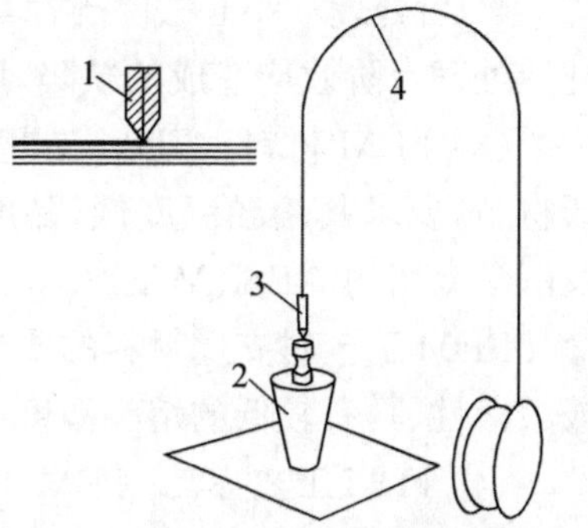

图3-35　FDM工艺原理图

1—喷头；2—成形工件；3—喷头；4—料丝

(1) 系统组成　FDM系统主要包括喷头、送丝机构、运动机构、加热成形室、工作台五个部分。喷头是最复杂的部分。材料在喷头中被加热熔化,喷头底部有一喷嘴供熔融的材料以一定的压力挤出,喷头沿零件截面轮廓和填充轨迹运动时挤出材料,与前一层黏结并在空气中迅速固化,如此反复进行即可得到实体零件。它的工艺过程决定了它在制造悬臂件时需要添加支撑。支撑可以用同一种材料建造。只需要一个喷头。目前国外一般都采用双喷头独立加热,一个用来喷模型材料制造零件,另一个用来喷支撑材料做支撑。两种材料的特性不同,支撑采用水溶性或低熔点材料,制作完毕后去除支撑相当容易。

送丝机构为喷头输送原料,送丝要求平稳可靠。原料丝一般直径为1～2 mm,而喷嘴直径只有0.2～0.3 mm左右,这个差别保证了喷头内一定的压力和熔融后的原料能以一定的速度(必须与喷头扫描速度相匹配)被挤出成形。送丝机构和喷头采用推—拉相结合的方式,以保证送丝稳定可靠,避免断丝或积瘤。

运动机构包括X、Y、Z三个轴的运动。$X-Y$轴的联动完成喷头对截面轮廓的平面扫描,Z轴则带动工作台实现高度方向的进给。

加热成形室用来给成形过程提供一个恒温环境。熔融状态的丝挤出成形后如果骤然冷却,容易造成翘曲和开裂,适当的环境温度可最大限度地减小这种缺陷,提高成形质量和精度。工作台主要由台面和泡沫垫板组成,每完成一层成形,工作台便下降一层高度。

(2) 成形工艺过程　熔融沉积制造工艺过程包括三维模型设计、分层处理、原型制作、后处理。

1) 基底制作　为防止零件成形后从工作台取出时损坏零件底部和泡沫工作台,给零件加一适当厚度的基底(一般为2 mm),成形时此部分作为支撑处理。

2) 支撑制作　支撑是FDM原型必不可少的部分,它对结构的悬壁部分提供定位和支撑,以保证成形过程顺利实现。

3) 原型制作　主要进行加工参数设置。设定喷头的运动速度和送丝速度、每一层片的内外轮廓、网格(填充部分)。对于轮廓和网格,应使其喷头运动速度较小而送丝速度较大,以得到密实的制件;而对于支撑,应使其喷头运动速度较大而送丝速度较小,以得到疏松的支撑,便于后续与制件剥离。

4) 后处理　小心去除支撑,用砂纸打磨台阶效应较明显处,用小刀处理多余部分,用填补液处理台阶效应造成的缺陷,用上光液给原型表面上光。

(3) FDM材料　FDM工艺中使用的材料是线材,分为成形材料和支撑材料。对于成形材料,要求其熔融温度低,黏度低,粘接性好,收缩率小。目前使用的材料主要包括ABS及医学专用的ABSi、MABS、石蜡、聚烯烃树脂、尼龙、聚酰胺、低熔点金属和陶瓷等。

FDM工艺对支撑材料的要求是能够承受一定的内温、与成形材料不浸润、具有水溶性或酸溶性、具有较低的熔融温度、流动性好等。

(4) FDM工艺特点　FDM工艺之所以成为RP家族的后起之秀,是因为它具有如下优点:

1) 由于该系统无需激光系统,因此设备结构简单,运行安全,操作维护简便,成本低,其设备成本往往只是SLA设备成本的1/5。

2) FDM设备系统可以在办公室环境下使用。

3) FDM材料在成形过程中无化学变化,制件翘曲变形小。

4）当使用水溶性支撑材料时，支撑去除方便快捷，且效果较好。

当然，与其他 RP 工艺相比，FDM 工艺也存在如下缺点：

1）成形精度较低。成形件表面有台阶，其高度等于分层厚度，因此，成形后需进行表面打磨。

2）喷头带要对整个截面进行扫描，成形时间较长。

3）沿 Z 轴方向制件强度比较弱。

FSM 工艺已广泛应用于汽车、机械、航空航天、家电、通信、电子、建筑、医学、玩具等产品的设计开发过程，如产品外观评估、方案选择、装配检查、功能测试、用户看样订货，以及少量产品制造等。

5. 三维印刷(3DP)工艺

三维印刷工艺（Three Dimensional Printing，简称 3DP），是由美国麻省理工学院开发成功的，它的工作过程类似于喷墨打印机，其工艺原理如图 3-36 所示。喷头在计算机的控制下按照截面轮廓信息，在铺好的一层粉末材料上（如陶瓷粉末、金属粉末），有选择地喷射黏结剂，使部分粉末黏结，形成截面层。一层完成后，工作台下降一个层厚，铺粉，喷黏结剂，再进行下一层的黏结，如此循环形成三维产品。黏结得到的制件强度较低，还须后处理，先烧掉黏结剂，然后在高温下渗入金属，使零件致密化。

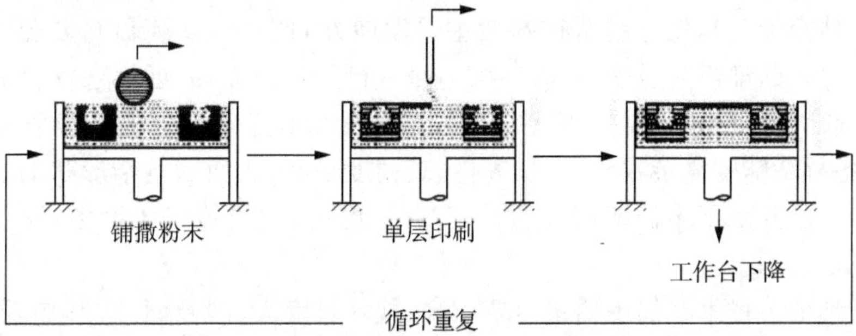

图 3-36 3DP 工艺原理图

6. 弹道微粒制造(BPM)工艺

弹道微粒制造工艺（Ballistic Particle Manufacturing，简称 BMP），由美国 BMP 公司开发并商品化。它用一个压电喷射(头)系统来沉积融化了的热塑性塑料的微小颗粒，如图 3-37 所示。BMP 的喷头安装在一个五轴的运动机构上，对于零件中的悬臂部分，可以不加支撑，而“不联通”的部分还要加支撑。

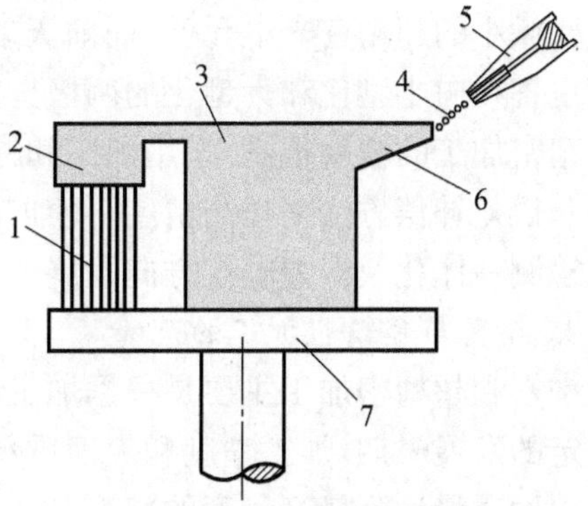

图 3-37 BMP 工艺原理图

1—支撑；2—“不联通”部分；3—零件；4—材料微粒 5—压电喷射头；6—悬臂部分；7—升降台

7. 三维焊接(TDW)工艺

三维焊接工艺（Three Dimensional Welding，简称 TDW），采用现有各种成熟的焊接技术、焊接设备及工艺方法，用逐层堆焊的方法制造出全部由焊缝金属组成的零件，也称熔化成形或全焊缝金属零件制造技术。

4 先进制造工艺技术

4.1 精密与超精密加工技术

4.1.1 概述

1. 精密与超精密加工的意义

精密及超精密加工是先进制造技术的主要发展方向之一，直接影响尖端技术和国防工业的发展。世界各国都极为重视，投入很大力量进行开发研究，故近年来发展迅速。

随着航空航天、高精密仪器仪表、惯导平台、光学和激光等技术的迅速发展和多领域的广泛应用，对各种高精度复杂零件、光学零件、高精度平面、曲面和复杂形状的加工需求日益迫切。目前国外已开发了多种精密和超精密车削、磨削、抛光等机床设备，发展了新的精密加工和精密测量技术。

超精密切削加工技术在加工质量上要求高、技术难度大、涉及面广，影响因素非常多，各因素都不是孤立地起作用，而是互相影响或互相制约的。

目前超精密加工精度基本上仍处于亚微米级水平，正在向纳米级发展。由于生物工程等需要微小的超精密光电元件，而航天航空领域则需要大型超精密元件，因此，超精密加工技术也正在向小型化和大型化的两极方向发展，小的只有一百多个微米，大的可达几米。由于超精密加工的精度很高，采用加工和检测独立进行的方法难以保证其精度，必须采用在线检测和误差补偿方法来提高精度，使加工检测一体化，保证其加工精度，超精密加工还应向加工检测一体化及误差补偿方向发展。

2. 精密与超精密加工的范畴

精密和超精密加工主要是根据加工精度和表面质量两项指标来划分的。精密加工是指在一定的发展时期，加工精度和表面质量达到较高程度的加工工艺，超精密加工是指加工精度和表面质量达到最高程度的精密加工工艺。这种划分是相对的，因为随着生产技术不断发展，其划分界限也将逐渐向前推移。

目前，一般可将普通加工、精密加工和超精密加工划分如下：

(1) 普通加工　指加工精度在 10 μm 左右，相当于公差等级 IT6～IT5，表面粗糙度 *Ra* 0.8～0.2 μm 的加工方法，如车、铣、刨、磨、铰等工艺方法。适用于一般机械制造行业

(如汽车、机床等)。

(2) 精密加工　指加工精度在 10～0.1 μm,公差等级在 IT5 以上,表面粗糙度 *Ra* 0.1 μm 以下的加工方法。如精密车削、研磨、抛光、精密磨削等。适用于精密机床、精密测量等行业,它在当前的制造工业中占据极其重要的地位。

(3) 超精密加工　指加工精度在 0.1～0.01 μm,表面粗糙度 *Ra* 小于 0.05 μm(或称为亚微米级加工)的加工方法。加工精度高于 0.01 μm,表面粗糙度 *Ra* 小于 0.005 μm,被认为是纳米级(nm,1 μm=10^3 nm)的加工范围,它是超精密加工技术研究的主要目标。超精密加工多用于精密元件制造,是标志一个国家制造工业水平的重要指标之一。

3. 常用精密与超精密加工方法

精密与超精密加工主要可分为两类:一是采用金刚石刀具对工件进行超精密的微细切削和应用磨料磨具对工件进行研磨、抛光、精密与超精密磨削等;二是采用激光加工、微波加工、等离子体加工、超声波加工、光刻等特种加工方法;另外还经常被提及的微细加工是指制造微小尺寸零件的生产加工技术,它的出现和发展与大规模集成电路有密切关系,其加工原理也与一般尺度下的加工有区别,形成超精密加工的一个分支。

精密磨削主要是靠对砂轮的精细修整,使砂粒具有微刃性和等高性,这些等高的微刃在磨削时能切除极薄的金属屑,从而获得具有大量极细微磨痕、残留高度极小的加工表面,再加上无火花阶段微刃的挤压、摩擦和抛光作用,使工件获得很高的加工精度。超精密磨削则是采用人造金刚石、立方氮化硼等超硬磨料砂轮对工件进行磨削加工,与普通磨削最大的区别是径向进给量极小,是超微量切除,可能还伴有塑性流动和弹性破坏等作用。它的磨削机理目前还处于探索过程中。

精密及超精密加工当前正处于不断发展之中,其特点主要体现在以下几个方面:

(1) 多学科综合技术　精密及超精密加工光凭孤立的加工方法是不可能得到满意的效果的,还必须考虑到整个制造工艺系统和综合技术。在研究超精密切削理论和表面形成机理时,还要研究与其有关的其他技术。

(2) 加工检测一体化　超精密加工的在线检测和在位检测极为重要,因为加工精度高,表面粗糙度参数值很小,如果工件加工完毕后卸下再检测,发现问题就难进行加工。

(3) 生产自动化技术　采用计算机控制、误差补偿、适应控制和工艺过程优化等生产自动化技术,可以进一步提高加工精度和表面质量,避免手工操作人为引起的误差,保证加工质量及其稳定性。

4.1.2　影响精密和超精密加工的主要因素

精密和超精密加工发展到今天,已不再是一种孤立的加工方法和单纯的工艺过程,而是形成了内容极为广泛的制造系统工程,它涉及精密和超精密切削机床、超微量切除技术、高稳定性和高净化的工作环境、计量技术、工况检测及质量控制等。其中的任一因素对精密和超精密加工的加工精度和表面质量,都将产生直接或间接的不同程度的影响。

本文后面将对精密和超精密切削机床予以专门叙述,下面先介绍其他几方面的因素。

(1) 加工环境　精密加工和超精密加工要求具有稳定的加工环境,尤其是超精密加工,要求机床处于极稳定的工作环境(即恒温、超净、防振)。

热变形是超精密加工中误差的主要来源之一,所以,超精密机床的恒温控制是研究的重点。一般可采用膨胀系数小的材料如花岗岩、陶瓷等作为某些零件的材料;尽量减少机床内的热源,采用恒温油(水)浇淋机床内部各发热部件,造成局部小环境的高度恒温。减振隔振也是精密及超精密加工机床非常重要的问题。

超精密机床多安放在带防振沟和隔振器的防振地基上,还可使用空气弹簧(垫)对低频振动进行隔离。机床主轴部件也需经过精密动平衡以减少振动。

此外,精密及超精密加工必须有一个净化的空间。空气中绝大部分尘埃的直径小于 1 μm,但也有不少直径在 1~10 μm,甚至在 100 μm 以上。超精密加工时,如果这些尘埃落在加工表面,则可能会划伤小表面粗糙度的表面;落在量具表面,就会造成测量误差。超精密加工一般洁净度要求 100 级以上(即每立方英尺空间内大于 0.5 μm 的尘埃不超过 100 个)。由于大面积超净间的造价很高,且不易达到高洁净度,因此出现了超净工作台、超净工作腔等小面积的超净环境。

(2) 计量　精密和超精密加工必须具备相应的检测技术和手段,测量仪器的精度一般要求比机床的加工精度高一个数量级。目前,超精密加工所用测量仪器多为激光干涉仪和高灵敏度的电气测量仪,激光干涉仪的测量精度为±0.08 μm;而多次光波干涉显微镜的分辨能力可达 0.5 nm;电气测量仪的放大倍数可达 100 万倍、重复精度为 0.5 nm,已能满足纳米级精度的测量要求。

(3) 误差补偿　误差补偿系统对于精密和超精密加工往往是必不可少的。误差补偿系统一般由测量装置、控制装置及补偿装置三部分组成。测量装置向补偿装置发出脉冲信号,后者接受信号后进行脉冲补偿。每次补偿量的大小,取决于加工精度及刀具磨损情况。每次补偿量越小,补偿精度越高,工件尺寸分散范围越小,但对补偿机构的灵敏度相应也要求越高。

4.1.3　精密和超精密加工机床

1. 精密和超精密切削机床的性能要求

精密和超精密切削机床是保证超精密加工质量的首要条件,用于精密和超精密加工的机床必须具有很高的精度(包括高的静精度和动精度),主要指标有主轴的回转精度、导轨运动精度、定位精度、重复定位精度,分辨率及分度精度。

精密车床主轴回转精度一般在 1 μm 之内,导轨直线度小于 10 μm/100 mm,精密坐标磨床的定位精度在 1~3 μm,分辨率一般为 0.01 μm,能够进行微量切削并具有在线误差补偿的微量进给系统。而超精密车床主轴的回转精度大多在 0.03~0.05 μm,导轨直线度为 0.1~0.2 μm/250 mm,定位精度为 0.01 μm,重复定位精度为 0.006 μm,进给分辨率为 0.003~0.008 μm,分度精度为 0.5″。

用于精密和超精密加工的机床还要具有较高的刚度(包括静刚度、动刚度和热刚度),目前超精密机床的刚度一般为 10^8~10^9 N/m,与此同时,还应考虑由工件、机床、刀具、夹具所组成的工艺系统刚度。

精密和超精密加工机床应有高稳定性，要求设备能经得起运输、存储考验，在使用过程中应能长时间保持高精度、抗干扰、抗振动，有良好的耐磨性，能稳定工作。

为了保证精密和超精密加工的质量，减少人为因素影响，机床应使用数控系统实现自动化，同时要有精密的微进给系统，以实现微量切削。

2. 精密和超精密切削机床的结构特点

超精密机床有以下结构特点。

(1) 总体布局　一般超精密机床采用“T”型布局，不用后顶尖，主轴箱带动工件做铅垂方向(z 向)运动，刀架溜板作水平方向(x 向)运动。z 向和 x 向运动分离将有助于提高床身导轨的制造精度和运动精度，也便于 z 向、x 向运动位置检测系统的安装。大型超精度车床多数制成立式结构。

(2) 主轴部件　主轴部件是超精密机床保证加工精度的核心。要获得较高的回转精度，主轴结构必须简单又便于加工。由于滚动轴承影响回转精度的因素较多，故绝大多数超精密机床都采用空气轴承主轴部件。空气轴承主轴具有回转精度高(0.05～0.025 μm)、摩擦小、发热少、驱动功率小、振动小等优点，但也存在刚度小、承载能力低的缺点，因而通常用于中小型超精密机床上。大型超精密机床则通常采用液体静压轴承主轴部件。

图 4－1 所示为空气静压轴承的主轴结构示例。其主轴球面采用不锈钢制成，凹半球轴承由锆铜制成，球面轴承圆周共有直径为 0.03 mm 的 12 个进气口(图 4－1 中 6)，球面轴承之间的间隙为 0.012 mm，主轴后支承的进气口(图 4－1 中 1)的直径和个数与球面轴承的进气口一样。其主轴加工的关键为球面加工，可选用研磨球面作为球面加工的最终工序。研磨时若能选择好研磨剂，严格控制工件及周围环境的温度变化，并采取防尘措施，能使球体圆度误差控制在 0.1 μm 以下，表面粗糙度 Ra 为 0.01 μm 以下。该主轴的动刚度很高，高速回转时轴线非常稳定。经测试，在转速为 500 r/s 时，其径向跳动量仅为 0.05 μm、轴向窜动在 0.01 μm 以内。

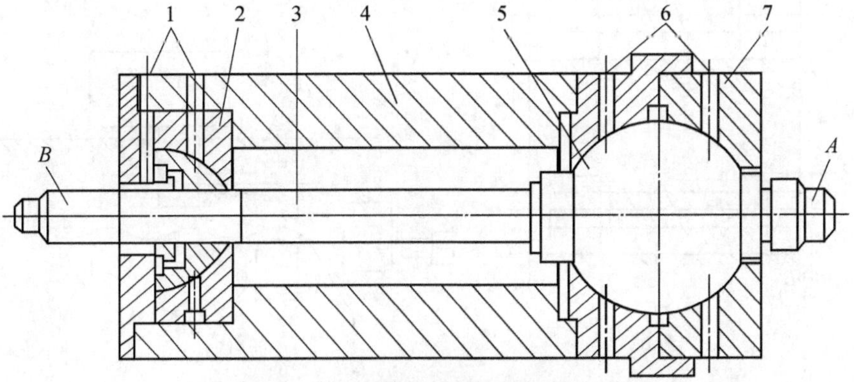

图 4－1　空气静压轴承的主轴结构

1—进气口；2—球面半轴承；3—球轴；4—主轴箱；5—整球面；

6—进气口；7—整球面轴承；A—主轴前端(装卡盘)；B—主轴后端(装带轮)

(3) 床身导轨　对导轨的要求是运动平稳、运动直线度高。超精密机床的床身和导轨多采用热膨胀系数低、阻尼特性好、尺寸稳定的花岗岩制造。目前超精密机床导轨主要采用空气静压导轨和液体静压导轨。其中空气静压导轨具有移动精度高、摩擦力小、高速运动时发热少等特点，但其刚度、承载能力及抗振性能均较低，多用于小型机床中。液体静压导轨的主要特点是精度高、刚度高、承载能力大、但高速运动时发热量大，多用于中大型机床上。

(4) 进给驱动系统和微量进给机构　超精密机床对进给驱动系统的总的要求是：刚度高、运动平稳、传动无间隙、移动灵敏度高、调速范围宽。超精密机床一般采用分辨率为 0.01 μm 的精密数控驱动系统，采用直流或交流伺服电动机通过精密丝杆带动导轨上的运动件。

精密和超精密切削时，要实现 1 μm 或更小的微量进给，就必须消除运动件的“爬行”现象。因此，一方面要提高传统进给系统的制造精度，改进结构形式，另一方面要研究开发高刚度、小间隙、低摩擦和小惯性的微量进给机构。

镍、铁等合金铁磁材料在磁场中的长度随周围磁场强度的变化而变化，这就是所谓铁磁材料磁致伸缩原理，利用这个原理制成的微量进给机构获得较广泛的应用。

图 4-2(a)为磁致伸缩微量进给机构的工作原理图。该机构顺序循环动作为：① 夹头 1 夹紧，夹头 2 松开；② 接通电源，磁致伸缩杆 3 缩短 ΔL，杆的右端面从 A 移至 A' 的位置，而左端面在 B 位置保持不变；③ 夹头 2 夹紧，夹头 1 松开；④ 切断电源，杆伸长，杆的左端面由 B 移至 B' 位置，杆 3 又恢复原来长度 L。完成一个循环动作，可使进给机构精确地移一个微小距离 ΔL。由于铁磁材料的磁致伸缩性能稳定，磁致伸缩杆又有较高刚度，所以该机构可获得精度很高的连续微量进给。

图 4-2(b)为该机构在机床上应用的示意图。改变励磁电流的大小和时间相位，就可调节进给速度和改变进给方向(使原来伸长变为缩短，原来缩短变为伸长)，实现无级调速和换向。这种机构的缺点是磁致线圈电阻功率的热效应会影响磁致伸缩杆的伸长，从而影响进给精度。

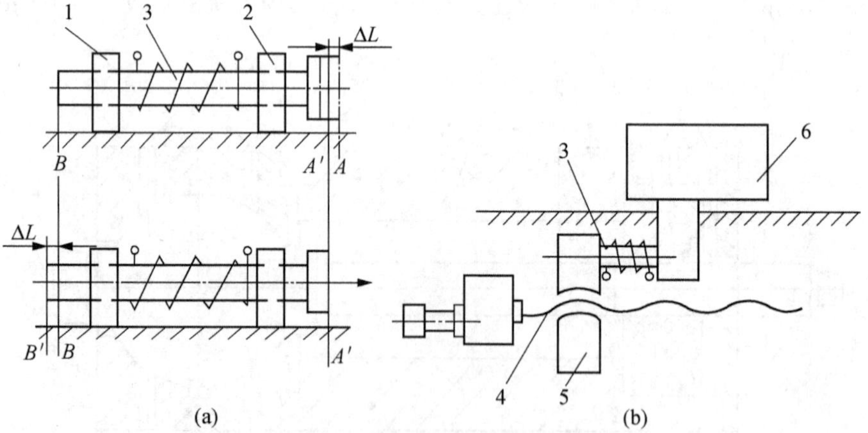

图 4-2　磁致伸缩微量进给机构

1—夹头；2—夹头；3—磁致伸缩杆；4—丝杠；5—螺母；6—滑板

微量进给机构除了磁致伸缩传动外，还有电致伸缩传动、机械传动、弹性传动、热膨胀传动等形式。

4.1.4 使用金刚石刀具的超精密切削技术

1. 金刚石超精密切削技术的进展

金刚石超精密切削加工技术主要是指用高精度的机床和单晶金刚石刀具，在严格的加工环境下，选择适当的工艺参数进行切削加工来达到亚微米级以上精度的加工技术。

金刚石刀具超精密切削技术是超精密加工技术的一个重要组成部分，不少国防尖端产品零件(如陀螺仪、各种平面及曲面反射镜和透镜、精密仪器仪表和大功率激光系统中的多种零件等)都需要利用金刚石超精密切削来加工。

对于纳米(nm)级的几何形状精度和表面质量要求，如精密轴、孔的圆度和圆柱度、精密球体(如陀螺球、计量用标准球)的球度等，依靠传统加工方法已难以达到此类纳米加工要求，而采用金刚石超精密切削技术可达到纳米级加工水平，这已被日本和美国的研究者获得的研究结果所证实：用刃磨得极为锋利的单晶金刚石刀具切削有色金属和非金属材料可获得 Ra 0.002～0.02 μm 的镜面；用双坐标数控超精密机床可加工出几何精度极高的球面和非球曲面；经精细研磨达到极高刃口锋锐度的金刚石刀具可切除厚度仅为 1 nm 的切屑。

2. 金刚石超精密切削机理

金刚石刀具的超精密切削机理与一般切削机理有很大的不同。金刚石刀具在切削时，其背吃刀量 a_P 可在 1 μm 以下，刀具可能处于工件晶粒内部切削状态，即切除晶粒的一部分，保留另一部分。

从切削力和切削热方面来看，切削力要超过分子或原子间巨大的结合力，从而使刀刃承受很大的剪切应力，并产生很大的热量，造成刀刃在局部区域内的高应力、高温的工作状态，这对于普通的刀具材料是无法承受的，在高温、高压下会快速磨损和软化，使切削无法继续进行。

从刀刃锐利度方面来看，普通材料刀具的切削刃不可能刃磨得非常锐利，平刃性也很难保证。事实上，无论刃磨条件如何改善，对于给定的刀具材料和刀具角度，所能获得的刀刃圆角半径(即所谓钝圆半径)具有一定的最小极限值，例如当刀具楔角为 70°时，一般硬质合金刀具的刀刃钝圆半径只能达到 18～24 μm，高速钢刀具的刀刃钝圆半径可达到 12～15 μm，而金刚石刀具的刀刃钝圆半径则可达 0.01～0.005 μm，同时因为金刚石材料本身质地细密，经过仔细修研，刀刃的几何形状很好，其直线度误差极小(0.1～0.01 μm)。

在金刚石超精密切削过程中，虽然刀刃处于高应力高温环境，但由于其速度很高、进给量和背吃刀量极小，故工件的温升并不高，塑性变形小，可以获得高精度、小表面粗糙度的加工表面。

对超精密切削机理的研究近年来有了不少进展。例如，超精密切削脆性材料时，加工表面可以不产生脆性破裂痕迹而获得镜面，这涉及极薄切削时脆性材料塑性切除的脆塑转换问题，最近对此提出了不少新见解。

目前，使用计算机仿真和分子动力学模拟等方法对超精密切削过程及机理的研究获得了很好效果，一方面深化了对极薄层材料切削去除机理的认识，同时可以对超精密切削效果作出比较准确的预报。

例如用计算机仿真预测超精密切削单晶铝不同晶面时的切削力，以及利用计算机仿真对超精密切削过程进行分子动力学模拟，以此对超精密切削极薄层材料的动态切除过程进行观察和分析。

目前，金刚石刀具的切削机理仍在进一步研究之中。

3. 金刚石刀具特点

金刚石刀具是将金刚石刀头用机械夹持或粘接方式固定在刀体上构成的。刀具的前角不宜太大，否则易产生崩裂，同时还要求前、后面的表面粗糙度极小（Ra 0.01 μm），且不能有崩口、裂纹等表面缺陷。因此，对金刚石刀具的刃磨质量要求非常高。金刚石刀具的刃磨可采用 320 号天然金刚石粉与 L—AN 15 全损耗系统用油配制的研磨剂，在高磷铸铁盘上进行。

由于金刚石硬度极高，且晶体各向异性，因此单晶金刚石刀具的刃磨极为困难。制造金刚石刀具及刃磨时都需要对晶体定向，过去的晶体定向方法主要是使用 X 光晶体定向仪，仪器昂贵，且定向操作相当繁琐，为解决此问题，国内开发了一种新的激光晶体定向方法，所用设备较简单，且定向操作方便，可使金刚石晶体定向大大简化。

金刚石刀具是实现超精密切削最关键的因素之一，选择购买刀具必须符合技术要求，以保证加工质量。具体要求有：

(1) 选取品质优良的大颗粒单晶天然金刚石原料，具有完整的形状、表面光滑、透明，无缺陷、无杂质。

(2) 利用金刚石晶体各向异性特性对金刚石晶体进行定向，以确定刀具的前后刀面、刀刃的位置，以保证刀具有良好的抗磨性和抗破损性能。

(3) 刃口要磨得非常锋利，刃口纯圆半径值极小（理论上可达 2 nm，我国一般可达 0.3～0.08 μm），能实现超薄切削。

(4) 刀刃无缺陷，切削时刃形复印在加工表面上，能得到超光滑的镜面，刀刃粗糙度一般应小于 Ra 0.01 μm，前后刀面的表面粗糙度则应更小。

(5) 选用具有强度高、切削阻力小的刀具切削部分几何形状参数。

金刚石刀具的研磨也是值得关注的方面。传统的方法是机械研磨方法，研磨盘采用优质的高磷铸铁，用金刚石粉末作研磨介质，给予被研磨的金刚石以一定的压力，依靠高速回转的研磨盘进行研磨，效率是比较低的，而且要求操作者有较高的技术，合理选择金刚石晶向，因为金刚石的各晶面((100)晶面、(110)晶面、(111)晶面)的硬度有比较大的差异，所以可就其软的晶面进行研磨，但是在厚膜金刚石上，由于各向同性，所以研磨的难度就更大。因此研磨方法的探索一直都在进行着。

金刚石刀具研磨方法进展之一是采用热化学方法，即利用金刚石与黑色金属的亲和力和它在高温下的石墨化的特点，国外研究者采用铸铁研磨盘，加热到 800 ℃，研磨效率明显提高，而将研磨盘换成不锈钢 SUS 304，取得的研磨效率更高，由此开发了利用化学、物理的作用进行金刚石刀具研磨的新技术。另外还有采用离子束加工的方法，可使金刚石的钝圆半径减小，在加工中离子束的射出方向与被加工的面成 55°，有比较高的去除率。

4. 适合于金刚石刀具加工的材料及其切削性能

(1) 有色金属及其合金　在有色金属中，铜系、铝系等金属有较好的切削性能，经实验比较，铜系材料的切削性能更优于铝系，铝系金属因切削时易在刀刃上附着一层极薄的被切削材料而不如铜系的表面质量，但是由于铝合金对刀具的磨损较低且加工后表面反射率高而被广泛采用。金刚石超精密切削用于加工高密度硬磁盘的铝合金片基，平面度达 0.2 μm，尺寸精度 0.1 μm，表面粗糙度达 *Ra* 0.03 μm。

有色金属如金、银、镁、锡、铅、锌、铂及非电解镍镀层、铍铜、黄铜等均可用金刚石刀具切削，这些材料可得到 *Ra* 0.01～0.05 μm 的表面粗糙度。

(2) 树脂及塑料　近年来，使用塑料制作光学零件日渐增多，开始时多用成形方法制作，目前多用金刚石刀具进行车削加工。这类材料中，可用金刚石刀具切削的有：甲基丙烯酸树脂、聚碳酸酯树脂、聚丙基树脂、聚乙烯树脂、聚四氟乙烯树脂、环氧树脂、氟塑料等。其中以甲基丙烯酸树脂的切削性最好，表面粗糙度最佳，可达 *Ra* 0.01 μm。

(3) 结晶体　锗、硒化锌、硫化锌、铌酸锂、碘化铯、二氢磷化铟、硅、溴化钾及磷酸二氢钾(KDP)等结晶体都可用金刚石刀具切削。其中以锗晶体切削性能为最好，在选择合适刀具及工艺参数时，可获得 *Ra* 0.008～0.015 μm 的表面粗糙度。

用于超精密加工的材料，其化学成分应准确、质地均匀、无杂质；物理力学性能稳定、一致，无外部和内部微观缺陷；加工工艺性能也要有严格的要求。冶炼、铸造、轧辗、热处理等过程必须严格控制，因为温度、熔渣过滤、晶粒大小、均匀性及方向性等对材料的物理、化学、力学及加工性能均有很大影响。

5. 金刚石刀具切削铁碳合金的探索研究

铁碳合金是使用最广泛的工程材料，金刚石刀具用于切削铁碳合金材料时，由于高温环境下刀具上的碳原子会向工件材料扩散，刀刃会很快磨损(即扩散磨损)，所以，一般不用金刚石刀具来加工钢铁等黑色金属。这些材料的工件常用立方氮化硼(CBN)等超硬刀具材料进行切削，或用超精密磨削的方法来得到高精度的表面。

但是，用金刚石切削铁碳合金始终是工业界的愿望，首先是因为铁碳合金使用的广泛性，第二是因为 CBN 和 PCBN 虽然目前在铁碳合金的切削上占有重要的位置，但是其高温硬度仍不及金刚石的硬度，而且在工程实际中确实存在一些形状复杂、高精度的黑色金属零件如非球面零件等需要用金刚石加工，所以突破金刚石刀具切削铁碳合金的限制条件的探索研究仍在不断地进行中。

从国内外已有的研究情况看，目前有两种可能的途径：第一种途径是从金刚石与铁碳合金中碳的亲和力角度出发，使切削在富碳的气氛中进行，即所谓气体保护法；第二种途径是从金刚石在高温下石墨化的角度考虑，使切削在较低温度下进行，即所谓低温切削法。目前，这方面的实验研究水平与工业应用之间还有较大的距离。

6. 金刚石超精密切削加工过程的稳定性问题

对于切削刃钝圆半径为某一数值的刀具，相应有一个最小切削厚度，当实际切削厚度比最小切削厚度大时可稳定地排出切屑，但如实际切削厚度比最小切削厚度还要小时，则被切削材料将被压入切削刃之下，因而不能排出切屑。当切削厚度与切削刃棱圆半径大体相等时，就会发生不稳定现象，一部分材料作为切屑排出与另一部分材料沿切削刃棱方向流动两种情况相互混合的现象。

实际切削过程中，从空间上看，很难保证刀具切削刃钝圆半径在有效切削刃全长度上保持一定，这将取决于刀具刃磨时刀刃的平直度的状况，另外，从时间上看，因刀具的磨损程度随着切削的进行而不断加剧，切削刃钝圆半径是个变量。例如，经过仔细研磨的超精密金刚石工具的切削刃钝圆半径可小到 20 nm 到 60 nm 的范围，刀具磨损后的切削刃棱圆半径却可达到 100 nm 以上。

由于以上的各种因素，往往造成加工过程不稳定。另外，为了降低精加工面的粗糙度就要使进给量变小，这样做却又使切屑排出变为不稳定的可能性变大。加工过程不稳定现象也关系到切削刃轮廓向精加工面的复制情况和毛刺的发生，故对于金刚石超精密切削加工来说，加工精度达到 10 nm 时，加工过程稳定性就成为大问题。

刀具磨损不仅会改变切削刃棱的形状，还会使加工现象产生不稳定，为此，国内外研究这在研究刀具磨损机理的基础上，希望开发出抑制刀具磨损的技术和能监视刀具磨损进展状况的技术，以便在刀具达到磨钝标准之前能进行更换。但是目前在实验条件下的有效技术基本都尚未实用化。从提高超精密切削加工技术水平出发，对刀具磨损过程的理解以及开发实用的监控技术乃是紧迫的课题。

7. *金刚石超精密加工工艺过程*

超精密加工工艺过程对加工质量具有关键性影响，加工中除应遵循一般加工原则外，应重点注意以下问题。

(1) 合理安排加工工序，粗加工、半精加工、精加工及超精加工要循序渐进。各阶段加工余量必须合理分布，严格控制。

(2) 要正确选择定位基准，保证定位基准的加工质量。

(3) 注意热处理工序的安排，以达到强化机械性能及预防应力变形对零件加工精度的影响。在不同的加工阶段，根据材料及加工余量的不同，安排人工时效或自然时效及冷冻处理来提高材料的强度和硬度，消除内应力，提高零件对温度的适应性等。

(4) 要注意工件的装夹和加工变形，在超精密加工中，由于是微量去除，可能产生变形大于加工余量的情况。因此，最好能做到无变形装夹，例如采用真空吸盘吸附，用胶胶合，用液体橡胶、沥青、工业用蜡、电流变体等物质将工件粘接于夹具上进行加工，对于刚性比较差的零件，可采用一些特殊的夹紧装置结构，如采用多辅助支承结构、过定位结构等。如果条件允许，最好采用有限元分析进行核算，定量施力夹紧。

(5) 工艺装备(刀具、夹具与检具)的设计必须保证其具有高刚度和精度保持性，夹紧力足够但又不得使工件产生变形。

(6) 注意刀具选择、安装及找正，要根据被加工材料、零件的结构，选择合适的刀具。刀具安装时，首先需要调整刀具半径中心与零件回转中心一致，先通过机床自带的 LVDT 检测装置，粗略确定刀高、刀具与回转中心的相对位置及刀具的半径；再通过试切削的办法，在高倍显微镜下观察实切件中心部分的形状来确定刀具的高低及确定刀具是否到中心，并调整使刀具半径中心与零件回转中心一致；最后通过对试切零件的精确测量来确定刀具的实际半径。总之，刀具的选择、安装、调试是非常重要的一环，必须高度重视。

(7) 正确选择切削参数　由于天然金刚石的尺寸耐用度很高，高速切削时刀具磨损也很慢，因此，切削速度并不受刀具耐用度的限制，而是受到所用机床及切削系统的振动特性限制，应选择机床及其切削系统振动较小的转速范围，才能保证被加工零件表面的质量最高。实践证明，机床在某一转速范围内振动最大，因此，实际加工时，应避开这个转速范围，选择低于或高于该转速范围进行切削。

切削参数会直接影响加工零件的表面质量，在实践中需要不断摸索优化切削参数。

(8) 选择适当的切削液可降低加工表面粗糙度，切削铝合金和纯铜时，可采用酒精、乙醚混合液或煤油为切削液，效果很好。也可采用有关厂家专门配制的切削液，效果更佳。但在加工纯铜时，切削液无明显效果。

另外，切削液喷嘴喷射的冷却液方向与排屑的位置，对于提高零件的表面质量同样至关重要。

8. 影响金刚石超精密切削加工的因素

影响金刚石超精密切削加工精度及表面质量的因素很多，主要有超精密机床、金刚石刀具、被加工材料、工艺设计、工作环境、测量及误差补偿以及操作者的技艺等。具体为：

(1) 超精密机床　精度、刚度、稳定性、自动化程度。

(2) 金刚石刀具　切削刃形面几何角度数、晶体选择、晶体定向、刃磨精度（波纹度及粗糙度）、损伤、磨损、寿命。

(3) 被加工材料　化学成分、物理力学性能、加工工艺性、微观缺陷、耐腐蚀性。

(4) 工作环境　恒温、恒湿、洁净、防振与隔振。

(5) 测量及误差补偿　检测仪器的精度、种类、检测方法（离线、在位、在线）、误差补偿（静态、动态）。

(6) 操作者的技艺　技术水平、知识面、经验、精心细致程度、操作熟练程度。

在金刚石超精密切削中，加工环境的极小变化都可能影响加工精度和表面质量，因此，超精密切削必须在恒温、恒湿、防振、超净环境下进行。恒温室内，一般湿度保持在55%～65%，以防止机器的锈蚀和激光干涉仪零点漂移等。

振动对加工质量影响也很大，超精密加工中，振源一般来自两个方面：一是机床等加工设备产生的振动；二是来自加工设备外部，由地基传入的振动。这就要求加工设备必须安装在带防振沟和隔振器的防振地基上，这样对高频振动可以起到较好的隔离作用，但对于低频的振动则难以隔离。因此，在安放机床时必须对周围的低频源给予足够的重视。

目前金刚石超精密加工的精度可达到亚微米级，相应的测量精度应具备纳米级水平。金刚石刀具超精密切削中的测量不仅要测零件的精度和表面粗糙度，而且要检测机床超精密部件的运动精度。

对于高精度的尺寸、几何形状及位置尺寸等可采用电子测微计、电感测微仪、电容测微仪、自准直仪、双频激光干涉仪，圆度仪等来检测；轴系动态回转精度可用电容测微仪和同步示波器配合按测量定点峰值变化方法来测量；导轨直线度可用电子水平仪，自准值仪和激光干涉仪来检测；面形精度及表面粗糙度可用接触式的表面轮廓仪或非接触式光学测量法。

此外，测量后可通过专门的补偿软件对加工中产生的误差补偿和修正，误差补偿可分为静态误差补偿和动态误差补偿。

4.2　微制造技术

4.2.1　微系统的概念

微系统具有体积小、耗能低、能够在狭小空间内进行作业而又不扰乱工作环境和对象的特点，在机械工程、生物医疗、航空航天等领域有着广阔的应用潜力，受到了各国的高度重视，专家预言它将成为21世纪众多领域的核心技术之一。微系统大致可分为两大类：一类称之为微机械电子系统(MEMS)，侧重于用集成电路可兼容技术加工制造的元器件，是将微电子和微机械集成在一起，即把微机构及其致动器、控制器、传感器、信号处理器以及接口、通讯和电源等集成在一个微小的空间内，发挥机械功能的集成型机电一体化系统。另一类就是微缩后的传统机械，如微型机床、微型汽车、微型飞机、微机器人等。

微机械制造技术是实现微系统的必要手段，其发展水平直接决定了微系统的发展程度。虽然微机械制造技术起源于平面硅工艺，但随着半导体器件、集成电路、微机械等技术的发展与需求，除了制造IC的技术在微机械制造领域得到充分的应用，各种常规的加工方法，包括传统的切削加工和一些特种加工方法也在向微细加工领域延伸。

4.2.2　微系统的关键技术

微系统是一个新兴的、多学科交叉的高科技领域，其涉及许多关键技术。当一个系统的特征尺寸达到微米级和纳米级时，将会产生许多新的科学问题。微系统研究领域的前沿关键技术有以下几种。

(1) 微系统设计技术　它主要是指微结构设计数据库、有限元和边界分析、CAD/CAM仿真和拟实技术、微系统建模等，微小型化的尺寸效应和微小型理论基础研究也是设计研究不可缺少的课题。

(2) 微细加工技术　它主要是指高深度比、多层微结构的硅表面加工和体加工技术，利用X射线光刻、电铸的LIGA和利用紫外线的准LIGA加工技术，微结构特种精密加工技术包括微火花加工、能束加工、立体光刻成形加工技术，特殊材料特别是功能材料微结构的加工技术，多种加工方法的结合，微系统的集成技术，微细加工新工艺探索等。

(3) 微系统组装和封装技术　它主要是指黏结材料的粘接、硅玻璃静电封接、硅键合技术和自对准组装技术，具有三维可动部件的封装技术、真空封装技术等新封装技术的探索。

(4) 微系统的表征和测试技术　它主要有结构材料特性测试技术，微小力学、电学等物理量的测量技术，微器件和微系统性能的表征和测试技术，微系统动态特性测试技术，微器件和微系统可靠性的测量与评价技术。

4.2.3　微制造中的成形技术

和传统的成形工艺一样。微成形工艺系统也由材料、成形过程、工模具、设备(包括工装）四部分构成。在微成形加工中同样需要考虑工模具的设计、工艺参数的优化、材料的磨损及处理等问题。但其主要特点却是由微小尺寸引起的微观尺度效应决定的，简言之，就是不能把宏观工艺参数、结构参数、物理参数简单地按几何比例缩小应用到微成形过程中。因为微型化的影响波及整个工艺系统的各个方面。

目前在微系统制造中应用较多的为微细冲压，在仪器仪表制造业中，常见到带有许多小孔的板件，板件上的小孔常用冲孔方法加工，生产率高，加工的小孔尺寸稳定，凸模磨损慢，寿命长。在大批量生产时，其成本比其他方法低得多。冲小孔技术的研究方向是如何减小冲床的尺寸，增大微小凸模的强度和刚度，保证微小凸模的导向和保护等。

MEL 开发的微冲压机床，长 111 mm，宽 66 mm，高 170 mm。装有 1 个 100 W 的交流伺服电机，可产生 3 kN 的压力。伺服电机的旋转通过同步带传动和滚珠丝杠传动转换成直线运动。该冲压机床带有连续的冲压模，能实现冲裁和弯板。日本东京大学生产技术研究所利用 WEDG 技术、EDM 技术复合，可以制作微冲压用的冲头和冲模，然后进行微细冲压加工，在 50 μm 厚的聚酰胺塑料上冲出了宽度为 40 μm 的非圆截面微孔。

另一个较为成功的微成形工艺是超塑性成形，超塑性成形可以在低压条件下获得形状复杂的制件，而且由于超塑性状态下材料具有良好的微成形性能，特别适合于微小零部件的加工，尤其是 MEMS 系统部件。研究人员采用 Al－78 Zn 进行超塑性挤压，研制出模数为 10 μm、节距圆直径为 100 μm 的微型齿轮轴。

4.2.4 微制造中的材料沉积技术

1. 激光诱导化学气相沉积（Laser Induced Chemical Vapor Deposition，LCVD）反应原理

激光化学气相沉积分为光 LCVD 和热 LCVD。光 LCVD 是利用反应气体分子或催化分子对特定波长的激光共振吸收，反应气体分子受到激光加热被诱导发生离解的化学反应，在合适的制备工艺参数如激光功率、反应室压力与气氛的比例、气体流量以及反应区温度等条件下形成薄膜。

热 LCVD 主要利用基体吸收激光的能量后在表面形成一定的温度场，反应气体流经基体表面发生化学反应，从而在基体表面形成薄膜。LCVD 较普通 CVD 主要有低温化、低损伤、加工精细化以及选择生长等方面的优点，已用在薄膜制备、电子学、集成电路的制造等领域。目前用此制作的微弹簧，其线径小于 10 μm、外径小于 350 μm。

2. 激光快速成形

激光快速成形是根据 CAD 造型生成零件的三维几何信息，控制多维系统，通过激光束将材料逐层堆积而形成原型或零件。它具有微机械形状结构不受限制、加工时间短、加工过程全程自动化、成本低等特点。通过对该技术深入而细致的研究，研究人员利用一命名为 uSL 的快速成形微细加工系统，得到了精度为 1.2 μm 和纵横比高达 16 以及制作在硅基上的微构件，而且首次利用该方法成功制作出陶瓷微齿轮。利用该技术制作的典型微构件如图 4－3 所示。Takagi 等人开发了类似的系统，采用消失模铸造的方法制造出大小约 50 μm 的金属与聚合物混合的零件。此外，在高曝光分辨率光敏树脂方面也取得可喜进展，如双光近红外光聚合树脂，这样为该技术的应用开辟了更广阔的前景。

图 4-3　典型的基于快速成形的微细加工制作的微构件图形与照片

4.2.5　微制造中的材料去除技术

1. 光刻技术

光刻技术(Photolithography)也称照相平版印刷,源于微电子的集成电路制造,是通过高能束曝光来完成材料微加工的技术。该方法首先在基片上涂覆光致抗蚀剂(光刻胶),然后利用极限分辨率极高的能量束通过掩模或直接对抗蚀剂进行曝光(或称光刻),显影后,在抗蚀剂上可获得与掩模图形完全相同的极微细的几何图形。之后,通过刻蚀可在工件材料上制造出微结构。光刻技术的基本工艺过程为:原图制作、光刻制母板、基底预处理、涂光刻胶、前烘、曝光、显影、坚膜、腐蚀、去胶。

依据曝光光源的不同,可将光刻技术分为光子束曝光技术和粒子束曝光技术。光子束曝光技术包括紫外(Ultraviolet)曝光、远紫外(Deep ultraviolet)曝光和极紫外曝光等技术。粒子束曝光技术包括 X 射线曝光、电子束曝光和离子束曝光等技术。其中电子束和离子束曝光不需要掩模,直接对抗蚀剂进行曝光,但是制造速度较慢,不能加工三维结构和进行批量生产。远紫外光的波长比紫外光缩短了一半左右,可获得较高图形分辨率(100 nm,预计将来可达 60 nm)的光刻线条。而 X 射线的波长更短(约为数十纳米),因此有可能获得更高分辨率的图形,这是国内外研究比较热门的一种光刻技术。极端远紫外光刻的目标是 70 nm 及 70 nm 以下的光刻线条。目前在光刻技术中占主导地位的仍是紫外光刻,已经利用该技术加工出平面和三维微线圈、磁驱动微阀、微开光、微管道和微动继电器等微结构。电子束曝光是目前分辨率最高的光刻手段,可用于制备高精度掩模。

2. 硅微加工技术

硅微加工技术主要有体微加工(Bulk micromachining)和表面微加工(Surface micromachining)两种。

硅体微加工技术主要利用物理的或化学腐蚀工艺对块状硅在需要的地方进行准三微结构的微加工。可用于制造悬臂梁或桥、可振动的膜或硅基底里的沟槽,进而制造微压力及加速度传感器、微泵、微阀等微机械装置。硅表面微加工技术是在硅基片上采用不同的薄膜沉积和蚀刻工艺,在晶片表面上形成较薄微结构的加工技术。典型的技术为牺牲层技术,在微结构层中嵌入一层牺牲层材料,在后续工序中有选择性地将这一层材料(牺牲层)腐蚀掉,而不影响结构层本身。利用该技术已制备出许多微泵、微阀、微线圈等微器件。

3. LIGA 和准 LIGA 技术

LIGA(德文 Lithographie Galvanoformung Abformung 的缩写)技术,包括 X 射线深层光刻、微电铸和微复制三个主要工艺步骤。图 4-4 为光刻电铸(LIGA)技术示意图。利用该方法，可加工高为几百到几千微米，深宽比为 2.5 的微结构，加工材料面广，可对金属、塑料和陶瓷进行微加工，并可进行批量生产。然而由于它需要昂贵的同步辐射光源和特制的 X 光掩模板，所以产业化受到了限制。目前使用得最多的 X 光光刻胶是一种有机聚合物聚甲基丙烯酸甲酯（PMMA）。最近出现了一种负性光刻胶 SU—8，与 PMMA 相比，具有精度高、曝光速度快等优点。该技术已用于微机械学、微光学、生物学等很多领域，用其已开发和制造出微齿轮、微过滤器、微阀门、微喷嘴、微射流器、微泵、微陀螺、正交反射微镜等多种微结构器件，现正在向微型机电系统方向发展。

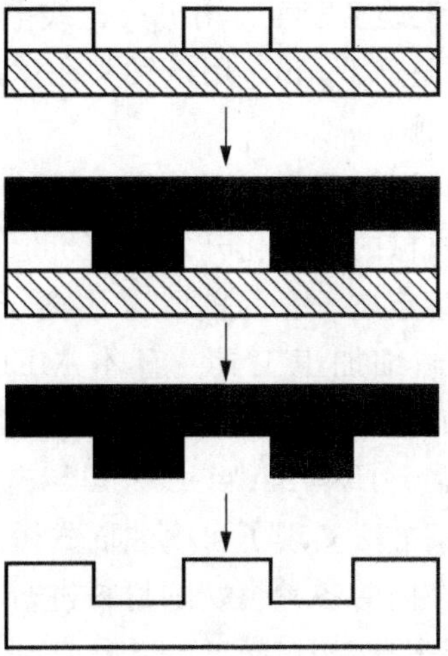

图 4-4　光刻电铸(LIGA)技术

准 LIGA 技术是用紫外或准分子激光光刻等工艺来代替同步辐射 X 光深层光刻工艺，在性能接近的情况下可以降低成本。准分子 Laser - LIGA 的深宽比可达到 10。UV - LIGA 成本低，所加工微结构的最小线宽为 5 μm，最大深宽比为 26。利用离子束 LIGA 可加工出深宽比为 100、侧向分辨率为亚微米的复杂三维微结构，但加工速度较慢，不适合廉价元件的批量生产，较适于铸模、模具、掩模的生产和快速原型制造。

4. *微细车削*

车削是加工回转类零件的有效方法，加工微小型零件时也不例外。微细车削的关键在于：① 微型化的车床；② 车削状态监测系统；③ 高转速、高回转精度的主轴；④ 高分辨率的伺服进给系统；⑤ 刀尖足够小、硬度足够高的车刀。

日本通产省工业技术院机械工程实验室（MEL）于 1996 年开发了世界上第 1 台微型化的车床样机，该车床长 32 mm、宽 25 mm、高 30.5 mm，质量为 100 g；主轴电机额定功率 1.5 W，转速 10 000 r/min。用该机床切削黄铜，沿进给方向的表面粗糙度为 Ra 1.5 μm，加工工件的圆度为 2.5 μm，加工出的最小外圆直径为 60 μm。

日本金泽大学研究了一套微细车削系统，由微细车床、控制单元、光学显微系统和监视器组成，机床长度约 200 mm。由于被加工工件很小，用肉眼观察很困难，故采用光学显微系统来观察切削状态。机床的主轴功率：0.5 W；转速：3 000～15 000 r/min，连续变速；径向跳动：1 μm 以内；装夹工件直径：0.3 mm；X、Y、Z 轴的进给分辨率为 4 nm。用扫描隧道显微镜上的金刚石探尖作为车刀，在直径为 0.3 mm 的黄铜丝毛坯上加工出了直径为 ϕ 10 μm 的外圆柱面，还加工出了直径为 ϕ 120 μm、螺距 12.5 μm 的丝杠。它证实了利用切削加工也能加工出微米级尺寸的零件。

5. *微细钻削*

微细钻削一般用于加工直径小于 ϕ 0.5 mm 的孔，现已成为微细孔加工的最重要工艺之一，近来备受关注。微细钻削的关键之一是微细钻头的制备。目前，商业供应的微细钻头的最小直径为 ϕ 50 μm，要得到更细的钻头，必须借助于特种加工方法，如用聚焦离子束溅射技术制成了直径分别为 ϕ 13 μm、ϕ 22 μm 和 ϕ 35 μm 的钻、铣削刀具。但是，聚焦离子束溅射设备复杂，加工速度较慢。用电火花线电极磨削（WEDG）技术则可以稳定地制成 ϕ 10 μm 的钻头，最小可达 6.5 μm。用该钻头在单晶硅上钻出的孔直径为 ϕ 6.7 μm、深度为 10 μm。

6. 微细铣削

微细铣削可以实现任意形状微三维结构的加工，生产率高，便于扩展功能。微细铣削的研究对于微型机械的实用化开发很有价值。在微细铣削中，微细工具必不可少，其制作技术为微细铣削的难点之一。目前除采用离子铣削、刻蚀法外，还可采用冶金成型、LIGA 工艺等方法来制作微细加工工具。日本 MEL 开发的微细铣床，长 170 mm、宽 170 mm、高 102 mm。主轴用功率为 36 W 的无刷直流伺服电机，转速约为 15 600 r/min。这台铣床能铣平面也能钻孔。日本 FANUC 公司与电气通信大学合作研制的车床型超精密铣床，在世界上首例用切削方法实现了自由曲面的微细加工。这种超精密切削加工技术可使用切削刀具对包括金属在内的各种可切削材料进行微细加工，而且可利用 CAD/CAM 技术实现三维数控加工，生产率高、相对精度高。在该机床铣削的日语中叫做“能面”的微型脸谱，其加工数据由三坐标测量机在真实“能面”上采集，采用单刃单晶金刚石球形铣刀，在 18K 金材料上加工出的三维自由曲面。其直径为 ϕ 1 mm，表面高低差为 30 μm，加工后得到的表面粗糙度为 Rz 0.058 μm。这是光刻技术领域中的微细加工技术，如半导体平面硅工艺以及同步辐射、X 射线深度光刻、电镀工艺和铸塑工艺组成的 LIGA 工艺等所不及的。

7. 微细电火花加工

微细电火花加工（Micro EDM）是利用工件和工具电极之间的脉冲性火花放电，产生瞬间高温使工件材料局部熔化和汽化，从而达到蚀除加工的目的。一般可将其分为四类：线电极微 EDM、模下沉微 EDM、微 EDM 钻削、微 EDM 铣削。Micro EDM 设备成本低，精度高，几乎不需要辅助操作（如设计掩模等），工艺灵活，易于加工高深宽比复杂（甚至三维）形状、适合于原型和具有高附加值产品的小批量生产，而且可利用多电极 EDM 工艺进行微零件的成批生产。实现微细电火花加工的关键在于微电极的制作、微小能量放电电源、工具电极的微量伺服进给、加工状态检测及系统控制等。日本东京大学增泽隆久等应用线电极电火花磨削（WEDG）技术，圆满地解决了微细电极的制作和安装问题，加工出了 ϕ 2.5 μm 的微细轴和 ϕ 5 μm 的微细孔。用 WEDG 技术可以为微细电解、微细超声、微细钻削、微细铣削、微细冲压等制备工具。东京大学生产技术研究所利用简单形状的微细电极，通过微细电火花铣削加工出了微汽车模具，并用该模具翻制出了长、宽、高分别为 500 μm、300 μm、200 μm 的微汽车模型。

8. 微细激光加工

激光微加工技术包括激光热加工和激光化学加工。激光热加工是利用透镜将激光能量聚焦到工件表面的微小区域上，使物质迅速汽化而形成微孔或微槽。激光光点直径理论上可达 1 μm 以下，热变形小；由于激光功率密度高，可以加工常规方法难以加工的材料，装置简单，工作性能好。激光化学加工是采用强聚焦的紫外光或可见光激光束穿透稠密的、化学性质活泼的基片表面的气体或液体，有选择地对气体或液体进行激发，使受激发气体或液体与基底进行微观化学反应而达到微细加工的目的。该技术主要用来加工微孔、微槽、微管道以及悬臂等微结构。近来，激光加工也开始向微三维结构方向发展，德国海德尔堡器械微技术公司开发了微三维结构高精密激光加工机床，在这台机床上，他们用波长 355 nm 的紫外线在陶瓷等高硬度材料上用分层去除的方法，得到了微三维结构。每次去除深度为 1.3 μm，结构总深度为 150 μm。得到的表面质量可以和电火花加工相媲美，但它不受材料物理特性的限制。

9. *微细电解加工*

电化学微加工（EMM）利用电解原理完成微加工。表面覆盖掩模的被加工材料，放在电解液中作为阳极，无毒盐溶液作为电解液，通过外加电流的作用，使阳极氧化溶解，完成材料的去除加工。这是一种简便、高速且环境友好的微加工技术，可以用于加工包括导电陶瓷和高耐腐蚀性合金在内的大量金属和合金。该技术在制造微模和快速成型微结构上有较好的发展前景。超短电压脉冲的电化学微加工技术加工三维微结构的精度可达到 100 nm。德国 Roll Schuster 和 G. Ertl 等提出了一种双电层约束刻蚀加工超微立体结构的电化学微细加工方法，其加工用的电解槽安装在一个压电陶瓷驱动的具有 X、Y、Z 3 个自由度微定位平台上，通过微定位平台的空间运动，在硅片上加工出超微三维立体结构。

10. *微细超声波加工*

超声波微细加工（MUSM）利用超声振动的能量对材料进行加工，是被广泛采用的加工方法，下面还将进一步介绍。

4.2.6　超声波微细加工

一个超声振动的工具和被加工件之间充以浆液（磨料和加工液的混合物），并以一定的静压力相接触，当工具作超声频率振动时，就可实现磨料对工件的冲击破碎。就本质来说，超声波微加工是用游离磨料来加工的，因此，通过选择不同的工具端部形状和不同的运动方法，就能进行各种形式的微细加工，如打孔、刻槽、研磨以及加工螺纹等等。

与光刻加工相比，微细超声既可加工出深宽比大的三维结构，又可用较小的投入进行生产，这决定了超声加工在陶瓷、半导体硅等非金属硬脆材料加工方面的优势。微细超声加工除了加工尺寸微小外，与传统超声加工有相同的原理和特征。日本东京大学用工件激振的工作方式在工程陶瓷材料上加工出了直径最小为 ϕ 5 μm 的微孔。

1. *超声加工原理*

人耳能感受的声波频率在 16～20 000 Hz 范围内，频率超过 20 000 Hz 的声波称之为超声波。

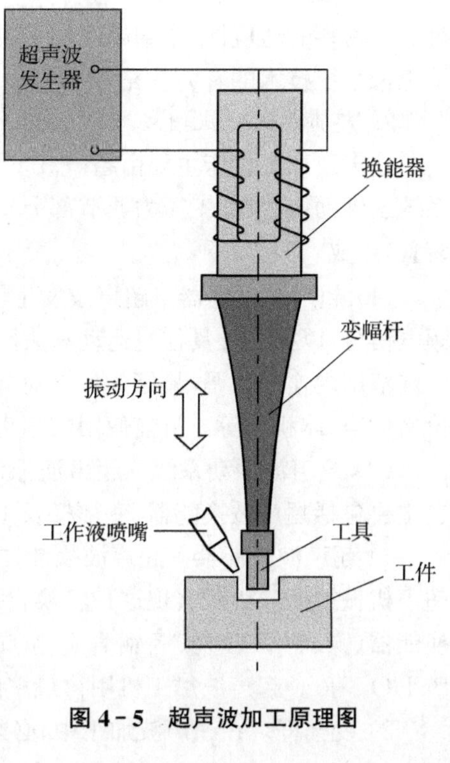

图 4-5　超声波加工原理图

超声波加工（Ultrasonic Machining，USM）是利用成形工具作超声振动，通过磨料悬浮液加工硬脆材料的一种工艺方法。加工原理如图 4-5 所示，加工时在成形工具和工件之间加入液体和磨料混合的悬浮液(磨料常采用氧化铝、碳化硼、碳化硅、金刚石粉等,液体常用水或煤油等),并使工具以一定的作用力压在工件上。超声波发生器通过磁滞伸缩换能器产生 20 000 Hz 以上的超声频纵向振动,并借助于变幅杆把振幅放大到 0.05～0.1 mm 左右,驱动工具作超声振动,迫使液体中悬浮的磨粒以很大的速度和加速度不断地撞击、抛磨被加工表面;同时,磨料悬浮液因工具端部的超声振动而产生"空化"现象,令工件表面形成液体空腔,促使液体钻入被加工材料的微裂缝处,加剧了加工效果。磨料悬浮液的循环流动使磨料不断更新,并带走被粉碎下来的材料微粒。随着加工工具逐渐伸入到被加工材料中,加工工具的形状便复现在工件上了。

2. *超声微细加工的特点*

(1) 超声波加工是磨粒在超声振动作用下的机械撞击和抛磨作用以及超声空化作用的综合结果,其中磨粒的撞击作用是主要的。越是脆性材料,受撞击作用遭受的破坏越大,越易于超声加工;超声波适合于加工各种硬脆材料,特别是不导电的非金属材料。

(2) 超声微细加工时刀具压力较低,工件表面的宏观切削力很小,切削应力、切削热很小,不会引起变形及烧伤,加工精度较高,尺寸精度可达 0.01～0.02 mm,表面粗糙度 Ra 可达 0.63～0.08 μm,适用于加工薄壁、窄缝及低刚度等工件。

(3) 加工工具可用较软材料制作,易于制出复杂形状的工具,可用于加工各种形状的复杂型腔及型面,如图 4-6 所示。

图 4-6　超声加工样件

(4) 超声加工机床结构简单,易于维护。但与电解加工、电火花加工比较,加工效率较低。由于半导体硬脆材料在微电子机械系统中的成功应用,加之超声加工对此类材料的适应性,微细超声加工技术正在成为微电子机械系统技术的有力补充。

3. *超声加工机床组成*

超声波加工机床主要由超声波发生器、超声波振动系统及辅助装置(加工压力调节部分、夹具、工作液供给装置)组成。

(1) 超声波发生器　超声波发生器的作用是将 50 Hz 的交流电转变为一定功率的超声频电信号,以提供工具往复运动和去除被加工材料的能量。其基本要求:输出功率和频率在一定范围内连续可调,最好能具有对共振频率自动跟踪和微调的功能,结构简单,工作可靠,价格低廉,体积小等。目前使用的超声波发生器功率为 20～4 000 W。

(2) 超声波振动系统　超声波振动系统的作用是将高频振荡电能转变为机械振荡能。它主要包括超声波换能器、变幅杆及工具三个部分。

1) 超声波换能器　超声波换能器的功能是将 20 kHz 以上的交流高频电能转变为高频超声机械振荡。为了实现这种转换,目前主要有两种,一种是利用磁致伸缩效果的磁致伸缩换能器(镍、铝铁合金、镍铜合金等);另一种是利用压电效应的压电效应换能器(水晶、$BaTiO_3$ 等)。超声波加工机用得最多的是磁致伸缩换能器。

2) 变幅杆　在超声波加工中,必须使超声振动的能量达到一定值。换能器本身的振幅很小，达不到加工的要求，因而与换能器连接的应是一放大装置，即变幅杆。扩大振幅用的变幅杆形状，主要有指数形、圆锥形、阶梯形等。

3）工具　超声波的机械振动经变幅杆放大后传递给工具，使磨料和工作液以一定的能量冲击工件，加工出需要的尺寸和形状。工具的形状和尺寸取决于被加工表面的形状和尺寸，它们相差一个"加工间隙"。当加工表面面积较小或生产数量较少时，工具和扩大棒做成一个整体，否则可将工具用焊接或螺纹连接等方法固定在扩大棒下端。当工具较轻时，可以忽略工具对振动的影响。但当工具较重时，会降低超声振动的共振频率。工具较长时，应对扩大棒进行修正，使其满足半个波长的共振条件。

4.3　高速切削技术

4.3.1　概述

高速切削（High Speed Cutting，HSC）是最近十几年来迅速崛起的一项高新技术，按照目前的生产和技术水平，国外学者提出：机床主轴转速为 8 000～12 000 r/min 的称为准高速切削，15 000～50 000 r/min 的称为高速切削，大于 50 000 r/min 的称为超高速切削。高速切削概念是德国切削物理学家萨洛蒙（Carl Salomon）1931 年提出的，现在人们常用"萨洛蒙曲线"来表示。图 4－7 为萨洛蒙的切削速度与温度关系的理论示意图。他认为对应一定的工件材料存在一个切削不适应区的切削速度范围，在这个区域内由于切削温度太高，任何刀具都无法接受，切削加工不可能进行。这个区域也称为"死谷"。如果切削速度能越过"死谷"，切削温度不但不升反而下降，同时，切削力也会大幅度下降。在高速区域进行工作，则有可能用现有的刀具进行高速切削，切削温度与常规切削基本相同，从而大幅度地减少切削工时，成倍地提高机床生产效率。

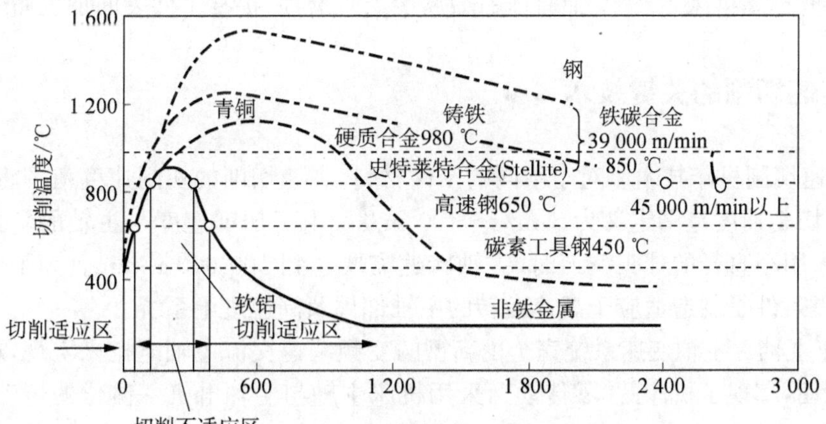

图 4－7　Salomon 切削速度与温度关系的理论示意图

4.3.2 高速切削的特点

高速切削速度较之常规切削速度几乎提高了 10 倍，进给速度随切削速度的提高也相应提高 5～10 倍以上，单位时间内的材料切除率可达常规切削的 3～6 倍，从而大幅度缩短了加工时间。由于切削速度在高速切削区内，改变了高速切削的切削机理，使得高速切削技术具有如下特点：

(1) 切削力小　由于切削速度高，切屑流出速度加快，切屑流出阻力减小，切削变形减小，从而使切削力比常规切削降低 30% 以上，尤其是主轴轴承、刀具、工件受到的径向切削力大幅度减小，特别适合于加工薄壁类刚性差的工件，如飞机上的机翼壁板等。

(2) 大幅度提高加工精度　在高速切削时，切削力会不同程度地降低，从而减少了切削过程中的变形，提高了加工精度。由于高速机床的高速主轴回转速度，其激振频率已远离“机床—工件—刀具”工艺系统的固有频率范围(50～300 Hz)，使得加工过程平稳，动刚度大，振动小，可实现高精度、低粗糙度加工。高速切削加工获得的表面质量常可达磨削水平，因此常可省去铣削后的精加工工序。

(3) 表面质量提高和工件热变形小　极高的切削速度下，切屑迅速飞离工件，残留在工件表面的热应力很小。由于绝大部分切削热被切屑带走了，工件温升不会超过 3 ℃ ，基本保持冷态，不会由于温升导致热变形和表面质量问题，因而特别适合于细长易热变形的零件。

(4) 可加工难加工材料　难加工材料如高锰钢、淬硬钢、奥氏体不锈钢、复合材料和耐磨铸铁等的切削加工不仅切削效率低，而且刀具寿命短。高速切削时，由于切削力小，切屑变形阻力小，刀具磨损小，故可加工一些难加工材料。例如，航空制造业中大量采用的镍基合金、钛合金材料强度大、硬度高、耐冲击、易加工硬化，切削温度高，刀具磨损严重，在常规切削中一般采用很低的切削速度。如果采用高速切削，其切削速度可提高到 100～1 000 m/min，不但能大幅度提高机床生产率，而且能有效减少刀具磨损，提高工件表面加工质量。

4.3.3 高速切削的关键技术

(1) 高速切削机床技术　对于不同的工件材料，高速切削的切削速度范围将有所变化，目前的高速切削速度范围定义为 5 m/s～100 m/s。由于切削速度与主轴的转速和刀具的直径有关，采用小直径的球头铣刀时，主轴转速需要达到 100 000 r/min。为了实现高速切削加工，前提条件是制造适应于高速运转的主轴部件及高速进给系统。

1) 高速主轴　主轴变速系统完全由新型的变频调速交流主轴电机来实现，取消了齿轮传动和带传动，实现了机床的“零传动”，采用机床主轴与主轴电机一体化的传动结构形式，构成所谓的电主轴。由于电主轴结构紧凑、质量轻、惯性小、响应特性好，并可避免振动与噪声，因而是高速主轴部件的理想结构。电主轴采用的轴承主要有滚动轴承、流体静压轴承和磁悬浮轴承。

滚动轴承因其具有刚度高、高速性能好、结构简洁、标准化程度高和价格适中等优点，在电主轴中得到最广泛应用。流体静压轴承为非接触式轴承，具有磨损小、寿命长、旋转精度高和阻尼特性好等优点。空气静压轴承的优点在于高回转精度、高转速和低温升，因而主要适合于工件形状精度和表面粗糙度有高要求的场合。缺点是刚度差，承载能力低。液体静压轴承能承载较大的轴向切削力，动态刚度高，抗冲击能力强，适合于像铣削的断续切削过程。磁悬浮轴承的优点是高精度、高转速和高刚度。缺点是机械结构复杂，造价是一般滚珠轴承主轴的两倍。

2）高速进给系统　在高速下仍具有高定位精度的高速进给系统也是实现高速切削的关键技术之一。传统的滚珠丝杠副传动系统对高速进给系统表现出不适应性，改进的主要技术措施有：① 丝杠采用中空结构，提高丝杠的支撑刚度。② 为降低高速滚珠丝杠副传动系统的发热，将冷却液通入空心丝杠内部进行强制循环冷却，以保证滚珠丝杠副传动系统的精度。③ 改进螺母结构设计，适当减小滚珠直径，钢珠采用空心结构，可有效降低高速运行时的噪声。④ 改进滚珠材料，滚珠选用陶瓷材料，可显著降低温升。⑤ 采用螺母旋转、丝杠不动的驱动方案。将螺母安装于轴承中，由伺服电机带动其旋转，或将螺母与驱动电机的转子集成为一体。由于转子直接驱动，丝杠固定不动，螺母作高速旋转的同时做轴向移动，故可消除丝杠临界转速的限制。

（2）高速切削的刀具技术　刀具技术是实现高速切削的重要保证。高速切削时的一个主要问题是刀具磨损，另外，由于高速切削时离心力和振动的影响，刀具必须具有良好的平衡状态和安全性能。设计刀具时，必须根据高速切削的要求，综合考虑磨损、强度、刚度和精度等方面因素。

1）高速切削刀具材料　高速切削要求刀具材料具有如下性能：高硬度、高强度和耐磨性；高韧度、良好的耐热冲击性；高热硬性、良好的化学稳定性。目前，高速切削加工常用的刀具材料有：涂层刀具、陶瓷刀具（Al_2O_3、Si_3N_4）、立方氮化硼（CBN）材料和聚晶金刚石（PCD）材料等。

a. 涂层刀具

目前，用于高速切削刀具的涂层主要有两类：一类是“硬”涂层，如 TiC、TiN 和 Al_2O_3 等涂层刀具，其优点是硬度高、耐磨性好。其中，TiC 涂层刀具具有很强的抗后刀面磨损能力，TiN 涂层刀具则具有理想的抗月牙洼功能。一类是“软”涂层，如 MoS_2、WS 等涂层刀具，这类刀具也称为“自润滑刀具”，刀具、工件和切屑之间的摩擦系数很低，只有约 0.01，能降低切削力和切削温度。

b. 陶瓷刀具

陶瓷刀具是高速切削最重要的刀具材料之一。可用于高速切削的陶瓷刀具包括金属陶瓷（Ceramet）、氧化铝陶瓷（Al_2O_3）和氮化硅陶瓷（Si_3N_4）等。陶瓷刀具具有很高的硬度和耐磨性，适于加工 50～65 HRC 的高硬度材料；高温性能好，在 12 000 ℃的高温下仍能进行切削；具有良好的抗黏结性能，不容易与金属产生黏结，化学稳定性好。但陶瓷刀具抗冲击载荷能力差、抗热冲击性能差，因此，用陶瓷刀具进行切削时，不宜使用切削液，适于进行高速干切削。

c. 立方氮化硼（CBN）

立方氮化硼（CBN）材料的硬度仅次于金刚石，高达 3 200～4 000 HV，具有很高的耐磨性、热稳定性和化学稳定性，最适于高硬度淬火钢、高温合金、硬化轴承钢（60～62 HRC）、工具钢(57～60 HRC)、高速钢(62 HRC)等材料的高速切削。端面铣削使用 CBN 刀具时,其切削速度可高达 5 000 m/min。

d. 聚晶金刚石(PCD)

聚晶金刚石(PCD)材料的硬度约为 CBN 的 2 倍,其导热性好、热膨胀系数小、摩擦系数小,适于铜铝合金、非金属材料和复合材料的高速切削,是实现高精度、高效率、高稳定性和低表面粗糙度切削加工的重要刀具。PCD 刀具主要用于轻金属及其合金、新型陶瓷材料及难加工材料的高速切削,用于精密、超精密及光学元件的精加工。

2) 高速切削刀具系统　对于超高速切削用刀具,其几何结构设计和刀具的装夹结构对加工质量和刀具耐用度有很大影响。为了使刀具具有足够的使用寿命和低的切削力,刀具的几何角度必须选择最佳数值,如超高速切削铝合金时,刀具最佳前角数值为 12°～15°,后角数值为 13°～15°;超高速切削钢材时,最佳前角数值为 0°～5°,后角数值为 12°～16°。高速切削刀具的切削部分应短一些,以提高刀具的刚性和减小刀刃破损的概率。高速切削条件下刀具与机床的连接界面结构装夹要牢靠、工具系统应有足够整体刚性,同时,装夹结构设计必须有利于迅速换刀并有最广泛的互换性和较高的重复精度。

4.3.4 高速切削技术的应用

1. 高速切削在航空航天工业中的应用

在航空、汽车工业中的应用高速切削最早是在飞机制造业和汽车制造业得到了成功的应用。在加工以飞机制造业的铝合金为主的薄壁构件过程中,采用在整块板料或毛坯上直接铣削的方法代替过去由铆接或焊接的组装方法获取飞机大型薄壁零件,既减少了装配等工艺过程,又可以减少接缝、提高零件的强度和抗振性。由于切削力小,加工效率高,采用高速切削加工这类薄壁零件比传统的加工工艺效率提高 3 倍以上。飞机制造业还大量采用镍基合金和钛合金的耐高温材料制造发动机零件,这类材料强度大、硬度高、切削温度高,刀具磨损快,通常属于难加工材料。用传统的方法不仅加工效率低,而且也容易造成工件表面烧伤。如果采用高速切削工艺加工这类难加工材料,不仅加工效率比传统的方法提高 10 倍以上,还可以延长刀具使用寿命,改善零件的加工质量。另外,航空发动机叶片的加工,采用高速切削加工工艺,不仅使叶片的制造费用降低一半,而且减小了零件的热负荷,降低了内应力,提高了发动机叶片的使用寿命。

2. 高速切削在汽车制造业中的应用

以高速加工技术为基础的敏捷柔性自动生产线被越来越多的国内外汽车制造厂家使用。如德国引进的一汽大众捷达轿车和上海大众桑塔纳轿车自动生产线,其中大量应用了现代高速加工技术,由冲压、焊接、涂装、总装、发动机及传动器等高速生产线组成,年产轿车能力 15 万辆,制造节拍为 1.50 min/辆。

高速切削加工技术具有良好的应用前景,特别是加工那些常规加工方法难于胜任的高强度、高硬度、难加工的材料。高速切削加工技术已显示出它显著的优越性,对于机械制造业来说是一场深刻的技术革命,必将对机械制造业产生重要而深远的影响。

4.4 高速磨削技术

4.4.1 高速磨削的概念及优势

高速磨削(High Speed Grinding 简称 HSG)是提高磨削效率和降低工件表面粗糙度的有效措施。它与普通磨削的区别在于用很高的切削速度和进给速度,而高速磨削速度的定义随时间的不同在不断地推进。20 世纪 60 年代以前,磨削速度在 50 m/s 时即被称为高速磨削,而 90 年代磨削速度最高已达 500 m/s,在实际应用中,磨削速度在 100 m/s 以上即被称为高速磨削。

高速磨削与普通磨削相比具有以下突出的技术优势:

(1) 使材料切除率由量的变化发展到质的变化。以往磨削仅适用于精加工,加上精度虽高但加工余量很小。磨削前须有许多粗加工工序,需配有不同类型的机床,构成了一个冗长的工艺链。当前的高速磨削的材料切除率已可与车削、铣削相比,磨削既可精加工又可粗加工,这样可大大减少机床种类,简化了工艺流程。对于某些以磨削为最终加工工序的产品而言,高速磨削可以大幅度地降低生产成本和提高产品质量。

(2) 可以明显降低磨削力,提高零件的加工精度。高速磨削在材料切除率不变的条件下,提高切削速度可以降低单一磨粒的切削深度,从而减小磨削力,降低工件表面粗糙度,且在加工刚性较低的工件时,易于保证较高的加工精度。假如高速磨削时仍维持原有的切削力,则可提高进给速度,降低加工时间提高生产效率。

(3) 成功地越过了磨削热沟的影响,工件表面层可获得残余压应力(这对工件受力有利)。

(4) 砂轮的磨削比显著提高,有利于实现自动化磨削。

(5 能实现对硬脆材料(如工程陶瓷及光学玻璃等)的高质量加工。

4.4.2 高速磨削的相关技术

1. 超高速磨削用砂轮

高速磨削砂轮必须满足下列要求:

(1) 砂轮基体的机械强度必须能承受高速磨削时的切削力;

(2) 高速磨削时的安全可靠性;

(3) 外观锋利,也就是说,磨粒突出高度要大,以便能容纳大量的长切屑;

(4) 结合剂必须具有很高的耐磨性,以减少砂轮的磨损。

高速磨削砂轮的基体设计必须考虑高转速时离心力的作用,并根据应用场合进行优化。高速磨削砂轮的磨粒主要是立方氮化硼和金刚石,所用的结合剂有多孔陶瓷和电镀镍。随着对高速磨削的深入研究,新颖的磨粒和结合剂也不断地出现。20 世纪 90 年代,陶瓷或树脂结合剂 Al_2O_3、SiC 或 CBN 磨料砂轮,线速度可达 125 m/s,CBN 或金刚石砂轮的使用速度可达 150 m/s,而单层电镀 CBN 砂轮的线速度可达 250 m/s 左右甚至更高。由于减少了磨料层厚度并改善了相应的制造工艺，目前日本的陶瓷结合剂砂轮已在 300 m/s 的线速度下安全回转。普通的立方氮化硼砂轮的磨粒多为结实的八面体，磨削过程中，磨粒的形状保持不变。由于磨粒磨损导致磨粒与工件的接触面增大，从而使磨削力不断增加，最后导致必须进行修整。瑞士 Winterthur 公司最近研制出一种新的立方氮化硼磨粒，它的基本形状是四面体，在磨削力强大到一定程度时会产生分裂，从而形成新的锋利的磨削刀。磨削合金工具钢时可有效地降低切削力和切削温度，在保持砂轮寿命不变时，可以提高材料的切除率和工件的精度。

电镀结合砂轮是高速磨削时最为广泛采用的一种砂轮。砂轮表面只有一层磨粒，其厚度接近磨粒的平均粒度，制造时通过电镀的方式将磨粒粘在基体上，所以这种砂轮十分有利于高速磨削。另外，电镀结合的砂轮磨粒的突出高度很大，能够容纳大量磨屑，对高速磨削十分有利。单层磨粒的电镀砂轮的生产成本较低，并可制成外形复杂的砂轮。在使用过程中，由于砂轮表面只有一层磨粒，因而不需进行修整，从而可以节省许多修整费用和修整工时。它的缺点在于使用时必须进行精心调整，以减少砂轮与主轴间的不同轴度。其次电镀结合砂轮在使用的初期其切削特性在不断变化，工件的表面质量不很稳定，为了解决这一问题，新砂轮在装上机床时必须首先进行细致的人工磨砺，使砂轮的切削面在使用时立即进入稳态切削，并可改善砂轮的回转精度以降低工件的粗糙度。

除电镀结合砂轮外，高速磨削也有用多孔陶瓷结合剂砂轮。这种结合剂为纯粹的人造材料，它的主要成分是再结晶玻璃。由于它具有很高的强度，所以制造砂轮时结合剂的用量很少，从而减少了结合剂在砂轮中所占的容积比例。理论上讲，结合剂不产生切削作用，所以它的比例越小越好。采用这样的新型合成结合剂制造立方氮化硼砂轮时，所需炉温比常规砂轮低，可以保证不影响 CBN 的强度和硬度。对于某些高速磨削，不但要有高的磨削效率，而且还要有高的磨削质量，因此对砂轮应具有一套完善的修整技术。

高速磨削所采用的砂轮由于制造和调整装夹等误差，在更换砂轮或者修整砂轮后，砂轮主轴必须进行动平衡。为此高速磨削主轴必须有连续自动动平衡系统，以便在磨削时将振动降低到最小限度，从而获得较高的加工精度。

2. 高速主轴

高速磨削时对砂轮主轴的基本要求与高速铣削时相似，各种主轴的类型、构造及其优缺点与高速铣不同之处在于砂轮直径一般大于铣刀的直径。由于制造和调整装配等误差，更换砂轮或者修整砂轮后甚至在停车后重新启动时，砂轮主轴必须进行动态平衡。所以高速磨削主轴须有连续自动动平衡系统，以便能把由动不平衡引起的振动降低到最小限度，保证获得低的工件表面粗糙度。目前市场上有许多不同的动平衡系统产品，主要有机电动平衡系统和电液动平衡系统两类。

高速磨床上装备的主轴大多为滚珠轴承电动主轴。如图 4－8 所示，它由转子、轴承、外壳、电机组件和测角系统组成。此外，主轴运转时，还需配备冷却系统、润滑系统和变频驱动电气装置。

3. 高速轴承技术

高速主轴系统的核心是高速精密轴承。因滚动轴承有很多优点，故目前国外多数高速磨床采用的是滚动轴承，但钢制球轴承不可取。为提高其极限转速，主要采取如下措施：

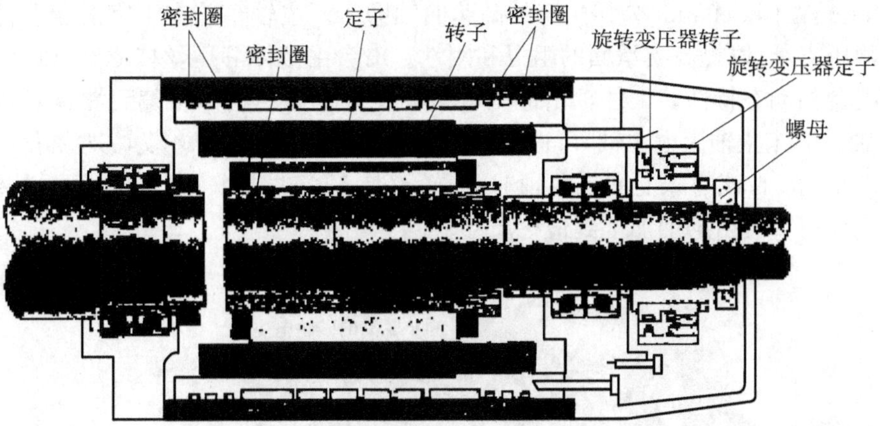

图 4-8 电动主轴结构

① 提高制造精度等级，但这样会使轴承价格成倍增长；② 合理选择材料，陶瓷球轴承具有质量轻、热膨胀系数小、硬度高、耐高温、超高温时尺寸稳定、耐腐蚀、弹性模量比钢高、非磁性等优点。选用陶瓷球和钢制轴承内外圈的混合球轴承，若润滑良好，可使其寿命提高 3～6 倍，极限转速增加 60%，而温升降低 35%～60%，其速度因子 dn 值（轴承内径 d 与主轴承 n 的乘积）可达 3×10^6 mm · r/min。若同时采用密珠结构或一体轴承结构等，则可使 dn 值达到 3×10^6 mm · r/min 万以上。它的缺点是制造难度大，成本高，对拉伸应力和缺口应力较敏感；③ 改进轴承结构，德国 FAG 轴承公司开发了 HS 70 和 HS 719 系列的新型高速主轴轴承，它将球直径缩小至 70%，增加了球数，从而提高了轴承结构的刚性，若润滑合理，其连续工作时 dn 值可达 2.5×10^6 mm · r/min。采用空心滚动体可减轻滚动体质量，从而减小离心力和陀螺力矩。为减少外围所受的应力，还可以使用拱形球轴承。

日本东北大学开发的 CNC 超高速平面磨床，使用陶瓷球轴承，主轴转速为 30 000 r/min。日本东芝机械公司在 ASV40 加工中心上，采用了改进的气浮轴承，在大功率下实现 30 000 r/min 主轴转速。日本 Koyoseikok 公司、德国 Kapp 公司成功地在其高速磨床上使用了磁力轴承。磁力轴承的传动功耗小，轴承维护成本低，不需复杂的密封，但轴承本身成本太高，控制系统复杂。Kapp 公司采用的磁悬浮轴承砂轮主轴，转速达到 60 000 r/min。德国 GMN 公司的磁浮轴承主轴单元的转速最高达 100 000 r/min 以上。此外，液体动静压混合轴承也已逐渐应用于高效磨床。

4. 高速磨床结构

高速磨床除具有普通磨床的一般功能外，还须满足如下的特殊要求：

(1) 尽可能组合多种磨削功能，实现在一台磨床上能完成全部的磨削工序；

(2) 高动态精度、高阻尼、高抗振性和热稳定性；

(3) 高度自动化和可靠的磨削过程。

提高生产率一般有两种途径：一是降低切削过程的时间，二是缩短辅助时间。在工件形比较简单且加工步骤较少时，提高切削速度，减少切削时间是一种十分有效的措施。但当工件形状复杂，加工步骤很多时，除了减少切削时间外，还须缩短辅助时间才能达到提高生产率的目的。

图 4－9 是德国 Schaudt 公司生产的高速曲轴磨床。主轴箱装在十字滑台上，滑台的导轨为液体静压支承，以提高支承面的阻尼和刚性。滑台由液体静压丝杠驱动，以降低摩擦阻力和提高滑台的动态特性。工件轴由伺服电机驱动并装有精密角度编码测量系统，构成了数控的 C 轴。磨床主轴为电主轴，可进行无级变速。所用的砂轮磨料为立方氮化硼，切削速度可达 165 m/s。在该磨床上加工曲轴时，曲轴毛坯不必进行车、铣等粗加工，精锻或精铸后的曲轴毛坯可直接由磨削加工到最终尺寸。

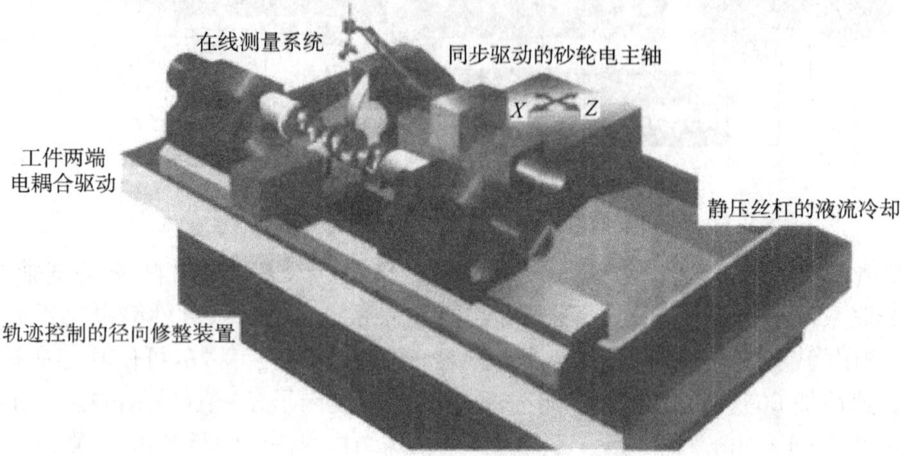

图 4－9　高速数控曲轴磨床结构

5. *冷却润滑系统*

在高速磨削过程中，所采用的冷却系统的优劣，常常能够决定整个磨削过程的成败。冷却润滑系统由冷却润滑液、泵、过滤器等组成，对高精度磨削还需有温度控制系统以确保冷却润滑液的温度恒定。

冷却润滑液的功能是提高磨削的材料去除率，延长砂轮的使用寿命，降低工件表面粗糙度。它在磨削过程中必须完成润滑、冷却、清洗砂轮和传送切屑四大任务。为此，它必须满足以下的技术要求：

(1) 较高的热容量和热导率，以提高冷却率；

(2) 能承受较高的压力；

(3) 良好的过滤性能，防腐蚀性和附着力；

(4) 较高的稳定性，不起泡，不变色；

(5) 有利于环境保护，方便处理。

在高速磨削时，如泵的压力偏低，则使砂轮的容屑空间得不到清洗，在磨削过程中极易造成堵塞，引起磨粒发热磨损和切削力增加。因此，提高冷却润滑系统泵压力甚为重要。

4.4.3　高速磨削的应用情况

目前，高速磨削的应用主要有三个方面：高速高效深磨、高速精密磨削和难磨材料的高速磨削。

1. 高速高效深磨

以砂轮高速(＞150 m/s)、高进给速度(0.5～10 m/min)和大吃刀量 (0.1～30 mm)为主要特征的高效深磨(High Efficiency Deep Grinding，HEDG)技术是高速磨削在高效加工方面的最新应用。德国 Schaudt 公司生产的高速数控曲轴磨床，是具有高效深磨特性的典型产品，它能把曲轴坯件直接由磨削加工到最终尺寸。

2. 高速精密磨削

高速精密磨削(Precision High-speed Grinding)在日本应用较为广泛。日本冈本机械制作所推出的高速磨床砂轮转速可达 140～160 m/s，砂轮主轴相对工件轴心倾斜，使得磨削区范围缩小，成功地实现了对多种形状工件的无振动低磨削力加工。日本丰田工机在 GZ50 型 CNC 高速外圆磨床上装备了其最新研制的丰田轴承，使用转速在 200 m/s 的薄片陶瓷结合剂立方氮化硼砂轮对轴类零件进行一次性纵磨来完成整个工件的柔性加工过程，并首先在曲轴销加工中应用成功。

3. 难磨材料的高速磨削

利用高速磨削实现对硬脆材料的高性能加工是高速磨削领域的另一重要组成部分。日本学者在安装磁力轴承的数控磨床上使用了三种结合剂砂轮，围绕从普通速度到 200 m/s 的砂轮速度对玻璃的加工性能的影响进行了对比研究，得出的结论是高速磨削下的玻璃表面粗糙度要比普通速度下的磨削小得多。这是由于大幅度提高砂轮速度，可显著减小单颗磨粒的切深，使玻璃加工始终处于延性域内进行，从而使工件表面质量提高。

高速磨削在提高生产效率和加工质量方面优势明显。近年来，高速磨削在加工硬脆材料方面获得了突破性进展。研发我国产业化的超高速数控磨床、对推动高速高效磨削装备技术及尖端国防工业的发展，缩小与工业发达国家的差距都具有重要的意义。

4.5 振动切削技术

振动切削加工是近年来发展起来的一种新型切削加工技术，它通过在常规的切削刀具上施加超声高频振动，使刀具和工件发生间断性的接触，从而使传统切削模式发生了根本性的变化。由此变化解决了传统的切削加工中许多关键性的工艺问题，如切削中的振动和切削热变形等，取得了良好的切削效果。作为精密机械加工和难加工材料加工中的一种新技术，它已经渗透到各个加工领域，出现了各种复合加工方法，使传统的加工技术有了一个飞跃。研究表明，由于其在一定范围内能够有效地解决难切削材料的加工及其精密切削加工方面的问题并在加工中具有一系列的特点，因而越来越引起人们的重视而受到世界各国的瞩目。

1. 加工原理

超声振动切削是通过把超声振动引入车、钻、铰、磨削、攻丝、切断等加工过程中，给刀具(或工件)以适当方向、一定频率和振幅的振动，以加速加工过程和改善切削效能的加工方法。同样，磨削、研磨和抛光等磨料加工过程中采用超声振动也能加速这些精密加工过程。超声振动切削加工示意图如图 4-10 所示。

日本多贺电气研究成功一种半波长弯曲振动系统，其切削刀具安装在半波长换能振动系统细端，该振动系统换能器的压电陶瓷片采用半圆形，上下各两片，组成上下两个半圆形压电换能器（压电振子），其特点是小型化，结构简单，刚性增强。

2. 加工特点

在超精密加工方面，超声振动切削有一系列优点。

（1）降低切削力和切削温度　振动切削时，刀具与工件间相对运动速度的大小和方向均产生周期性变化，被加工材料的弹塑性变形和刀具各接触表面的摩擦系数都较小，且切削力和切削热均以脉冲形式出现，使切削力和切削温度的平均值大幅度下降（切削力仅为普通切削时的 1/2～1/10，切屑的平均温度仅 40 ℃左右），从而改善了切削条件，提高了工件加工质量和刀具使用寿命，减小了切削力引起的变形和切削温度引起的表面热损伤、表面热应力及工件热变形，容易实现高精密加工。

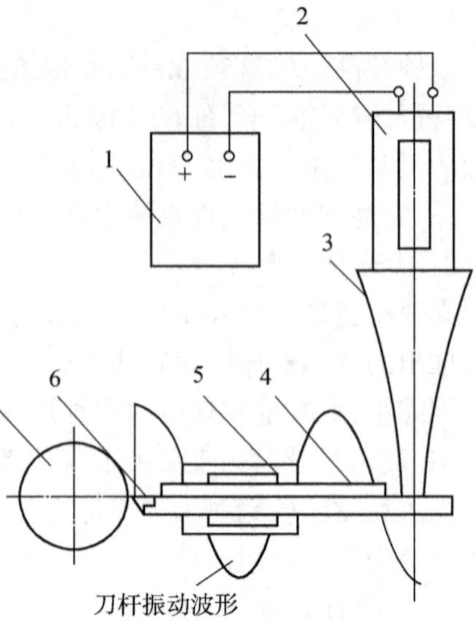

图 4-10　振动切削加工示意图

1—超声发生器；2—换能器；3—变幅杆；4—谐振刀杆；5—节点压块；6—刀头；7—工件

（2）表面粗糙度小、加工精度高　由于切削力小、切削温度低及工件的刚性化效果，消除或减轻切削加工中的自激振动，同时由于振动切削破坏了积屑瘤的产生条件，从而使加工精度和加工表面的光洁程度大大提高。用硬质合金刀具对淬硬高速钢（64～65 HRC）进行端面车削精度试验，结果其尺寸精度误差平均 3 μm，粗糙度 *Ra* 0.3 μm。用普通车床超声振动车削铝、黄铜、不锈钢，其工件圆度允差均可在 1.5 μm 之内，粗糙度 *Ra* 0.05 μm；用金刚石刀具超声车削淬硬钢，工件的表面粗糙度 *Ra* 均可达到 0.05 μm。图 4-11 所示为振动切削在加工钨钢时的超高精度镜面加工表面，其表面粗糙度 *Ra* 可达 5 nm。

图 4-11　振动切削镜面加工表面

（3）刀具使用寿命长　可使刀具寿命延长几倍至几十倍，用硬质合金刀具对不锈钢进行超声振动切削试验证明，刀具使用寿命比普通切削方式提高 20 倍。如此大的效应是因为超声振动车削刀具的磨损主要发生在后刀面，在传统钻削时钻头通常会在切削刃的外缘发生严重磨损，而超声振动钻削的钻头沿切削刃只有轻微磨损，可以认为超声激励改变了刀具磨损的形式，使之有利于提高刀具寿命。刀具寿命的延长不仅可节约刀具材料，减少辅助时间，降低加工成本，提高生产效率，而且有利于保证加工质量。

（4）扩大切削加工的范围　可使一些高强度、高硬度和难成形材料的切削加工成为可能。

当前，超声振动切削已应用于耐热合金、不锈钢等难加工材料以及陶瓷、玻璃等金属和非金属难加工材料的加工，也应用于易弯曲变形的细长杆类零件、小径细孔、薄壁零件、薄盘类零件与小径精密螺纹以及形状复杂、加工精度和表面质量要求又较高的零件。

在脆硬陶瓷材料的加工中，针对微细孔和微三维结构的微细超声加工取得了大的进展。1996 年，日本东京大学在超声加工机床上，利用 WEDG 在线加工出微细工具，并成功地利用超声加工技术在石英玻璃上加工出了直径为 ϕ 15 μm。1998 年又成功地加工出直径为 ϕ 5 μm 的微孔。

零件的加工表面状态严重影响其使用性能，如表面粗糙度影响零件表面的耐磨性、抗腐蚀性、零件配合性质和疲劳强度；表面层的冷作硬化、残余应力易引起裂纹，使零件产生疲劳断裂和应力腐蚀，影响零件使用寿命。因此，对于加工质量要求高的关键零件，需要采取有效措施改善零件加工表面状态，提高加工表面完整性。

振动切削通过使刀具或工件产生某种有规律的可控振动，可减小或消除切削振动及颤振，明显提高零件加工精度和表面质量。振动切削减小甚至消除振动的机理在于超声振动切削产生的超声波脉冲切削力使切削振动变小并有效地抑制了颤振的发生。振动切削的脉冲切削力小，刀刃与工件间的相对位置不随时间变化，切削刃锋利，切屑易于形成，可加工出尺寸精度和形状精度很高的工件。同时因已加工表面变形小，加工变质层浅，残余应力小，表面粗糙度值低，因此振动切削可获得良好、完整的加工表面。振动切削为提高零件加工表面完整性、实现高精密切削提供了行之有效的方法和重要途径。

5 制造自动化

5.1 制造自动化系统的定义与特点

制造自动化是人类在长期的生产活动中不断追求的主要目标。随着科学技术的不断进步,自动化制造的水平也愈来愈高。采用自动化技术,不仅可以大大降低劳动强度,而且还可以提高产品质量,改善制造系统响应市场变化的能力,从而提高企业的市场竞争能力。

5.1.1 自动化制造系统的定义

广义地讲,自动化制造系统是由一定范围的被加工对象、一定柔性和自动化水平的各种设备和高素质的人组成的一个有机整体,它接受外部信息、能源、资金、配套件和原材料等,在人和计算机控制系统的共同作用下,实现一定程度的柔性自动化制造,最后输出产品、文档资料、废料和对环境的污染。其过程如图 5-1 所示。

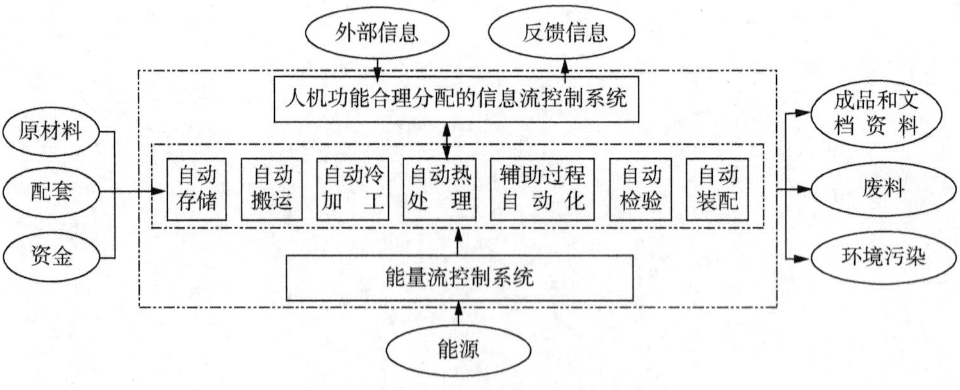

图 5-1 自动化制造系统概念模式

由图 5-1 可以看出,自动化制造系统概念的内涵有:

(1) 具有一定技术水平和决策能力的人　对于自动化程度较高的制造系统如柔性制造系统,人的作用主要体现在对物料的准备和对信息流的监视和控制上。对于物流自动化程度较低的制造系统如分布式数控系统,人的作用不仅体现在对信息流的监视和控制上,而且还要更多地参与物流过程。

(2) 一定范围的被加工对象　现代自动化制造系统能在一定的范围内适应被加工对象的变化,变化范围一般是在系统设计时就设定了的。现代自动化制造系统加工对象的划分一般是基于成组技术原理上的。

(3) 信息流及其控制系统　自动化制造系统的信息流控制着物流过程,也控制产品的制造质量。系统的自动化程度、柔性程度和与其他系统的集成程度都与信息流控制系统关系很大。

(4) 能量流及其控制系统　能量流为物流过程提供能量,以维持系统的运行。在供给系统的能量中,一部分用来维持系统运行;另一部分能量则以摩擦和传送过程的损耗等形式消耗掉。并对系统产生各种有害效果。

(5) 物料流及物料处理系统　一般讲,物料流及物料处理系统包括各种自动化或非自动化的物料储运设备、工具储运设备、加工设备、检测设备、清洗设备、热处理设备、装配设备、控制装置和其他辅助设备等。

5.1.2 自动化制造系统的特点、适用范围

不同的自动化制造系统有着不同的性能特点和不同的应用范围,因此应根据需要选择不同的自动化制造系统。根据系统的自动化水平和规模,我们将自动化制造系统分成如下一些类型。

(1) 刚性半自动化单机　除上下料外,机床可以自动地完成单个工艺过程的加工循环,这样的机床称为刚性半自动化单机。这种机床采用的是机械或电液复合控制。例如:单台组合机床,通用多刀半自动车床、转塔车床等。从复杂程度讲,刚性半自动化单机实现的是加工自动化的最低层次,但是投资少、见效快,适用于产品品种变化范围和生产批量都较大的制造系统。缺点是调整工作量大,加工质量较差,工人的劳动强度也大。

(2) 刚性自动化单机　它是在刚性半自动化单机的基础上增加自动上下料装置而形成的自动化机床。因此这种机床实现的也是单个工艺过程的全部加工循环。这种机床往往需要定做或改装,常用于品种变化很小、但生产批量特别大的场合。主要特点是投资少、见效快,但通用性差,是大量生产最常见的加工装备。

(3) 刚性自动线　刚性自动化生产线是用工件输送系统将各种自动化加工设备和辅助设备按一定的顺序连接起来,在控制系统的作用下完成单个零件加工的复杂大系统。在刚性自动线上,被加工零件以一定的生产节拍、顺序通过各个工作位置,自动完成零件预定的全部加工过程和部分检测过程。因此,刚性自动线具有很高的自动化程度,具有统一的控制系统和严格的生产节奏。与自动化单机相比,它的结构复杂,完成的加工工序多,所以生产率也很高,是少品种、大量生产必不可少的加工装备。除此之外,刚性自动线还具有可以有效缩短生产周期、取消半成品的中间库存、缩短物料流程、减少生产面积、改善劳动条件、便于管理等优点。它的主要缺点是投资大、系统调整周期长、更换产品不方便。为了消除这些缺点,人们发展了组合机床自动线,可以大幅度缩短建线周期,更换产品后只需更换机床的某些部件即可(例如可换主轴箱),大大缩短了系统的调整时间,降低了生产成本,并能收到

较好的使用效果和经济效果。组合机床自动线主要用于箱体类零件和其他类型非回转件的钻、扩、铰,像攻螺纹和铣削等工序的加工。

(4) 刚性综合自动化系统　一般情况下,刚性自动线只能完成单个零件的所有相同工序(如切削加工工序),对于其他自动化制造内容如热处理、锻压、焊接、装配、检验、喷漆甚至包装却不可能全部包括在内。包括上述内容的复杂大系统称为刚性综合自动化系统。它常用于产品比较单一,但工序内容多,加工批量特别大的零部件的自动化制造。刚性综合自动化系统结构复杂,投资强度大,建线周期长,更换产品困难,但生产效率极高,加工质量稳定,工人劳动强度低。

(5) 一般数控机床　一般数控机床(NC)用来完成零件一个工序的自动化循环加工。早期的数控机床的控制系统都采用硬联结电路,即控制逻辑是通过硬件电路实现的,故称为"硬件数控"。这种数控机床虽然可以通过改变控制程序实现不同形状零件的加工,但具有很多缺点,如:零件编程工作量大、容易出错,不能够实现自适应控制,加工过程中频繁启动纸带阅读机,容易出现输入故障,控制功能由硬件电路决定,系统缺乏灵活性等。为了克服硬件数控的缺点,后来人们采用通用数字计算机代替硬联结电路,实现了软件数控,即统称的计算机数控(CNC)。计算机数控的出现为更高级别的自动化制造系统的实现开辟了广阔的前景。

(6) 加工中心　加工中心是在一般数控机床的基础上增加刀库和自动换刀装置而形成的一类更复杂,但用途更广、效率更高的数控机床。由于具有刀库和自动换刀装置,就可以在一台机床上完成车、铣、钻、铰、攻螺纹、轮廓加工等多个工序的加工。因此,加工中心机床具有工序集中、可以有效缩短调整时间和搬运时间,减少在制品库存,加工质量高等优点。加工中心常用于零件比较复杂、需要多工序加工、且生产批量中等的生产场合。根据所处理的对象不同,加工中心又可分为铣削加工中心和车削加工中心。

(7) 混合成组制造单元　成组制造单元是采用成组技术原理布置加工设备,包括成组单机、成组单元和成组流水线。在成组制造单元中,数控设备和普通加工设备并存,各自发挥其最大作用。如果成组制造单元与小组化工作方式以及计算机应用软件和网络系统紧密结合起来,将会在未来制造业中发挥愈来愈大的作用。

(8) 分布式数控系统　分布式数控系统(DNC)是采用一台计算机控制若干台 CNC 机床。因此,这种系统强调的是系统的计划调度和控制功能,对物流和刀具流的自动化要求并不高,主要由操作人员完成。DNC 系统的主要优点是系统结构简单、灵活性大、可靠性高、投资小、以软取胜,注重对设备的优化利用,是一种简单的、人机结合的自动化制造系统。

(9) 柔性制造单元　柔性制造单元(FMC)是一种小型化柔性制造系统(FMS)。通常认为,柔性制造单元是由 1～3 台计算机数控机床或加工中心所组成,单元中配备有某种形式的托盘交换装置或工业机器人,由单元计算机进行程序编制和分配、负荷平衡和作业计划控制。与柔性制造系统相比,柔性制造单元的主要优点是:占地面积较小,系统结构不很复杂,成本较低,投资较小,可靠性较高,使用及维护均较简单。因此,柔性制造单元是柔性制造系统的主要发展方向之一,深受各类企业的欢迎。就其应用范围而言,柔性制造单元常用于品种变化不是很大,生产批量中等的生产规模。

图 5-2 所示为一加工回转体零件为主的柔性制造单元。它包括 1 台数控车床,1 台加

工中心，2 台运输小车用于在工件装卸工位 3、数控车床 1 和加工中心 2 之间的输送，龙门式机械手 4 用来为数控车床装卸工件和更换刀具，机器人 5 进行加工中心刀具库和机外刀库 6 之间的刀具交换。控制系统由车床数控装置 7，龙门式机械手控制器 8，小车控制器 9，加工中心控制器 10，机器人控制器 11 和单元控制器 12 等组成。单元控制器负责对单元组成设备的控制、调度、信息交换和监视。

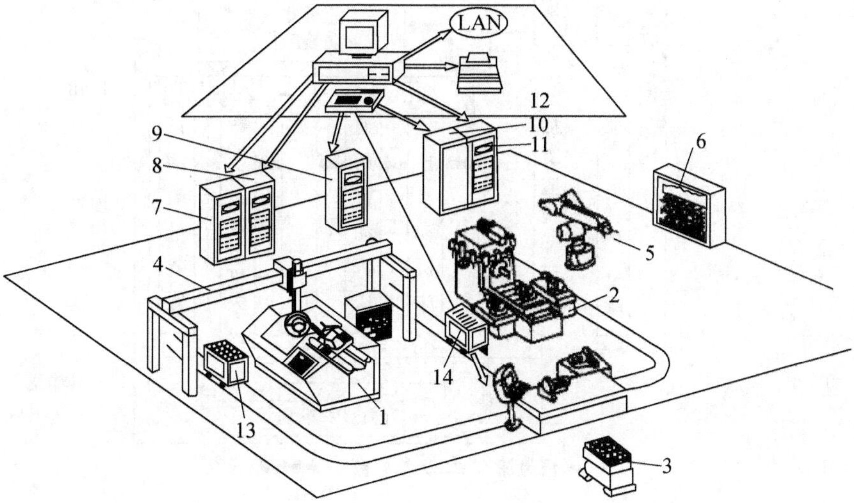

图 5-2　柔性制造单元

1—数控车床；2—加工中心；3—装卸工位；4—龙门式机械手；5—机器人；6—机外刀库；7—机床数控装置；8—龙门式机械手控制器；9—小车控制器；10—加工中心控制器；11—机器人控制器；12—单元控制器；13、14—运输小车

(10) 柔性制造系统　一个柔性制造系统(FMS)一般由四部分组成：两台以上的数控加工设备、一个自动化的物料及刀具储运系统、若干台辅助设备(如清洗机、测量机、排屑装置、冷却润滑装置等)和一个由多级计算机组成的控制和管理系统，其基本结构如图 5-3 所示。

到目前为止，柔性制造系统是最复杂、自动化程度最高的单一性质的制造系统。柔性制造系统内部一般包括两类不同性质的运动，一类是系统的信息流，另一类是系统的物料流，物料流受信息流的控制。一般情况下，柔性制造系统适用于品种变化不大，批量在 200～2 500 件的中等批量生产。目前柔性制造系统有向小型化和简单化发展的趋势。

(11) 柔性制造线　柔性制造线(FML)与柔性制造系统的主要区别是前者像刚性自动线(特别是组合机床自动线)一样，具有一定的生产节拍，工件沿一定的方向顺序传送，后者则没有一定的生产节拍，工件的输送方向也是随机性质的。柔性制造线主要适用于品种变化不大的中批和大批量生产，制造线上的机床主要是多轴主轴箱的换箱式和转塔式加工中心。在工件变换以后，各机床的主轴箱可自动进行更换，同时调入相应的数控程序，生产节拍也会作相应的调整。

图 5-4 为一加工箱体零件的柔性自动线示意图，它由 2 台对面布置的数控铣床、4 台两两对面布置的转塔式换箱机床和 1 台循式换箱机床组成。采用辊道传送带输送工件。这条自动线看起来和刚性自动线没有什么区别，但它具有一定的柔性。

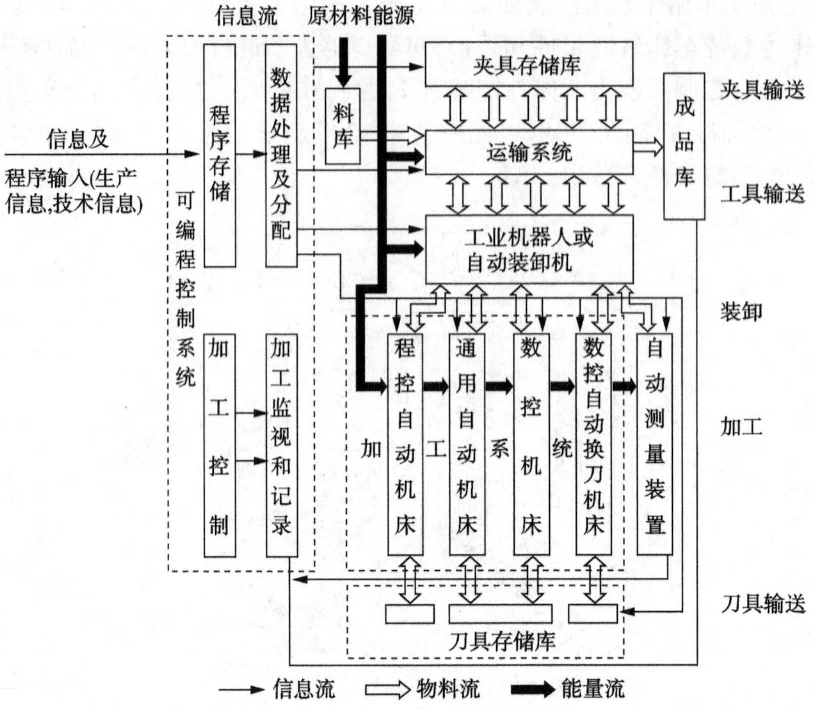

图 5-3　柔性制造系统基本结构

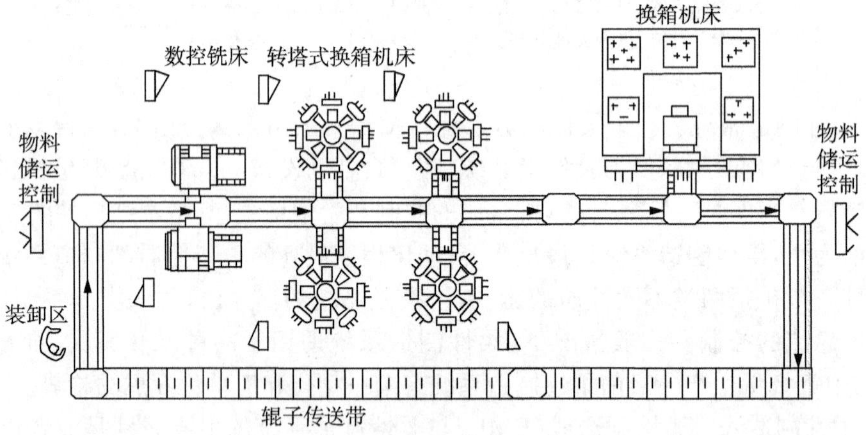

图 5-4　柔性制造线示意图

(12) 计算机集成制造系统　计算机集成制造系统(CIMS)是目前最高级别的自动化制造系统,但这并不意味着 CIMS 是完全自动化的制造系统。事实上,目前 CIMS 的自动化程度甚至比柔性制造系统还要低。CIMS 强调的主要是信息集成,而不是制造过程物流的自动化。CIMS 的主要特点是系统十分庞大,包括的内容很多,要在一个企业完全实现难度很大。但可以采取部分集成的方式,逐步实现整个企业的信息及功能集成。如图 5-5 所示为美国国家标准局所属自动化研究实验基地建立的世界上第一个 CIMS 实验系统。

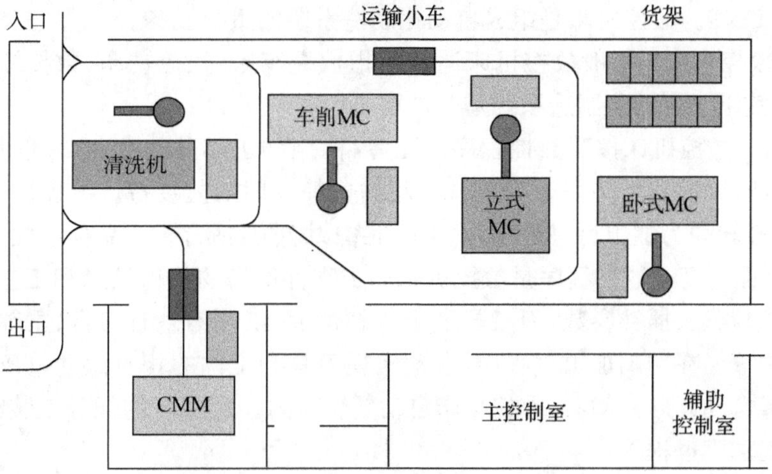

图 5-5 CIMS 实验系统(FMS 部分)

5.2 自动化制造系统的组成

自动化制造系统是在较少的人工直接或间接干预下，将原材料加工成零件或产品，在加工过程中实现工艺过程自动化。工艺过程涉及的范围很广，它包括工件的装卸、储存和输送；刀具的装配、调整、输送和更换；工件的切削加工、排屑、清洗和测量；切屑的输送、切屑液的净化处理等。下面介绍各种自动化加工设备、工件的储运系统、刀具准备及储运系统、控制与监控系统、各种辅助设备以及自动化制造系统的控制系统。

5.2.1 自动化加工设备

1. 组合机床

组合机床一般是针对某一种零件或某一组零件设计、制造的，常用于箱体、壳体和杂件类零件的平面、各种孔和孔系的加工，往往能在一台机床上对工件进行多刀、多轴、多面和多工位加工。

组合机床是一种以通用部件为基础的专用机床，组成组合机床的通用部件有：床身、底座、立柱、动力箱、主轴箱、动力滑台等。绝大多数通用部件是按标准设计、制造的，主轴箱虽然不能做成完全通用的，但某些组成零件(如主轴、中间轴和齿轮等)很多是通用的。

组合机床的下述特点对其组成自动化制造系统是非常重要的：① 工序集中，多刀同时切削加工，生产效率高；② 采用专用夹具和刀具(如复合刀具、导向套)，加工质量稳定；③ 常用液压、气动装置对工件定位、夹紧和松开，实现工件装夹自动化；④ 常用随行夹具，方便工件装卸和输送；⑤ 更换主轴箱可适应同组零件的加工，有一定的柔性；⑥ 采用可编程控制器 PLC 控制可与上层控制计算机通信；⑦ 机床主要由通用部件组成，设计、制造周期短，建造自动化速度快。

2. 数控机床

数控机床是一种由数字信号控制其动作的新型自动化机床，现代数控机床常采用计算机进行控制即 CNC。数控机床是组成自动化制造系统的重要设备。

（1）一般数控机床　一般数控机床通常是指数控车床、数控铣床、数控镗铣床等，它们的下述特点对其组成自动化制造系统是非常重要的。

1）柔性高　数控机床按照数控程序加工零件，当加工零件改变时，一般只需要更换数控程序和配备所需的刀具，不需要靠模、样板、钻模等专用工艺装备。数控机床可以很快地从加工一种零件转变为加工另一种零件，生产准备周期短，适合于多品种小批量生产。

2）自动化程度高　数控程序是数控机床加工零件所需的几何信息和工艺信息的集合。几何信息有走刀路径、插补参数、刀具长度半径补偿值；工艺信息有刀具、主轴转速、进给速度、冷却液开快等。在切削加工过程中，自动实现刀具和工件的相对运动，自动变换切削速度和进给速度，自动开启冷却液，数控车床自动转位换刀。操作者的任务是装卸工件、换刀、操作按键、监视加工过程等。

3）加工精度高、质量稳定　现代数控机床装备有 CNC 数控装置和新型伺服系统，具有很高的控制精度，普遍达到 1 μm，高精度数控机床可达到 0.2 μm。数控机床的进给伺服系统采用闭环或半闭环控制，对反向间隙和丝杠螺距误差以及刀具磨损进行补偿，因而数控机床能达到较高的加工精度。对中小型数控机床，定位精度普遍可达到 0.03 μm，重复定位精度可达到 0.01 mm。数控机床的传动系统和机床结构都具有很高的刚度和稳定性，制造精度也比普通机床高。当数控机床有 3～5 轴联动功能时，可加工各种复杂曲面，并能获得较高精度。由于按照数控程序自动加工，避免了人为的操作误差，因而同一批加工零件的尺寸一致性好，加工质量稳定。

4）生产效率较高　零件加工时间由机动时间和辅助时间组成，数控机床加工的机动时间和辅助时间比普通机床明显减少。数控机床主轴转速范围和进给速度范围比普通机床大，主轴转速范围通常在 10～6 000 r/min，高速切削加工时可达 15 000 r/min，进给速度范围上限可达到 10～12 m/min，高速切削加工进给速度甚至超过 30 m/min，快速移动速度超过 30～60 m/min。主运动和进给运动一般为无级变速，每道工序都能选用最有利的切削用量，空行程时间明显减少。数控机床的主轴电动机和进给驱动电动机的驱动能力比同规格的普通机床大，机床的结构刚度高，有的数控机床能进行强力切削，有效地减少机动时间。

5）具有刀具寿命管理功能　构成 FMC 和 FMS 的数控机床具有刀具寿命管理功能，可对每把刀的切削时间进行统计，当达到给定的刀具耐用度时，自动换下磨损刀具，并换上备用刀具。

6）具有通信功能　现代 CNC 数控机床一般都具有通信接口，可以实现上层计算机与 CNC 之间的通信，也可以实现几台 CNC 之间的数据通信，同时还可以直接对几台 CNC 进行控制。通信功能是实现 DNC、FMC、FMS 的必备条件。

（2）加工中心（MC）　加工中心通常是指镗铣加工中心，主要用于加工箱体及壳体类零件，工艺范围广。加工中心具有刀具库及自动换刀机构、回转工作台、交换工作台等，有的加工中心还具有可交换式主轴头或卧-立式主轴。加工中心目前已成为一类广泛应用的自动化加工设备，它们可作为单机使用也可作为 FMC、FMS 中的单元加工设备。加工中心有立式和卧式两种基本形式，前者适合于平面形零件的单面加工，后者特别适合于大型箱体零件的多面加工。

加工中心除了具有一般数控机床的特点外，它还具有其自身的特点。加工中心必须具有刀具库及刀具自动交换机构，其结构形式和布局是多种多样的。刀具库通常位于机床的侧面或顶部。刀具库远离工作主轴的优点是少受切屑液的污染，使操作者在加工时调换库中刀具免受伤害。FMC 和 FMS 中的加工中心通常需要大量刀具，除了满足不同零件的加工外，还需要后备刀具，以实现在加工过程中实时更换破损刀具和磨损刀具，因而要求刀库的容量较大。换刀机械手有单臂机械手和双臂机械手，180°布置的双臂机械手应用最普遍。

加工中心刀具的存取方式有顺序方式和随机方式，刀具随机存取是最主要的方式。随机存取就是在任何时候可以取用刀库中任一把刀，选刀次序是任意的，可以多次选取同一把刀，从主轴卸下的刀允许放在不同于先前所在的刀座上，CNC 可以记忆刀具所在的位置。采用顺序存取方式时，刀具严格按数控程序调用刀具的次序排列。程序开始时，刀具按照排列次序一个接着一个取用，用过的刀具仍放回原刀座上，以保持确定的顺序不变。正确地安放刀具是成功地执行数控程序的基本条件。

回转工作台是卧式加工中心实现 B 轴运动的部件，B 轴的运动可作为分度运动或进给运动。回转工作台有两种结构形式，仅用于分度的回转工作台用鼠齿盘定位，分度前工作台抬起，使上下鼠齿盘分离，分度后落下定位，上下鼠齿盘啮合，实现机械刚性连接。用于进给运动的回转工作台用伺服电机驱动，用回转式感应同步器检测及定位，并控制回转速度，也称数控工作台。数控工作台和 X、Y、Z 轴及其他附加运动构成 4～5 轴轮廓控制，可加工复杂轮廓表面。

卧式加工中心可对工件进行 4 面加工，带有卧-立式主轴的加工中心可对工件进行 5 面加工。卧-立式主轴是采用正交的主轴头附件，可以改变主轴角度方位 90°，因而它得到用户的普遍认可和欢迎。另外，由于它减少了机床的非加工时间和单件工时，可以提高机床的利用率。

加工中心的交换工作台和托盘交换装置配合使用，实现了工件的自动更换，从而缩短了消耗在更换工件上的辅助时间。

(3) 车削中心　车削中心比数控车床工艺范围宽，工件一次安装，几乎能完成所有表面的加工，如内外圆表面、端面、沟槽、内外圆及端面上的螺旋槽、非回转轴心线上的轴向孔、径向孔等。

车削中心回转刀架上可安装如钻头、铣刀、铰刀、丝锥等回转刀具，它们由单独电动机驱动，也称自驱动刀具。在车削中心上用自驱动刀具对工件的加工分为两种情况，一种是主轴分度定位后固定，对工件进行钻、铣、攻螺纹等加工；另一种是主轴运动作为一个控制轴（C 轴），C 轴运动和 X、Z 轴运动合成为进给运动，即三坐标联动，铣刀在工件表面上铣削各种形状的沟槽、凸台、平面等。在很多情况下，工件无须专门安排一道工序，单独进行钻、铣加工，消除了二次安装引起的同轴度误差，缩短了加工周期。

车削中心回转刀架通常可装刀具 12～16 把，这对无人看管的柔性加工来说，刀架上的刀具数是不够的。因此，有的车削中心装备有刀具库，刀库有筒形或链形，刀具更换和存储系统位于机床一侧，刀库和刀架间的刀具交换由机械手或专门机构进行。

车削中心采用可快速更换的卡盘和卡爪，普通卡爪更换时间需要 20～30 min，而快速更换卡盘、卡爪的时间可控制在 2 min 以内。卡盘有 3～5 套快速更换卡爪，以适应不同直径的工件。如果工件直径变化很大，则需要更换卡盘。有时也采用人工在机床外部用卡盘夹持好工件，用夹持有新工件的卡盘更换已加工的工件卡盘，工件—卡盘系统更换常采用自动更换装置。由于工件装卸在机床外部，实现了辅助时间和机动时间的重合，因而几乎没有停机时间。

5.2.2　工件储运系统

在自动化制造系统中，伴随制造过程进行着各种物料的流动，如工件或工件托盘、刀具、夹具、切屑、冷却液等。工件储运系统是自动化制造系统的重要组成部分，它将工件毛坯或半成品及时准确地送到指定加工位置，并将加工好的成品送进仓库或装卸站。工件储运系统为自动化加工设备服务，使自动化制造系统得以正常运行，以发挥出系统的整体效益。

工件储运系统由存储设备、运输设备和辅助设备等组成。存储是指将工件毛坯、在制品或成品在仓库中暂时保存起来，以便根据需要取出，投入制造过程，立体仓库是典型的自动化仓储设备。运输是指工件在制造过程中的流动，例如工件在仓库或托盘站与工作站之间的输送，以及在各工作站之间的输送等。广泛应用的自动输送设备有传送带、运输小车、机器人及机械手等。辅助设备是指立体仓库与运输小车、小车与机床工作站之间的连接或工件托盘交换装置。

1. 工件存储设备——自动化立体仓库

自动化立体仓库是一种先进的仓储设备，其目的是将物料存放在正确的位置，以便于随时向制造系统供应物料。自动化立体仓库在自动化制造系统中起着十分重要的作用。自动化 立体分库的主要特点有：① 利用计算机管理，物资库存账目清楚，物料存放位置准确，对自动化制造系统物料需求响应速度快；② 与搬运设备(如 AGV、有轨小车、传送带)衔接，可靠及时供给物料；③ 减少库存量，加速资金周转；④ 充分利用空间，减少厂房面积；⑤ 减少工件损伤和物料丢失；⑥ 可存放的物料范围宽；⑦ 减少管理人员，降低管理费用；⑧ 耗资较大，适用于一定规模的生产。

(1) 自动化立体仓库的组成　自动化立体仓库主要由库房、货架、堆垛起重机、外围输送设备、自动控制装置等组成。图 5-6 所示为自动化立体仓库，高层货架成对布置，货架之间有巷道，随仓库规模大小可以有一到若干条巷道。入库和出库一般都布置在巷道的某一端，有时也可以设计成由巷道的两端入库和出库。每条巷道都有巷道堆垛起重机。巷道的长度一般有几十米，货架的高度视厂房高度而定，一般有十几米。货架通常由一些尺寸一致的货格组成。货架的材料一般采用金属型材，货架上

图 5-6　自动化立体仓库

的托板用金属板或木板(轻型零件),多数采用金属板。进入高仓位的零件通常先装入标准的货箱内,然后再将货箱装入高仓位的货格中。每个货格存放的零件或货箱的质量一般不超过 1 t,其体积不超过 1 m^3,大型和重型零件因提升困难,一般不存入立体仓库中。

(2) 堆垛起重机　堆垛起重机是立体仓库内部的搬运设备。堆垛起重机可采用有轨或无轨方式,其控制原理与运输小车相似。仓库高度很高的立体仓库常采用有轨堆垛起重机。为增加稳定性,采用两条平行导轨,即天轨和地轨(图 5-7)。堆垛起重机的运动有沿巷道的水平移动、升降台的垂直上下升降和货叉的伸缩。堆垛机上有检测水平移动和升降高度的传感器,辨认货物的位置,一旦找到需要的货位,在水平和垂直方向上制动,货叉将货物自动推入货格,或将货物从货格中取出。

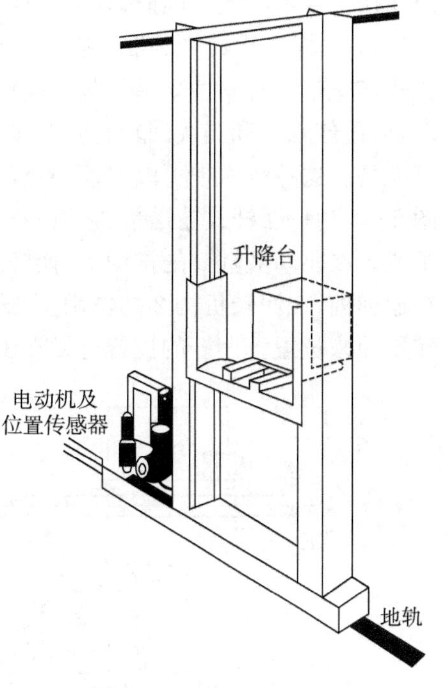

图 5-7　堆垛起重机

堆垛机上有货格状态检测器,采用光电检测方法,利用零件表面对光的反射作用,探测货格内有无货箱,防止取空或存货冲突。

2. 工件输送设备

(1) 传送带　传送带广泛用于自动化制造系统中工件或工件托盘的输送,传送带的形式有多种,如步伐式传送带、链式传送带、辊道式传送带、履带式传送带等。

1) 步伐式传送带　步伐式传送带常用在刚性自动线中,输送箱体类工件或工件托盘。步伐式传送带有棘爪式、摆杆式等多种形式。图 5-8 是棘爪式传送带,它能完成向前输送和向后退回的往复动作,实现工件单向输送。

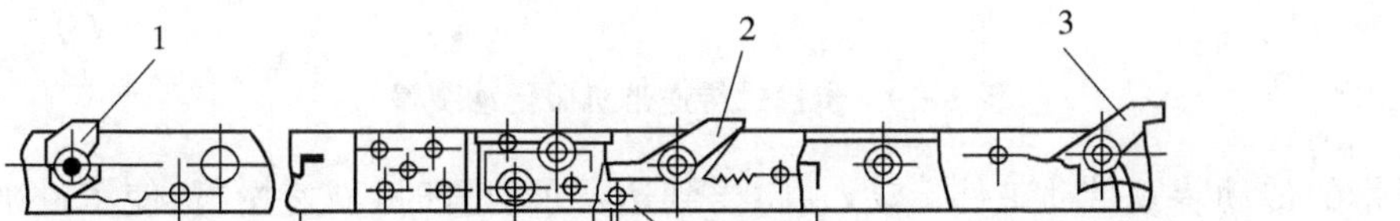

图 5-8　棘爪步伐式传送带

传送带由首端棘爪 1、中间棘爪 2、末端棘爪 3 和上下侧板 4、5 等组成。传送带向前推进工件,棘爪 2 被销 7 挡住,带动工件向前移动一个步距;输送带后退时,棘爪 2 被后一个工件压下，在工件下方滑过；棘爪 2 脱离工件时，在弹簧的作用下又恢复原位。这种传送带的缺点是缺少对工件的定位机构，在传送带速度较高时容易导致工件的惯性位移。为保持工件终止位置的准确，运行速度不能太高。要防止切屑和杂物掉在弹簧上，否则弹簧卡死，造成输送工件不顺利。因此，棘爪要保持灵活。

2）摆杆步伐式传送带　摆杆步伐式传送带避免了弹簧步伐式传送带的缺点。摆杆步伐式传送带具有刚性棘爪和限位挡块。输送摆杆除前进、后退的往复运动外，还需作回转摆动，以便使棘爪和挡块回转到脱开工件的位置，等返回后再转至原来位置，为下一个步伐做好准备。这种传送带可以保证终止位置准确，输送速度较高，常用的输送速度为 20 m/min。图 5-9 为一摆杆式输送带，它由一条圆管形摆杆 1 和若干刚性挡块（每个工件有两个挡块）组成。在驱动液缸 5 的推动下，摆杆向前移动，杆上挡块卡着工件输送到下一个工位。摆杆在返回前，在回转机构 2 的作用下，旋转一定角度。使挡块让开工件，然后摆杆返回原位并转至原来位置。摆杆的位置可设在工件的侧面或下方。

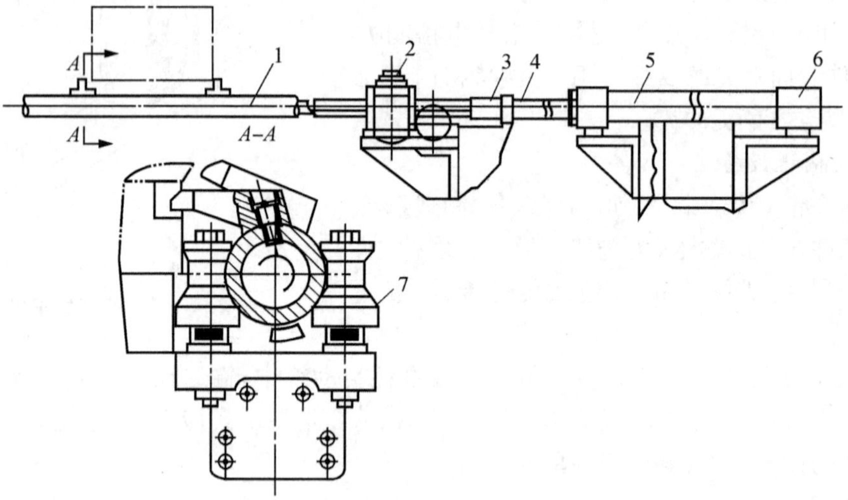

图 5-9　步伐式传送带机械传动装置

传送带的传动装置带动工件运动，在将要到达要求位置时，减速慢行，使工件准确定位。工件定位夹紧后，传动装置使传送带快速退回。传动装置有机械的、液压的或气动的。

3）链板履带式传送带　链板履带式传送带是用一节节带齿的链板连接而成，靠摩擦力传送工件。链板下的齿与传动链轮啮合，作单向循环运动。为防止链带下垂，用两条光滑的托板支承。多条链带并列或形成多通道，在其上设置分路挡板及拨料装置，可实现分料、合料、拨料、限位及返回等运动。这种传送带结构简单，工作可靠，储料多，易于实现多通道组合和自动化，且通用性好。

（2）运输小车：

1）有轨小车（Rail Guide Vehicle，RGV）　有轨小车是一种沿着铁轨行走的运输工具，有自驱和它驱两种驱动方式。自驱动有轨小车有电机，通过车上小齿轮和安装在铁轨一侧的齿条啮合，利用交、直流伺服电动机驱动。它驱式有轨小车由外部链索牵引，如图 5-10 所示。

在小车底盘的前后各装一导向销，地面上修有一组固定路线的沟槽，导向销嵌入沟槽内，保证小车行进时沿着沟槽移动。前面的销杆除作定向用外，还作为链索牵动小车的推杆。推杆是活动的，可在套筒中上下滑动。链索每隔一定距离有一个推杆，小车前面的推杆可灵活地插入或脱开链索的推头，由埋设在沟槽内适当地点的接近开关和限位开关控制。推杆脱开链索的推头，小车就停止。采用空架导轨和悬挂式机械手或机器人作为运输工具，也是一种发展趋势，其主要优点是充分利用空间，适合于运送中大型工件，如汽车车架、车身等。

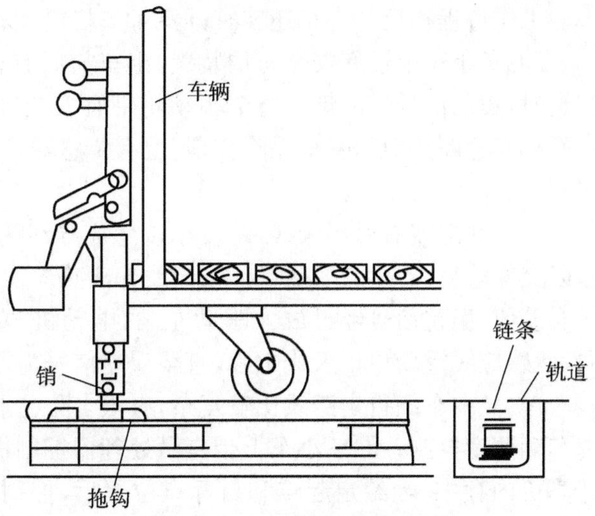

图 5-10 链牵引有轨小车头

2) 自动导向小车(Automatic Guide Vehicle, AGV) 自动导向小车是一种无人驾驶的、以蓄电瓶驱动的物料搬运设备，其行驶路线和停靠位置是可编程的。20 世纪 70 年代以来，电子技术和计算机技术推动了 AGV 技术的发展，如磁感应红外线、激光、语言编程、语音等。AGV 技术仍在发展中，目前有些语音控制的 AGV 能识别 4 000 个词汇。

在自动化制造系统中用的 AGV 大多数是磁感应式 AGV，图 5-11 是一种能同时运送两个工件的 AGV，它由运输小车、地下电缆和控制器三部分组成。小车由蓄电池提供动力，沿着埋没在地板槽内的用交变电流激磁的电缆行走，地板槽埋没在地下 4 cm 左右深处，地沟用环氧树脂灌封，形成光滑的地表，以便清扫和维护。导向电缆铺设的路线和车间流动路线及仓库的布局相适应，AGV 行走的路线一般可分为直线、分支、环路或网状。

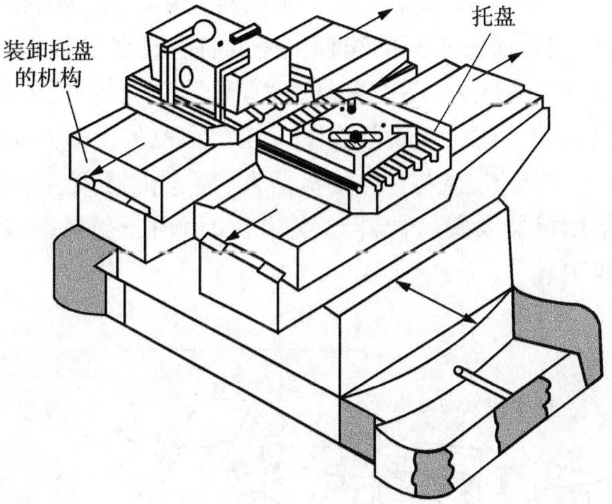

图 5-11 AGV 外形图

小车驱动电动机由安装在车上的工业级铅酸蓄电池供电，通常供电周期为 20 小时左右，因此必须定期到维护区充电或更换。蓄电池的更换是手工进行的，充电可以是手工的或者自动的，有些小车能按照程序自动接上电插头进行充电。

为了实现工件的自动交接，小车装有托盘交换装置，以便与机床或装卸站之间进行自动连接。交换装置可以是辊轮式，利用辊轮与托盘间的摩擦力将托盘移进移出，这种装置一般与辊式传送带配套。交换装置也可以是滑动叉式，它利用往复运动的滑动叉将托盘推出或拉入，两边的支承滚子是为了减小移动时所需的力。升降台式交换装置是利用升降台将托盘升高，物料托架上的托物叉伸入托盘底部，升降台下降，托物叉回缩，将托盘移出。托盘移入的工作过程相反。小车还装有升降对齐装置，以便消除工件交接时的高度差。

AGV 小车上设有安全防护装置，小车前后有黄色警示信号灯，当小车连续行走或准备行走时，黄色信号灯闪烁。每个驱动轮带有安全制动器，断电时，制动器自动接上。小车每一面都有急停按钮和安全保险杠，其上有传感器，当小车轻微接触障碍物时，保险杠受压，小车停止。

小车底部装有弓形天线，跨设于以感应导线为中心且与感应线垂直的平面内。感应线通以交变电流，产生交变磁场。当天线偏离感应线任何一侧时，天线的两对称线图中感应电压有差值，误差信号经过放大驱动左、右电动机，左右电动机有转速差，经驱动轮使小车转向，使感应线重新位于天线中心，直至误差信号为零。

AGV 在车间行走路线比较复杂，有很多分岔点和交汇点。地面上有中央控制计算机负责车辆调度控制，AGV 小车上带有微处理器控制板，AGV 的行走路线以图表的格式存储在计算机内存中，当给定起点和目标点位置后，控制程序自动选择出 AGV 行走的最佳路线。小车在岔道处方向的选择多采用频率选择法，在决策点处，地板槽中同时有多种不同频率信号，当 AGV 接近决策点(岔道口)时，通过编码装置确定小车目前所在位置，AGV 在接近决策点前作出决策，确定应跟踪的频率信号，从而实现自动路径寻找。

自动导向小车的行走路线是可编程的，FMS 控制系统可根据需要改变作业计划，重新安排小车的路线，具有柔性特征。AGV 小车工作安全可靠，能与机床、传送带等相关设备交接传递货物，运输过程中对工件无损伤、噪声低。

(3) 工业机器人　工业机器人是一种可编程的多功能操作器，用于搬运物料、工件和工具，或者通过不同的编程以完成各种任务的设备。机器人和机械手的主要区别是：机械手是没有自主能力，不可重复编程，只能完成定位点不变的简单的重复动作；机器人是由计算机控制的，可重复编程，能完成任意定位的复杂运动。

工业机器人有焊接机器人、喷漆机器人、搬运机器人、装配机器人等。自动化制造系统常用机器人搬运物料、工件和工具，由于受抓举载荷能力限制，通常搬运与装卸中、小型工件或工具。

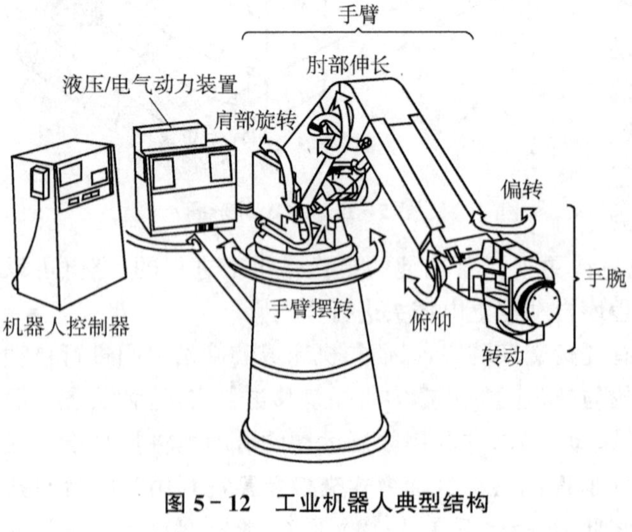

图 5-12　工业机器人典型结构

工业机器人一般由主构架(手臂)、手臂驱动系统、测量系统、控制器及传感器等组成。图 5-12 是工业机器人的典型结构。机器人手臂具有 3 个自由度(运动坐标轴)，机器人作业空间由手臂运动范围决定。手腕是机器人工具(如焊枪、喷嘴、机加工刀具、夹爪)与主构架的连接机构，它具有 3 个自由度。驱动系统为机器人各运动部件提供力、力矩、速度、加速度。测量系统用于机器人运动部件的位移、速度和加速度的测量。控制器 RC 用于控制机器人各运动部件的位置、速度和加速度，使机器人手爪或机器人工具的中心点以给定的速度沿着给定轨迹到达目标点。通过传感器获得搬运对象和机器人本身的状态信息，如工件及其位置的识别，障碍物的识别，抓举工件的重量是否过载等。

工业机器人运动由主构架和手腕完成，主构架具有 3 个自由度，其运动由两种基本运动组成，即沿着坐标轴的直线移动和绕坐标轴的回转运动。不同运动的组合，形成四种类型的机器人：① 直角坐标型（三个直线坐标轴）；② 圆柱坐标型（两个直线坐标轴和一个回转轴）；③ 球坐标型（一个直线坐标轴和两个回转轴）；④ 关节型（三个回转轴）。

图 5－13 所示是两台机器人用于自动装配的情况，主机器人是一台具有 3 个自由度，且带有触觉传感器的直角坐标机器人，它抓取第 3 号零件，并完成装配动作，辅助机器人仅有一个回转自由度，它抓取第 2 号零件，1 号和 2 号零件装配完成后，再由主机械手完成与 3 号零件的装配工作。

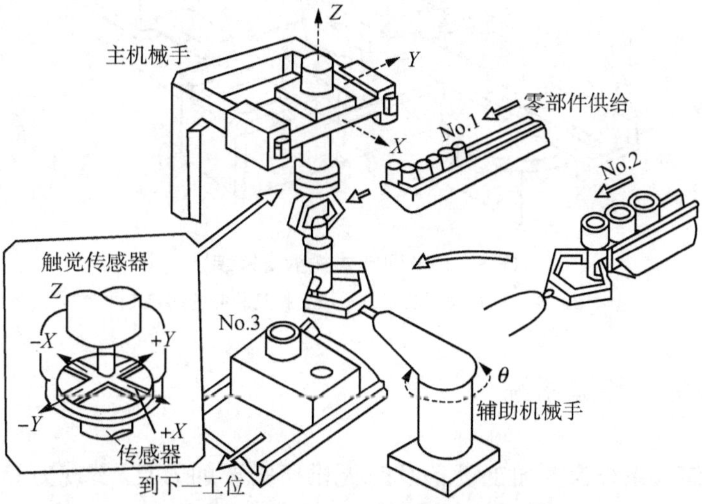

图 5－13 机器人用于零件装配

3. 辅助设备——托盘及托盘交换装置

(1) 托盘　在 FMS 中广泛采用托盘和托盘交换装置，实现工件自动更换，缩短消耗在更换工件上的辅助时间。托盘是工件和夹具与输送设备和加工设备之间的接口。托盘有箱式、板式等多种结构，箱式托盘不进入机床的工作空间，主要用于小型工件及回转体工件的储存和运输。板式托盘主要用于较大型非回转体工件，工件在托盘上通常是单件安装，大型托盘上可安装多个相同或不相同的工件。板式托盘不仅是工件输送和储存的载体，而且还随工件进入机床的工作空间，在加工过程中定位夹持工件，承受切削力。托盘的形式是多种多样的，有正方形、长方形、圆形、多角形等。托盘的上表面有便于安装的 T 型槽、矩阵螺孔（或配合孔）。托盘的下表面有供在机床工作台上定位的基面和输送基面，托盘在机床工作台上定位通常采用锥形定位器，用气动或液动压板夹紧。输送基面在结构上与系统的输送方式、操作方式相适应。对托盘有定位精度、刚性、抗振性、防护切屑和冷却液侵蚀等要求。

(2) 托盘交换装置　托盘交换装置是加工中心与工件输送设备之间的连接装置，起着桥梁和接口的作用。托盘交换装置的常用形式是回转式和往复式。回转式托盘交换装置有两位和多位。多位托盘交换装置可以存储多个相同或不同的工件,所以也称托盘库。图 5-14 是两位回转式托盘交换装置,其上有两条平行的导轨供托盘移动导向用,托盘的移动和回转式工作台的回转通常由液压驱动。机床加工好一个工件后,交换装置将工件托盘从机床工作台移至托盘回转工作台,然后回转工作台转 180°,将装有坯料的托盘再送至机床工作台上。

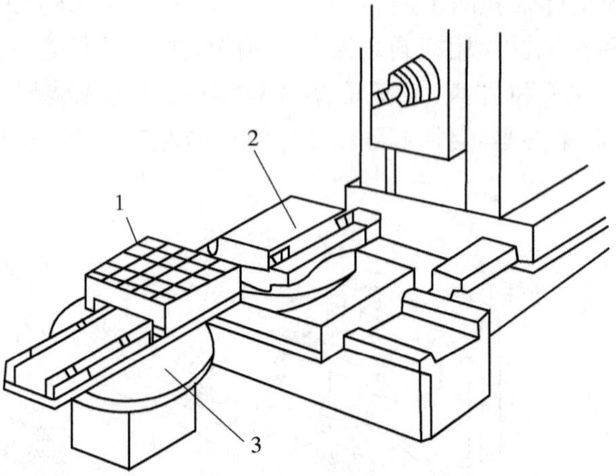

图 5-14　回转式托盘交换装置

1—托盘;2—托盘固紧装置;3—用于托盘装卸的回转工作台

5.2.3　刀具准备及储运系统

刀具准备与储运系统为各加工设备及时提供所需要的刀具,实现刀具供给自动化,使自动化制造系统的自动化程度进一步提高。

在刚性自动线中,被加工零件品种比较单一,生产批量比较大,属于少品种大批量生产。为了提高自动线的生产效率和简化制造工艺,多采用多刀、复合刀具、成型刀具和专用刀具加工,一般是多轴、多面同时加工。刀具的更换是定时强制换刀,由调整工人进行。刀具供给部门准备刀具,并进行预调。调整工人逐台机床更换全部刀具,直至全线所有刀具,并进行必要的调整和试加工。换刀、调试结束后,交生产工人使用。特殊情况,中途停机换刀作为紧急事故处理。

在 FMS 中,被加工零件品种较多。零件加工工艺比较复杂且工序高度集中,需要的刀具种类、规格、数量是很多的。随着被加工零件的变化和刀具磨损、破损需要定时强制性换刀和随机换刀。系统运行过程中,刀具频繁地在各机床之间、机床和刀库之间进行交换,刀具流的运输、管理和监控是很复杂的。

1. *刀具准备与储运系统的组成*

刀具准备与储运系统由刀具组装台、刀具预调仪、刀具进出站、中央刀库、机床刀库、刀具输送装置和刀具交换机构、刀具计算机管理系统等组成。图 5-15 是刀具储运系统的示意图。

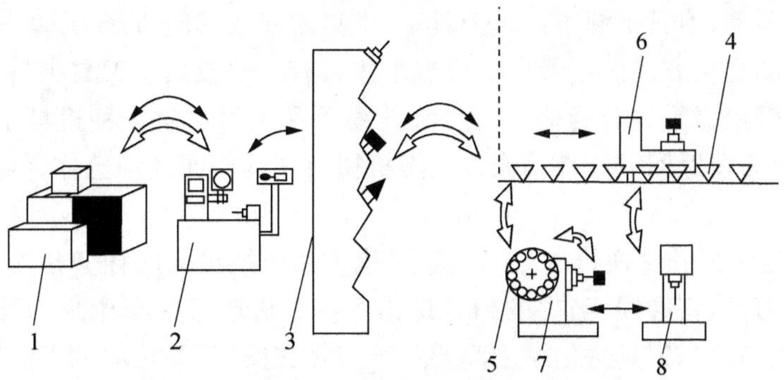

图 5-15 刀具储运系统示意图

1—刀具组装台；2—刀具预调仪；3—刀具进出站；4—中央刀库；
5—机床刀库、刀具输送装置；7—加工中心；8—数控机床

(1) 刀具组装　在数控机床和加工中心上广泛使用模块化结构的组合刀具，刀具组件有刀柄、刀夹、杆、刀片、紧固件等，这些组件是标准件。例如刀片有各种形式的不重磨刀片。组合刀具可以提高刀具的柔性，减少刀具组件的数量，充分发挥刀柄、刀夹、刀杆等标准件的作用，降低刀具费用。在一批新的工件加工之前，按照刀具清单组装出一批刀具，刀具组装工作通常由人工进行。

整体刀具也有使用，一般是特殊刀具。整体刀具磨损后需要重磨。

(2) 刀具预调　组装好一把完整的刀具后，刀具预调仪按刀具清单进行调整，使其几何参数与名义值一致，并测量刀具补偿值，如刀具长度、刀具直径、刀尖半径等，测量结果记录在刀具调整卡上，随刀具送到机床操作者手中，以便将刀具补偿值送入数控装置。在 FMS 系统中，如果对刀具实行计算机集中管理和调度，要对刀具进行编码，测量结果可以自动录入刀具管理计算机，刀具和刀具数据接调度指令同时输送到指定机床。

(3) 刀具进出站　刀具经预调、编码后，其准备工作宣告结束，将刀具送入刀具进出站，以便进入中央刀库。磨损、破损的刀具或在一定生产周期内不使用的刀具，从中央刀库取出，送回进出站。刀具进出站是刀具流外部与内部的界面，刀具进出站多为框架式结构，设有多个刀座位。刀具在进出站上的装卸可以是人工操作，也可以是机器人操作。

(4) 中央刀库　中央刀库用于存储 FMS 加工工件所需的各种刀具及备用刀具，中央刀库通过刀具自动输送装置与机床刀库连接起来，构成自动刀具供给系统。中央刀库容量对 FMS 的柔性有很大影响，尤其是混流加工（同时加工多种工件）和有相互替代的机床的 FMS。中央刀库不但为各机床提供后续零件加工刀具，而且周转和协调各机床刀库的刀具，提高刀具的利用率。当从一个加工任务转换到另一个加工任务时，刀具管理和调度系统可以直接在中央刀库中组织新加工任务所需要的刀具组，并通过输送装置送到各机床刀库中去，数控程序中所需要的刀具数据也及时送到机床数控装置中。中央刀库的结构形式有多种，有的安装在地面上，有的架设在空中（节省厂房面积），中央刀库结构上的安放有水平、直立和倾斜等方式。

(5) 机床刀库及换刀机械手　机床刀库有固定式和可换式。固定式刀库不能从机床上移开，库中的刀库容量较大（40 把以上）。可换式刀库可以从机床上移开，并用另一个装有刀具的刀库替换，刀库容量一般比固定式刀库要小。一般情况下，机床刀库用来装载当前工

件加工所需要的刀具,刀具来源可以是刀具室、中央刀库或其他机床刀库。采用机械手进行机床上的刀具自动交换方式应用最广。机械手按具有一个或两个刀具夹持器分为单臂式和双臂式两种。双臂机械手又分为钩手、抱手、伸缩手和叉手。这几种机械手能完成抓刀、拔刀、回转、插刀、放刀及返回等全部动作。换刀机械手在其他课程中已作详细介绍,这里不再赘述。

(6) 刀具输送装置和交换机构　刀具输送装置和交换机构的任务是为各种机床刀库及时提供所需要的刀具,将磨损、破损的刀具送出系统。机床刀库与中央刀库,机床刀库与其他机床刀库,中央刀库与刀具进出站之间要进行刀具交换,需要相应的刀具输送装置和刀具交换机构。刀具的自动输送装置主要有:① 带有刀具托架的有轨小车或无轨小车;② 高架有轨小车;③ 刀具搬运机器人等类型。

刀具运输小车可装载一组刀具,小车上刀具和机床刀具的交换由专门交换装置进行,也可由手工进行。机器人每次只运载一把刀具,取刀、运刀、放刀等动作均由机器人完成。

5.2.4　检测与监控系统

检测与监控系统的功能是保证制造系统可靠正常运行及其加工质量。检测与监控的对象有加工设备、工件储运系统、刀具及其储运系统、工件质量、环境及安全参数等。检测与监控信号有几何的、力学的、电学的、光学的、声学的、温度和状态的(空、忙,进、出,运行、停止)等。检测与监控的方法有直接的与间接的、接触式的与非接触式的、在线的(On-Line)与离线的(Off-Line)、全部的与抽样的等。在现代制造系统中,检测与监控的根本目的是要主动控制质量,防止产生废品。检测与监控系统为质量保证体系提供反馈信息,构成闭环质量控制回路。

制造过程中影响加工质量的因素多而复杂,主要来源于刀具、机床、夹具托盘等。如刀具磨损及破损、刀具受力变形、刀具补偿值、机床间隙、刚性、热变形,托盘零点偏移等。国外统计资料表明,由于刀具原因引起加工误差的概率最高。

1. 坐标测量机(CMM)

坐标测量机是一种检测工件尺寸误差、形位误差以及复杂轮廓形状的自动检测设备。它可以单独使用或集成到 FMS 中,与 FMS 的加工过程紧密耦联。它具有卓越的性能,例如测量数据精确、可靠;在无人干预的情况下自动将测量结果与预给定的公差带进行比较,根据比较结果修正刀具补偿值,补偿刀具磨损,防止出现废品;测量时间显著缩短,用传统方法检测一个工件需要几小时,用 CMM 检测只需要几分钟。

(1) 坐标测量机结构特点　CMM 和数控机床一样,其结构布局有立式和卧式两类,立式 CMM 有时是龙门式结构,卧式 CMM 有时是悬臂结构。两种结构形式的 CMM 都有不同的尺寸规格,从小型台式到大型落地式。图 5－16 是一悬臂式 CMM,由安放工件的工作台、立柱、三维测量头、位置伺服驱动系统、计算机控制装置等组成。CMM 的工作台、导轨、横梁多用高质量的花岗岩组成。花岗岩的热稳定性和尺寸稳定性好,强度、刚度和表面性能高,结构完整性好,校准周期长(两次校准的日期间隔)。CMM 的安装地基采用实心钢筋混凝土,要求抗振性能好。许多 CMM 能自动保持水平,采用抗振气压系统,有效地减小机械振动和冲击，但有些情况下不需要单独专门的地基。因此在一般情况下，CMM 要求控制周围环境，它的测量精度及可靠性与周围环境的稳定性有关，CMM 必须安装在恒温环境中，防止敞露的表面和关键部件受污染。随着温度、湿度变化自动补偿及防止污染等技术的广泛应用，CMM 的性能已能适应车间工作环境。

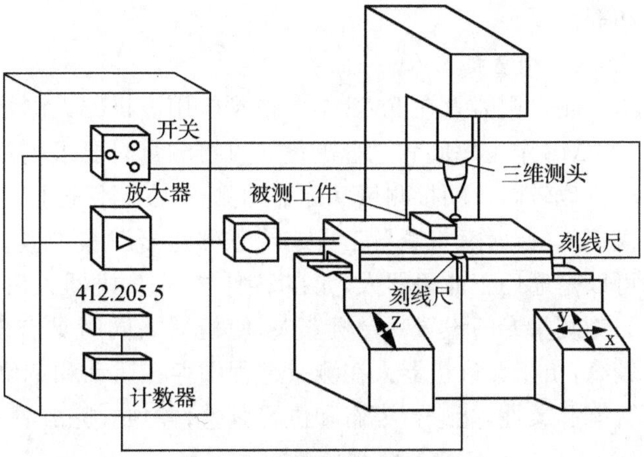

图 5-16 悬臂式坐标测量机

CMM 测量头的精度非常高，其形式也有很多种，以适应测量工作的需要。有些测量头是接触式的，测量头触针连接在开关上，当触针偏转时，开关闭合，有电流通过。CMM 控制系统中有软件连续扫描测量头的输入，当检测出开关闭合时，系统采集 CMM 各坐标轴位置寄存器的当前值。测量精度与开关的可重复性、位置寄存器中的数值精确度和采集位置寄存器数值的速度有关。有些测量头能自动重新校准，有一种电动测量头可以连续测量复杂的形状，如工件内部型腔表面。

(2) 坐标测量机的工作原理　CMM 和数控机床一样，其工作过程由事先编制好的程序控制。各坐标轴的运动也和数控机床一样，由数控装置发出移动脉冲，经位置伺服进给系统驱动移动部件运动，位置检测装置(旋转变压器、感应同步器、角度编码器、光栅尺、磁栅尺等)检测移动部件实际位置。当测量头接触工件测量表面时产生信号，读取各坐标轴位置寄存值，经数据处理后得出测量结果。CMM 将测量结果与事先输入的制造允许误差进行比较，并把信号回送到 FMS 单元计算机或 CW 计算机。CW 计算机通常与 FMS 单元计算机联网，上传和下载测量数据和 CMM 零件测量程序。零件测量程序一般存储在单元计算机中，测量时将程序下载给 CMM 计算机。CMM 计算机在测量过程中起重要控制作用。其主要功能有：① 控制图形显示和测量数据的硬拷贝输出；② 储存和查询测量数据；③ 确定尺寸偏差；④ 向单元计算机传送数据文件；⑤ 储存机床校正数据；⑥ 比较测量结果；⑦ 通过程序控制测量过程。

2. 利用数控机床进行测量

现代数控机床，特别是加工中心类机床，常具有自动测量功能。数控机床和 CMM 在工作原理上没有本质区别，将测量头安装在机床主轴或刀架上，就能像 CMM 一样工作。测量头可以安放在机床刀库中，需要检测工件时，由换刀机械手取出，并装入机床主轴孔中。工件在数控机床上加工结束后，经高压冷却液冲洗，并用压缩空气吹干后进行检验，测量工作原理与 CMM 相同。在这种情况下，需要为数控机床配置专门外围设备，如各种测量头和统计分析处理软件等。测量程序可以从 FMS 单元计算机下载到机床控制计算机，对测量结果进行归档，需要时可打印输出。

在数控机床上进行测量有如下特点：① 不需要昂贵的 CMM，但要损失机床的切削加工时间；② 可以针对尺寸偏差自动进行机床及刀具补偿，加工精度高；③ 不需要工件来回运输和等待。

3. 测量机器人

测量机器人在FMS中已得到应用。机器人测量具有在线、灵活、高效等特点，特别适合于FMS中工序间和过程测量。直接测量时要求机器人具有高的运动精度和定位精度，因而造价也较高。间接测量又称辅助测量，在测量过程中机器人坐标运动是辅助运动，其任务是模拟人的动作，将测量工具或传感器送至测量位置。这种测量方法有如下特点：① 机器人可以是通用工业机器人，如在车削中心上，机器人可以在完成上下料工作后进行测量，而不必为测量专门设置一台机器人，使机器人同时具有多种用途；② 对传感器和测量装置要求较高，由于允许机器人在测量过程中存在运动和定位误差，因此传感器和测量装置有一定的智能和柔性，能进行姿态和位置调整，并独立完成测量工作。

4. 刀具磨损和破损的检测与监控

在金属切削加工过程中，由于刀具的磨损和破损未能及时发现，将导致切削过程的中断，引起工件报废或机床损坏，甚至使整个FMS停止运行，造成很大的经济损失。因此，应在AMS中设置刀具磨损和破损的检测与监控装置。刀具磨损最简单的检测方法是记录每把刀具的实际切削时间，并与刀具寿命的极限值进行比较，达到极限值就发出换刀信号。刀具破损的简单检测方法是将每把刀具在切削加工开始前或切削加工结束后移近固定的检测装置，以检测是否破损。上述两种方法实现方式简单，在AMS中得到广泛应用。在切削加工过程中对刀具的磨损和破损的检测与监控需要附加检测装置，技术上比较复杂，费用较高。

5. 环境及安全监测

为了保证自动化制造系统可靠正常运行，需要对自动化制造系统的生产环境和安全特性进行监测，主要监测内容有：① 电网的电压及电流值监测；② 空气的温度及湿度监测；③ 供水、供气压力和流量的监测；④ 火灾监测；⑤ 人员安全监测等。

5.2.5 辅助设备

零件的清洗、去毛刺、切屑和冷却液的处理是制造过程中不可缺少的工序。零件在检验、存储和装配前必须要清洗及去毛刺；切屑必须随时被排除、运走并回收利用；冷却液的回收、净化和再利用，可以减少污染，保护工作环境。有些厂的制造系统有清洗站和去毛刺设备，实现清洗及去毛刺自动化。

1. 清洗站

清洗机有许多种类、规格和结构，但是一般按其工作是否连续分为间歇式（批处理式）和连续通过式（流水线式），批处理式清洗站用于清洗质量和体积较大的零件，属中小批量清洗，流水线式清洗机用于零件通过量大的场合。

批处理式清洗机有倾斜封闭式清洗机、工件摇摆式清洗机和机器人式清洗机。机器人式清洗机是用机器人操作喷头，工件固定不动。有些大型批处理式清洗站内部有悬挂式环形有轨车，工件托盘安放在环形有轨车上，绕环形轨道作闭环运行。流水线式清洗站用辊子传送带运送工件，零件从清洗站的一端送入，零件在通过清洗站的过程中被清洗，在清洗站的另一端送出。再通过传送带与托盘交接机构相连接，进入零件装卸区。

清洗机有高压喷嘴，喷嘴的大小、安装位置和方向考虑到零件的清洗部位，保证零件的内部和难清洗的部位均能清洗干净。为了彻底冲洗夹具和托盘上的切屑，清洗液应有足够大的流量和压力。高压清洗液能粉碎结团的杂渣和油脂，能很好地清洗工件、夹具和托盘。对清洗过的工件进行检查时，要特别注意不通孔和凹入处是否清洗干净。确定工件的安装位置和方向时，应考虑到最有效清洗和清洗液的排出。

吹风是清洗站重要的工序之一，它缩短干燥时间，防止清洗液外流到其他机械设备或FMS的其他区域，保持工作区的洁净。有些清洗站采用循环对流的热空气吹干，空气用煤气、蒸汽或电加热，以便快速吹干工件，防止生锈。

批处理式清洗站的切屑和冷却液往往直接排入FMS的集中冷却液与切屑处理系统，冷却液最后回到中央冷却液存储箱中。流水线式清洗站一般有自备的冷却液（或清洗液）存储箱，用于回收切屑，循环利用冷却液（或清洗液）。

清洗机可以说是污物、杂渣收集器。筛网和折流板用于过滤金属粉末、杂渣、油泥和其他杂质，必须定期对其进行清洗。油泥输送装置通过一个斜坡将废物送入油泥沉淀箱，沉淀后清除废物，液体流回中央存储箱。存储箱的定时清理非常重要，购买清洗设备时，必须考虑中央存储箱的检修和便于清洗。

2. 去毛刺设备

以前去毛刺一直是由手工进行的，是重复的、繁重的体力劳动。最近几年出现了多种去毛刺的新方法，可以减轻人的体力劳动，实现去毛刺自动化。最常用的方法有：机械的、振动的、热能的、电化学的等。

(1) 机械法去毛刺　机械法去毛刺包括在FMS中使用工业机器人，机器人手持钢丝刷或砂轮打磨毛刺。打磨工具安放在工具存储架上，根据不同零件和去毛刺的需要，机器人可自动更换打磨工具。在很多情况下，通用机器人不是理想的去毛刺设备，因为机器人关节臂的刚度和精度不够，而且许多零件要求对其不同的部位采用不同的去毛刺方法。

(2) 振动法去毛刺　振动法去毛刺机适用于清除小型回转体或棱体零件的毛刺，零件分批装入一个筒状的大容器罐内，用陶瓷卵石作为介质，卵石大小因零件类型、尺寸和材料而异。盛有零件的容器罐快速往复振动，在陶瓷介质中搅拌零件，去毛刺和氧化皮。振动强烈程度可以改变，猛烈地搅拌用于恶劣型毛刺，柔缓地搅拌用于精密零件的打磨和研磨。

(3) 热能法去毛刺　热能法去毛刺用高温去毛刺和飞边，将待处理的零件装入一个小密闭室里，充满压缩易燃气体和氧气的混合物，将零件及其周边的毛刺、毛边完全包围，无论是外部、内部或盲孔都浸入混合气体中。用火星将煤气混合物点燃，产生猛烈的热爆炸，毛刺或飞边燃烧成火焰，立刻被氧化并转化为粉末，前后经历时间大约25～30s，然后用溶剂清洗零件。

(4) 电化学法去毛刺　电化学法去毛刺通过电化学反应将工件上的材料溶解到电解液中，对工件去毛刺或成形。与工件型腔形状相同的电极工具作为负极，工件作为正极，直流电流通过电解液，电极工具进入工件时，工件材料超前电极工具被溶解。通过调节电流来控制去毛刺和倒棱，材料去除率与电流大小有关。

电化学法去毛刺的过程慢，优点是电极工具不接触工件，无磨损，去毛刺过程中不产生热量，因此不引起工件热变形和机械变形。因而，高硬度材料非常适合用电化学法去毛刺。

3. 切屑和冷却液的处理

在自动化制造系统中，对切屑的排除、运输和冷却液的净化、循环利用非常重要，这对环境保护、节省费用、增加废物利用价值有重要意义，许多 AMS 装备有切屑排除、集中输送和冷却液集中供给及处理系统。

切屑的处理包括三个方面的内容：① 把切屑从加工区域清除出去；② 把切屑输送到系统以外；③ 把切屑从冷却液中分离出去。

5.2.6 自动化制造系统的控制系统

1. 可编程序控制器(PLC)

PLC 是一种以微处理器为核心的新型控制器，其主要特点如下。

(1) 控制程序可变，具有很好的柔性　在控制任务发生变化和控制功能扩展的情况下，不必改变 PLC 的硬件，只需根据需要重新编程就可适应。PLC 的应用范围不断扩大，除了代替硬接线的继电器——接触器控制外，还进入了工业过程控制计算机的应用领域，从自动化单机到自动化制造系统都得到应用，如数控机床、工业机器人、柔性制造单元、柔性制造系统、柔性制造线等。

(2) 工作可靠性高，适用于工业环境　PLC 产品平均无故障时间一般可达 5 年以上，它经得起振动、噪声、温度、湿度、粉尘、磁场等的干扰，是一种高度可靠的工业产品，可直接应用于工业现场。

(3) 功能完善　早期的 PLC 仅具有逻辑控制功能，现代 PLC 具有数字和模拟量输入输出、逻辑和算术运算、定时、计数、顺序控制、PID 调节、各种智能模块、远程 I/O 模块、通信、人-机对话、自诊断、记录和图形显示等功能。

(4) 易于掌握、便于维修　PLC 使用编程器进行编程和监控，使用人员只需掌握工程上通用的梯形图语言(或语句表、流程图)就可进行用户程序的编制和调试。即使不太懂计算机的操作人员也能掌握和使用。PLC 有完善的自诊断功能，输入输出均有明显的指示，在线监控的软件功能很强，能很快查出故障的原因，迅速排除故障。

(5) 体积小、省电　与传统的控制系统相比，PLC 的体积很小，一台收录机大小的 PLC 具有相当于 1.8 m 高的继电器控制柜的功能。PLC 消耗的功率只是传统控制系统的 1/3～1/2。

(6) 价格低廉　随着集成电路芯片功能的提高和价格的降低，PLC 的硬件价格也在不断下降，PLC 的软件价格所占的比重在不断提高。但由于使用 PLC 减少了设计、编程和调试费用，总的费用是低廉的，而且还呈不断下降的趋势。

图 5 - 17 是托盘交换工作台示意图，用 PLC 控制托盘交换工作台的动作。闭合开关 S1 启动输送带 M1，托盘从倾斜的滚道进入输送带。若行程开关 S2 动作，输送带 M1 停止，并且使气动升降台向上移动，如果开关 S4 动作，向上移动停止，输送带 M1 和 M2 都启动。如果 S5 动作，两条输带都停止，升降台向下移动，直至行程开关 S3 动作。S0 用于整个设备的接通和断开。

2. 计算机数字控制(CNC)

CNC 是在硬件数控 NC 的基础上发展起来的，它在计算机硬件的支持下，由软件实现数

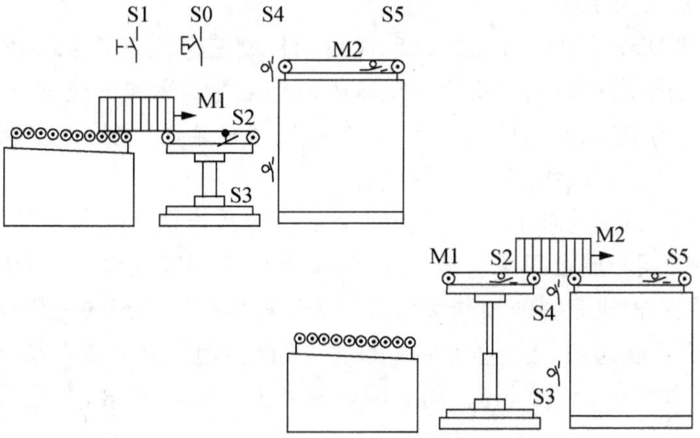

图 5-17 托盘交换工作台示意图

控的部分或全部功能。为了满足不同控制要求,只需改变相应的软件,无需改变硬件电路。微型计算机是 CNC 的核心,外围设备接口电路通过总线(BUS)和 CPU 连接。CNC 具有大容量存储器,可存储一个或多个零件数控程序。CNC 相对 NC 具有较高的通用性和柔性,易于实现多功能和复杂程序的控制,工作可靠,维修方便,便于集成等特点。数控加工设备的功能不断扩展和增强,如数控机床的功能由基本的数控数据输入输出,直线和圆弧插补运算,刀具补偿,间隙补偿,螺距误差补偿,固定循环和子程序,位置伺服控制等,甚至扩展到一些更高级或带有某些智能的功能,如螺旋线、抛物线插补、样条插补、宏程序、刀具监控、在线测量、自适应控制。故障诊断、软键(Soft Key)菜单、会话型编程、图形仿真等。数控加工设备的大部分功能对实时性要求很强,尽管微处理器处理速度比以往提高了好多倍,但微处理器仍无法实现上述任务的并行处理,因而出现了多微处理器数控系统。

多微处理器数控系统通过总线将多个并行工作的微处理器互联起来,把控制任务分解到各独立功能单元,实现控制任务的并行处理。各微处理器及其相应的软件完成各自确定的功能。多微处理器数控系统是一模块化结构系统,硬件和软件按功能划分模块,各模块间的通信按照事先规定的约定和程序进行。

3. 分布式数字控制(DNC)

DNC 是用一台中央计算机对多台数控机床进行集中控制的自动化制造系统,主要实现信息流自动化。一个 DNC 系统由中央计算机直接为数控机床供给数控程序,取代故障率较高的纸带阅读机,使信息流的自动化程度、工作可靠性、数控程序的可用性和柔性得到提高。中央计算机和 CNC 之间传送数控程序方式有程序段方式和程序块方式。程序段方式传送就是一次只传送一个程序段;程序块方式传送一次可以传送若干个程序段,甚至一个完整的程序。现代 CNC 具有大容量的程序存储器,程序段方式传送已失去意义。程序块方式传送应用普遍。

现代 DNC 系统由中央计算机、CNC 系统、通信端口和总线组成,通信端口在 CNC 一侧,通常是一台工控微机,每台数控机床都与一台工控微机相连(点对点式),所有工控微机都通过串行总线(Bit Bus)或计算机网络(Ethernet)与中央计算机互联。

DNC 的基本功能有:① 数控数据分配;② 数控数据管理;③ 数据的匹配和通信。

4. 多层计算机控制系统

DNC系统主要实现信息流自动化。现代自动化制造系统FMC、FMS同时实现了信息流和物料流的自动化，所控制的设备除了机床外还有工件储运和更换设备、刀具储运和更换设备、自动测量、自动清洗、自动排屑设备等，控制任务复杂，普遍采用多层计算机控制系统对整个系统进行调度、指挥、协调和实时控制。

多层计算机控制系统的基本思想是将一个复杂的系统划分成若干层次，各层次分别独立完成各自的功能，层与层之间保持信息交换，上层向下层发送命令，下层向上层回送执行结果，通过信息联系，构成完整的控制系统。多层计算机控制系统的工作原理是通过计算机网络将各层计算机互联起来，建立信息通信联系，彼此传递信息。在自动化制造领域一般采用局域网，通信距离为0.1～10 km。局域网通常有四个基本要素，即通信介质、节点、拓扑结构和通信协议。

通信介质有双绞线、同轴电缆和光导纤维(简称光纤)。网络中的各计算机为节点，它能独立工作，并与其他节点通信联系。拓扑结构是指网中各节点间的连接形式，有星形、环形、树状形、总线形等。通信协议是网络的核心，它是各计算机间进行通信的标准，自动化制造协议(MAP)是其中的一种。

5. FMS控制系统

美国国家标准局(NBS)在CIMS参考模型中提出五层递阶控制系统结构，自上至下分别为工厂层、车间层、单元层、工作站层和设备层。FMS覆盖了其中的底下三层，即单元层、工作站层和设备层。各层任务是：

(1) 工厂层　中期(月)生产作业计划，物料需求计划，刀具计划，数控编程等。

(2) 车间层　短期(旬)生产作业计划，单元间任务调度和资源分配。根据月计划要求进行任务的分批与平衡，确定全部零件加工批次。

(3) 单元层　单元层是FMS的最高层控制，全面管理、协调和控制FMS制造活动。规划时间范围可以从几小时到几个工作日。

(4) 工作站层　协调和控制工作站内的设备，例如一个典型的加工工作站可由1台机床、1台机器人、1个物料储存装置和1台控制计算机组成。控制计算机对站内的设备进行调度。规范时间范围可以从几分钟到几小时。

(5) 设备层　对各种设备进行实时控制、信息采集和信息反馈。其规划时间可以从几毫秒到几分钟。

上述控制任务的分配不是绝对的，只是一种参考。实际生产中FMS的控制系统有第二、三、四层，目前常用的是第二、三层。

5.3 网络化制造技术

5.3.1 网络化制造系统及其体系结构

网络化制造是指利用计算机网络，灵活而快速地组织社会资源，将分散在各地的生产设备资源、智力资源和技术资源等，按资源优势互补原则，迅速地整合成一种跨地域的、靠网络联系的，统一指挥的制造、运营实体——网络联盟，以实现网络化制造。

网络化制造是企业为应对知识经济和制造全球化的挑战，实施的以快速响应市场需求和提高企业竞争力为主要目标的一种先进制造模式。通过采用先进的网络技术、制造技术及其他相关技术，构建面向企业特定需求的基于网络的制造系统，并在系统的支持下，突破空间地域对企业生产经营范围和方式的约束。

网络化制造系统是企业在网络化制造模式的指导思想、相关理论和方法的指导下，在网络化制造集成平台和软件工具的支持下，结合企业具体的业务需求，设计实施的基于网络的制造系统。网络化制造系统的结构如图 5－18 所示，一共分四层，各个层的功能依次如下。

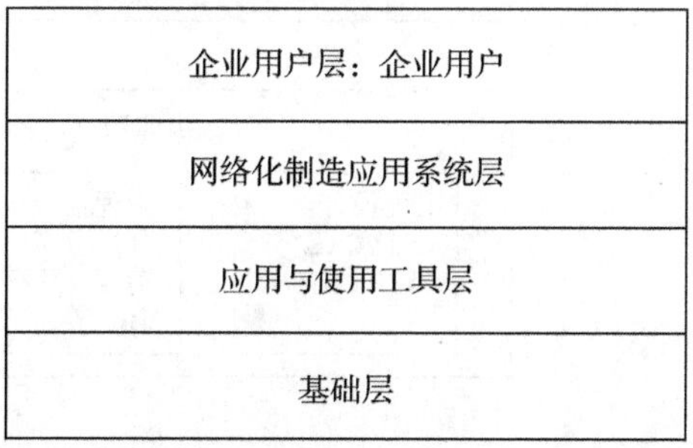

图 5－18 网络化制造系统的结构

(1) 基础层 主要为实施网络化制造提供基础的支持，包括计算机网络平台、基础数据库、网络化制造相关标准等。

(2) 应用与使用工具层 包括网络化制造所需要的应用软件系统（如 CAD/CAPP/CAE/CAM、PDM、ERP 等）和使能工具（项目管理、企业建模与诊断、设备互联等）。

(3) 网络化制造应用系统层 它包含了企业实施网络化制造所需的最主要的功能。如共享信息平台、敏捷企业协作平台、产品协同设计制造系统、在线远程制造服务、资源共享、电子商务等。

(4) 企业用户层 通过互联网络实现企业互联，在项目管理和过程管理系统的支持下开展企业网络化制造实际应用。

网络化制造系统的体系结构是描述网络化制造系统的一组模型的集合，这些模型描述了网络化制造系统的功能结构、特性和运行方式。

根据制造业的发展和现状网络化制造系统的体系结构可分为 5 类：① 面向独立企业的网络化制造系统；② 面向企业集团的网络化制造系统；③ 面向行业的网络化制造系统；④ 面向区域的网络化制造系统；⑤ 面向动态联盟的网络化制造系统。

1. 面向独立企业的网络化制造系统

面向独立企业的网络化制造系统的结构包括计算机网络环境和数据库支撑、企业内部网络化制造、面向企业外部的网络化制造等三个层面。具体组成如图 5－19 所示。

2. 面向企业集团的网络化制造系统

由于企业集团大多具有规模大型化、产销一体化、经营多元化、成员多元化、局部分散化、管理文化多元化等主要特点，因此其网络化制造系统的构成就会比单一企业网络化制造系统的构成要复杂得多，其总体结构如图 5－20 所示。

企业集团网络化制造系统的结构由基础层、集团层、分、子公司层、平台层和其他层等五个层面构成。

(1) 基础层 主要包括计算机网络、安全系统、数据库系统和标准化支持系统等。

(2) 集团层 主要指集团层面的内部网络化制造系统，主要包括工程设计分系统、集团管理信息系统、制造自动化系统、质量保证分系统。

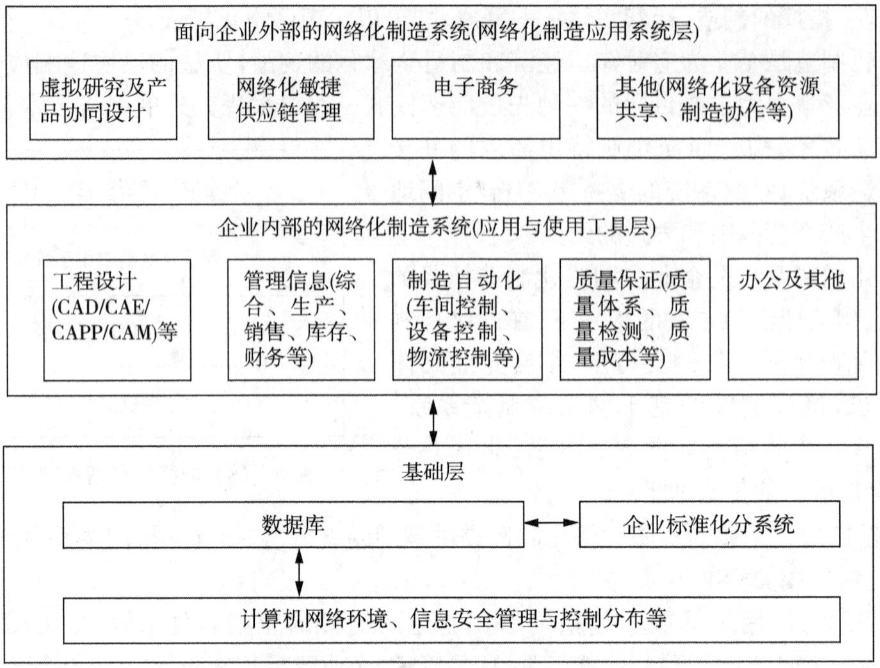

图 5－19　企业网络化制造系统的总体框架图

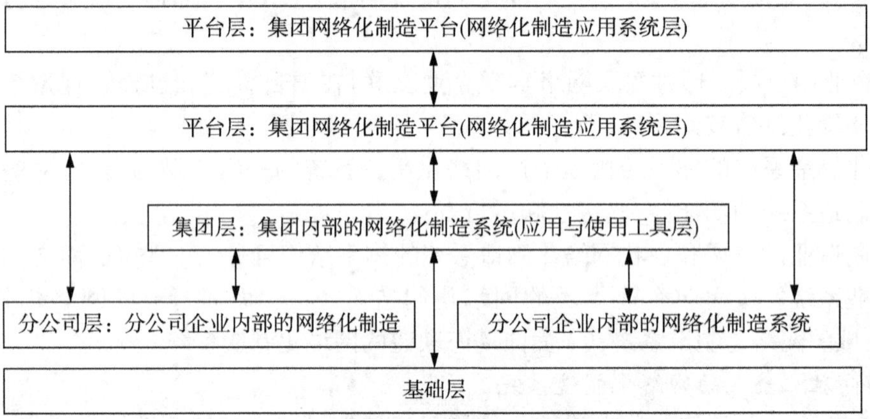

图 5－20　企业集团网络化制造系统的总体框架图

(3) 分、子公司层　分、子公司层的内部网络化制造系统与独立企业内部网络化制造系统的结构相似。

(4) 平台层　平台层主要是指集团公司及其分公司对外的信息集成平台，属于集团公司及各分子公司外部网络化制造系统，其主要功能包括电子商务分系统、供应链管理分系统、网络化设计和制造分系统等。

(5) 其他层　其他层主要指集团之外而又与集团有密切联系的要素集合，包括一些半紧密层企业、供应商、客户、经销商、高校、科研院所、政府及上级主管部门等。

3. *面向行业的网络化制造系统*

面向行业的网络化制造系统主要包括行业性网络化制造平台和行业各制造企业的网络

化制造系统。行业各制造企业的网络化制造系统可参见前面两节。面向行业外部的网络化制造系统如图 5－21 所示。

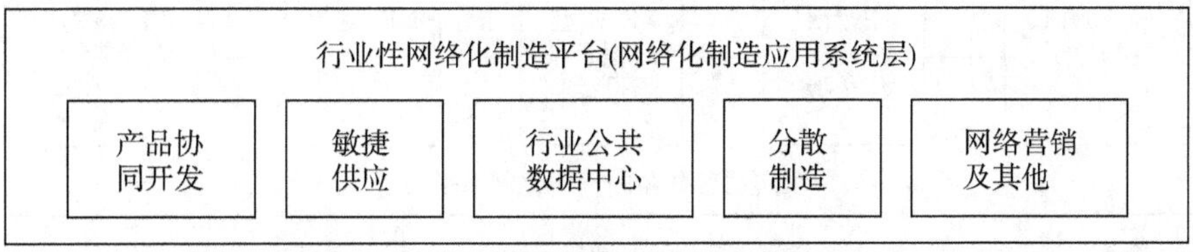

图 5－21　行业网络化制造系统的功能图

行业性网络化制造平台通过 Internet 网可以与行业企业、经销商、供应商、管理机构、高校研究机构等联系。

4. 面向区域的网络化制造系统

区域性网络化制造系统是在一定的地域范围内，采用管、产、学、研的组织模式，在计算机网络和数据库的支撑下，动态集成区域内的企业、高校、研究院所及其制造资源和科技资源，所形成的一个包括网络化的制造信息系统、网络化的资源系统、虚拟仓库及其网络化的销售系统、网络化的产品协同开发系统、虚拟供应链及其网络化的供应系统等分系统和网络化的技术支持中心及服务中心的一个开放性的现代集成制造系统。区域性网络化制造系统及功能如图 5－22 所示。

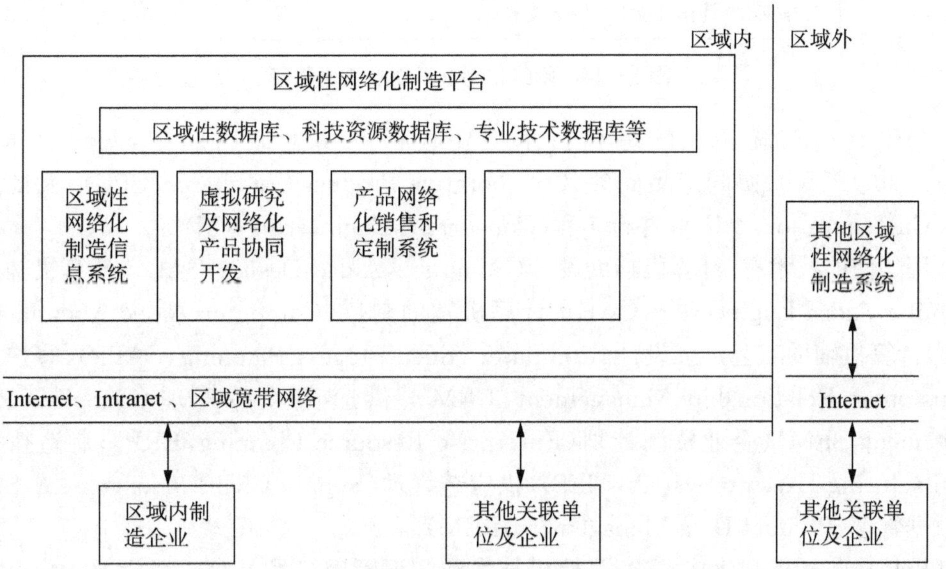

图 5－22　面向区域的网络化制造系统的功能图

5. 面向企业动态联盟的网络化制造系统

企业动态联盟是指为了抓住市场机遇，快速开发产品，由一些独立的成员公司结成的联盟。面向企业联盟的网络化制造系统体系结构，应强调以市场订单为驱动，以成员企业资源优化组合为核心，以计算机网络和面向动态联盟的网络化制造平台为支撑。面向动态联盟的网络化制造平台其功能主要包括市场机遇的捕捉与分析、联盟伙伴的优化选择、动态联盟运行的项目管理、动态联盟的重构和解散等，企业动态联盟网络化制造系统及功能如

图 5－23 所示。

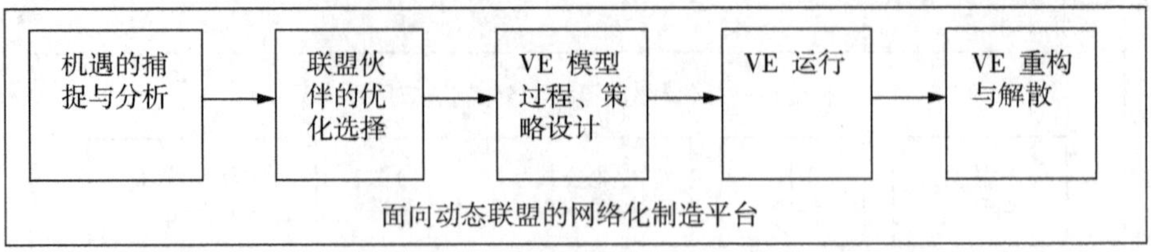

图 5－23　面向企业动态联盟的网络化制造系统的功能图

5.3.2　网络化制造系统的关键技术

网络化制造系统的技术体系由四方面组成，即综合技术、使能技术、基础技术和支撑技术，见图 5－24。

综合技术：产品生命周期管理、协同产品商务、大批量定制、并行工程等
使能技术：CAD/CAE/CAM/CAPP/CRM/SRM/ERP/MES/SCM/PDM
基础技术：标准化技术、产品建模技术、知识管理技术等
支撑技术：计算机技术与网络技术

图 5－24　网络化制造系统的技术体系

网络化制造系统相关的综合技术主要包括产品生命周期（Product Life Cycle Management，PLM）、协同产品商务（Collaborative Product Commerce，CPC）、大批量定制（Mass Customization，MC）和并行工程（Concurrent Engineering，CE）等。

常用的使能技术有：计算机辅助设计（Computer Aided Design，CAD）、计算机辅助工程（Computer Aided Engineering，CAE）、计算机辅助制造（Computer Aided Manufacturing，CAM）、计算机辅助工艺过程设计（Computer Aided Process Planning，CAPP）、客户关系管理（Customer Relationship Management，CRM）、供应商关系管理（Supplier Relation Management，SRM）、企业资源计划（Enterprise Resource Planning，ERP）、制造执行系统（Manufacturing Execute System，MES）、供应链管理（Supply Chain Management，SCM）和产品数据管理（Product Data Management，PDM）。

基础技术包括标准化技术、产品建模技术和知识管理技术等。这些技术一般不直接解决具体问题，但是作为利用使能技术解决具体问题的基础，起着十分重要的作用。

支撑技术包括计算机技术和网络技术，直接影响网络化制造系统运行的效率和可靠性，是实施网络化制造的基础设施。

5.3.3　网络化制造集成平台

网络化制造集成平台是一个基于因特网、企业内联网、企业外联网和先进信息技术的企业间协同支撑环境，它为实现大范围异构分布环境下的企业间协同提供基础协议、公共服务、模型库管理和系统管理功能，并为企业间信息集成、过程集成和资源共享提供基于服务方式的透明、一致的信息访问与应用互操作手段，从而方便地实现不同企业间人员、应用软件系统和制造资源的集成，形成具有特定功能的网络化制造系统。

网络化制造平台体系结构如图 5－25 所示。网络化制造集成平台入口主要反映了统一的、安全的用户界面，使不同地点、不同身份的用户能够以一致的界面访问企业信息系统提供的各种服务。它主要利用基于角色的信息代理实现，记录每个用户的界面风格及关心的信息内容，其内部可能包含个性化通知、指令发送、信息过滤、搜索等功能。集成平台入口是支持企业内和企业外协作的通道。

图 5－25 所示的网络化制造集成平台属于基础性通用集成平台，主要是从网络化制造的整体需求出发进行定义的。结合具体企业的实际需求，可以发展出多种特定的网络化制造专业化集成平台。

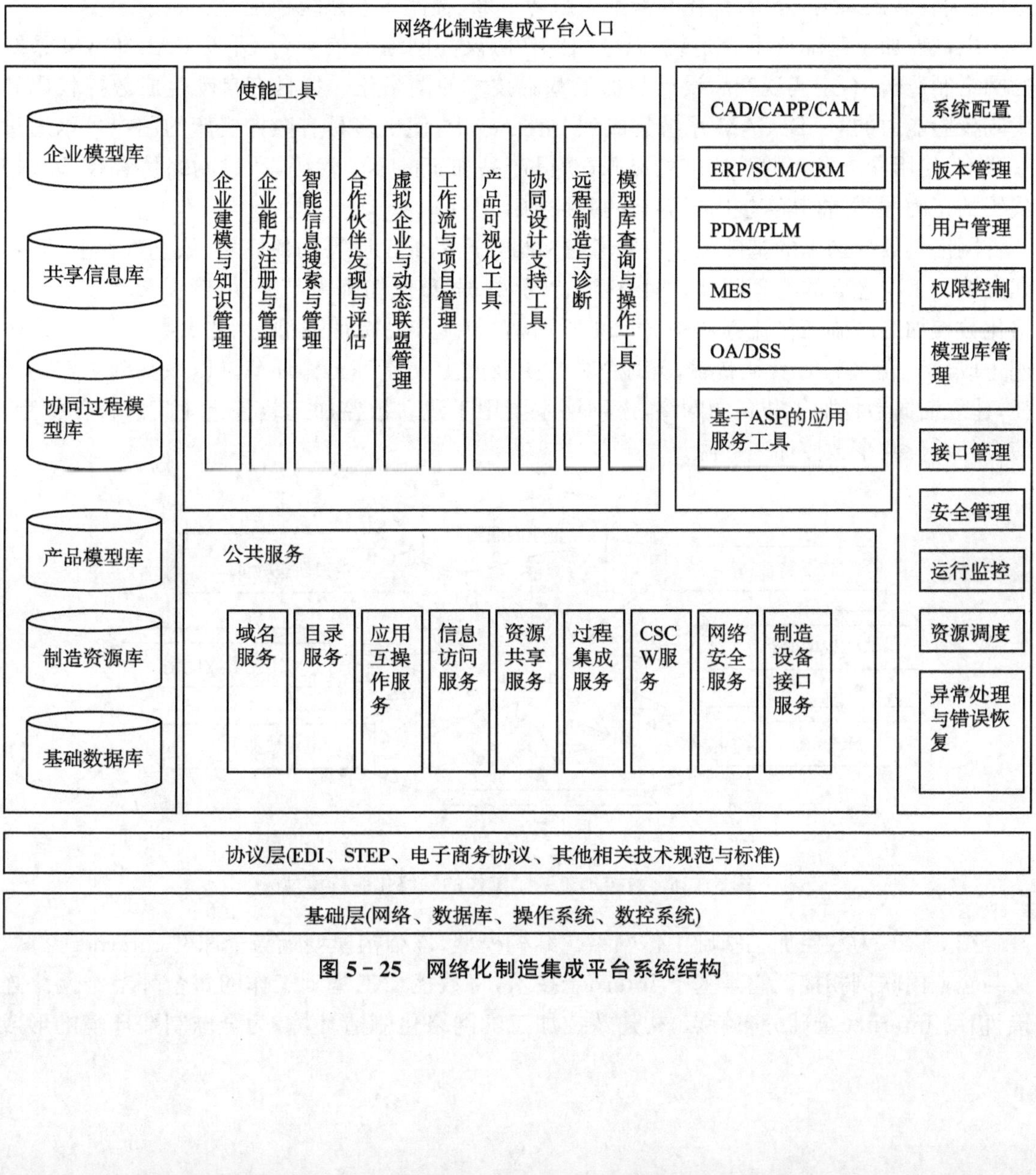

图 5－25 网络化制造集成平台系统结构

5.3.4 数控加工网络化制造技术

数控加工作为先进制造的典型技术，是网络化制造的重要手段。数控机床的使用技术不是简单的设备使用问题，而是一项具有一定规模的系统工程。在全球网络制造环境下，网络联盟组成单位之间的数控加工以何种方式互相联系，需要建立基于网络化制造的数控加工模型。

在企业中，数控加工整个过程可分为产品设计、工艺编制、数控代码编制、加工、物料流管理、产品数据管理、过程分析等功能环节。为使数控机床与网络连接成一个完整系统，需要将以上各个环节组成功能模块，既要分别实现与网络的集成，建立先进制造数控加工装备的外联网，又要实现各功能模块之间的相关连接及模块内部的网络化。建立先进制造数控加工装备的内联网，其中要用到 CAD/CAE/CAPP/CAM/MRP/PDM/VM、远程分析与自适应控制(参数采集、分析、优化与调整)、故障诊断、控制工艺系统稳定等。

以数控加工基础技术为主线，以 TCP/IP 协议为网络通信平台，开发 CAD/CAM 系统的网络制造技术，来实现产品设计与加工基础技术的网络化。将具有自动生成数控代码和代码校验能力的 CAD/CAM 系统集成到 Internet 上，使更多具有数控机床的用户可以通过互联网，使用网上发布的数控信息资源，获得产品加工的 NC 代码，通过网络仿真校验数控代码的正确性，并将其直接用于异地的数控加工。

网络化数控加工的基础工作主要考虑网络化产品加工所需的最底层、最基本作业，不考虑数控加工中包含的物理因素，如物料流、产品数据管理、切削力与振动、磨损及精度等。网络化数控加工基础工作流程如图 5-26 所示，它包括产品特征造型、工艺参数优化、走刀轨迹生成、NC 仿真、NC 代码传输、异地 NC 加工及网上交流等工作环节。以该基础工作为依托，建立面向数控加工装备的网络，该网络主要用于建立数控加工装备企业间的合作模型，使合作单位共享数控加工资源。

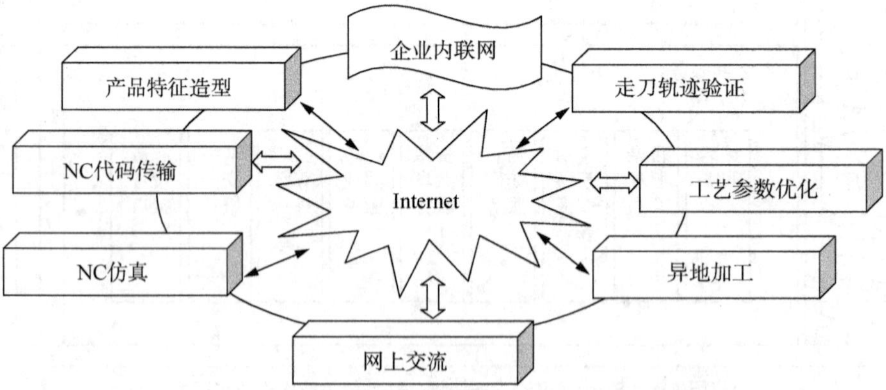

图 5-26　数控加工基础工作的网络化结构模型

图 5-26 为数控加工基础工作网络化结构模型，该结构模型既与全球网 Internet 互联，又与企业内联网相接。它是基于 Internet 技术，将数控加工基础工作的每个环节与网络连接，借助 Internet 全球分布特点，构建数控加工的网络化制造环境，为全球制造环境的形成

奠定基础。该模型具有以下功能：

(1) 实现产品的特征造型，并将产品的3D造型图形动态发布于网上，使联盟单位在异构环境下经过Internet从不同视角均可浏览到自己所需的产品图形。

(2) 基于客户机/服务器的请求响应方式，建立工艺参数优化网络结构。确定优化目标，建立数控加工工艺优化数学模型，进行基于Web的数控加工切削参数优化。

(3) 研究产品仿真图形及网络动画产生方法，建立基于Web的数控加工过程仿真结构，可以异地验证NC代码的正确性。

(4) 实现基于Web的产品加工走刀轨迹的发布与浏览。

(5) 建立外联网数据传输机制以及内联网中微机与数控机床的数据连接机制，并通过网际互联传输NC代码和工艺参数。

(6) 通过网间传送的产品图形、NC代码、工艺参数及NC仿真，实现零件的异地加工。

(7) 用户在对CAD/CAM图形进行Web浏览时，可以瞬时捕捉相应的图形及加工动画，在其上面完成自己的标注或建议，根据自己需要将标志过的文件保存，然后进行网上传递，完成快速交流。

5.3.5 网络化的CAD技术

网络化的CAD系统是以TCP/IP作为图形网络通信平台，使用Web支持的虚拟现实造型语言(Virtual Reality Modeling Language，VRML)格式与位图格式，进行CAD/CAM系统中产品特征的提取与识别，实现CAD/CAM系统中产品特征图形的格式转换，使其可以与Internet相连接，完成产品特征造型的Web发布与浏览。VRML可以构建Web支持的三维场景对象，它是将产品特征图形发布于网上的通道与桥梁。在网际互联中，使用VRML浏览器插件Plug-in即可浏览产品特征图形转换成VRML语言格式的Web页。

VRML是一个三维造型和渲染的图形描述性语言，它把一个"虚拟世界"看成一个"场景"，而场景中的一切都看做"对象"(也就是节点)，对每一个对象的描述就构成了WRL文件。

对于WRL文件的网络浏览需要下载和安装它的浏览器，如VRML2C或Cosmo Player即Microsoft VRML2.0 Viewer，VRML2C是微软内嵌于IE 4.0的VRML 2.0浏览器，安装IE 4.0时可以作为Internet工具选项安装，单击网页上wrl格式文件的超级链接，可以启动该浏览器。启动后自动下载wrl格式文件，解释并生成动态的3D场景。初始场景出现后，就可以用屏幕右侧和下边的按钮进行观看了。Cosmo Player是SGI公司为支持VRML 2.0制作的浏览器，可以在网上下载，既可以安装在IE 4.0上，也可以安装在网景公司的Communication 4.0上。

同异构环境下图形信息的Web发布与浏览过程如图5-27所示，位图转换模块经过对产品3D矢量图形进行扫描、像素编辑等处理，形成具有像素属性的位图文件。矢量处理模块考虑到用户拥有和不拥有3D矢量图形绘制软件两种情况，分为同构和异构环境两种处理方法。同构环境下，将已绘制好的三维图形文件与位图文件一起，上传至服务器，客户端通过网络可直接下载三维几何造型设计，进入自己同构的软件环境情况下浏览与修改。异构环境下比较复杂，要进行格式转换，该模块的作用是使用户在不具备矢量图形绘制软件情况下,依然可以浏览到 Web 发布的产品图形。

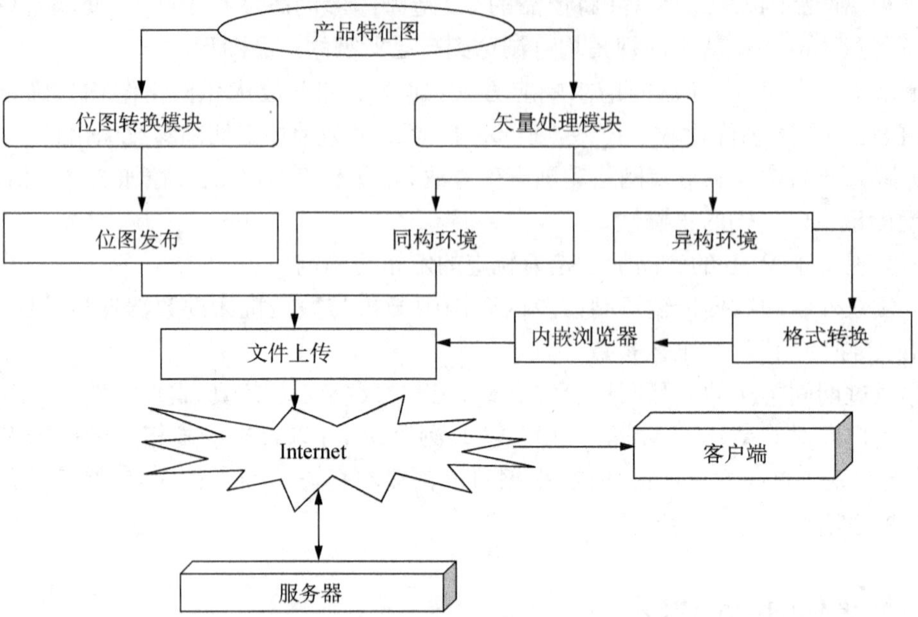

图 5-27 同构、异构环境下图形信息的 Web 发布与浏览结构

异构环境下 VRML 格式转换举例:首先在三维 CAD(ProE、UG 等)软件下进行三维特征造型,将图形导出为 wrl 格式,ProE 导出的 wrl 格式文件不具备材质,而是无内部特征的空体。在异构环境下添加材质有两种方法,一是在 3DMAX 环境下,组成 Group,然后再以 wrl 图形文件导出;另一种是 PTC 网站上下载 VRML pack 进行安装,就可以添加材质了。然后将 wrl 文件嵌入网页中即可,但要注意安装 VRML2C 或 Cosmo Player 浏览器。

该模式具有以下特点:

(1) 具有通用的网络协议平台,适合全球化制造网和企业内部制造网,以保证网络联盟个体间图形信息交换的正常化,为实现数控加工的网际互联奠定基础。

(2) 使用 VRML 插件技术,可在虚拟三维空间进行产品特征的实体表示,使合作单位可以在网上从不同视角任意浏览所需产品的三维特征造型。

(3) 使拥有商用化 CAD/CAM 软件或先进制造装备的大中型企业等的数控加工资源多节点共享。

(4) 基于统一网络协议平台的图形传输模式适合模块化要求。

(5) 由于网络协议平台的统一性,VRML 插件与高级语言的可连接性,使该模式具有可扩展性。

5.3.6 网络化的 CAM 技术

1. CAM 技术的发展

CAM 中的核心技术是数控技术,编制零件加工程序是数控技术应用的重要环节,靠手工编程无法满足复杂零件数控加工的需求,20 世纪 50 年代初期,美国开始了数控自动编程技术语言 APT 的研究，形成了早期的 CAM 系统；如 20 世纪 60 年代开发的编程机及部分编程软件：FANUC、Siemens 编程机。目前，CAM 技术已经成为 CAX(CAD、CAE、CAM 等)体系的重要组成部分，可以直接在 CAD 系统上建立起来的参数化、全相关的三维几何模型(实体+曲面)上进行加工编程，生成正确的加工轨迹。典型的 CAM 系统有 UG、ProE、Cimatron、MasterCAM 等。其特点是面向局部曲面的加工方式，表现为编程的难易程度与零件的复杂程度直接相关，而与产品的工艺特征、工艺复杂程度等没有直接相关关系。已经成为智能化、自动化水平进一步发展的制约因素。只有采用面向模型、面向工艺特征的 CAM 系统，才能够突破 CAM 自动化、智能化的现有水平。

CAM 技术的发展趋势将体现在以下几方面。

(1) 面向对象、面向工艺特征的结构体系　传统 CAM 系统仅以 CAD 模型的局部几何特征为目标对象，CAM 曲面为目标的体系结构将被改变成面向整体模型(实体)、面向工艺特征的结构体系。系统将能够按照工艺要求自动识别并提取所有的工艺特征及具有特定工艺特征的区域，使 CAD/CAM 的集成化、自动化、智能化达到一个新的水平。

(2) 基于知识的智能化系统　未来的 CAM 系统不仅可继承并智能化地判断工艺特征，而且具有模型对比、残余模型分析与判断功能，使刀具路径更优化，效率更高。同时也具有对工件包括夹具的防过切、防碰撞功能，提高操作的安全性，更符合高速加工的工艺要求，并开放与工艺相关联的工艺库、知识库、材料库和刀具库，使工艺知识积累、学习、运用成为可能。

目前，以 Delcam 公司的 PowerMILL 及 WorkNC 为代表，采用面向工艺特征的处理方式，系统以工艺特征参数提取的自动化来实现 CAM 编程的自动化。当模型发生变化后，只要按原来的工艺路线重新计算，即实现 CAM 的自动修改。

(3) 提供更方便的工艺管理手段　CAM 的工艺管理是数控生产中至关重要的一环，未来 CAM 系统的工艺管理树结构，为工艺管理及即时修改提供了条件。较领先的 CAM 系统已经具有 CAPP 开发环境或可编辑式的工艺模板，可由有经验的工艺人员对产品进行工艺设计，CAM 系统可按工艺规程全自动批次处理，能自动生成图文并茂的工艺指导文件，并能以超文本格式进行网络浏览。

2. 网络化 CAM 技术

网络化 CAM 技术主要研究计算机辅助制造的网络化，主要包括异地加工、基于 Web 的数控加工仿真、数控代码的网络校验、数控加工信息的网络传输等。

(1) 基于 Web 的数控加工仿真　数控加工走刀运动仿真可检验 NC 代码程序控制的刀位轨迹是否符合加工要求，避免耗时、费力的切削过程。目前，有关走刀运动的仿真的研究较多，他们使用各种高级语言来实现 NC 代码与走刀运动轨迹之间的映射，但是只能在单机上或特定系统平台上运行。基于 Web 的数控加工仿真则是应用网络互联技术，开发仿真动画图形的 Web 发布与浏览程序，进行多节点、异地、瞬时的刀具运动轨迹浏览。

目前也广泛采用商业化的软件进行走刀运动仿真和 NC 代码的自动生成。与 CAD 系统一样如果是同构系统，可以直接将走刀运动仿真动画下载到机器上，然后打开进行浏览和修改，如果在异构环境下可以存为视频文件，然后通过网络播放。如图 5-28 所示。

(2) 异地加工　将远程的数控代码通过 Internet 网络传输，一种是通过数控机床上的网络接口直接将 NC 代码输入数控机床；另一种是将远程传来的 NC 代码下载到本地计算机上，然后通过 RS232 串口实现 PC 机与数控机床的连接。异地加工示意图见图 5－29。

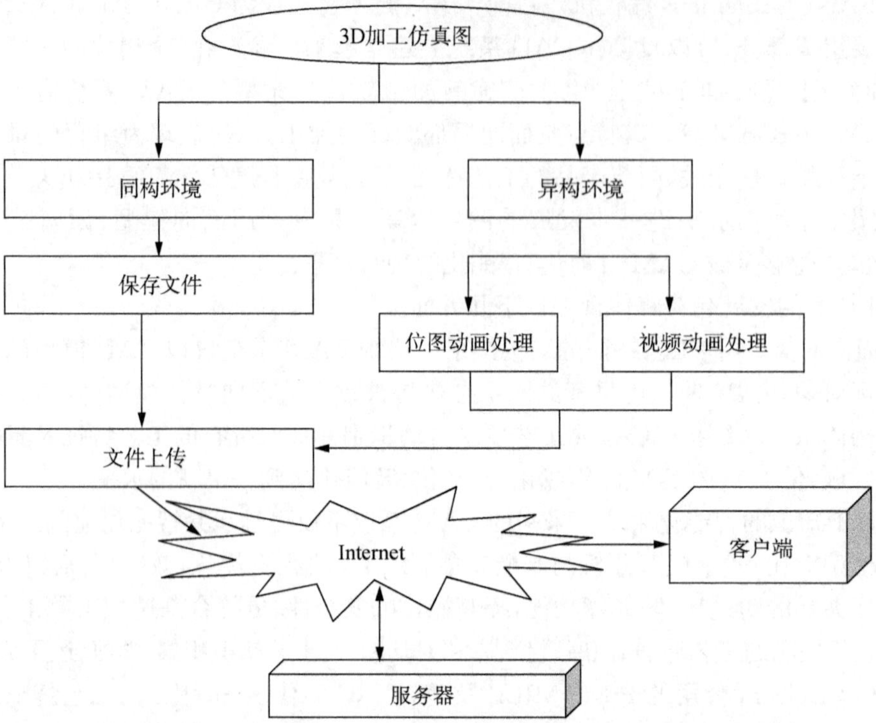

图 5－28　同构、异构环境下加工信息的 Web 发布与浏览结构

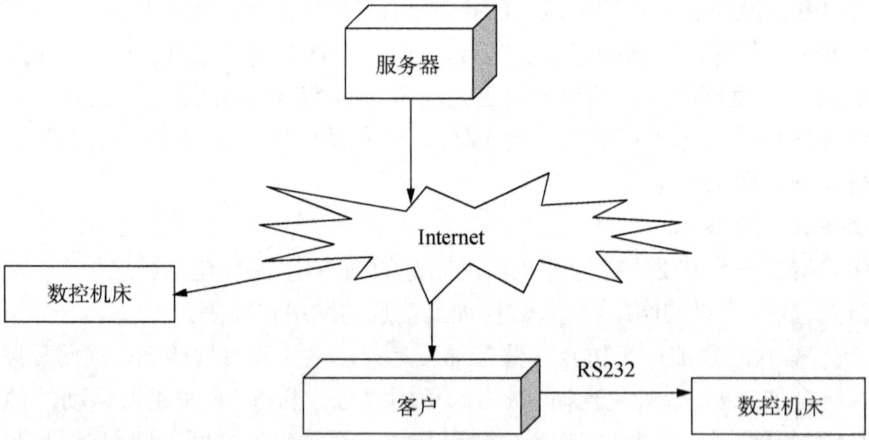

图 5－29　异地加工示意图

5.3.7　网络化的 CAPP 技术

网络化的 CAPP 系统除了能实现传统 CAPP 系统的功能之外，还能进行多用户工艺文档处理，使企业内部各部门之间实现资源共享和通信，保证数据的正确性、完整性和安全性。

系统以网络数据库为基础，系统结构如图 5－30 所示。

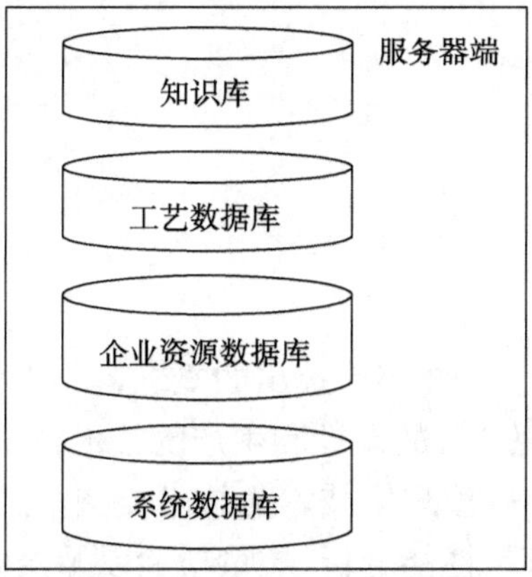

图 5-30 网络化 CAPP

网络化 CAPP 各模块功能如下。

(1) 主控模块　主控模块是系统的主工作界面,起到总体调度,协调各部分工作的作用。通过操作主控模块可以选择哪个模块进行工作,用户可以方便地进入各子模块。主操作界面使用 Windows 的界面风格,包含菜单、工具条等,以方便用户的操作和使用。

(2) 系统管理模块　系统管理模块包括权限管理、系统数据库管理、工艺库管理、企业资源管理和系统帮助等模块。

权限管理根据企业的具体情况,可以设置具有不同权限的用户(比如系统管理员、项目主管、普通用户、数据库管理人员等)以保证企业信息和数据资料的安全与稳定。

系统数据库管理提供一个人机交互的友好界面,对系统数据进行维护。

工艺库管理通过系统提供的界面对系统中存储的标准工艺进行修改。

企业资源库的建立,主要用于工艺人员在进行工艺编制时选用。被选择的对象可以直接加入到工艺描述文件当中,从而使工艺人员可以方便、快捷地完成工艺描述文本的输入工作。

(3) 网络数据库模块　工艺设计需要产品的大量原始数据,如产品的物料清单、产品图纸等,同时设计过程中涉及企业的大量数据,如企业文献、国家标准和企业标准、工艺手册以至企业、车间、设备等。应用数据库技术按照类型和需要的不同分别建立企业资源库,包括产品基本数据库、材料库、工装库、设备库、工种车间库、工时定额库、典型工步库等,这些数据为 CAPP 系统提供可靠的基础数据。系统还包含有其他数据库如工艺库、知识库等。所有系统数据库放在服务器上,用户在客户端操作时,系统自动从服务器读取。网络数据库的建立,既方便了企业数据库的维护与管理,又可保证企业信息资料的安全,并且更加方便在企业各部门之间的数据共享,大大提高新产品的开发效率。

(4) 工艺制定模块　工艺制定是指工艺卡片的编制。新工艺卡片的编制可以通过三种方式来实现 。第一种是由工艺设计人员通过系统提供的人机交互界面编制新的工艺卡片。通过工艺编辑界面,用户可以以所见即所得的方式创建卡片,创建完成后可存储到临时工艺库,待通过审核后存储到工艺库内。在填写工艺卡片时,利用企业资源库中的术语库和符号库等既可以快速填写卡片,又可以保证数据的准确性。第二种方法是通过系统提供的卡片检索功能,输入关键字进行检索,找出系统中已有的相似卡片,在其上进行修改即可生成新的卡片。第三种方法是由计算机模仿工艺人员的逻辑思维能力,以人机交互或自动地进行各种决策和计算。

5.4　虚拟制造技术

5.4.1　虚拟制造的定义与分类

虚拟制造(Virtual Manufacturing,VM)是20世纪80年代提出的概念,在20世纪得到重视和发展,是指利用计算机模拟制造和仿真来实现产品的设计和生产的技术,是一种在计算机中实现的制造技术。它以信息技术、仿真技术、虚拟现实技术为技术支持,在计算机上群组协同工作,实现产品的设计、工艺规划、加工制造、性能分析、质量检验以及企业各级过程的管理与控制等产品的制造本质过程。

对于虚拟制造的概念国内外有许多学者进行了有益的探索,如清华大学提出三个层次虚拟制造的定义:① 面向设计的虚拟制造,其核心是可制造/可装配性;② 面向生产的虚拟制造,其核心是可生产性;③ 面向企业的虚拟制造,其核心是可合作性。

根据虚拟制造研究中出现的不同侧重点,可以将VM分成以下三类:

(1) 以设计为中心的VM　是通过增加制造信息到集成产品开发过程中并在计算机中仿真多种制造方案,提供设计工程师设计产品的设计工具及评估产品可制造性的环境。如面向制造的设计(DFM)以及面向装配的设计(DFA)等并行式设计工具。

(2) 以制造为中心的VM　是通过对生产过程的建模与仿真,以达到方便和快捷地评价多种加工过程的目的。它给工艺计划和生产计划的生成、工艺资源的要求以及对这些计划的评价提供了虚拟的制造车间现场环境和设备,使之可以分析、改进生产计划和生产工艺,验证NC程序及物流控制。

(3) 以控制为中心的VM　增加仿真到控制模型中,提供对实际生产过程仿真的环境,其目的是在考虑车间控制行为的基础上,评估新的或改进的产品设计,以及与车间生产相关的活动,从而优化制造过程,改进制造系统。

5.4.2　虚拟制造与有关概念的关系

(1) 虚拟制造与仿真　VM依靠仿真技术来模拟设计、装配和生产过程,使设计者可以在计算机中“制造”产品。仿真是VM的基础,VM是仿真的扩展。

(2) VM与计算机图形学　VM依靠计算机图形学来建立计算机内的数字化模型,这种模型可以表达三维的立体数据,还可以像真实物品一样可视和可运动。但是从人机交互的自然程度来看,VM要远胜于在计算机图形学上建立的CAD系统,而且VM更强调用户感知方式的多样性,可使用户更“直接”地感知模型的物理特性。所以,CAD模型往往只是提供给专业人员使用,而VM更支持不同技术背景,甚至非专业人员进行评论与讨论。

(3) VM与虚拟企业　虚拟企业是敏捷制造的动态组织形态,是指为了赢得某一市场机遇,围绕某种新产品开发,通过选用不同组织或公司的优势资源,综合成单一的靠网络通信联系的阶段性经营实体,也称动态联盟。动态联盟具有集成性和实效性两大特点,它实质上是不同组织和企业间的动态集成，随市场机遇的存亡而聚散。虚拟企业强调网络环境下快速和敏捷的生产经营组织和管理，而 VM 的重点是仿真产品生命周期中的各个活动。

(4) VM 与虚拟原型　虚拟原型是个相对于物理原型的概念，是具有一定功能的基于计算机的仿真系统。

(5) VM 与可视化　可视化是一种计算机方法。它将信号转换成图形或图像，使研究者能观察他们的模拟与计算，以丰富科学发现的过程。

(6) VM 与多媒体技术　多媒体技术中的"媒体"其含义是信息的载体，如图形、文字、声音、图像等。多媒体技术就是以计算机为核心的集图、文、声、像处理技术于一体的综合性处理技术。主要还是视觉与听觉，感知范围没有 VR 广，后者包括了触觉、力觉等感知。而且一般说来，多媒体技术不强调人机交互性，如可视场景不随用户视点而变，因此，它提供的真实感不同于 VR 的存在感。

5.4.3　虚拟制造的关键技术

虚拟制造的实现主要依赖于 CAD/CAE/CAM 和虚拟现实等技术，可以看做是 CAD/CAE/CAM 发展的更高阶段。虚拟制造不仅要考虑产品，还要考虑生产过程；不仅要建立产品模型，还要建立产品生产环境模型；不仅要对产品性能进行仿真，还要对产品加工、装配和生产过程进行仿真。因此，虚拟制造涉及的技术领域极其广泛。VM 的关键技术主要有虚拟现实技术、虚拟设计技术、可制造性评价等。

1. 虚拟现实技术

虚拟现实技术(Virtual Reality，VR)是在计算机图形学、计算机仿真技术、人机接口技术、多媒体技术以及传感器技术的基础上发展起来的一门交叉技术。是指由计算机直接把视觉、听觉和触觉等多种信息合成，并提示给人的感觉器官，在人的周围生成一个三维的虚拟环境，从而把人、现实世界和虚拟空间结合起来融为一体，相互间进行信息的交流与反馈。

虚拟现实技术包括以下特征：

(1) 多感知性　多感知性是说除了一般计算机所具有的视觉感知外，还有听觉感知、力觉感知、运动感知，甚至包括味觉感知、嗅觉感知等。

(2) 沉浸感(临场感、存在感)　是指用户作为主角存在于虚拟环境中的真实程度。用户在虚拟环境中，一切感觉都是那么逼真，有一种身临其境的感觉。

(3) 交互性　在虚拟环境中，操作者能够对虚拟环境中的对象进行操作，并且操作的结果能够反过来被操作者准确地、真实地感觉到。

虚拟现实系统(Virtual Reality System，VRS)是指由图形系统及各种接口设备组成，用来产生虚拟环境并提供沉浸感觉，以及交互性操作的计算机系统。该系统包括操作者、机器、人机接口三个基本要素。其基本构成如图 5-31 所示。

用户信息模块用来检测识别用户的操纵命令，并透过传感器模块一方面接受来自用户的操作命令，感知现实世界、提取信息，并将其作用于虚拟环境，另一方面则将操作后产生的结果向用户反馈；控制器模块对传感器进行控制，使其对用户、虚拟环境和现实世界产生作用；建模模块构建现实世界的三维模型，由此构成对应的虚拟环境。

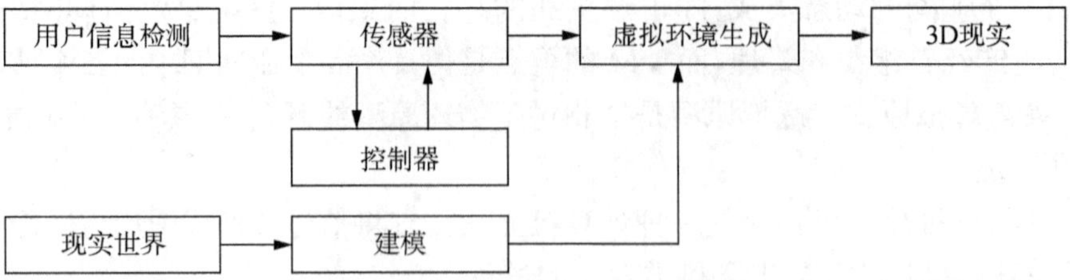

图 5-31　虚拟现实系统的结构

2. 虚拟设计技术

虚拟设计技术包括建模技术、虚拟仿真等。

(1) 建模技术　虚拟设计的核心问题之一是建立产品数据模型问题，产品建模技术主要有基于 OpenGL(Open Graphics Library，系统开发图形库)几何建模技术与基于 VRML (Virtual Reality Modeling Language，虚拟现实建模语言)的建模技术。

OpenGL 是近几年发展起来的一个性能卓越的三维图形软件接口，它是在 SGI 等多家世界闻名的计算机公司的倡导下，以 SGI 的 GL 三维图形库为基础制定的一个通用共享的开放式三维图形软件接口标准。目前，包括 Microsoft、SGI、IBM、DEC、SUN、HP 等大公司都采用了 OpenGL 作为三维图形标准，许多软件公司也纷纷以 OpenGL 为基础开发出自己的产品，如动画制作软件 Soft Image 和 3D Studio MAX、仿真软件 Open Inventor、VR 软件 WTK、ProE 等。OpenGL 具有如下特点：

1) 独立于其他软硬件平台，可采用 C、C++、Fortran 等多种语言进行开发，以它为基础的应用程序可十分方便地在各种硬件平台间移植；

2) 对网络透明，基于 OpenGL 的应用程序可跨网络运行，即 OpenGL 在一台计算机上运行，而渲染的结果则在网络上的另一台计算机上显示输出，只要两者服从相同的协议；

3) 图形绘制命令可以从具体的窗口中独立出来。

VRML 是一种建模语言，也就是说，它是用来描述三维物体及其行为的，可以构建虚拟境界 VRML 的基本目标是建立因特网上的交互式三维多媒体，基本特征包括分布式、三维、交互性、多媒体集成、境界逼真性等。

VRML 的出现使得虚拟现实像多媒体和因特网一样逐渐走进我们的生活，简单地说，以 VRML 为基础的第二代万维网＝多媒体＋虚拟现实＋因特网。以 VRML 为核心的第二代万维网使用户如身处真实世界，在一个三维环境里随意探寻因特网上无比丰富的巨大信息资源。每个人都可以从不同的路线进入虚拟世界，和虚拟物体交互，这样控制感受的就不再是计算机，而是用户自己。人们可以以习惯的自然方式访问各种场所，在虚拟社区中"直接"交谈和交往。事实上，目前采用 VRML 技术取得成功的案例已经很多，例如探路者到达火星后的信息就是利用 VRML 在因特网上即时发布的，网络用户可以以三维方式随探路者探索火星。

VRML 在电子商务、教育、工程技术、建筑、娱乐、艺术等领域的广泛应用，将会促使它迅速发展，并成为构建虚拟现实应用系统的基础。虚拟现实作为一种全新的人机接口技术，必须研究用户和计算机之间的协调关系问题，这样一个问题只有通过大量的使用才能逐步解决，VRML 以因特网作为应用平台，最有希望成为构筑虚拟现实应用的基本构架。

（2）虚拟仿真　虚拟仿真包括对产品的虚拟加工过程仿真、虚拟装配仿真及虚拟运动仿真等。

1）虚拟加工过程仿真　通过产品加工过程仿真可以达到以下几个目的：① 采用加工件的实体模型和机床模型来模拟加工过程，刀具沿设计的轨迹切除工件上的材料，这样，就很容易检验出刀具运动轨迹是否合理；② 根据正常实际加工的各参数，设定虚拟加工过程，通过加工过程中表现出的各种现象（如振颤、表面粗糙度、尺寸精度、刀具磨损等）验证加工参数的设置是否合理；③ 验证设计的合理性。

2）虚拟装配仿真　产品的装配是产品制造过程的末端环节，它的目的是将零散的部件装配成完整的产品。虚拟装配，是在虚拟现实、产品建模的基础上，通过分析及预测模型、装配与制造规划等手段进行与装配相关的工程决策。

3）虚拟运动仿真　虚拟运动仿真可使“虚拟产品”在计算机中按设计的功能进行各种运动，根据其运动过程检查出机构间的动态干涉问题，得到指定构件或指定点的位移、速度、加速度等参数的连续变化的数据以及相关图形，最终可以准确地预测机构可能出现的问题，为改进设计提供准确的依据。

4）虚拟样机技术　虚拟样机技术是指在产品设计开发过程中，把虚拟产品建模技术（CAD）与分析技术（CAE）相结合，针对产品在投入使用后的各种工况进行动态仿真分析，预测产品整体性能，从而改进产品设计，提高产品性能。

（3）可制造性评价　可制造性评价主要包括对技术可行性、加工成本、产品质量和生产效率等方面的评价。虚拟制造的根本目的就是要精确地进行产品的可制造评价，以便对产品开发和制造过程进行改进和优化。

5.4.4 虚拟制造系统的功能

虚拟制造系统（VMS）是一个在虚拟制造技术的指导下，在计算机网络和虚拟现实环境中建立起来的，具有集成、开发、分布、并行、人机交互等特点的，能够从产品产生全过程的高度来分析和解决制造系统各个环节的技术问题的软硬件系统。图 5-32 是虚拟制造系统的功能图。虚拟制造系统能够完成多方面的功能，主要包括虚拟设计、虚拟制造、虚拟生产和面向虚拟企业等功能。

（1）虚拟设计功能　虚拟设计是在虚拟现实和网络环境中，群组协同工作，对未来产品进行优化设计，完成产品的性能评价、可制造性评价等工作，从而最终实现产品的虚拟原型等功能。

（2）虚拟制造功能　该功能主要包括生产工艺设计与评价、加工过程切削参数优化、材料加工成形仿真、数控设备软件的编制与验证等。它是以全信息模型为基础的众多仿真分析软件的集成，包括力学、热力学、运动学、动力学等分析。

（3）虚拟生产功能　该功能包括生产环境的布局设计、设备集成产品远程虚拟测试、企业生产计划与调度的优化等。

（4）虚拟企业功能　利用虚拟企业的形式以实现劳动力、资本和信息等资源的最优配置，该功能为敏捷制造提供合作性支持。

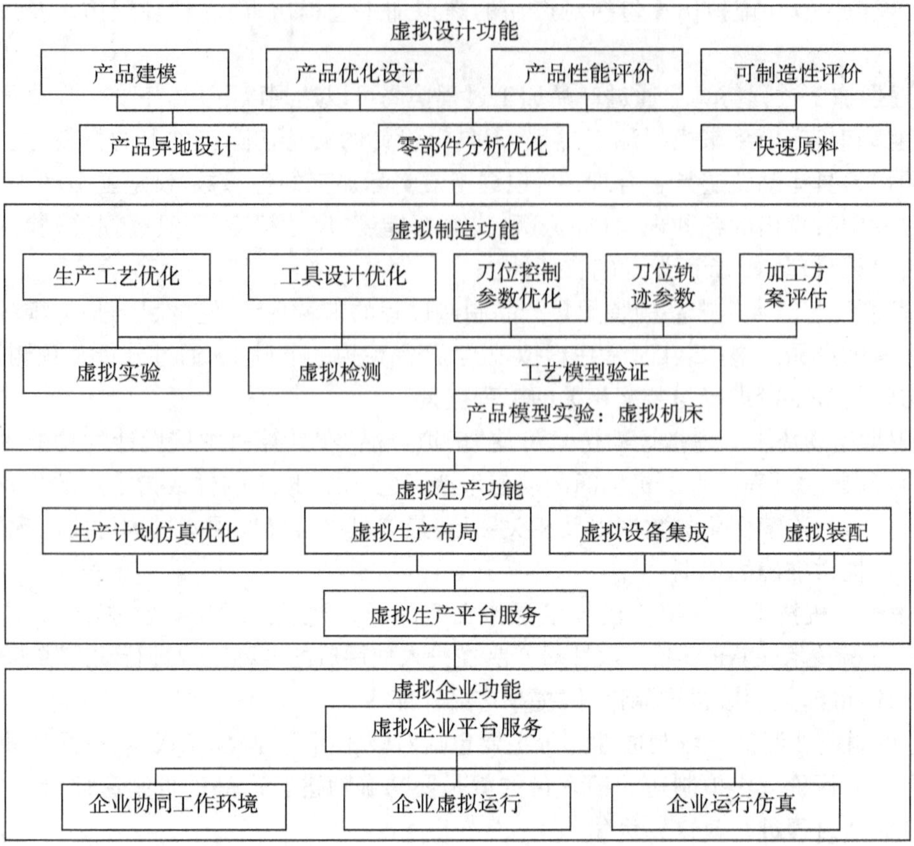

图 5-32　虚拟制造系统的功能图

5.4.5　虚拟制造系统的体系结构

虚拟制造系统的开发是一个复杂的系统工程，必须采用系统工程的方法来指导具体的开发过程。特别地，在开发过程的初期，提出一个合理的体系结构，以指导虚拟制造系统的后续开发过程是至关重要的。

建立合理的体系结构，首先必须围绕虚拟制造系统的功能开展。必须为实现这些功能提供相应的平台。其次，虚拟制造系统的体系结构还必须充分体现集成、分布、开放、人机交互等特点，图 5-33 为一个具有层次结构的虚拟制造系统的体系结构。

该结构分为六个层次：界面层、框架层、应用层、数据层、协议层、网络层。

(1) 界面层　产品开发小组成员可以用图文、图形、超文本、超媒体等方式，通过统一的图形人机界面，向虚拟制造系统请求服务以便进行开发活动，或从系统获取信息以进行多目标决策或群组决策。另外还有实现操作者能沉浸虚拟环境所需的数据输入输出的人机接口。

(2) 框架层　是虚拟制造系统的中枢。框架层通过 CORBA 或 DCOM 机制实现异构系统和应用之间的集成和互相操作，并通过对象管理框架来管理各种应用对象及相互间的关系。在此基础上，通过建立项目管理、过程管理和任务调度机制，如基于 Web 的 PDM 等实现对产品虚拟制造过程的全面控制。界面层用户通过框架实现对各种应用的调用。

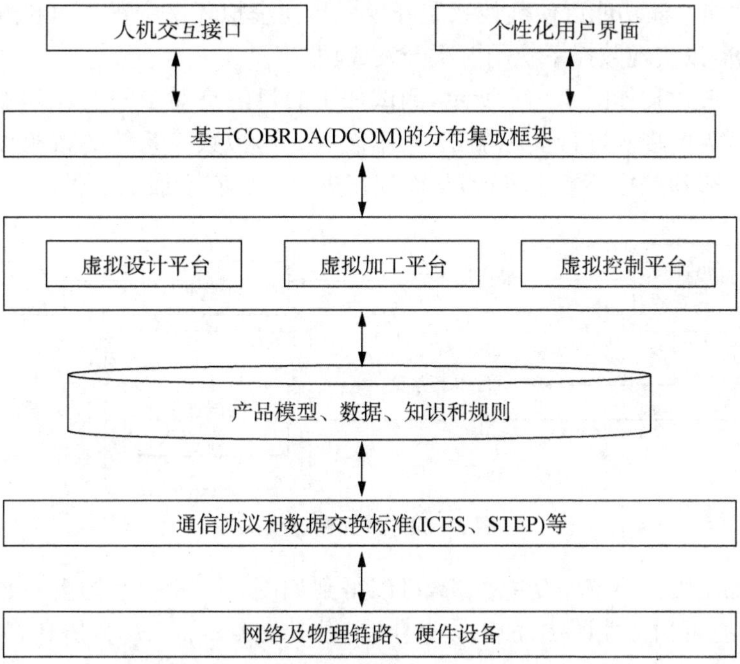

图 5－33　虚拟制造系统的体系结构

(3) 应用层　为实现系统的各种功能提供多种应用工具，包括设计、工艺、分析、装配、制造、质量等，形成一个虚拟制造工具集，这些应用遵循 CORBA 或 DCOM 规范，并通过界面向用户提供各种服务。

(4) 数据层　包括全局共享数据和本地数据，各种应用通过标准数据访问接口实现本地数据和远程数据的访问，并通过数据间约束关联机制保证数据的一致性、完整性和连续性。

(5) 协议层　协议层规定了虚拟制造系统各部分间的网络通信协议、数据交换标准和应用编程接口协议等。

(6) 网络层　也称物理层或硬件层。它为虚拟制造系统中各种数据的交换与传输及各种应用系统提供物理链路和设备。

5.4.6　虚拟数控加工的功能

虚拟数控加工系统是对数控系统和数控加工过程进行仿真的软件系统，具有培训、仿真、设计和评价等 4 大功能。

(1) 培训功能　该功能可使人们在网络虚拟环境中学习数控机床的操作、数控系统的编程以及各复杂的 CNC 控制命令。

(2) 仿真功能　该功能可使人们高效、灵活、节省、安全地进行数控系统的装配仿真、运动仿真和加工过程仿真。

(3) 设计功能　该功能则可通过建立通用的机床库、刀具库、夹具库、数控软件芯片库，使数控系统的设计人员能快速设计各类数控系统。

（4）评价功能　该功能可使数控系统开发人员在虚拟环境中进行电机联调和数控系统的性能综合评价，以实现数控系统的一次开发成功。

产品制造一般过程如图 5－34 所示，测试加工的目的是对中间设计和加工方案进行测试。因这种测试需要多次进行实际加工，成本较高。虚拟数控系统的数控加工仿真功能则将测试加工部分移到虚拟环境中进行，从而仅仅进行一次实际加工过程。

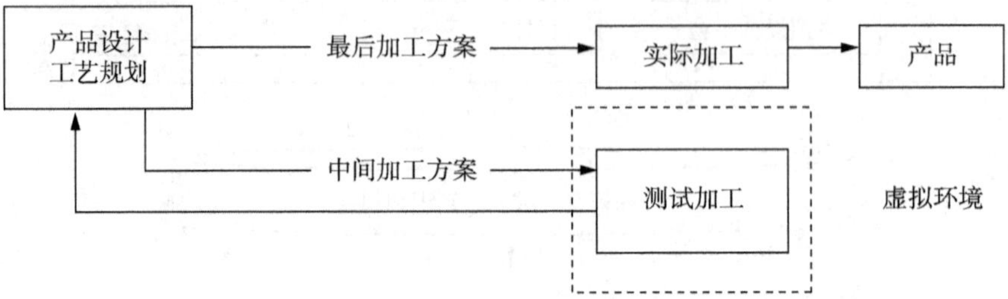

图 5－34　产品制造模式

根据虚拟加工数控系统的功能分析，可以得到如图 5－35 所示的虚拟数控加工系统的外特性图，图中有可加工性评估、加工数据获取、虚拟现实和加工过程仿真等 4 个功能体。

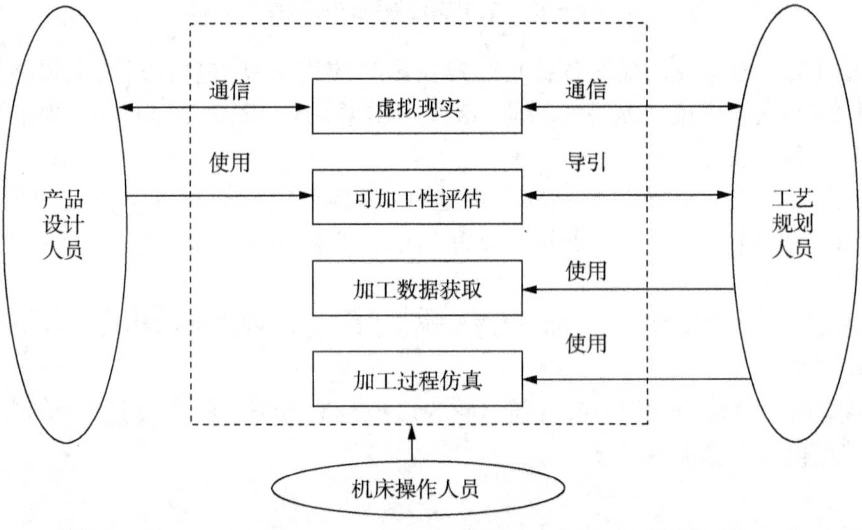

图 5－35　虚拟数控加工系统外特性图

（1）可加工性评估过程　在工艺设计人员的导引下完成，因此两者之间的关系为双向通信，产品设计人员则只是单向使用可加工性评估。

（2）加工数据获取　工艺设计人员单向使用加工数据获取功能和加工过程仿真功能以完成可加工性评估。

（3）加工过程仿真　产品设计和工艺设计人员均与虚拟现实功能体通信以获取加工细节。

在虚拟数控加工过程中，数控机床操作人员的参与不是绝对必要的。

5.4.7 虚拟数控加工系统的体系结构

图5-36是虚拟数控加工系统的体系结构。该体系结构描述了由输入接口、虚拟现实、虚拟加工单元、服务集和网络通信5部分组成的系统的内部功能体及其相互联系。

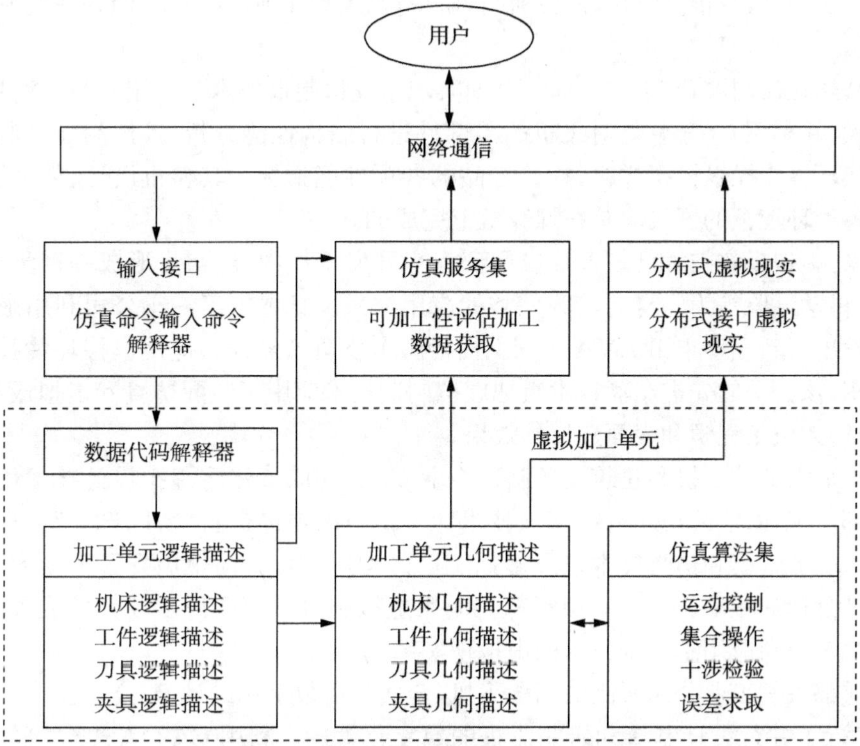

图5-36 虚拟数控加工的体系结构

(1) 输入接口 输入接口虚拟定义虚拟数控加工各种用户仿真命令,并利用命令解释器将各用户仿真命令转换成实际操作的内部基本指令,如定义加工单元、运行数控代码、加工过程运行控制、获取加工数据、可加工性分析和多用户通信控制等等。

(2) 网络通信 网络通信功能使不同位置的用户共享同一虚拟加工单元,协调各用户之间的通信,屏蔽地理位置的差异。

(3) 虚拟加工单元 该部分是虚拟数控加工系统的核心,由数控代码解释器、加工逻辑单元描述、加工单元几何描述以及相应算法集构成。数控代码解释器接受输入接口中命令解释器传送的数控代码并将代码转换为加工单元相应逻辑变量的改变。逻辑变量的改变导致相应几何数据更新。算法集则提供必要的计算能力如干涉检验和集合操作等等。

(4) 仿真服务集 该部分加工数据获取模块根据机床、刀具的运动历史及工件形状的改变历史进行计算得到总体加工时间、空走刀时间、换刀次数、抬刀次数、总切削量、瞬间最大切削量等加工数据;可加工性评估模块利用获取的加工数据对产品进行可加工性评估。

(5) 分布式虚拟现实 虚拟现实接受来自加工单元几何描述的数据并建立虚拟现实场景,用户可沉浸于场景中检查加工单元的各部分运动情况;分布式接口则支持多个异地用户在逻辑上共享同一虚拟场景。

5.4.8 虚拟制造技术的应用

虚拟制造从提出到现在已有 20 多年，技术上得到了很大的发展，应用方面也得到了广泛的扩展。在国外，有很多学校、研究所、科研单位、大型企业等都在不断地研究和应用虚拟制造技术。

波音公司在研制波音 777 客机时，全面实现了虚拟制造技术。采用 CAD 软件进行产品数字化建模，并利用 CAE 软件对飞机的零部件进行结构性能分析，其产品设计制造工程师在虚拟现实环境中操纵模拟样机，检验产品的各项性能指标。其整机设计、部件测试、整机装配以及各种环境下的试飞均是在计算机上完成的。

近年来，虚拟现实技术已较多地应用到汽车开发工作中，已初步形成一种集专业理论、工程设计、科学试验等为一身的较为完整的应用体系。日本丰田汽车公司利用虚拟制造技术成功开发出了新车型丰田 AVALON。福特汽车公司已经计划应用虚拟环境技术来设计和开发汽车，该公司的先进车辆技术组把虚拟制造技术应用于装配仿真和虚拟成型，以提高空气动力学、人机工程学和表面建模的效果。

世界上最大的挖土机和建筑设备制造企业 Caterpillar Inc 将虚拟设计技术用于评价新样车的内部可视性；该公司还打算用该技术让客户对新产品进行“实际试车”。日本在进行虚拟制造系统的建模和仿真技术以及虚拟工厂的构造环境方面也展开了大量的研究，几家大型的汽车公司如三菱、丰田、本田等都在应用虚拟制造方面取得了较大的成果。近年来，法国雷诺汽车公司应用了全息技术的虚拟现实系统。

我国成都飞机工业公司研制的超七飞机，全面采用数字化设计，建立了全机结构数字化样机，并实行了并行设计制造和研制流程的数字化管理。利用 CATIA、UG 等软件对超七飞机零部件进行结构设计、工艺模型设计、数控程序设计、虚拟加工仿真和数控加工。

虚拟制造技术不但能缩短产品的开发周期，减少企业的开发成本，而且可以提高产品的质量和一次研发成功率。

5.5 新一代自动化加工装备技术

5.5.1 虚拟轴机床

虚拟轴机床，又称并联结构机床，也曾被称为六条腿机床、六足虫。虚拟轴机床是基于空间并联机构 Stewart 平台原理开发的，是近年才出现的一种新概念机床，它是并联机器人机构与机床结合的产物，是空间机构学、机械制造、数控技术、计算机软硬技术和 CAD/CAM 技术高度结合的高科技产品。它克服了传统机床串联机构刀具只能沿固定导轨进给、刀具作业自由度偏低、设备加工灵活性和机动性不够等固有缺陷，可实现多坐标联动数控加工、装配和测量多种功能，更能满足复杂特种零件的加工。自其 1994 年在美国芝加哥机床展上首次面世即被誉为是“21 世纪的机床”，成为机床家族中最有生命力的新成员。

5.5.1.1　虚拟轴机床的工作原理与特点

1. 虚拟轴机床的工作原理

早在1965年，英国工程师Stewart开发的飞行模拟器采用了6个自由度的并联机构，并于1966年发表了论文“A Platform with Six Degrees of Freedom”，在工程界引起极大的反响。由于这种机构具有许多明显的优点，在工程领域具有广泛的应用前景，人们把这种机构称为Stewart平台，如图5-37所示。Stewart平台首先在机器人研究领域得到广泛应用，随着铣、磨、钻、镗等多种并联加工机械手的广泛应用，在1994年美国芝加哥国际机床博览会(IMTS94)上，美国、瑞士等国家的一些公司展出了Stewart数控机床样品。从此，这种虚拟轴机床或称之为并联机构机床的新型机床引起了世界范围的关注。

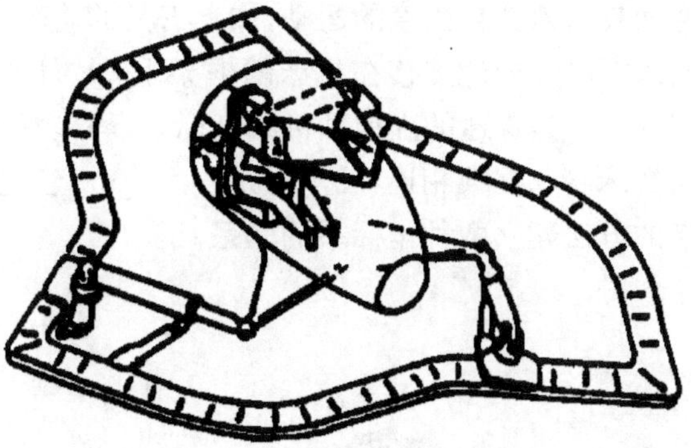

图5-37　Stewart平台

了解虚拟轴机床的工作原理，需要与我们熟悉的传统机床的串联机构进行对比。以铣床为例，图5-38是普通立式铣床的示意图，被加工工件1固定在工作台2上，工作台2可以进行纵向移动，滑座3可以进行横向移动，与刀具4相连的主轴箱5可以在立柱的导轨上下移动。工件的加工表面是通过刀具和工件的相对运动实现的，而刀具和工件的相对运动正是若干单自由度运动的叠加，如工作台2的纵向水平运动、滑座3的横向水平运动、主轴箱5的上下垂直运动，这些单自由度运动机构通过床身6和立柱7的连接形成串联机构，如图5-38所示。这种串联机构是由普通的直角坐标系来描述的。图5-39是我们熟悉的数控机床坐标系。

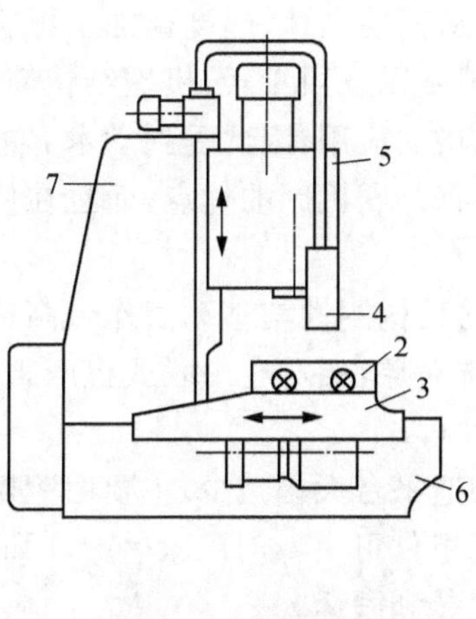

图5-38　立式铣床

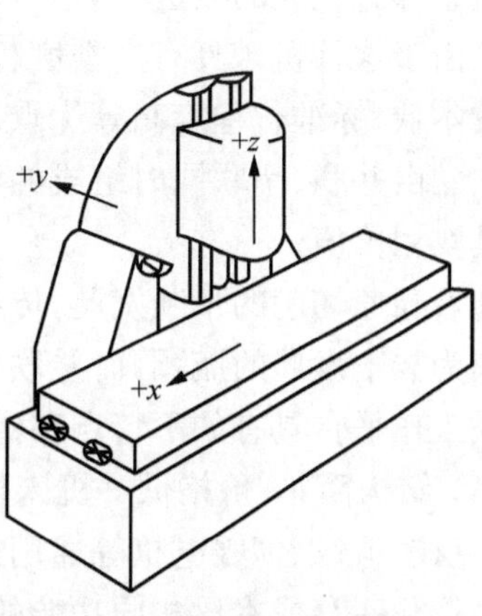

图5-39　数控机床坐标系

图5-40是一台比较典型的虚拟轴机床示意图，工件安装在工作台1上，工作台固定不动，与刀具相连的主轴3(动平台)受六根可改变工作长度的杆5控制工作位置，每根杆由一

个独立的伺服电机驱动，通过精密滚珠丝杠传动改变杆的长度。显然，刀具和工件之间的相对运动不是由串联机构实现的，而是经过机床同时控制六根杆长的协同变化，实现主轴 3 在空间具有六个自由度的运动，加上刀具的旋转，形成加工零件的表面。由于这种机床的主轴被六根杆并列地连接在机床的框架上，人们也把这种并联机构组成的机床称为并联机床。图 5－41 是普通的虚拟轴机床坐标系，静坐标系 $o-xyz$ 建立在固定平台上，固定平台与机床的床身和框架相连，动坐标系 $o'-x'y'z'$ 建立在动平台上，动平台与刀具相连，通过坐标变换的方法建立两种坐标系的联系。

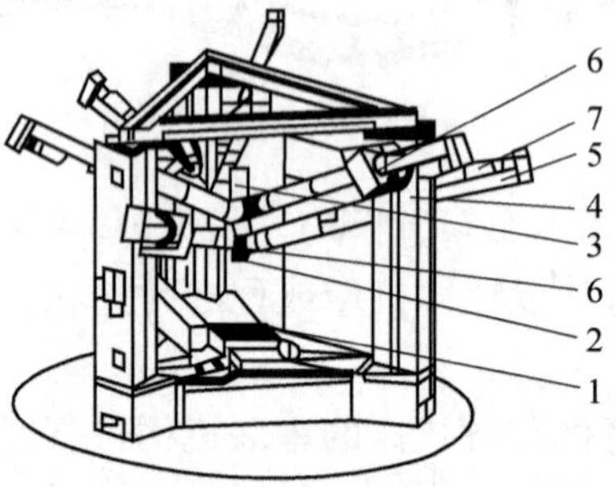

图 5－40　虚拟轴机床原型

1—工作台；2—刀具；3—主轴；4—机架；5—杆；6—关节；7—电机

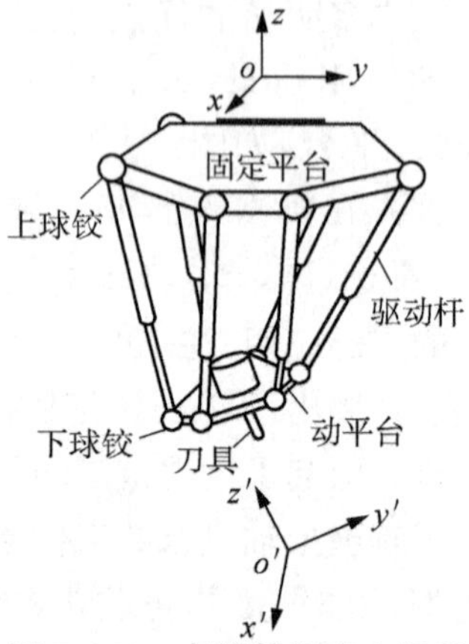

图 5－41　虚拟轴机床坐标系

2. 虚拟轴机床的特点

整体而言，传统的串联机构机床，是属于数学简单而机构复杂的机床，而相对的，并联机构机床则机构简单而数学复杂，整个平台的运动牵涉到相当庞大的数学运算，因此虚拟轴并联机床是一种知识密集型机构。这种新型机床完全打破了传统机床结构的概念，抛弃了固定导轨的刀具导向方式，采用了多杆并联机构驱动，大大提高了机床的刚度，使加工精度和加工质量都有较大的改进。另外，由于其进给速度的提高，从而使高速、超高速加工更容易实现。由于这种机床具有高刚度、高承载能力、高速度、高精度以及质量轻、机械结构简单、制造成本低、标准化程度高等优点，在许多领域都得到了成功的应用，因此受到学术界的广泛关注。由并联、串联同时组成的混联式数控机床，不但具有并联机床的优点，而且在使用上更具实用价值。

随着高速切削的不断发展，传统串联式机构构造平台的结构刚性与移动工作台高速化逐渐成为技术发展的瓶颈，而并联式平台便成为最佳的候选对象，相对于串联式机床来说，并联式工作平台具有如下特点和优点。

（1）结构简单、价格低　机床机械零部件数目较串联构造平台大幅减少，主要由滚珠丝杠、虎克铰、球铰、伺服电机等通用组件组成。由于这些通用组件可由专门厂家生产，因而机床的制造和库存成本比相同功能的传统机床低得多，容易组装和搬运。

（2）结构刚度高　由于采用了封闭性的结构，因而使其具有高刚性和高速化的优点，其结构负荷流线短，而负荷分解的拉、压力由六根连杆同时承受。以材料力学的观点来说，在外力一定时，悬臂梁的应力与变形都最大，两端插入次之，再者是两端简支承，其次是受压的二力结构，应力与变形都最小的是受张力的二力结构，故其拥有高刚性。其刚度重量比高于传统的数控机床。

(3) 加工速度高，惯性低　如果结构所承受的力会改变方向(介于张力与压力之间)，二力构件将会是最节省材料的结构，而它的移动件质量减至最低且同时由六个致动器驱动，因此机器很容易高速化，且拥有低惯性。

(4) 加工精度高　由于其为多轴并联机构组成，六根可伸缩杆杆长都单独对刀具的位置和姿态起作用，因而不存在传统机床(即串联机床)的几何误差累积和放大的现象，甚至还有平均化效果；因其拥有热对称性结构设计，因此热变形较小；故它具有高精度的优点。

(5) 多功能灵活性强　由于该机床机构简单控制方便，较容易根据加工对象而将其设计成专用机床，同时也可以将其开发成通用机床，用以实现铣削、车削、磨削等加工，还可以配备必要的测量工具把它组成测量机，以实现机床的多功能。这将会带来很大的应用和市场前景，在国防和民用方面都有着十分广阔的应用前景。

(6) 使用寿命长　由于受力结构合理，运动部件磨损小，且没有导轨，不存在铁屑或冷却液进入导轨内部而导致其划伤、磨损或锈蚀现象。

(7) Stewart 平台适合于模块化生产　对于不同的机器加工范围，只需改变连杆长度和接点位置，维护也容易，无须进行机件的再制和调整，只需将新的机构参数输入。

(8) 变换坐标系方便　由于没有实体坐标系，机床坐标系与工件坐标系的转换全部靠软件完成，非常方便。另外，Stewart 平台应用于机床与机器人时，可以降低静态误差(因为高刚性)以及动态误差(因为低惯量)。而 Stewart 平台的劣势在于其工作空间较小，且其在工作空间上有着奇异点的限制，而串联工作平台，控制器遇到奇异点时，将会计算出驱动装置无法达成的驱动命令而造成控制误差，但 Stewart 平台在奇异位置会失去支撑部分方向的力或力矩的能力，无法完成固定负载对象。

5.5.1.2 虚拟轴机床的类型

近几年来，虚拟轴机床的研究发展很快，虚拟轴机床的结构形状层出不穷，归纳起来可以分为以下几类。

(1) 按功能分类　若按机床的使用功能来分类，可以分为镗铣类、磨削类、抛光类、高能束加工类等机床。

(2) 按空间自由度分类　若按机床运动的自由度来分类，可以分为两类：一类是六个自由度的机床，另一类是少于六个自由度的机床。例如，图 5-42 是清华大学研制的 VAMTIY 型虚拟轴机床样机的示意图。它采用双八面体行架结构，刀具 2 所在的动平台在六根可变长度杆 4 的控制下，实现具有六个自由度运动的复杂曲面铣削加工。图 5-43 是东北大学研制的修磨钢坯缺陷的虚拟轴机床示意图。它采用正三角形结构，砂轮 3 在三根可变长度的驱动杆 1 的控制下，实现具有三个自由度的平移运动，也称为“三腿并联机床”。

(3) 按驱动方式分类　若按驱动刀具动平台的方式来分类，可分为两大类：一类是连接动平台的基本杆长度不变，另一类是连接动平台的基本杆长度可以改变。图 5-44 是驱动动平台的基本结构，图 5-44(a)是基本杆长度可以改变的结构，通常是由伺服电机带动滚珠丝杠的旋转调整基本杆的长度，从而实现对刀具和动平台的控制。图 5-42 和图 5-43 所示的样机均为基本杆长度可变的结构，而图 5-44(b)和图 5-44(c)属于基本杆长度不变的结

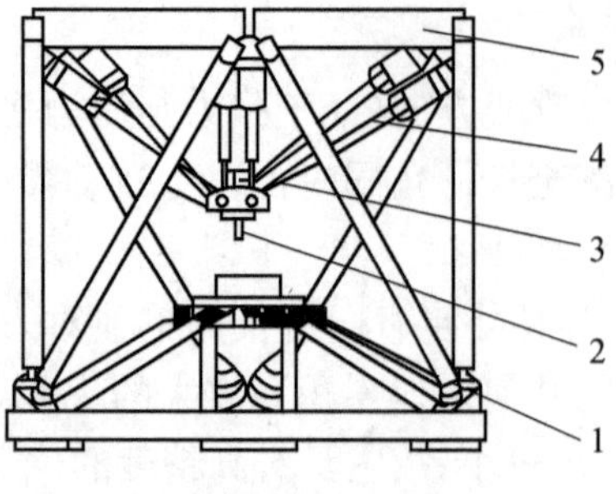

图 5－42　VAMITY 原理样机示意图

1—工作台；2—刀具；3—主轴；
4—变长度杆；5—框架

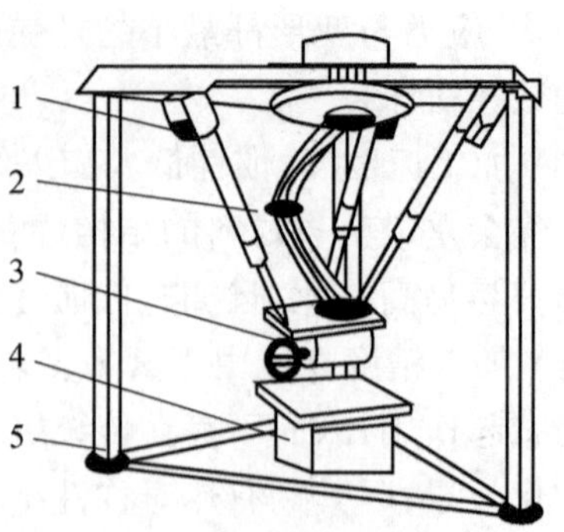

图 5－43　三足虚拟轴机床示意图

1—驱动杆；2—平动机构；
3—砂轮；4—工作台；5—框架

构。通过增加顶端关节的运动实现对动平台的控制，所不同的是图 5－44(b)基本杆顶端关节的运动是采用直线运动进行驱动，图 5－44(c)基本杆顶端关节的运动是采用转动进行驱动(如图中箭头所示方向)。图 5－45 是基本杆长度不变的机床结构，它是由苏黎世联邦工业大学的机床和工艺研究所开发的六滑块机构虚拟轴机床。这种机床的刀具位置是由改变六滑块的位置带动六根长度不变的杆得以实现的，具有优先方向工作空间的高动态性能。

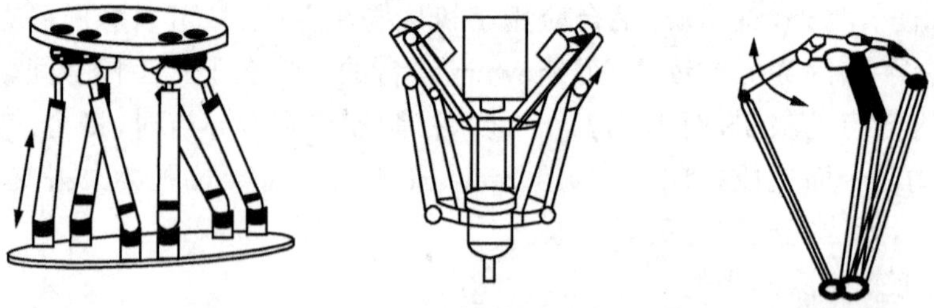

(a) 基本杆长度可变　(b) 基本杆长度不变，顶端关节直线运动　(c) 基本杆长不变，顶端关节旋转运动

图 5－44　连接动平台的基本结构

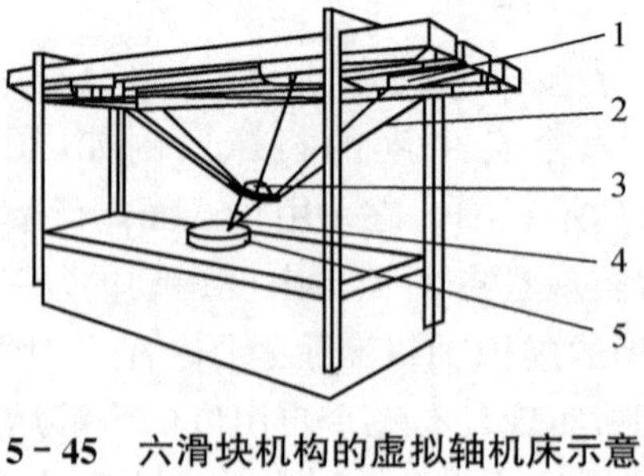

图 5－45　六滑块机构的虚拟轴机床示意图

1—滑块；2—杆；3—主轴；4—刀具；5—工件

(4) 按联结方式分类　相对于传统机床的串联结构，通常也把虚拟轴机床称为并联机床。图 5－42、图 5－43 和图 5－45 所表示的都是并联结构机床，可以看出它们具有一个共同的特点，就是工件是固定不动的。由于工作空间较小，应用范围受到了一定的限制。由此

产生了另一类混联机床，它是由串联机构和并联机构组合而成的机床，图 5-46 是清华大学设计的龙门式混联机床，图 5-47 是华中科技大学与台湾工业研究院合作开发的混联机床，它是由一个三自由度的主轴平台和一个传统的两自由度 $X-Y$ 工作台组合而成。其具有工作空间大、控制简单、精度高等优点。

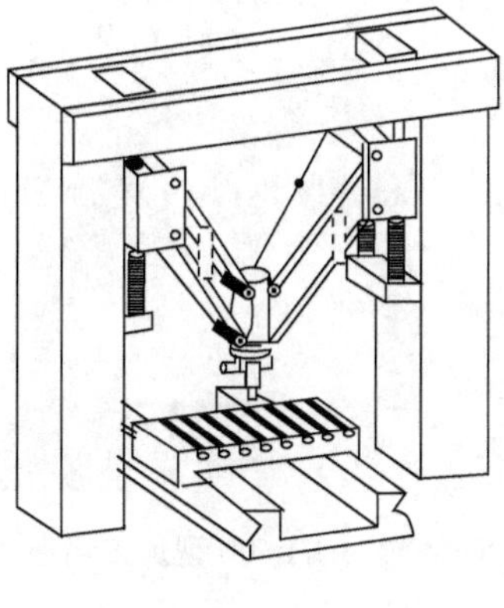

图 5-46 龙门式混联机床示意图

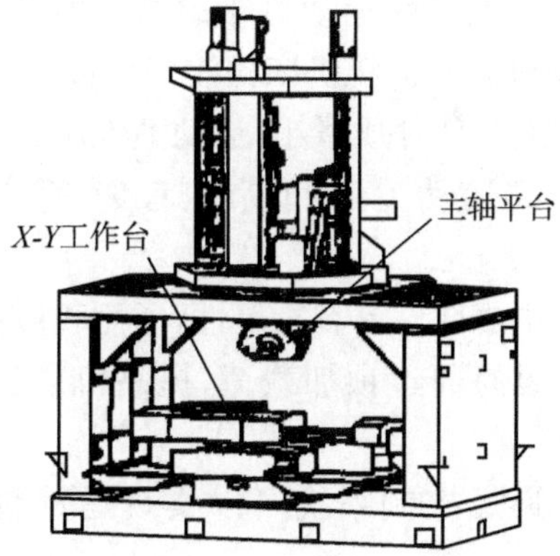

图 5-47 串并联型机床结构

5.5.1.3 虚拟轴机床的发展概况

1. 国外虚拟轴机床的概况

1994 年，在美国芝加哥国际机床展览会上，美国 Giddings&Lewis 公司首次展出了 Variax 型虚拟轴机床，引起轰动。它是一台以 Stewart 平台为基础的 5 坐标立式加工中心，标志着机床设计开始采用并联机构，是机床结构重大改革的里程碑，其内部结构如图 5-48 所示。

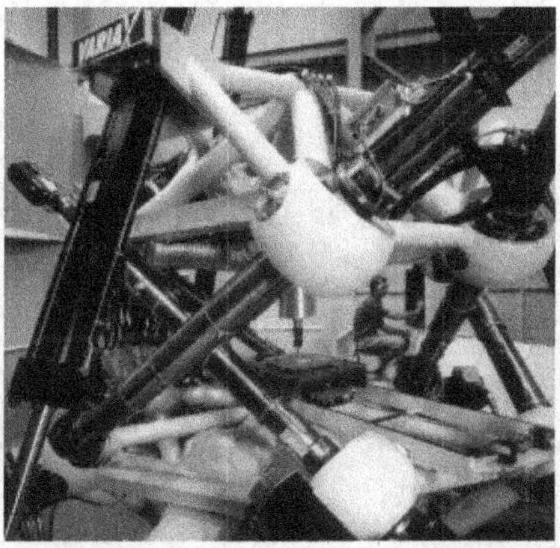

图 5-48 Variax 型加工中心(重新扫描图)

从图 5-48 中可见，6 根由伺服电动机驱动的伸缩杆，借助万向铰固定在下平台上，这种结构也被称为"6 条腿(Hexapod)"，丝杆的螺母通过万向铰支承着上平台。杆件长度的伸缩使带有主轴部件的上平台完成加工零件所需的运动。

Variax 型加工中心是一种"内铣型"结构，机床占地面积为 7 800 mm×8 180 mm，而工作空间仅有 700 mm×700 mm×750 mm，安装工件也不太方便，因此没有在生产中获得应用。后来该机床提供给英国诺丁汉大学工学院作为进行"航空工业敏捷制造"项目研究的设备。

此后，美国 Ingersoll 公司推出采用并联机构的 VOH 1000 型立式加工中心和 HOH 600 型卧式加工中心，在结构上作了很大改进，从"内铣型"改为"外铣型"，明显缩小动平台的体积，减轻了运动部件的质量，安装工件也较为方便，对并联运动机床的发展曾经产生很大的影响。

但是由于种种原因，Ingersoll 机床也没有投入生产实际应用。两台 VOH 1000 型立式加工中心分别交付给美国国家标准和技术研究所及美国国家宇航局进行研究。HOH 600

型加工中心提供给德国阿亨工业大学的机床实验室进行研究。它们的研究结果对并联运动机床的发展起到很大的促进作用。

Ingersoll 公司 HOH 600 型的外观如图 5-49 所示。

图 5-49　HOH 600 型加工中心

通过早期并联运动机床的试验研究表明，并联运动机床与传统机床比较，具有以下优点：

(1) 运动部件质量小，运动惯性小；

(2) 高运动速度和高加速度，适合高速加工；

(3) 主要部件具有重复性，通用程度高；

(4) 容易通过预加载荷，提高机床部件的刚度；

(5) 通过控制系统可以实现运动精度的补偿。

但是，早期并联运动机床由于种种原因，没有在生产中获得应用。近年来，虚拟轴机床在运动学原理、机床设计方法、制造工艺、控制技术、动态性能研究和工业应用方面都先后取得重大的突破。世界著名的机床公司都相继推出新产品，发展了许多经过改进的变型结构，使虚拟轴机床开始进入了实用阶段。

(1) 6X Hexa 立式加工中心　德国 Mikromat 公司的 6X Hexa 立式加工中心的研制由欧共体 Esprit 高科技研究计划资助，有四个单位参加研制。

该机床的外观如图 5-50 所示。

图 5-50　6X Hexa 型立式加工中心

从图 5-50 中可见，工作台在机床的底座上可前后移动，以便于装卸工件。底座上有三根按照 120°分布的立柱，用于支承并联机构。

该并联机构的特点是采用变型 Stewart 平台，分别将上下平台都分为两层，两层上平台固定在 3 根立柱的侧面，两层下平台共同支持主轴部件。采用伺服电动机驱动滚珠丝杠实现 6 根杆的同时或单独伸缩，以控制主轴部件完成 6 个自由度的空间运动。这种变型结构改善了工作空间与机床所占体积之比，使主轴姿态变化时受力更加均匀。

该机床主要用于模具加工，可以实现 5 坐标高速铣削，加工精度可达 0.01～0.02 mm，明显提高加工效率、改善表面质量，延长刀具寿命。

(2) КИМ-750 型测量机　俄罗斯 Lapic 公司将 Stewart 平台并联机构用于 TM-1000 型精密加工中心和 КИМ-750 型 3 坐标测量机，КИМ-750 型测量机的外观如图 5-51

所示。

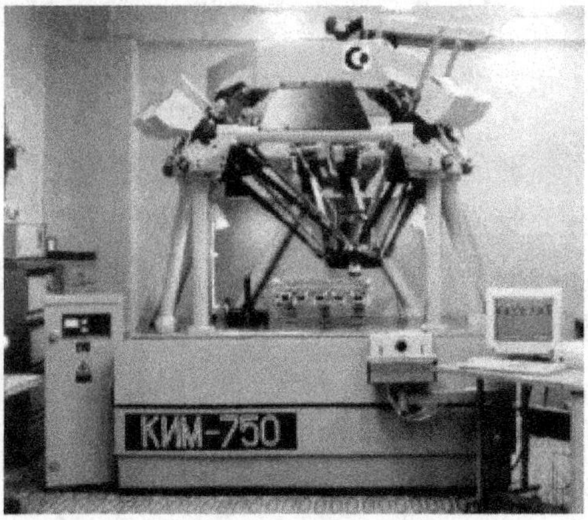

图 5－51　КИМ－750 型测量机

从图 5－51 中可见，上平台就是测量机的框架，6 根伸缩杆是由伺服电动机驱动的滚珠丝杆，它们共同与装有测量头的下平台连接。在固定的上平台和运动的下平台之间安装有 6 根激光干涉测量尺，对伸缩杆的位移进行测量，并实时反馈，工作精度可达|0.001～0.002|mm。工作空间为 750 mm×550 mm×450 mm。采用并联机构的测量机的特点是可以很方便地将测量头偏转一个角度，测量斜孔的直径。

（3）P2000 型 5 坐标铣床　美国 Hexel 公司致力于并联运动机床和并联机构应用的普及化，推出低价位的 Tornado 型 5 坐标加工中心和 P2000 铣床工作台，以及 6 自由度的定位平台和微型机器人等一系列产品。

P2000 铣床工作台是一个采用并联机构的 6 自由度动平台，它可以作为单独部件提供给用户，也可以配置成为完整的 5 坐标立式铣床。

将 P2000 铣床工作台与旧的普通立式铣床相配合，将主轴部件转 180°，就能够很快构成一台全新的 5 坐标数控立式铣床，适用于加工小型模具或样件制造。数控系统软件由该公司自行开发，硬件采用 Windows 操作系统的微机和 Delta-Tau 公司的控制卡。机床外观如图 5－52 所示。

（4）V100 立式车削中心　德国 Index 机床公司 2000 年率先推出采用并联机构的车削中心，2002 年又将其连成加工回转体零件的流水线，在生产中应用效果良好。机床的外观如图 5－53 所示。

图 5－52　P2000 型 5 坐标立式铣床

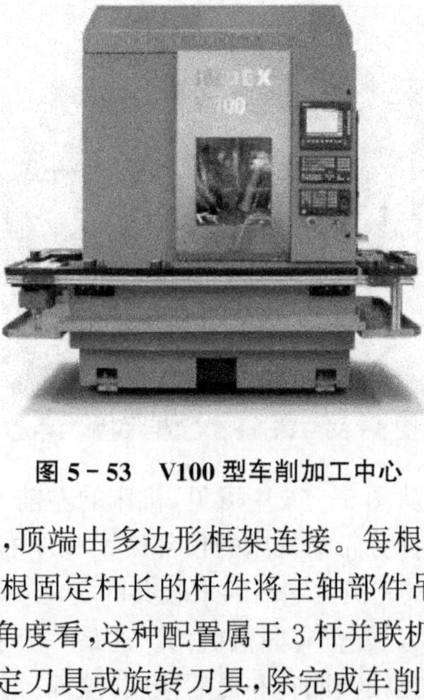
图 5－53　V100 型车削加工中心

该机床的结构特点是 3 根立柱固定在机床底座上，顶端由多边形框架连接。每根立柱上有导轨，滑板在滚珠丝杆驱动下沿导轨移动，通过 6 根固定杆长的杆件将主轴部件吊住，使主轴实现 3 个直角坐标的移动。从并联机构分析的角度看，这种配置属于 3 杆并联机构。

在机床前方的垂直台面上，可以安装 8～12 把固定刀具或旋转刀具，除完成车削加工外,还可以进行铣削、激光硬化、激光焊接、磨削等工序。机床设计的巧妙之处还在于:主轴除完成加工任务外,还同时承担工件的装卸,如图 5-53 所示。

从图 5-52 和图 5-53 中可见,机床的周围有 L 个环形的输送带,它将待加工工件依次输送到机床后方的管道中。当工件加工完毕时,处于工作空间的管道防护罩打开,主轴将加工好的工件放到输送带的夹具上,并将下一个待加工的工件自动装卡在主轴卡盘上,主轴起到装卸机械手的作用。当主轴移至加工工位时,防护罩自动关闭,主轴转动,开始进行下一个工件的加工。

图 5-54　工件的输送和自动装卸

机床的数控系统采用西门子公司的 Simumerik 840D。

(5) Urane SX 型卧式加工中心　法国 Renault Automaion 公司推出 Urane SX 卧式加工中心,其外观如图 5-55 所示。该机床采用一系列新技术,如直线电动机、电主轴、高速镗铣削和油雾干切削等。该机床用于加工 Ranault 汽车齿轮变速箱体的平面和孔,采用高速切削,效率很高。

机床的并联机构特点是采用 3 杆并联机构,具有很高的动态特性,快速移动可达 100 m/min,最大加速度甚至可以达到 $5g$。

在机床的床身上分布有 3 根水平导轨,直线电动机的滑板沿导轨移动。3 块滑板通过 3 组平行杆机构以及万向铰和球铰支承动平台和主轴部件,使主轴实现 3 个坐标方向的移动。

(6) SKM 400 型卧式加工中心　德国 Herbert 机床公司推出结构独特的 SKM 400 型卧式加工中心,它是一台三杆并联运动机床,其外观如图 5-56 所示。

图 5-55　Urane SX 型卧式加工中心

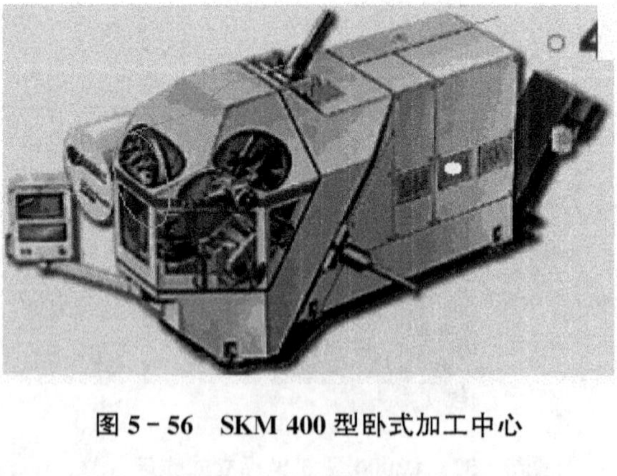

图 5-56　SKM 400 型卧式加工中心

从图 5-56 中可见,机床的左前方配置有数控系统和容量为 16 把刀具的盘状刀库,3 根伸缩杆分布在机床的顶部横梁和左右两侧倾斜立柱上,由中空转子伺服电动机的滚珠丝杆驱动。3 根伸缩杆的末端共同支承主轴部件,实现 X、Y、Z 坐标运动。其特点是在主轴部件的下方,配置有曲柄机构。这是一个被动机构,它有 2 个自由度,使主轴部件绕固定在机床底座上轴线偏转和前后倾斜,从而扩大了工作空间。该机床还配有数控回转工作台,主要用于加工箱体类零件，机床的运动控制采用 Siemens 840D 型数控系统。

(7) Ecospeed 型卧式加工中心　德国 DS Technologie 机床公司推出 Ecospeed 型大型 5 坐标卧式加工中心，用于加工飞机机身的结构件，其外观如图 5－57 所示。

该机床的主要特点在于 Z3 型主轴部件的设计，它采用 3 杆并联机构，其工作原理如图 5－58 所示。

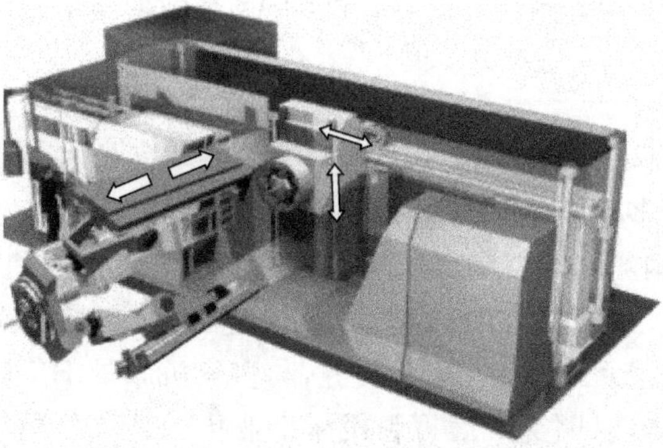

图 5－57　Ecospeed 型卧式加工中心

图 5－58　Z3 主轴部件的工作原理

从图 5－58 中可见，在主轴部件套筒的内壁上有按照 120°分布的轴向导轨，伺服电动机驱动导轨上的滑板前后移动。滑板通过板状连杆和万向铰链与主轴部件的壳体相连。如果 3 块滑板同步运动，则主轴部件作 Z 方向的前后移动。如果某一个伺服电动机单独驱动滚珠丝杆，可以通过万向铰链使主轴部件沿 A 或 B 坐标在－40°～40°范围内摆动。由于飞机机身结构件多是厚度不大(不超过 300 mm)的薄壁零件，机床主轴 Z 坐标的移动量控制在 670 mm 以内，以提高主轴部件的动静态刚度。此外，客户可以根据需要选用低速转矩或高速低转矩的主轴部件。

(8) Pegasus 型木材加工中心　德国 Reichenbacher 公司是一家生产木材加工数控铣床为主的小公司。最近推出采用并联机构的 Pegasus 型木材加工中心，其外观如图 5－59 所示。

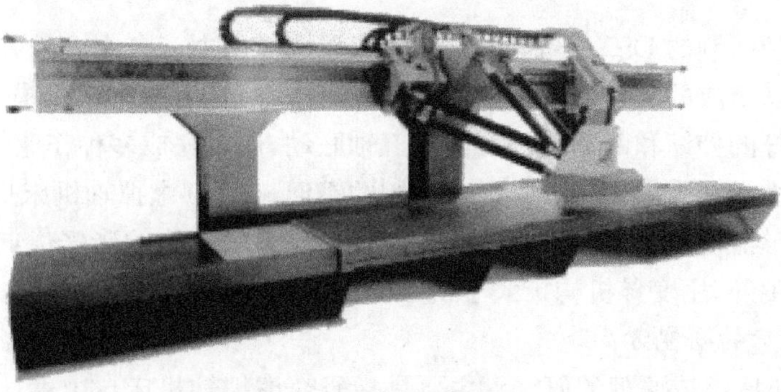

图 5－59　Pegasus 型木材加工中心

该机床的特点是采用 3 组固定杆长的、两端有万向铰链的杆系，借助铰链将杯系分别与 3 块移动滑板和动平台连接。3 块滑板皆有各自的直线电动机初级绕组，但它们共用一个固定在机床横梁上的次级。改变 3 个移动滑板相对主轴刀头点垂直截面（ZY 坐标平面）的距离，就可以实现刀头点在 X、Y、Z 坐标方向的运动。

主轴部件固定在动平台上，它由电主轴和附加回转机构组成，以实现 4～5 坐标加工。机床结构配置简洁，工作区域开阔，工件装卸方便。它的主要支承零部件都由钢板焊接而成，可以根据需要配置成为双面工作台的加工中心或流水生产线。Pegasus 木材加工中心采用西门子 840D 数控系统。

2. 国内并联运动机床的概况

我国的虚拟轴机床研究起步较晚，但成果显著。其中清华大学是国内最早开始进行虚拟轴机床研究的单位之一，对虚拟轴机床以及多个相关领域进行了深入研究，并于 1997 年 12 月 25 日与天津大学合作，共同开发出我国第一台大型镗铣类虚拟轴机床原型样机-VAMTIY。在虚拟轴设计理论与样机建造等关键技术方面达到了国际先进水平，其中部分理论成果属国际首创。目前正在进行虚拟轴机床系列化、实用化研究，与多家机床骨干厂家进行了新型虚拟轴机床商品化样机的研制工作，以期实现虚拟轴机床产业化。其中与昆明机床股份有限公司、江东机床厂和大连机床厂联合研制的三种不同构型的机床已经问世，并于 2001 年在 CIMT 上展出，有望在近期实现商品化。与昆明机床股份有限公司共同研制的 XNZ63 虚拟轴机床，可实现多坐标联动数控加工、装配和测量多种功能，更能满足复杂特种零件的加工。其综合指标达到了国际先进水平。与江东机床厂联合开发的一台龙门式虚拟轴机床，结构采用双柱龙门工作台移动式，可完成 4 坐标联动。与大连机床厂联合研制的 DCB－510 五轴联动虚拟轴机床，能够通过并联机构实现 X、Y 和 Z 方向的移动，采用传统的串联方式实现主轴头的 A 和 C 方向的转动。另外由天津大学设计并与天津市第一机床厂联合研制的虚拟轴机床也获得成功并达到实用化水平。

哈尔滨工业大学与齐齐哈尔第二机床企业集团联合研制的 BJ－1 并联机床，现有机型技术参数为：① 加工范围：1 400 mm×250 mm；② 主轴转速：0～8 000 r/min；③ 电主轴功率：9 kW；④ 杆系伺服电机功率：0.75 kW；⑤ 重复性精度：0.002 mm（静态）；⑥ 定位精度：0.015 mm；⑦ 体积：1 800 mm×1 500 mm×2 300 mm；⑧ 数控系统：研华工控机＋六轴联动卡。

东北大学最新研制的 DSX5－70 型三杆虚拟轴机床是由三自由度的并联机构和两自由度的串联机构混联组成的五自由度虚拟轴机床。其中，两自由度串联机构置于运动平台上，整个机构通过三杆的伸缩和两驱动轴可实现五轴联动，用以完成多种作业任务。

由国防科技大学和香港科技大学联合研制的银河—2000 虚拟轴机床是一种并联式 6 自由度机床，是由传统虚拟轴机床发展而来的，在保持原并联机构的诸多优点，如高刚度、高精度和高的运动速度外，用变异机构扩大了机床的运动范围。

3. 虚拟轴机床的研究方向

（1）虚拟轴机床组成原理的研究　主要是指研究虚拟轴机床自由度计算、运动副类型、支铰类型以及运动学分析、建模与仿真等问题。

（2）虚拟轴机床运动空间的研究　它包括运动空间分析及仿真、可达工作空间求解（如数值求解法、球坐标搜索法等)、机床干涉计算及位置分析等。

(3) 虚拟轴机床结构设计的研究 虚拟轴机床的结构设计包括很多内容,如机床的总体布局、安全机构设计、数控系统设计(包括数控平台建造、数控系统编程、数控加工过程仿真等)。

(4) 虚拟轴机床刚度、精度、柔度、灵巧度的研究 并联机构封闭回路的特性,使虚拟轴机床较传统串联结构机床具有更高的刚度,但这个特性引起的耦合问题,相对的形成在动力分析上有很大的困扰,因此对其研究应予以足够的重视。关于虚拟轴机床精度的研究仍是国际难题,包括机床系统硬件研究(及机床制造前精度设计和精度描述)和系统输出精度研究(及机床制造后输出数据处理和精度评价)。虚拟轴机床柔度的研究包括柔度分析、柔度评价指标及其在工作空间内的分布等方面。灵巧度主要研究灵巧度指标及其分布等。

(5) 虚拟轴机床误差研究 包括误差分析、建模及误差精度保证、测量系统设计等问题。

(6) 虚拟轴机床模块设计与创建 根据工件加工的空间型和平面型,相应的把虚拟轴机床分为空间型虚拟轴机床和平面型虚拟轴机床两大类。虚拟轴机床按功能和结构可分为以下几个功能模块:① 执行模块;② 机座模块(静平台模块);③ 动平台模块;④ 机架模块;⑤ 定位模块;⑥ 驱动模块;⑦ 控制和显示模块;⑧ 润滑与冷却模块。

(7) 新型虚拟轴数控机床的研究 虚拟轴数控机床是"要用数学制造的机床"。因为这种机床的设计与运行要用到非常复杂的数学计算与推理。目前对于 Stewart 平台的理论研究已取得一些关键结论,还需进一步研究 Stewart 平台的综合分析,为虚拟轴数控机床的研制提供理论基础。

(8) 虚拟轴机床控制的研究 它包括高速、高精度的控制算法,刀具运动轨迹的直接控制、开放式数控系统等。虚拟轴机床的最大特点是机械结构简单而控制复杂,因此这方面的研究在虚拟轴机床的研究中具有举足轻重的作用。

5.5.2 可重构机床

5.5.2.1 可重构机床的概念

可重构机床是一种以机床的资源投资、重构时间和成本最小化为目标,利用可重构、同粒度模块化结构的机械系统和控制器,对变化的工序需求,在最大化地利用现有机床资源的基础上,通过快速、经济地转换其硬、软件来重新配置,以提供定制化生产能力和功能的机床。

可重构机床概念包括如下几点内容:

(1) 从优化角度看,可重构机床是一种多目标优化机床,包括重构能力、资源投资和成本效益。

(2) 从经济角度看,可重构机床是一种有成本效益的机床,因为其冗余生产能力和/或功能最小。

(3) 从柔性角度看,可重构机床是一种定制化柔性机床,与传统柔性概念不同,其柔性不仅仅体现在能够加工多少品种的产品,更重要的是机床本身可根据不同的工序需求升级,从而提供当前所需的功能和/或生产能力。

(4) 从配置角度看,可重构机床是一种对变化的需求,能够快速、经济地转换其硬、软件,从而使机床的配置从一种型式变换为另一种型式。

(5) 从结构角度看,可重构机床是一种开放的、模块化结构的机床,包括机械系统和控制器。由于机械模块和控制模块粒度相同,因此能够实现机床硬、软件的同步重构。

(6) 从设计角度看,可重构机床是一种定制化机床,包括定制化柔性和控制,因为它面向工序组设计,而不是对特定工序或未知工序设计。

专用机床是一种适合于大批量、少品种生产的机床;数控机床是一种适用于多品种、小批量生产的机床。尽管目前还存在着对生产量的"大、小"和产品品种的"多、少"无法量化的问题,但是实践证明这种划分方法对于专用机床和数控机床是恰当的(见图 5-60)。由于可重构机床是一种新型机床,这种划分是否合适还需要更加深入地探讨。但有一点是显而易见的,即可重构机床不是传统机床的替代品,而是对它们的一种有效补充。

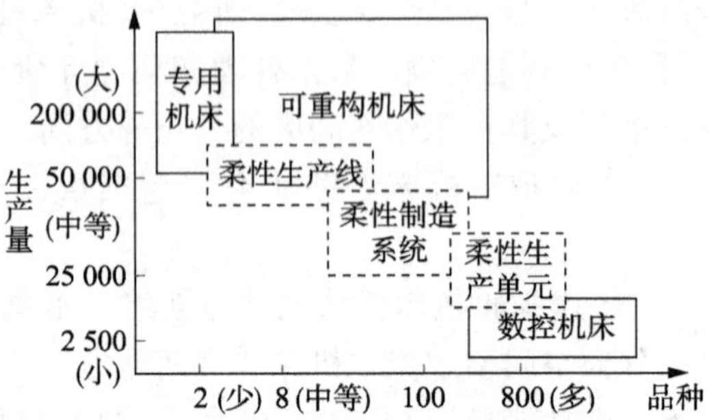

图 5-60　机床的应用趋势

对于专用机床和数控机床:① 由于数控机床的柔性高,因此数控机床的初始投资高于专用机床。但是,当生产量较低时,数控机床的初始投资低于专用机床;② 一旦构建了机床,专用机床的单位生产成本小于数控机床的单位生产成本;③ 数控机床的平均转换时间低于专用机床的转换时间;④ 专用机床的可重构因子低于数控机床的可重构因子。

可重构机床对于大批量、中等品种生产最具有经济效益。由于以大批量、中等品种为典型特征的大批量定制生产模式已经成为目前制造业的发展趋势,因此可重构机床是适应当前和未来需要的一种新型机床。

5.5.2.2　可重构机床的基本原理与特性

1. 可重构机床的基本原理

如果不考虑时间和成本,任何机床都可以实现重构。而问题的关键是如何快速、经济地转换,以降低重构时间和成本。为此,所设计的可重构机床应体现如下基本原则。

(1) 可重构机床应该以定制化柔性设计　可重构制造系统的设计是为了具有定制化柔性,例如它对特定范围的生产需求设计。可重构生产系统(或生产线)是可重构制造系统的一种具体形式。它需要不同的组成要素,包括专用机床、柔性的通用数控机床和可重构机床。机床的选择需要根据特定工作站的工序需求(如加工特征和加工周期)来定。对于那些相对固定的工序需求(如典型的一个加工特征和固定的加工周期),专用机床是恰当的选择。对于那些批量需求小且经常以未知方式变化的工序需求,柔性的数控机床是合适的机床选择。对于那些在生产系统(生产线)的整个生命周期中,以未知方式在给定范围内变化的工序需求,可重构机床是最经济可行的选择。因此,可重构机床应该用定制化柔性设计,这样它对特定范围的工序需求就具有经济(有成本效益)的响应能力。

(2) 可重构机床应该对工序族定制设计　可重构生产系统(或生产线)对特定的零件族

定制设计。零件族的所有加工工序由构成可重构生产系统(或生产线)的机床完成。工序的分配决定了每台机床的配置型式和功能需求。对于可重构机床来说,其本质特性决定了它需要完成一组加工工序,且这一组工序来自于零件族的不同零件,我们称之为工序族。零件族和工序族分别决定了可重构生产系统(或生产线)和可重构机床的重构。可重构机床定制设计的含义是可重构机床从一开始就为完成一族(组)工序来设计。

工序族是一组相似的工序组合(工序组合是一组以满足零件质量或提高加工效率为目的而聚在同一机床上完成的工序),每一个工序组合来自于零件族的不同零件。工序族在可重构机床整个生命周期内将发生变化,这些变化需要根据设计者的知识、洞察力和市场调研事先预测。

(3) 可重构机床应该以可重构为出发点　为了对工序族的需求变化提供定制化柔性和控制,可重构机床从一开始就需要考虑其对不同工序需求的可重构性。工序族的需求变化范围决定了可重构机床的重构频率和成本(重构能力)。

(4) 可重构机床应该易于集成　可重构机床应该具有模块化结构的机械系统和控制器,且其机械模块与控制模块的粒度相同,以使可重构机床易于集成。模块化结构是指可重构机床的硬、软件都为模块化,如模块化结构的主轴、模块化和开放式体系结构控制器、模块化软件等等。

(5) 可重构机床应该为减少批量之间的转换时间和成本　可重构制造系统通过缩短批量之间的转换时间,来降低批量生产的周期;通过提高批量转换之间的资源利用率,来降低批量生产的成本。可重构机床是实现可重构制造系统基础设施,因此可重构机床应该为满足这些需求设计。

(6) 可重构机床必须在投资成本与可重构之间获得平衡　通常,机床模块度越大,可重构性越好。但是,这将增加用于机床模块功能上的投资成本;工序族的工序需求变化范围最大,可重构性越好。但是,在刀具和夹具系统上的投资成本将提高。因此,应该在综合评价可重构机床经济性和可重构性的基础上,来最终确定其配置和重构配置。

2. 可重构机床的基本特性

可重构机床的关键特性是可重构性和定制化,这使得可重构机床有别于传统机床。此外,可重构机床还综合了一些传统机床的特点。可重构机床的基本特性如下:

(1) 可重构性　对于变化的工序需求,可重构机床具有转换其硬、软件来重新配置机床,从而快速、经济地响应新需求的能力。机床的这种能力称为可重构性。

(2) 模块化　为了实现机床的可重构,可重构机床的机械系统和控制器均需采用模块化结构。这使得通过转换硬、软件来重新配置机床成为可能。另外,模块化也提高了机床的可维护性。

(3) 可转换性　可重构机床的一些机床模块具有改变自身功能或拓扑结构的能力。使用这样的机床模块,可以不必替换模块而改变机床的功能(如主轴或运动轴模块的重定位或重定向),从而实现机床的在线重构。

(4) 可集成性　可重构机床的机械和控制模块具有集成其他机床模块的标准接口设计,从而能够集成新技术和新功能以使机床在线升级。

(5) 可控制性　可重构机床的控制模块通过定义其端口语言而相对独立地设计和检

验，当机床重构时，只需更改端口语言而不改变连接控制模块之间的可控制性。

(6) 定制化　定制化包括定制化柔性和定制化控制两个方面。由于可重构机床围绕给定的工序族构建，它以低成本提供定制化柔性。可重构机床的柔性不仅仅在于能够加工多少品种的零件，而关键在于可自身升级。定制化柔性使得机床资源利用率最大化。

定制化控制通过集成与机械模块同粒度的控制模块来实现，提供当前机床所需的控制功能。

(7) 有成本效益　可重构性和定制化决定了可重构机床是有成本效益的机床。

5.5.2.3　可重构机床的发展概况

自 1996 年，美国密西根大学可重构制造工程研究中心提出可重构机床概念以来，随着模块化机床和开放式体系结构控制器技术的不断完善和成熟，有关可重构机床的研究已经取得了一定的进展和成果。

1. 关于可重构机床的设计策略与概念设计

由于可重构机床是一种新近提出的机床，目前还没有形成成熟的设计理论与方法。一些学者从生产需求对可重构机床设计的影响分析、可重构机床机械与控制的集成设计和应用实例分析等角度，对可重构机床的设计策略进行了探讨。虽然，这些策略还停留在理论探讨阶段，离实际应用的距离也很远，但是它们为可重构机床设计理论的完善奠定了基础。

美国密西根大学的 R. Landers 等提出了一种适应生产需求变化的可重构机床设计策略。它通过分析生产需求对可重构机床设计的影响，阐述了可重构机床的机械与控制需求，并通过实例说明了该设计策略的应用前景。虽然研究者只是对可重构机床的设计做了初步的规划，且对许多实际问题没有给出确切的解决方案，但是这对于可重构机床设计的后续研究具有很大的参考价值。

同样是密西根大学的 D. M. Tilbury 等提出了一种可重构机床机械与控制集成设计的策略。它在已有的研究基础上，提出了一种将机械模块与控制模块的硬件集成设计的思路，在选择机床模块时，同时集成相应的控制模块硬件。可惜的是该策略没有进一步地分析集成设计中的具体技术问题，也没有考虑控制模块的软件重构与集成问题。

我国重庆大学的张根保指出了可重构机床设计应该着重研究的几个关键技术。这些关键技术是在分析可重构机床与一般模块化产品和组合机床的区别基础上提出的：① 机械界面的研究及其标准化；② 重构策略研究；③ 模块的划分、综合及标准化；④ 功能研究；⑤ 模块管理。作者只是阐述了自己的观点，但没有就这几项关键技术作进一步的探讨。

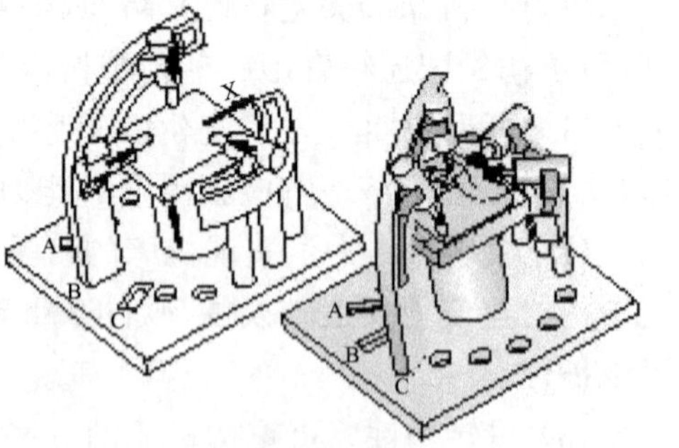

图 5-61　可重构机床概念设计原型

此外，美国密西根大学的 Y. Koren 和 S. Kota 根据他们已申请的一项可重构机床概念设计专利，开发了一个可重构机床概念设计原型，如图 5-61 所示。在这个概念设计中，当零件的尺寸和特征变化了，机床的主轴模块能够重新定位，在不同的位置上执行相同的加工工序，或用其他的主轴模块替换以执行不同的加工工序。该概念设计原型可以通过预留的接口，添加和/或拆除主轴模块，使机床的资源得到优化。

美国密西根大学的 C. Cadel 和 C. Gramer 正在合作研究开发一种用于铰削气缸凸轮孔的可重构机床概念设计原型。图 5-62(a)和(b)为这种可重构机床的两种配置模型。他们的目标是，通过转换机床的配置来加工两种不同的零件。

(a) 铰削V8气缸凸台孔

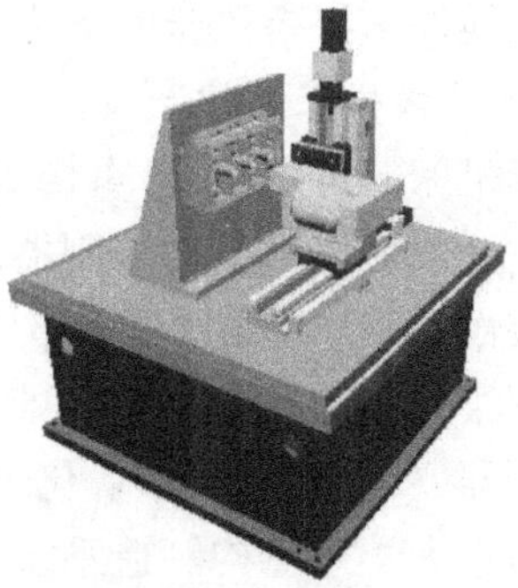

(b) 铰削V6和/或V8气缸凸台孔

图 5-62 可重构机床配置模型

2. 关于可重构机床的机械设计

可重构机床由一系列机床模块构建/重构之后，能够不失精度地满足运动学、静力学、动力学、精度和生产率等方面的要求，是可重构机床机械设计的难点和关键。目前，关于可重构机床机械设计的研究有可重构机床的运动合成、结构刚度评价、误差分析和接口设计等。

美国密西根大学的 Y. M. Moon 和 S. Kota 提出了一种可重构机床的运动合成方法，并开发了基于该方法的计算机软件，PREMADE(Program for REconfigurable MAchine tool DEsign)，它能自动地从机床模块库中选择机床模块并生成可选的机床设计方案。遗憾的是该方法主要从满足机床运动可行性角度出发，给出了一种通过加工任务和机床模块的数学描述进行可重构机床运动合成的方法，而没有考虑其他方面的设计需求，如可重构机床模块的划分和功能设计、接口设计、可重构机床模块设计、控制设计、配置优化等。该方法更多的是从开发辅助设计工具角度出发，实现加工任务与机床模块的自动识别与匹配，这点超越了传统的依赖设计者的经验选择机床配置的方法，但对于机床配置的可重构性考虑不足。

为了进一步拓展和完善 Y. M. Moon 和 S. Kota 的研究成果，一些学者在此基础上继续做了如下的研究工作。

美国密西根大学的 A. S. Yight 和 A. G. Ulsoy 提出了一种评价可重构机床结构刚度的方法。它包括四个部分：① 对加工操作范围的临界过程参数的识别；② 对每个可选的机床配置确定模块的连接参数；③ 对每个可选的机床配置确定结构刚度；④ 对每个可选的机床配置进行结构刚度评价。它保证了可重构机床所有可能配置和执行所有可能的操作的结构刚度。同时，还考虑了可重构机床的连接刚度对整个可重构机床刚度的影响。

美国密西根大学的 S. K. Moon 等提出了一种分析可重构机床误差的方法。它包括四个部分：① 误差源的统计识别；② 误差建模；③ 仿真；④ 性能评价。该方法着重从两个方面考虑问题，一方面考虑到可重构机床对特定范围的操作需求设计，用零件的误差极值规定机床的几何误差需求；另一方面考虑到可重构机床需要重构，利用机械接头来满足快速和精确地添加或卸下机械模块。

学者 H. Li 等开发了一种可重构机床机械模块的接口系统，在该系统中给出了关键性能标准及其概念设计，同时通过几何误差分析和实验测试对几种接口系统进行了比较。为了使可重构机床经济可行，机械接口必须允许模块快速和准确地互相转换；连接两个模块和定位一个模块相对另一模块的机械接口必须具备几个基本特性；接口必须提供给模块的快速和准确的互换性来保持机床的动态刚性和热稳定性。

3. 关于可重构机床的控制设计

为了实现机床的可重构，可重构机床除了需要具备模块化的机械结构，还需要一种新型的控制器——开放式体系结构控制器。它应该具有模块化结构、可重用性、可集成性、可控制性和可升级性等基本特性。可重构机床的控制器设计应该包括硬、软件结构设计两部分，且都应该具有模块化结构和可重构能力。目前，有关可重构机床控制设计的研究有开放式体系结构控制器、软件建模和模块化逻辑控制器等。

美国密西根大学可重构制造系统工程研究中心(ERC/RMS)正在开发一种开放式体系结构控制器(UMOAC)原型，该控制器将用在前述的 C. Cadel 和 C. Gramer 正在开发的可重构机床概念设计原型上。它的应用软件由 C++语言编写，主要运动控制器(如伺服控制等)在实时操作系统处理器上运行，人机界面(HMI)在基于 NT 操作系统的处理器上处理零件程序的输入和算法重构。控制器包括配置工具、仿真工具和通用人机界面三个部分。当机床的机械模块重构时，开放式体系结构控制器使得软件重构与机械重构同时实现。

美国密西根大学的 S. Birla 提出了一种可重构机床控制器的软件建模方法。在面向对象技术基础上，开发了特定域软件体系结构以实现可重构机床控制软件的重构。该方法包括四个阶段：① 单轴运动控制的软件建模；② 对单轴运动控制的软件建模开发静态描述模型；③ 对单轴运动控制的软件建模开发动态和执行方式描述模型；④ 多轴运动控制的软件建模。

美国密西根大学的 E. W. Endsley 等提出了一种设计和检验可重构生产系统逻辑控制的方法。这种方法描述了一系列易于检验的必要条件，以确保系统的行为能够满足约束而不违背可控制性。

美国密西根大学的 E. Park，D. M. Tilbury 和 P. P. Khatgonekar 针对汽车行业广泛使用的大批量流水线给出了一种基于事件功能特性分析的模块化逻辑控制器，并开发了可重构制造系统逻辑控制器的分析与合成工具。在该控制器中引入了模块化 Petri 网和相应的模块化逻辑控制器来分析大批量流水线的逻辑控制器。

6 先进制造的模式与管理技术

6.1 先进制造模式的特征与作用

6.1.1 制造模式的概念

模式(Mode)是指事物的标准形式或可作为典范的标准样式,制造模式(Manufacturing mode)是指制造企业在体制、经营、管理、生产、技术等方面的形态和运作方式。制造模式与制造系统密切相关,提供了关于制造系统通用的、全局性的典范,也可以看做是制造系统实现生产的典型方式。

制造模式的基础是制造哲理(Manufacturing philosophy),制造哲理是关于制造系统的世界观,具体地说是设计或改造制造系统时所依据的原则、思想和理论。制造模式是制造哲理在制造系统中的体现,反映了制造系统在运行过程中所遵循的规律。

在人类的制造活动中,制造技术是重要的,而制造模式和制造哲理共同构成了制造技术发展的软环境,也必须加以重视。事实上,先进制造企业就是采用了先进制造技术和先进制造模式的企业。

6.1.2 制造模式的演变

人类的制造活动已有很长的历史,在农业社会阶段,产品的制造过程基本上是由个人来完成,制造模式是手工作坊式。

从 18 世纪英国爆发工业革命开始,在专业化协作分工、蒸汽动力机和工具机的基础上,出现了制造工场,这可以看做是制造企业的雏形。制造业由于走出了手工作坊阶段,生产率开始出现大幅度的飞跃。到了 1900 年前后,制造业成为一个重要的产业,其主要生产模式是“少品种的小批生产”。比如汽车行业,当时处于世界领先地位的轿车公司 P&L 每年只制造几百辆汽车,而且由于 P&L 所有的承包商都不采用标准的计量器具,汽车装配时要依靠装配工人的熟练技术来修整零部件,使之配合良好,以至于所制造的汽车没有两辆是完全相同的。到 1905 年,欧洲已有几百家这类公司采用单件生产方式少量地制造汽车,这些独立承担大部分生产任务的小工厂没有能力开发新技术,产品成本高,且由于零部件的非互换性导致成本并不随产量而下降。这种生产模式当然无法满足市场需求。

随着制造业的发展，E. Whitney 提出了“互换性”和“大批量生产”的概念，Oliver Evons 把传送带引入制造系统，F. Taylor 提出了“科学管理”的所谓泰勒工作制，与当时的电气化、标准化与系列化结合。20 世纪 20 年代出现了机械自动流水线生产，其制造模式是“少品种大批量生产”，又称为底特律式自动化，成为各国纷纷仿效的制造生产模式。这种新的生产模式带来了制造业的重大变革，它推动了工业化的进程和经济高速发展，大大提高了劳动生产率，为社会提供了大量的经济产品，促进了市场经济的发展。其主要特征是：少品种大批量生产、塔形多层次的垂直领导和严格的产品节拍控制。由于刚性生产线在大大提高生产效率的同时损失了产品的多样性，这种制造模式被称为刚性制造模式（Dedicated Manufacturing Mode）。到 20 世纪 50 年代，大量生产方式达到了顶峰，其市场特征是需求较为单一且量大的卖方市场。

20 世纪 50 年代以后，随着世界经济的快速发展和人们生活水平的不断提高，市场环境发生了巨大的变化，消费者需求日趋多样化，市场需求开始朝个性化和多样化方向发展，市场竞争也开始加剧，人们对“少品种大批量生产”的刚性制造模式有了进一步的认识。一方面，由于批量法则的作用，大批量生产方式的规模效益使企业能以规模生产的产品和营销优势迅速扩大在市场的占有份额；另一方面，市场的多变性和产品品种、过程的多样性对刚性生产线提出了挑战，制造厂商面对的是变化迅速且无法预测的买方市场，而刚性自动流水线由于存在许多自身难以克服的缺点，无法应对这些挑战。

由于大批量生产模式同市场需求变化间的矛盾愈来愈明显，不能适应新的市场形势的需要，从而成为制约制造业发展的重要因素。人们开始发展柔性制造模式（Flexible Manufacturing Mode）。如果把刚性看作专用性，则柔性就是适应性。柔性制造模式中，没有固定的生产节拍，物料输送路线可调，生产过程具有较强的可变性。在此基础上通过进行制造系统的可重构化，进一步增强生产过程的可变性，就获得更先进的可重构制造模式（Reconfigurable Manufacturing Mode）。

6.1.3 先进制造模式的提出

随着社会的发展，产品竞争要素的内涵也不断演变，早期是成本 C，后来增加了质量 Q，到 20 世纪 80 年代增加了交货期 T，90 年代初期增加了服务 S，后期又增加了环境友善性 E。制造企业要想获得市场份额，就必须使产品具备竞争力，单纯依靠制造技术已经无法达到目的，必须要有制造模式的变革。

从 20 世纪 80 年代后期以来，各工业发达国家都先后提出新模式的制造战略、研究开发计划。在市场需求推动下，以相应的技术进步为支持，各种新的制造模式被不断地推出，如集成制造模式（Integrated Manufacturing Mode）、精益生产模式（Lean Production Mode）、敏捷制造模式（Agile Manufacturing Mode）、智能制造模式（Intelligent Manufacturing Mode）、可重构制造模式（Reconfigurable Manufacturing Mode）等。

6.1.4 先进制造模式的主要特征

1. 以获取生产有效性为首要目标

任何制造模式的基本使命都是获取生产有效性和提高生产效率，但在过去的卖方市场条件下，产品不愁销不出去，这种市场特征使得在与之相应的大批量制造模式的条件下，生产有效性自然满足，因此，工作中心在于提高生产效率。随着市场环境的变化，消费者需求的主体化越来越强，已经不再是生产厂家说了算的年代，不能满足消费者需求的产品就难于打开销路。而且随着时代的发展，消费者的需求呈现出个性化和多样化的特点，这就使得生产有效性上升为首要的问题，而生产效率则退居其次。先进制造模式就是将生产有效性放在首位，从而带来一系列质的变化。例如：制造价值定向从面向产品转为面向用户，制造战略重点从成本和质量转为时间，制造原则从分工到集成，制造指导思想从技术主导转为组织创新和发挥人的因素。

2. 以制造资源快速有效集成为基本原则

先进制造模式用制造资源集成的方式来获得制造资源的整体联系和系统功能，以保证生产有效性和生产效率。在“集成”前提下的专业化制造分工避免了制造资源（包括技术、组织和人员）的严重割裂。而集成的快速有效则带来了制造技术的充分运用、各种浪费的减少、企业人员积极性的发挥、供货时间的缩短、用户满意度的增加等，这也就是先进制造模式带来的经济性。

3. 以组织创新和发挥人的因素为实施途径

技术、人和组织是制造生产中不可缺少的必备资源，技术是实现制造的基本手段，人是制造生产的主体，组织则反映了制造活动中人们之间的相互关系。传统的大量制造模式是“以技术为主导”，先进制造模式则更强调组织和人的因素的作用。制造技术的有效应用有赖于人的主动性和积极性，人的因素的发挥又较大程度地受到他所在组织的影响、激励和制约。

6.1.5 先进制造模式的作用

每一种制造模式都从属于相应的制造系统，制造模式在制造系统中有战略决策的作用和地位，决定了制造系统的结构和运行方式，也可以说，制造系统是制造模式的物理实现，因此，先进制造模式能增强制造系统的竞争力。

制造模式是制造技术发挥作用的形式，制造技术是制造模式具体运用的内容，制造模式与相关的制造技术互为依存、相互作用。某种制造模式都是以达到某一发展水平的制造技术来支撑，而任何制造技术只能在与之相适应的制造模式下才能收到实效。因此，先进制造模式能提高制造技术的有效性。

每一种制造模式都从各自的角度去发掘、利用企业和社会的某一种或某几种资源，传统的制造模式主要是利用人力、物力和财力资源，而各种先进制造模式则更多地关注信息资源、智力资源的集成、开发与共享及人力、物力、财力资源的优化配置，因此，先进制造模式能拓宽企业资源增值的途径。

6.2 成组技术

6.2.1 成组技术产生的背景

传统的生产组织模式是以孤立产品为基础，当某一种产品批量大时，就可采用高效率专用设备，从而获得批量效益，而对于批量小的产品只能沿用低效率的常规工艺方法和通用设备，所以中小批量生产的劳动生产率比较低，其生产成本往往要比大批量生产的成本高出很多，产品缺乏市场竞争力。正是由于"批量法则"的作用，妨碍了中小批量产品提高生产率和降低成本。

随着科学技术的迅速发展和社会需求的多样化，要求产品不断更新换代，因此在现代机械制造业的生产结构中，多品种、中小批量的生产类型占了主导地位。改变传统的中小批量生产的落后面貌，提高生产效率和降低生产成本就成了紧迫的问题。

成组技术正是在这种背景下发展起来的一门新技术，它突破了局限于单一产品的批量概念，以成组批量代替单独批量。使中小批生产能够采用先进技术和自动化设备，提高了生产效率，稳定质量，降低成本。除加工范畴外，成组技术已渗透到企业生产活动的各个方面，如产品设计生产准备和计划管理等，并成为现代制造系统的基础。

6.2.2 成组技术的原理

成组技术 GT(Group Technology)是从成组加工发展起来的，成组技术基于现代科技基础，经过多年的发展，其概念和科学技术范畴从一种先进的机械加工方法，一套先进的工艺制造技术拓宽到一种科学制造原理和一套高效益的新型生产系统。

成组技术建立在相似性理论基础之上，成组哲理是这样描述的：按事物的相似性分类成组来处理问题可以提高效益。成组技术将成组哲理深入有效地应用于机械制造业，以实现产品生产全过程的合理化，它已成为具有系统工程性质的现代技术。

机械产品的零件虽然千变万化，但客观上存在着大量的相似性。有许多零件在形状、尺寸、精度和材料等方面是相似的，从而在加工工序、定位安装、机床设备以及工艺路线等各个方面都呈现出一定的相似性。

成组技术就是对零件的相似性进行标志、归类和应用的技术，其基本原理是根据零件的结构形状特征和加工工艺特征，对多种产品的各种零件按规定的法则标志其相似性，按一定的相似程度将零件分类编组，再对成组的零件制定统一的加工方案，这就把针对"某一个"零件来组织生产转化为针对"某一类"零件来组织生产，实现生产过程的科学化、合理化。

6.2.3 零件的分类编码

1. 分类编码系统

分类编码的目的是使用字母或数字符号描述每个零件设计和工艺基本特征信息，将零件图上的信息代码化,它是标志相似性的手段。依据编码按一定的相似性和相似程度再将零件划分为加工组。因此它是成组技术的重要内容,其合理与否将会直接影响成组技术的经济效果,为此各国在成组技术的研究和实践中都首先致力于分类编码系统的研究和制订。

分类编码方法的制订应该同时从设计和工艺两个方面来考虑。从设计方面考虑应使分类编码方法有利于零件的标准化,减少图纸数量,也就是减少零件品种,统一零件结构设计要素。从工艺方面来看则应使具有相同工艺过程和方法的零件归并成组,以扩大零件批量。

至今国内外已有多种零件分类编码系统,编码位数较少的有 4～9 位,也有 10 余位、20 余位的,甚至有多达 80 位的,可以根据具体情况选用,如 JCBM、Opitz、KK－3、JLBM－1、KM 系统等,也可自行开发适合于本单位产品特点的专用分类系统。

考虑到零件的工艺过程在很大程度上取决于零件的结构形状,而工艺方法又是在不断改进提高的,因此不少编码系统把编码数字分为以设计特征为基础的主码和以工艺特征为基础的辅码。如英国的 Brisch 有主码 4～6 位,另有一组辅码,位数按需要而定。

码位长度和每一码位包含的信息容量都是固定的分类编码系统,如 Opitz、JLBM 等,人们称之为刚性分类编码系统。研究表明,刚性分类编码系统在完整、详尽地描述零件结构特征和加工特征方面还不能很好满足制造系统中不同层次、不同方面的需求。因此,出现了进一步说明零件结构特征和工艺细节以及扩大编码系统使用范围的柔性编码系统,其码位长度和每一码位所含的信息量都可以根据描述对象的复杂程度柔性变化,没有固定的码位设置和码的含义。

柔性编码系统的结构由固定码和柔性码两部分组成。固定码主要用于零件分类、检索和描述零件的整体信息,基本上起传统编码的作用;柔性码则详细地描述零件各部分结构特征和工艺信息,用于加工、检测等环节。柔性码要面向形状特征,要详细地描述零件各加工部分的形状要素及与加工有关联的几何信息和工艺信息。目前、柔性编码系统尚在研究、发展之中。

2. JLBM－1 分类编码系统简介

JLBM－1 系统是我国机械工业部门为推行成组技术而开发的一种零件分类编码系统,它是一个十进制十五位代码的混合结构分类的编码系统,在结构上可以说是 OPITZ 系统和 KK－3 系统的结合,克服了 OPITZ 系统的分类标志不全和 KK－3 系统环节过多的缺点。

JLBM－1 系统的基本结构如图 6－1 所示。

JLBM－1 分类系统中,零件的名称类别决定第一、二码位,第三至第九码位是回转体零件和非回转体零件的形状及加工码,零件的材料、毛坯及热处理状况决定第十至十二码位,零件主要尺寸、精度状况决定第十三至十五码位。

JLBM－1 系统力求能满足行业中各种不同产品零件的分类需求,但要想满意地达到这一目标是相当困难的。因为机械产品零件的品种繁多、尺寸范围极广,指望一个产品零件分类编码系统包罗万象,那是不可能的,为此,JLBM－1 系统中的零件功能名称、材料种类与毛坯类型、热处理、主要尺寸、精度等环节作为相对固定的基本组成部分,使之具有通用性,而形状加工环节则可以由企业根据各自产品零件的结构、工艺特性自行设计安排。

JLBM－1 系统还存在着纵向分类环节数量有限、标志不全等缺点,随着使用过程中的问题不断被提出并予以改进,将会使 JLBM－1 系统不断完善。

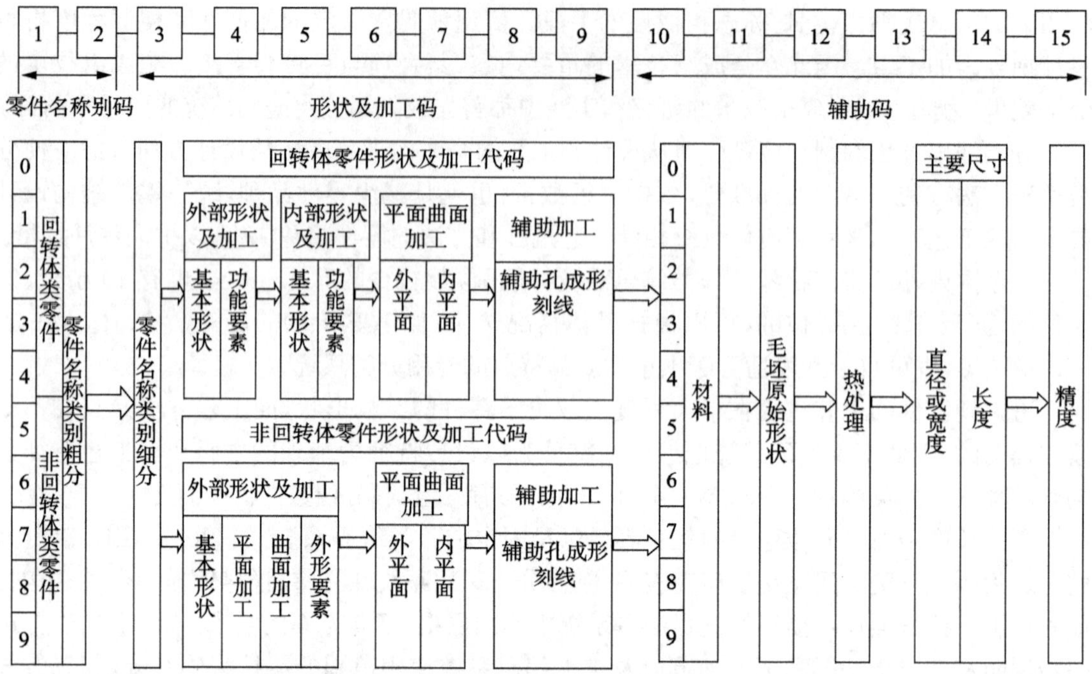

图 6-1　JLBM-1 零件分类编码系统

6.2.4　成组加工工艺

划分为同一组的零件可以按相同的工艺在同一设备(如多工位成组专用机床)、生产单元或生产线上完成全部机械加工,这个工艺即所谓成组工艺。

一组零件的成组工艺是按照该组中的一个具有代表性的零件即主样件来编制的。主样件综合了该组中所有零件在结构上和工艺上的特点,因此主样件的工艺过程可代表这一组内其余零件的全部加工要求。

在图 6-2 中,零件组内各个零件在结构上和工艺上的特点都可以用中间的主样件来代表。

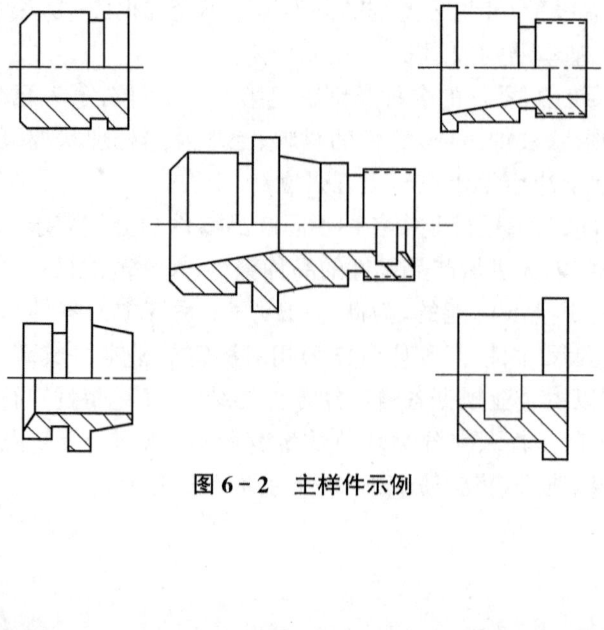

图 6-2　主样件示例

主样件可以是实际存在的，但由于集中了零件组内所有零件的特点，也可能在工程实际中不存在，而是人为构思拟定的。显然，各零件按工序内容相似的原则归并成零件组后，批量显著增大。这样就可相应地采用高效加工方法和设计专用工艺装备。

运用成组技术进行机械加工时，首先对零件分类编码，划分零件组。

零件组的划分主要依据相似性，若按代码完全相同的零件划为一组，则同组零件相似性很高而批量很小，不能体现成组效果，但若同组内零件相似性太差，将使成组工艺规程、成组夹具和设备选择难以进行，同样不能取得成组效益。因此确定相似程度很重要，应依据零件特点、生产批量和设备条件等因素来确定。

在零件分组的基础上选择或设计主样件，按主样件编制工艺路线，它将适合于该零件组内所有零件的加工。

6.2.5 成组加工生产的组织形式

随着成组加工的推广和发展，它的生产组织形式已由初级形式的成组单机加工逐步发展到成组生产单元、成组流水线和自动线，以至柔性制造系统。

成组生产单元是指把工艺上相似的若干零件组，封闭在完成其工艺过程所需的、由一组设备构成的一块生产面积内所形成的封闭生产系统就称作生产单元。它是成组加工车间的基本生产单位，被实行成组工艺的中小批生产企业广泛使用。但由于它主要是依靠普通机床，还不能全面发挥成组加工的潜力，生产单元内设备负荷的均衡也易受到生产任务变化的影响。

成组生产线严格按照零件组的工艺过程来建立，每台设备规定固定的工序和节拍，一般在线上配备有40%以上的高效机床，所以又进一步减少了零件在工序之间的积压，缩短了生产周期。成组生产线可分为流水线和自动线两种形式。成组流水线的零件在工序之间的运输采用滚道或小车，它能加工的零件种类较多，在线上工件每次投产的批量变化较大，所以它的适应性较大；成组自动线则是采用各种自动输送机构来输送工件，效率更高，但因其工艺能力变化较小，能加工的工件种类不太多，批量也不能变化过大。

柔性制造系统一般由计算机信息控制系统、自动化物料输送系统和多工位数控加工系统三部分组成。在系统内部，各工序之间的联系不像刚性自动线那样由固定节拍决定，而是由计算机实时控制，可以根据需要改变工序顺序与周期，能在一定范围内完成相似零件组中不同零件的不同工序，不必停机调整，使多品种成组生产达到高度自动化。

6.2.6 成组技术的成效

成组技术是一种面向多品种、变批量生产的先进技术，它带来了显著的成效。

首先是使零件批量大大增加，这是成组技术最重要的作用与效果之一。扩大批量的结果使中小批量生产可以经济合理地采用先进的高效自动化设备和工艺装备，大大提高生产率，也使产品质量稳定。

其次是提高了产品设计水平。由于建立了产品零件分类编码系统，新产品设计时就可按照分类编码查阅所有老产品的同类零件,经比较后决定是否重复利用、部分修改或少数重新设计,这样将大大缩短新产品的设计周期和费用。而零件的分类编码和集中存贮,也有利于实现结构形状和尺寸参数的标准化和规格化,减少了零件规格品种。

运用成组技术还改变了原来中、小批量生产杂乱分散的生产状况,有利于实行科学的生产管理。

总之,成组技术能显著提高企业产品在市场上的竞争能力,成组技术本身也已成为现代制造系统的基础。

6.3 精益生产

6.3.1 精益生产的背景

日本的汽车工业为什么具有这么强的竞争力,以至于超过了具有得天独厚资源和市场的美国汽车工业。美国麻省理工学院(MIT)1990 年在耗资 500 万美元,历时 5 年,有 15 个国家研究人员参加的研究项目——“国际汽车计划(IMVP)项目研究”——的一份研究报告中回答了这一问题。

研究报告认为,造成美日汽车工业效率的巨大差别的根本原因并不在于企业的自动化水平高低、生产批量大小、专业化程度优劣和企业文化等的影响。其根本原因是生产概念的不同。

生产概念之一是由美国亨利·福特和斯隆开创的大量生产方式,这种生产方式取代了欧洲企业领先了若干世纪的单件生产方式,曾使美国在一个时期内控制了世界经济。

生产概念之二是日本丰田汽车公司在第二次世界大战后提出并不断完善的新的生产方式。当其他的日本汽车公司和制造企业引用了这一卓越的生产方式后,日本制造业很快达到了世界领先的地位。

研究报告的最终结论是:日本的成功主要在于采用了新的制造生产模式。

研究项目的主要负责人詹姆斯领衔编著了“The Machine That Changed the World”一书,书中提出了精益生产(Lean Production)的概念,以此来描述日本丰田公司的生产模式。书中认为,大量生产是旧时代工业化的象征,而精益生产是新时代工业化的象征,因为它只需要“一半人的努力,一半的生产空间,一半的投资,一半的设计、工艺编制时间,一半的开发新产品时间和少得多的库存”就能够实现大量生产的目标。

精益生产(Lean Production,LP)作为一种新的制造生产模式被正式提出后,很快受到全球制造业的重视。

“lean”的原意是“瘦的”,在生产中转意为“精益的”、“简化的”、“精良的”等。因此,精益生产的基本原理是:一切从简,即简化一切不必要的工作内容。同时,特别强调在任何时候对任何事物必须精益求精,在管理人员乃至每一个雇员的指导思想里,企业永远只算是处于良好而不是最佳状态,要不断改进。因此在企业“减肥”同时,对企业进行“活血”,即赋予企业基层组织以高度的自制权,使其承担主要责任,提高企业的活力。

事实证明,当前世界制造业严重短缺的是具有竞争力的精益生产方式和生产能力,而大量过剩的则是无竞争力的大量生产方式的生产能力。

实际上，精益生产概念中并没有新的内容，其中提出的各种方法和思想在前几年甚至前几十年就已在日本很多企业存在。然而，MIT 的研究报告站在一个新的高度，从一个新的角度，用一种新的观点系统地分析了造成日本和美国汽车制造业差距的主要原因，归纳出了一种新的生产系统模式。

精益生产的模式把制造业中出现的先进思想、概念、方法和技术集成化、系统化和理论化。这里所得到的成果不仅适用于汽车制造业，而且还能广泛应用于其他制造业。

在大量生产出现之前，主要是依靠生产者个人的"技艺"来完成产品制造，这种单件生产模式灵活多变，对用户需求的适应性强，但生产率低下，产品价格高；大量生产主要利用机器精度来保证质量，显著缩短了生产周期，大幅度降低了生产成本，极大地促进了生产力的发展，但却由于生产设备和生产组织的"刚性化"，难于跟上需求的多样性变化，同时大量生产还存在设备多、人员多、库存多、周转资金占用多等本质性的问题。精益生产方式综合了单件生产与大量生产的优点，既避免了前者的高成本，又避免了后者的僵硬化。

精益生产又被称为世界级制造技术，目前它已被世界许多国家所接受和实施。例如，1992 年德国宣布要以精益生产来统一制造技术的发展方向，有 3/4 的企业准备全面推行精益生产方式。据预测，企业全面实施精益生产模式后，效率平均提高 30%，管理费用平均降低 40%。

6.3.2　精益生产的基本特征

MIT 的研究小组调查结果表明，一般非精益制造企业中约有一半人、一半生产场地、一半新产品开发工作、一半库存量、一半设备投资与增加产品的附加值无关。而精益生产则使生产过程中一切无用、多余的东西被精简，各种复杂的方面被简化。正是通过对系统结构、人员组织、生产运行方式和市场供求等方面的简化、变革，精益生产彻底改变了企业的面貌，使生产系统能很快适应用户需求，在企业各方面获得最好的结果。可以说，简化就是精益生产的基本特征。

精益生产中的简化包括以下四个方面：简化企业的组织结构，简化产品的开发过程，简化零部件的制造过程，简化产品结构。

1. 简化企业的组织机构

精益生产方式的运行有赖于相应的企业组织机构。长期以来，人们习惯于采用传统的递阶控制结构来构造企业的组织机构，形成一个树状结构，管理幅度一般为 7～8。这种组织机构适合于人工管理，主要缺点是信息传递周期太长，不宜于充分发挥工作人员的主观能动性和创造性。实际上这也是一种浪费。要实现"消除浪费、增加利润"这一基本目标，就必须彻底杜绝因企业组织机构不合理而导致的直接浪费和间接浪费。

按照精益生产的思想，利用先进的计算机技术和通讯技术可将上述管理层次进一步"压缩"，管理幅度可以大大增加，最终形成一种所谓的"适度递阶控制"或"分布式自适应控制"的组织机构。

另一方面，组织机构的简化还表现在处理主机制造厂家与其零部件供货厂家关系方面。

精益生产方式要求保质保量并及时供应，以此来降低存货成本和质量成本，在精益生产系统中，零部件供货厂家被作为系统的有机组成部分而不是作为系统环境加以考虑。在产品开发阶段就已选定了零部件供货厂家，并将零部件供货厂家的产品开发和制造工作也作为整个系统活动的一部分。因此，主机制造企业必须要与零部件供应厂家保持长期稳定的战略合作关系，包括资金合作、技术合作以及人员合作，形成一种“命运共同体”。

日本丰田汽车公司的产品在本公司增值仅为27%，其余73%的产品是在零部件供货厂家增值的；与此形成鲜明对照的是，美国GM公司的产品在本公司的增值率则高达70%，极大限制了零部件供货厂家的增值空间，自然也就难以形成“命运共同体”。

企业在精益生产方式下重视与零部件供应厂家的关系，着重体现在培养提高供货厂家的技术水平和开发能力，使供货厂家能迅速地适应主机企业产品的设计变更以及产品变换，并通过管理信息系统的支持，使供货厂家共享主机企业的生产管理信息，从而保证及时、准确地交货。主机企业还通过帮助供货厂家挖掘其降低成本的潜力，从而达到降低自身的零部件采购成本，增强产品的市场竞争力。

在日本，不少总装厂在自己的工厂里安置了由零部件供货厂家管理的零部件成品库。这样就使原先两个仓库（设在总装厂的零部件库和设在零部件供货厂家的成品库）合二为一，既降低了大量库存费用，又便于进行管理。当然，这种管理方式实施起来并不简单，必须在制造厂家与其零部件供货厂家之间建立长期友好、相互信任的合作关系。

2. 简化产品开发过程

MIT“国际汽车计划（IMVP）项目研究”的调查发现，美国的轿车制造厂需要5年时间使新车型从构想设计阶段转入商业生产，而日本人只需3年半时间。同样，在工程设计方面，美国公司的花费要比日本公司高出一倍，产品使用半年后出现的故障也比日本同行高出一倍。日本公司取得优势的主要原因可以归结为以下几点：

(1) 成立高效率的开发小组并配备强有力的项目组领导　精益生产十分强调充分发挥“项目组”（Team）和项目组长的作用。在产品开发和工程设计方面，采用项目组形式，把设计、工艺和工业工程人员集中在一起，简化信息传递的环节。从生物学角度看，项目组就像是一个具有自组织功能和自适应能力的有机体，它能很好地适应环境的变化，在动态中寻求最优。精益生产系统就是由很多这样的项目组有机组成的整体。当然，项目组的成员应具有较高的素质，必须能胜任项目组中所有或大部分工作。

(2) 在产品开发过程中采用并行工程方法　采用并行工程的方法，简化开发和设计过程，使产品开发所花时间和投入的力量减少一半。在产品开发初期就着力解决产品目的和作用的矛盾。实践证明，改进产品开发过程所得到的效益要比改进产品生产过程获得的效益大。

传统的产品开发的组织形式通常被称为串行模式，即按照先后顺序来组织产品开发过程，所以也叫顺序工程方法。一般是从概念设计开始，依次经过详细设计、工艺设计、加工制造、销售、维修等各个环节。在这种模式下，每个环节的人员只能是被动地接受上一环节的结果，在其基础上进行本环节的工作，所做的工作对于后续环节具有何种效应，也很难预先确定。因此，顺序工程方法的主要缺点是产品开发周期长以及在产品设计阶段不能全面考虑产品制造过程和质量保证等各后续环节的可制造性、可装配性、可维修性等，不能满足市场竞争的需求。

并行工程(Concurrent Engineering,CE 或 Simultaneous Engineering,SE)的主导思想是把在时间上先后进行的知识处理和作业实施过程转化为尽可能的同时处理和同时实施。美国防务分析研究所(IDA)在 R338 报告中提出了一个比较全面的并行工程定义:并行工程是一种对产品及其相关过程(包括制造过程和支持过程)进行集成的、并行的设计的系统方法,这种方法使得产品开发人员在一开始就考虑到从产品概念设计到产品报废的整个产品生命周期中的所有因素,包括质量、成本、进度和用户要求。

并行工程要求同时进行产品设计和下游的过程设计,而不是同时或交叉进行设计和制造。并行工程强调所有的设计工作要在产品正式开始生产以前就完成。并行工程要着重解决以下一些关键技术问题:产品并行开发过程建模及优化、支持并行设计的计算机信息系统、计算机模拟仿真技术可靠的数据交换技术产品性能综合评介和决策系统等。而成功实施并行工程的关键因素是高素质的人。

(3) 总装厂充分放权　对于产品改型,总装厂仅根据产品情况通知协作厂需要提供的部件的性能规格,具体设计和制造由协作厂负责。简化了总装厂的产品设计工作,同时使协作厂有更大的自主性。对于参与零部件配套的各协作厂采用协同控制方式,简化了协作厂之间的关系。

3. 简化产品的制造过程

产品制造过程是完成零件毛坯转变为成品,并装配为产品的过程。统计表明,一般情况下制造过程中仅有 5%的时间真正产生附加价值。

当对制造过程难以进行管理和控制时,利用存储单元作为生产过程中各环节之间在制品的缓冲器,可以起到提高机床利用率和均衡加工过程的作用。然而,在制品若存储量过大,将延长制造周期和流动资金周转周期,同时还会长时间掩盖零件制造中的质量问题。

简化产品的制造过程可以提高生产能力和劳动生产率、缩短制造周期,具体做法是将生产诸要素和制造过程中的不同阶段、环节、工序等在时间和空间上进行优化组合,从而用最少的人力、最小的消耗、最省的时间、最短的路径、最简练的动作、最容易掌握的方法来完成必要的工作量。对产品制造过程的简化应遵循以下原则。

(1) 合理利用时间　首先是在生产管理中引进动作分析,开展作业管理,把创造附加价值所必需的动作按工艺流程进行最经济的组合,同时要减少不创造附加价值的动作,如寻找工具、搬运堆垛过量的在制品、返修不良品等。

另一个重要问题是实施一人多机管理、集体协调配合。在 U 型生产单元内,由于多种机床设备紧凑地组合在一起,这就要求生产作业工人能够进行多种机床的操作,同时负责多道工序的作业,排除了工序间不必要的在制品,加快了物流速度,有利于生产单元内作业人员之间的相互协作等。企业倡导多技能作业员(或称"多面手"),也就是所谓能够操作多种机床的生产作业工人。多技能作业员和组合 U 型生产线的结合可以将各工序节省的零星工时集中起来,以便削减多余的生产人员,从而提高劳动生产率。

(2) 排除制造过程中的各种浪费和损失　排除制造过程中可能存在的造成浪费和损失的因素。这些因素包括:在制品过剩而造成的浪费,因供应不及时而造成的浪费,以及因信息交流不充分而造成的损失和因数据不准确、信息传递不及时、计划和调度失误等造成的损失。

要做到排除制造过程中的浪费和损失，有效的途径之一是实行“看板拉动式生产”。

看板通常是一张装在透明塑料袋内的卡片。看板作为对生产过程中各工序生产活动进行控制的信息系统，经常被使用的主要有两种类型：取料看板和生产看板。取料看板标明了后道工序应领取的物料的数量等信息，生产看板则显示着前道工序应生产的物品的数量等信息。整个生产过程以“逆向拉动式”方式，即从生产终点的总装配线开始，依次由后道工序“在必要的时刻领取必要数量的必要零部件”，而前道工序则“在必要的时刻生产必要数量的必要零部件”，以补充被后道工序领取走的零部件。这样，看板就在生产过程中的各道工序之间流转，将与取料和生产的时间、数量、品种等有关的信息从生产过程的下游传递到上游，从而将各个工序联结为一个有机的整体。

实施看板拉动是有先决条件的，如均衡化生产、标准化作业、设备的合理化布置等。如果这些先决条件不具备，看板拉动就不能发挥应有的作用。

均衡化生产是指生产数量的均衡和产品种类的均衡，即总装配线向前面各道工序领取零部件时，要均衡地领取各种零部件，实行混流生产。所谓混流生产就是利用同一条流水线加工或组装尺寸不同但具有相似形状或加工、装配方法的产品和零部件。混流生产方式可以大大简化制造过程。

均衡化生产防止在某一段时间内集中领取同一种零部件，以免造成前方工序的闲忙不均，以及由此引发的生产混乱。均衡化生产使得零部件被领取时的数量变化达到最低程度，即各工序每天基本不变地以相近似的时间间隔向前道工序领取数量相近的零部件，这样，各工序就都以一定的速度进行一定数量的生产。

均衡化生产还是使生产适应市场需求变化的重要手段。通过均衡化生产，各生产线都不大批量地制造单一种类的产品，而是必须每天同时生产多种类型的产品，以期满足市场的需要。

标准化作业主要是指每一位多技能作业员所操作的多种不同机床的作业程序，是指在标准周期时间内，把每一位多技能作业员所承担的一系列的多种作业标准化。主要包括 3 个内容：标准周期时间、标准作业顺序、标准在制品存量。根据标准化作业的要求，所有作业人员都必须在标准周期时间之内完成单位制品所需要的全部加工作业，并以此为基础，对作业人员进行训练和对工序进行改善。

设备的合理化布置是指按零件的加工要求，把功能不同的生产设备集中布置，形成一个个小的加工单元，以简化物流路线，加快物流速度，减少工序之间不必要的在制品储量。

(3) 在生产现场减少非直接生产人员，使每位人员都真正对产品进行增值　对生产现场的基层组织赋予很大的独立自主性，大量信息的处理在组内完成，使系统反应灵活。

4. 简化产品结构

产品结构的简化是其他简化工作的基础。只有简化了产品结构，才能更有效地简化生产技术准备过程和制造过程；进而简化企业的组织结构。简化产品结构包括减少产品的层次和采用模块化产品结构两方面含义。

为了量化产品的复杂程度，通常可以用树状结构描述产品结构。树状结构的层次数目间接描述了产品的复杂程度和加工深度，进而反映了产品的制造周期。一般情况下，中等复杂程度的产品，如电视机等的结构层次约为 9～10 层；复杂产品如涡轮机、汽车或飞机等的结构层次可达14～20层甚至更多。通常情况下，产品结构层次越多，产品的制造周期就越长。由此可见，简化产品的结构，首先要合理压缩产品的层次，这样可以缩短产品制造周期，还可以简化产品制造过程。压缩产品层次的主要方法是提高零部件的"功能集成度"以及采用标准件、通用件和由其他制造厂家提供的现成零部件。

采用模块化产品结构是简化产品结构的另一种方法。模块是指一组具有同样的功能和接合要素，但性能、规格或结构不同却能互换的单元。开发具有多种功能的不同产品，不必对每种产品都单独设计，而是合理设计出多种模块，通过对不同方式的模块组合来构成不同产品，以解决产品品种、规格与设计制造周期、成本之间的矛盾。模块化产品结构尤其适用于单件小批量机械制造企业。利用各种模块，可以根据顾客的不同需要组合成不同的产品。对于顾客来说，得到的是符合特定需求的"新产品"，而对于制造厂来说，则是利用成熟技术和现成的模块制造的"成熟产品"，只是组合方式和构成要素不同而已。采用模块化产品结构的关键问题是模块的合理划分和模块的标准化。

6.3.3　精益生产中人的因素

人的因素在精益生产中有着重要的作用，日本人曾介绍：如果日本生产一辆汽车的成本比美国低1 500美元的话，其中有600美元要归功于人的因素。这里所说的"人"包括整个精益生产系统所涉及的人，如本企业各层次的工作人员以及协作单位、销售商和用户等。

精益生产厂家以用户为"上帝"，但是对这个"上帝"，不是消极的迎合，而是把用户也吸收进产品的开发过程。销售系统被看做精益生产方式全过程的起点，从而在制造商、销售商和用户之间建立起一个长远的甚至是终身的关系，只要是对本公司的产品表示过兴趣的用户，其喜欢选购的产品的情况均被存在用户数据库中，厂家在规划新产品时，会直接访问现有的用户，老用户更是被当作公司的一员，从而成为厂家的忠实用户。

通常的厂家雇用非熟练与半熟练的工人进行生产，在厂家看来，工人就和产品零件一样，可以被随便替换。而精益生产的厂家在生产的各个环节都雇用了多面手，人员素质要求高，雇员必须具有更广泛的专业技能。

多面手的概念首先是指那些能够操作多种机床设备的生产作业工人，他们能按照标准作业组合表，并在标准周期时间内，依次操作几种不同的机床，以完成多种不同工序的作业。这就减少所需操作工人的人数，降低生产成本；另一方面可以使劳动力得到合理调配利用。

多面手的另一个概念是指由直接生产工人承担与生产过程有关的各种工作。非精益生产的厂家有专职的检修工、清洁工、检验员等，由他们分别负责修理工具、清理工作场地、抽查产品质量等，这些人员都是非直接生产工人，并不能为企业增值。精益生产则是按工作小组来组织生产，没有非直接生产工人。小组中每个成员既负责组装产品，又负责工具维修、场地清洁、质量检验等工作，这就将最大量的工作和责任转移到生产线上真正为产品增值的工人身上。这不但减少了人力的浪费，对生产水平的提高也有重要意义。例如操作工人对工具的维修有利于提高工具使用的合理性乃至工具本身结构设计的合理性，而操作工人参与工序质量控制也至关重要，因为每个零件都是经过他们自己的操作加工出来的，在加工过程中通过自检和收集必要的数据可以及时发现质量问题，找出影响质量的根本原因，采取措施从根源上解决问题,使同类的质量问题不再发生。

精益生产厂家为了从雇员有效的服务期内得到最大的产出,一方面使雇员不断学习,扩大知识面,不断地提高技能,并因此受到重视,另一方面满足了雇员学习的欲望和实现自身价值的需求,充分发挥他们的积极性和创造性。通过创造工作条件和施加工作压力双管齐下,让雇员承担尽可能多的责任,成为熟悉多种技能的多面手。

精益生产厂家通过创造工作条件,让雇员及所在小组有很大的独立自主权。例如,丰田汽车公司装配线上的每位工人若发现质量问题,都有权拉动工位上的开关使全线停止工作,然后大家一起讨论,对每一个不明白的问题都要问为什么,最后提出解决的办法,使同类问题不再发生,决策和解决问题都放在小组内进行。因此,在很大程度上不需要中层或高层经理逐级下达命令,减少了信息反馈工作。这种生产组织方式虽然在开始时常常令组装线停下来,但当工人们积累一定的经验后,问题就大为减少,从而使产品的质量稳步上升,并且使产品的返修工作大大减少,返修场地和返修工人也可以随之减少直至取消。

精益生产厂家把雇员看做是比机器更重要的固定资产,雇员终身被雇用则是很自然的。

6.3.4 精益生产的基本框架

自从 MIT 在丰田生产方式的基础上提出精益生产的概念以来,各国研究人员从不同角度提出了各自对精益生产的理解,使精益生产方式在原有的基础上进一步得到了发展。

美国麻省理工学院的 C. Fine 教授根据 MIT 对精益生产(LP)的研究,提出如下公式:

$$LP = EI + TPM + JIT + TQM$$

式中 EI——雇员的介入;

TPM——全员设备维护;

JIT——准时制生产;

TQM——全面质量管理。

日本丰田汽车公司则认为 JIT 和 FA 是丰田生产方式的两大法宝,正是这两项技术使日本的汽车生产在增加品种的同时,仍保持着流水线式的高效生产特点。他们将自己的生产方式总结为:

$$JIT + FA$$

式中 JIT——准时制生产;

FA——工厂自动化。

德国亚琛大学的 W. Evershium 教授则用房屋的形式来描述 LP 与其他技术的关系,即 LP 是屋顶,GT、JIT、TQM 是柱子,SE 是楼板,整个房屋是在独立制造岛上形成的,如图 6-3 所示。

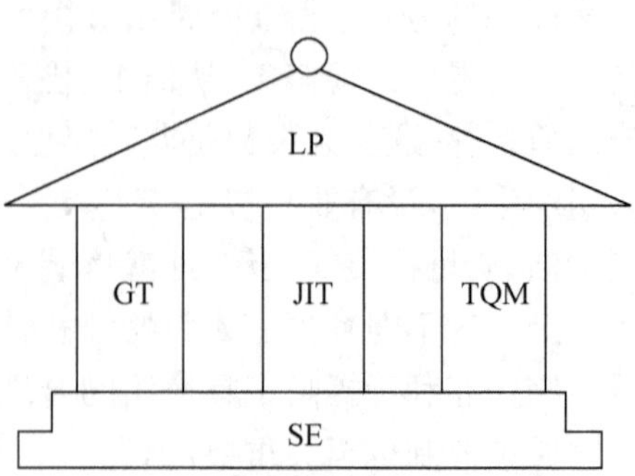

图 6-3 独立制造岛上的精益屋

图 6-3 中 GT——成组技术;

JIT——准时制生产;

TQM——全面质量管理;

SE——协同工程。

我国的研究者在这方面也有研究结果。

从各国研究人员对 LP 的不同描述，可看到精益生产方式框架内的基本要素。

1. 准时制生产(JIT)

丰田汽车公司对 JIT 的定义只有一句话，即“只在必要的时间以必要的数量生产必要的物料”。JIT 作为一种管理哲学，其核心是消除一切浪费，追求不断的改进，达到全面提高生产效率的目的。JIT 认为库存是一种浪费，不但占用空间而且滞留资金，应尽最大努力减少库存。

零库存是 JIT 追求的目标，精益生产就是通过准时制生产(JIT)实现零库存控制。

2. 全面质量管理(TQM)

日本工业标准 JISZ8101 中对全面质量管理的定义是：“所谓全面质量管理，就是用最经济的方法生产出质量满足买方要求的产品所采用的全部手段的综合体”。精益生产在贯彻 TQM 时，在产品质量形成的源头即设计阶段就消除缺陷源，把质量管理重点从产品事后检验转为过程控制，从管结果发展到管原因。企业的全体人员都参与质量管理，将不合格产品及发生的原因消灭在萌芽状态，并且坚持每道工序 100%检验，通过全面质量管理(TQM)实现零质量问题控制。此外，LP 的全面质量管理不仅仅是产品合格，还要不断提出新的改进方案。

3. 全员设备维护(TPM)

全员设备维护的核心是确保设备的良好运行，减少停工损失。精益生产通过全员设备维护(TPM)保证制造资源的充分利用和迅速交货。

4. 成组技术(GT)

成组技术以相似理论为指导，通过利用成组技术的分类编码系统，对产品中的零部件进行分类编码，可以使生产批量得以扩大，为多品种、小批量的生产类型组织高效率生产打下了良好的基础。在成组加工的基础上，精益生产的理念的可以得到最大限度的实现。

5. 工厂自动化(FA)

工厂自动化如 CAD、CAE、CAM、CAPP、CAT、FMC、FMS、CIMS、IMS 等从简单到复杂的不同层次的自动化制造技术系统已成为精益生产的支持技术与环境，精益生产通过工厂自动化(FA)实现柔性和效率的统一，给企业带来明显的效益。

6.3.5 精益生产与传统生产方式的比较

精益生产方式与传统生产方式无论从考虑问题的层次、范围、角度和具体的做法等方面都有很大的区别，如表 6-1 所示。

6.3.6 精益生产的实际应用效果

作为精益生产的始创者，丰田公司 2003 年生产汽车 678 万辆，产量上首次超过美国福特汽车而仅次于通用汽车，成为世界第二大汽车制造商，但在获取利润方面，丰田几年前就

表 6-1 精益生产与传统生产方式的部分特点比较

比较内容	传统生产方式	精益生产方式
企业战略	地区性企业	全球性企业,将所有工作尽可能集中在靠近销售点的地方完成,在全世界每一个重要市场建立完整的制造系统
企业目标	足够好原则:容忍一定的废品率,最低限度的库存,向顾客提供范围很窄的标准产品	尽善尽美原则:不断降低成本,追求无废品、零库存和产品多样化
工作强度	体力和精神的紧张	解决复杂问题和创造性劳动的紧张状况
工人及设备	高度熟练工人使用简单但通用的设备进行单件生产;非熟练或熟练工人使用高度自动化设备,最大限度分工,大量生产	多面手使用通用性好、自动化程度高的设备
组织结构	组织结构以集中式或多级递阶控制为主	组织结构以分布式或适度递阶控制为主,强调组织结构的扁平化
	面向功能,按功能划分部门	面向过程,按过程划分项目组
	被动管理,以"物"为中心	主动管理,以"人"为中心
	用传统方式进行职工培训,将提高职工的技能作为培训重点	在工作中培训职工,同时提高职工的技能和组织性
产品开发	顺序开发	并行开发,产品开发中大量的重要知识存在于长期合作的小组成员的共同观点和经验之中
销售	只销售企业生产的产品,与销售商和顾客是简单的买卖关系	销售顾客需要的商品,长期与销售商和顾客保持平等互利的伙伴关系
生产计划管理	面向设备负荷编制作业计划	按实际需要编制作业计划
	尽可能早开工	尽可能晚开工
	批量优化	最小批量
	按事先制定的生产计划控制生产过程——"推"的管理方式	按合同组织生产过程——"拉"的管理方式
	自顶向下,分层生产控制	分布式自适应控制
采购管理	零件成本最低的采购原则	产品总成本最低的采购原则
	单件采购	以子系统为单位进行采购
财务管理	被动管理,注重成本核算	主动管理,面向整个生产过程的成本管理
	以降低成本为目标	以提高生产率,改善产品增值过程为目标
质量管理	专职的质量管理人员	质量自检
	提高产品质量必然增加产品成本	提供产品质量并非一定增加产品成本

已经远高于通用公司。2004 年丰田净利润达到 102 亿美元,已超过了通用、福特、戴姆勒·克莱斯勒这三大美国汽车巨头的利润总和,这不能不主要归功于丰田汽车公司多年来所实施的精益生产方式。

精益生产不仅在日本丰田以及汽车制造业获得了成功,在其他国家的企业也同样适用并不断有企业获得成功。一些生产企业的数据表明,成功运行精益生产能够为企业带来极为可观的效益:前置期缩短 95%,生产力提升 50%,在制品减少 90%,质量改善达 90%,减少生产所需的空间达75%。

美国在航空工业中推行精益生产，并将其作为技术改造的战略措施。一个由美国空军、各大飞机制造公司以及高等学校联合提出的精益飞机首创计划(Lean Aircraft Initiative)已经在麻省理工学院开始进行。

2000年后，中国汽车市场进入竞争时代，汽车制造商开始深刻认识到精益生产在提高产品竞争力方面的优势。而伴随着全球一体化经济的到来和我国加入WTO，在激烈的市场竞争和巨大生产过剩压力下，学习精益生产方式也从汽车工业向我国整个制造业扩展，并且从被动模仿阶段进入了主动研究探索阶段。精益生产正在成为我国制造企业持续提高核心竞争力的重要途径。

6.4 敏捷制造

敏捷制造(Agile Manufacturing，AM)或称灵捷制造、虚化制造，是美国针对国际市场竞争日益激烈的形势，为恢复其在世界制造业的领导地位而在1991年提出的一种新的制造生产组织模式和战略计划。敏捷制造思想的出发点是基于对市场发展和未来产品以及自身状况的分析。一方面，随着生活水准的不断提高，人们对产品的需求和评价标准将从质量、功能的角度转为最大客户满意、资源保护、污染控制等，产品市场总的发展趋势将从标准化和大批量到未来的多元化和个人化；另一方面，在工业界存在一个普遍而重要的问题，那就是商务环境变化的速度超过了企业跟踪、调整的能力。敏捷制造是美国在21世纪的制造战略，已引起各国工程界的广泛注意。

6.4.1 敏捷制造出现的背景

从20世纪70年代到80年代初，由于片面强调第三产业的重要性而忽视了制造业对国民经济的保障作用，美国的制造业严重地衰退，逐步丧失了在全球制造业的霸主地位，出现了巨额的贸易赤字。

1986年，在国家科学基金会(NSF)和企业界支持下，美国麻省理工学院(MIT)的"工业生产率委员会"开始研究衰退原因和振兴对策。在深入研究的过程中，下面所列举的情况引起了研究者的关注：

(1) 围绕时间、质量和成本的竞争越来越激烈，竞争的目标是：以最快的速度、最低的成本制造出用户满意的产品，或者说，以大批量生产的成本进行单件生产。

(2) 企业小型化、专业化已成为制造业发展的大趋势，如何将这些分散的小企业有效地组织起来加速新产品的设计开发和制造，成为确定新的制造战略所必须考虑的问题。

(3) 计算机网络及信息高速公路的迅速发展，使地球变得越来越"小"，其后果是封闭市场的解体和世界市场的形成，并把企业推向激烈的国际竞争中去。同时它将极大地增强社会信息加工、交流、存储的能力和效率。美国人认为，未来的网络系统将如同过去的高速公路一样，是美国维持国际竞争力的重要保证。日本估计，到2000年经由计算机网络系统所创造的附加值将高于日本的国民生产总值的1/3。面对这种机遇和危机并存的严峻挑战，确定全新的制造战略是当务之急。

(4) 计算机集成制造系统、智能制造系统、并行工程、精益生产方式等新的制造模式的出现和发展为新的制造战略的确定开拓了思路。

(5) 日本价廉物美的产品在美国市场称雄多年,美国制造界感到必须利用高新技术进行一搏,以振兴美国的制造业。

"工业生产率委员会"研究的结论是:"一个国家要生活得好,必须生产得好",重申制造业作为人类社会赖以生存的物质生产基础产业的社会功能,提出以技术先进、有强大竞争力的国内制造业夺回生产优势,振兴制造业的对策。在所提出的一系列制造业发展战略中,由美国通用汽车公司和美国里海大学工业工程系共同提出的"敏捷制造"最受重视,为此成立了国家制造科学中心和制造资源中心,得到美国国家科学基金会、国防部、商业部和许多公司的支持,经国会听证后向联邦政府提出建议,从而成为由政府部门主持,企业和大学共同参与的研究、开发和应用领域,被称为美国的"21 世纪制造企业战略"。

6.4.2 敏捷制造的主要思想

敏捷制造中所谓的"敏捷"是指企业在不断变化、不可预测的经营环境中善于应变的能力,它是企业在市场中生存和领先能力的综合表现。敏捷的含义可以这样表述:① 是模仿人的灵活性;② 对多变的市场需求响应灵敏度高;③ 对用户要求的反应时间短;④ 能有效满足用户需求。

敏捷制造的实质是制造企业采用现代通信手段,通过快速配置各种资源(包括技术、管理和人),以有效和协调的方式响应用户需求,实现制造的敏捷性。例如美国通用汽车公司总裁认为敏捷制造企业的规模应逐渐缩小,装配线要短,采用组合法生产汽车。销售商不仅完成销售任务,而且与顾客一起设计和装配他们称心如意的汽车。

敏捷制造作为一种新的制造模式,带来了若干新的概念。

1. 新的企业概念

敏捷制造将制造系统空间扩展到全国,通过全美工厂网络建立信息交流的高速公路,建立全新的企业——"虚拟企业"或"虚拟公司",通过网上招标,以竞争能力和信誉为依据选择合作伙伴组成动态公司,进行企业大联合,共同冒险,共同获利。企业在设计某一新产品时,可以通过这一网络在全国寻找合适的设计师,针对产品的设计要求,同样通过网络在各地寻找合适的制造厂家。这是利用信息技术打破时空阻隔的一种新型公司,是一批为了完成某一特定任务,利用电子手段在短时间内迅速建立起灵活关系的合作者所构成的协作网络,不同于传统观念上的公司或工厂——有围墙的、由有形空间构成的实体。

由于是通过网络进行"强-强组合",虚拟企业从策略上讲,不强调企业的全能,也不强调企业一个产品从头到尾都是自己去开发、制造,而更多地强调企业在某些方面的特殊优势。

虚拟企业又可称为插头兼容式企业(Plug Compatible Enterprise,PCE),即各企业好像各个插件,在一个兼容主板上插拔而形成不同的新企业。虚拟企业的创建,就好像不同厂家制造的家用音响和视频系统的部件组合一样简单便捷,能根据市场需求灵活作出反应。

虚拟企业也被称为战略联盟公司。每个伙伴企业都将自己的"核心优势"贡献出来,所以有可能创建一个“一切都是最优秀的”虚拟公司。科学技术发展很快，没有一家企业能够单独地把什么事情都干好，而虚拟企业的每项工作、每个环节却都可能是世界一流的，这正是其独到之处。

2. 新的产品概念

在敏捷制造看来，产品除了物化的形态与属性外，还包括：(1) 柔性的、模块化的产品设计方法；(2) 产品的“高质量”。以往生产的产品进入市场后，其功能和性能都已固定不变了。而敏捷制造的产品的功能和性能可以根据用户的需要再进行改变，很容易得到新的功能和性能。另一方面，极大丰富的通信资源和软件资源，使用户可以很容易地自行设计产品，进行产品性能和制造过程的仿真，并可很快得到实际生产出来的产品。敏捷制造的质量观念是保证在整个产品生命周期内的用户满意，企业的这种质量跟踪将持续到产品报废为止，甚至包括产品的更新换代。

3. 新的组织管理概念

敏捷制造企业不断简化过程，不断改进过程，提倡以“人”为中心，用分散决策代替集中控制，用协商机制代替递阶控制机制；提高经营管理目标，精益求精、尽善尽美地满足用户的特殊要求，同时达到大批量生产那样的低成本；雇员和雇主之间建立一种新型的“社会契约(Social Contract)”，大家能为了长远的利益而和睦相处；敏捷企业强调技术和管理的结合，在柔性制造技术的基础上，通过企业内部的多功能项目组与企业外部的多功能项目组——虚拟公司——把全球范围的各种资源，包括人的资源集成在一起，实现技术、管理和人的集成；敏捷企业的基层组织是“多学科群体(Multi-Discipline Team)”，是以任务为中心(Task-Focused)的一种动态组合。敏捷企业强调权力分散，把职权下发到项目组，提倡“统观全局的管理(Vision-Based Management)”模式，要求各个项目组都能了解生产和企业的全局，在明确工作的目标和任务的时间要求的前提下，完全自主地运行工作过程。敏捷制造的概念也可推广到大型企业，企业的管理由金字塔式的垂直领导变为扁平式的小组领导，减少层次，并实行并行工程。

4. 新的生产概念

敏捷制造对“批量法则”有所突破，使产品成本并不与批量密切相关。从产品看是单件生产，而从具体的设计和制造部门看，却是大批量生产；高柔性的、模块化的、可伸缩的制造系统的规模有限，但在同一系统内可生产出的产品品种却是无限的。

敏捷制造技术也还存在一些问题，如知识产权问题，雇员可以方便地使用公司的数据库，公司独有的情报和技术很可能失密；通过网络招标，工厂未必愿意把某些重要经营信息上网；公司放弃某些经营控制权可能会带来经营隐患；由于是“动态联盟”，公司内的各个部门之间的坦诚度在合作期的最后阶段可能会降低；雇员对企业的忠诚度会减少；同事之间的人情关系会淡薄等等。

6.4.3 敏捷制造的关键技术

(1) 敏捷制造涉及不同的信息系统，需要信息交换标准化，包括工程图纸及零件标准化、产品定义数据模型化以及商务报告标准化，同时还有各方合作运行方法标准化，包括知识产权共享标准、虚拟生产协议等。

(2) 从事产品设计、制造和支持等方面的人员以拟实制造的方式通过网络合作并行工作，在三维可视交互环境中对产品从概念产生、设计到制造全过程进行模拟实现，在真实制造之前，预估产品的功能及可制造性，大大缩短产品上市时间，降低产品开发、制造成本。

(3) 支持敏捷制造模式的信息系统必然十分复杂庞大，需要采用能支持多学科、多层次、地域上分布的大规模协同工作的鲁棒组件(Robust Groupware)来提高信息系统的可靠性和有效性。

(4) 能大规模修改软件的技术，可重组的软、硬件设备，以适应虚拟企业的需要。

(5) 通讯联络是敏捷制造得以实现的前提，在信息交换和通讯联系方面，必须有一个能将正确的信息、在正确的时间、送给正确的使用者的"准时信息系统"，作为敏捷制造的管理系统的基础，因此需要大范围的、完善的通讯基础结构(Infrastructure)。

(6) 人的因素是敏捷企业成功的关键之一。敏捷企业需要有知识、有技术的人，解决问题靠的是人，而不是单纯的技术。对于敏捷制造系统而言，限制性条件主要不是设备，而是人的想象力、创造性和技能。

6.4.4 敏捷制造的研究与应用

敏捷制造于1991年提出后，美国和一些发达国家对敏捷制造进行了大量的研究。1992年，由美国国会和工业界在里海大学建立了美国敏捷制造企业协会(AMEF)。该协会每年召开一次有关敏捷制造的国际会议。1993年，美国国家科学基金会和国防部联合在New York、Illinois、Texas州分别建立了3个敏捷制造国家研究中心，分别研究电子工业、机床工业和航天国防工业中的敏捷制造问题。除此之外，还配套支持了工业界进行的7项敏捷化商务实践(Agile Business Practice)、4项敏捷企业决策支持研究(Agile Enterprise Decision Support)、8项敏捷化智能设计与制造系统(Agile Intelligent Design and Manufacturing System)和10项敏捷供应链管理系统(Agile Supply Chain Management)。从1994年开始，由AMEF牵头，有近百家公司和大学研究机构就敏捷制造的6个领域(集成产品与过程开发/并行过程、人的问题、虚拟企业、信息与控制、过程与设备、法律障碍)进行了研究与实践相结合的深入工作。此外，在其他国家也开展了大量敏捷制造的研究。

目前，美国已有上百家公司、企业在进行敏捷制造的实践活动，一旦某公司抓住一个机遇，设想开发某一新产品后，为了能将产品快速推向市场，它可以通过网络迅速找到要寻求的技术或关键部件以及拥有这些技术和关键部件的工厂，然后通过网络进行协商，组织跨地区、跨企业的"虚拟"开发组，利用挂在网络上的群件，高效地并行开发新产品，同时，可利用网络收集用户信息及开拓市场。欧洲也有不少公司进行企业改造和重组，日本发起了MATIC计划，以汽车、电子和服装为典型对象产品开展敏捷制造的研究。

美国Ingersoll-R公司主要生产工业压缩机，原来开发新产品仅设计就耗时8～12个月，从样机制造到试验评定花1年到1年半，耗资50万美元。1988年建立动态公司采用敏捷制造过程后，开发技术水平更高的压缩机只需原来的1/3～1/2时间，花费只是12.5万美元到25万美元。

美国康柏公司 1996 年启动虚拟生产计划，与台湾制造商形成合作关系，由台湾制造商在其深圳分厂附近建设新厂，其产品质量、技术、研究开发、运送、存货都要符合康柏公司全球统一标准，连员工的技术水平和工作态度也要达到其要求。这种虚拟生产方式使其计算机产品每台成本平均降低 57 美元。这种虚拟生产、全球运筹的策略使这些财力大、品牌知名度高、市场基础成熟、分销渠道完善的大公司能更成功地经营，而没有品牌行销能力但能有效生产的计算机制造商能得到巨额订单，赚取稳定可观的利润。这正是敏捷制造所提倡的优势集成组织原则的应用。

6.5　计算机集成制造

6.5.1　CIM 的概念

CIM 是 Computer Integrated Manufacturing 的缩写，可译为“计算机集成制造”或“计算机综合制造”。CIM 的概念最早是由美国约瑟夫·哈林顿(Joseph Harrington)博士在 1973 年提出的。CIM 概念基于两个观点：

(1) 制造过程是一个整体，企业的各种生产经营活动是不可分割的，需要统一考虑；

(2) 整个生产制造过程实质上是信息的采集、传递和加工处理的过程，最终形成的产品可视为信息的物质表现。

CIM 是制造观念上的更新，它反映了信息时代制造业的发展趋势。CIM 已经越来越多地被人们所接受，并得到不断地丰富和发展，人们对 CIM 的理解也更加深入，国内研究者对 CIM 的定义一般是：

CIM 是一种组织、管理与运行企业生产的新哲理，它借助计算机硬、软件，综合运用现代管理技术、制造技术、信息技术、自动化技术、系统工程技术，将企业生产全部过程中有关人、技术、经营管理三要素及其信息流与物流有机地集成并优化运行，以实现产品高质、低耗、上市快，从而使企业赢得市场竞争。

可见 CIM 是用全局的、系统的观点看待企业生产的各个环节，包括市场分析、产品设计、加工制造、管理及售后服务等方面，企业追求全局优化以求高效益。信息集成是支持企业全局优化的重要手段。信息集成主要是通过计算机硬、软件，包括网络、数据库等来实现的。

6.5.2　CIMS 的概念

CIMS(Computer Integrated Manufacturing System)即计算机集成制造系统，是基于 CIM 哲理而组成的系统。尽管 CIM 的概念早在 1973 年已提出，CIMS 在十几年后才开始受到重视并得到实施，这主要是因为美国在 20 世纪 70 年代的产业政策过分夸大了第三产业的作用，而贬低制造业为“夕阳产业”，其恶果在 80 年代初期开始显现，迫使美国政府开始作出政策调整。为夺回世界制造业的领先地位，政府和工业界认为“CIMS, no longer a choice”，从而拉开了 CIMS 大规模实施的序幕。

国内研究者对 CIMS 的定义一般是：

CIMS 是通过计算机硬、软件，并综合运用现代管理技术、制造技术、信息技术、自动化技术、系列工程技术，将企业生产全部过程中有关的人、技术、经营管理三要素及其信息与物流有机集成并优化运行的复杂的大系统。

CIM 是一种组织现代化生产的哲理，CIMS 则是这种哲理的实现，企业的类型不同，或同一行业的企业，由于不同的生产经营目标、不同的基础条件等因素都使得各企业中实现 CIMS 的规模、组成、实现途径及运行模式等方面有所差异。

需要指出，随着人们对 CIMS 认识的逐渐深入，已抛弃了早期的"全盘自动化"，取而代之的是"适度自动化"，并且强调了人在 CIMS 中的作用，因此，国内更倾向于把 CIMS 定义为现代集成制造系统（Contemporary Integrated Manufacturing System）。

CIM 的哲理适用于各种行业，各行业都可以在 CIM 哲理的指导下建立起自己的 CIMS。

CIMS 不受企业规模的限制。CIMS 是一种用计算机技术作为手段，把企业内各部分、各种技术集成为一个整体的一种生产模式。中、小企业可以根据其具体情况、制定一个总体规划，量力而行地建立自己的 CIMS，逐步扩大集成范围。

6.5.3 CIMS 的基本要素

构成 CIMS 的三大基本要素是：人、技术和经营管理，三者相互关联、相互支持、相互制约。人掌握技术，技术支持人员工作；人制定管理模式、确定组织机构，同时也受组织和管理模式的制约；技术支持管理，同时管理也管技术。三者相重叠的部分实现了人、技术和经营管理的集成。

在 CIMS 中人仍然起主导作用。CIMS 仅仅是企业的生产技术、管理手段，而不是目的，企业的 CIMS 不能全部代替人的劳动。在市场的分析和决策、生产经营目标的制定、产品设计过程中新概念、新构思等许多方面都需要人的创造性劳动，因此人在 CIMS 中是主体。CIMS 实际上是个复杂的人机系统，部分工作由计算机完成、部分工作由人完成。

人是 CIMS 的设计者、建造者，CIMS 按人的意志、人的需求而建成，CIMS 为企业服务，为企业中的人服务；CIMS 中某些系统是辅助性的，通过人机交互完成为人的服务，交互中，有些工作无法用计算机完成，或不值得用计算机完成，则仍需人来完成。

技术是实现 CIMS 的保证，在 CIMS 中，综合运用了计算机技术、现代管理技术、制造技术、信息技术、自动化技术、系统工程技术等。

要实施 CIMS 的关键之一是进行技术改造和技术进步。通过技术改造来充分挖掘现有企业的生产潜力，充分发挥企业的作用。CIMS 采用各种先进的技术手段进行技术改造，如用 CAD 技术支持企业产品改革，用柔性制造系统、自动生产线、先进的控制方法对生产过程进行改造，用 CAPP 技术提供更科学的工艺规程，用计算机和自动化技术来减轻人们的体力和脑力劳动，提高劳动效率等。除工程设计和生产制造方面，CIMS 还对企业的经营管理提供先进的技术支持，促进管理机制和组织机构改革。

现代的制造企业，是多层次多部门纵横交错的系统，必须采用一整套科学的、先进的管理制度和方法，才能使之充分发挥生产能力。经营管理的自动化，管理体制的改革，是使企业走向市场经济、赢得竞争的关键。企业的管理是企业的决策中枢、协调中心，也是CIMS的重要组成部分。

6.5.4 CIMS中的信息集成

CIMS的关键是信息集成，集成的作用是将原来独立的自动化系统组成一个协同工作的、功能更强的新系统。

随着计算机在生产过程中的广泛应用，形成了许多分散的自动化系统，如计算机辅助设计(CAD)、计算机辅助工艺规划(CAPP)、计算机辅助制造(CAM)、柔性制造系统(FMS)、计算机辅助工程分析(CAE)、管理信息系统(MIS)、制造资源计划(MRPⅡ)、企业资源计划(ERP)等，CIMS正是在这些系统的基础上发展起来的，又是对这些系统的集成。

CIMS系统的集成一般应具备三个基本特征：

(1) 数据共享　系统内部某个子系统运行的结果可被其他子系统直接使用。

(2) 功能交互　通过统一的执行控制程序来组织和协调系统内部各子系统的运行，实现功能的交互集成。

(3) 开放式结构　不但在系统内部各子系统之间易于信息交换，系统与外部的其他相关子系统也能通过外部接口实现有效的信息互通。

CAD/CAM集成是CIMS系统信息集成的重要部分，是把设计与制造过程中各个环节如CAD、CAPP、CAM、NCP(Numerical Control Programming，即数控编程)等有机地结合起来，以实现各部分之间信息的提取、交换、共享和处理，保证系统内信息流的畅通和整个系统的有效运行。

在未经集成的CAD/CAM系统中，各软件是相互孤立的，信息传输只能通过对CAD输出的工程图纸、技术文件等进行整理，取得所需数据并人工输入计算机供CAPP和CAM使用。这样的系统存在信息传输效率低、准确性低、数据量不足、重复劳动量大等缺点。

在低集成度的CAD/CAM系统中，CAD系统提供了产品的几何模型，并传给CAPP与CAM系统，由于缺乏制造工艺信息，所以只能靠人机交互的方式补充输入这部分信息，完成CAPP和CAM。

在中等集成度的CAD/CAM系统中，CAD系统基本能提供包括几何信息和工艺信息在内的完整的产品信息模型，通过数据接口传送给CAPP系统，可以直接制订出工艺规程，NCP也基本能实现自动化，但由于数据接口文件的转换难以完全避免信息丢失与失真，因此还存在一些问题。这类集成系统的产品模型采用特征模型，能基本上完整地表达产品的信息。

在高集成度的CAD/CAM系统中，将CAD、CAPP、CAM作为一个整体进行规划和开发，采用统一的用户界面、实现信息高度集成和共享。这种系统以集成产品模型为基础，通过统一的工程数据库管理系统在各功能模块间实现数据交换与共享，从而避免了数据接口文件的转换，实现了真正的集成，这也是计算机集成制造系统CIMS的基础。

CIMS信息集成的实施包括3个层次：物理集成、应用集成和经营集成。物理集成是指物理设备互连、网络配置和管理、设备间通信、数据交换规则和协定的设定等，物理集成是一切信息集成的基础。应用集成又称应用软件集成，它能提供一些机制，如采用全局数据管理、客户/服务器结构等，能使各过程之间共享公共数据和公共资源。经营集成又称业务集成，可支持稳定的决策过程，是在应用集成的基础上实现各种经营功能的完整集成。

6.5.5 CIMS 的构成

CIMS 系统可分为 4 个功能分系统，即：经营管理信息分系统、工程设计自动化分系统、制造自动化分系统、质量保证分系统；两个支撑分系统，即：计算机网络分系统、数据库分系统。如图 6-4 所示为这 6 个分系统的关系图及其与外部信息的联系。各分系统之间有信息流交换与集成。

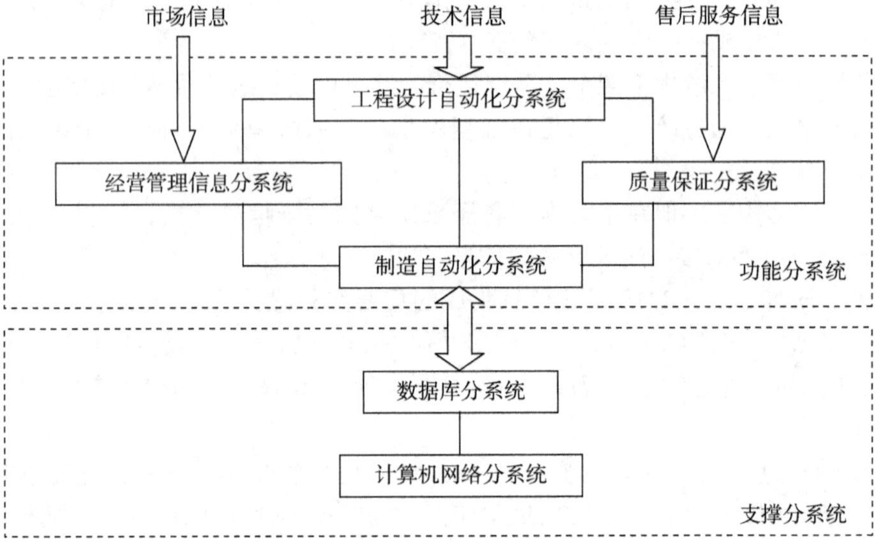

图 6-4 CIMS 各分系统之间的逻辑关系

这种 CIMS 系统构成是典型的、通用的，并主要是针对机械制造业提出的，但由于各种工业企业特点不同，不一定或不必要完全实现这 6 个分系统，可根据需要，在 CIM 哲理的指导下局部实施或分步实施。

1. 经营管理信息分系统

经营管理信息分系统(CIM/MIS)是在 CIMS 环境下的管理信息系统(MIS)，它是以制造资源计划 MRPⅡ(Manufacturing Resource Planning)或企业资源计划 ERP(Enterprise Resource Planning)为核心并能与 CIMS 中其他分系统进行接口的计算机系统。

MRPⅡ是以物料需求计划 MRP(Material Requirement Planning)为核心，对生产、物料、销售、财务、会计和成本等方面实行优化管理的计划，即对资金、设备、人力和时间等资源进行估计和预测的管理计划。而物料需求计划 MRP 则是根据主生产计划、产品物料清单(BOM)、库存清单、采购单及未交付订单等资料计算出的物料需求量与组件生产进度表联系起来的优化技术。MRP 可使计划做到即不出现短缺、又不造成库存积压，从而解决物料需求与供给的矛盾。

CIM/MIS 的功能是多方面的，一般有生产预测、销售管理、物资供应、主生产计划、财务管理、成本核算、库存管理、人事管理、设备管理、经营与生产规划、物料需求计划、能力需求计划、技术和生产数据管理。

现有的 MRPⅡ和 ERP 系统软件大都按独立运行的模式开发运行，对实施 CIMS 的企业，需通过二次开发使之用户化。

2. 工程设计自动化分系统

工程设计自动化分系统覆盖了产品设计的全过程，包括产品的概念设计、工程与结构分析、详细设计、工艺设计与数控编程等。通常分为 CAD、CAPP 和 CAM 三部分，形成一个集成系统。

CAD 系统应该包括产品结构的设计、定型产品的变型设计及模块化结构的产品设计。软件有计算机绘图、有限元分析、计算机造型、优化设计、动态分析与仿真等。

CAPP 系统可进行毛坯设计、加工方法选择、工序设计、工艺路线制订和工时定额计算等，其中工序设计又包含装夹设备选择或设计、加工余量分配、切削用量选择以及机床、刀具和夹具的选择、必要的工序图生成、工艺文件生成等功能。

CAM 系统通常可进行刀具路径的规划、刀位文件的生成、刀具轨迹仿真以及 NC 代码的生成等。

CAPP 是从产品设计到制造的转换过程，是 CAD/CAM 集成的关键环节，同时它也是 CIMS 中设计信息与物料信息的“交汇点”，它与生产计划、车间控制有着紧密联系，是工程设计自动化分系统与其他分系统交换信息的主要信息的主要信息源和信息处理核心。相对于商品化、通用化程度较高的 CAD 和 CAM 而言，目前尚缺少适应面广的通用型 CAPP 软件，还有待于进一步研究与开发。

3. 制造自动化分系统

制造自动化分系统是在计算机的控制与调度下，按照 NC 代码将毛坯加工成合格的零件并装配成部件及产品，完成生产管理指定的任务，并将制造现场的不同信息实时地或经过初步处理后反馈到相应部门，它涉及加工制造的许多环节。

制造自动化分系统的目标是实现多品种、中小批量产品制造的柔性自动化，制造过程应包括加工、装配、检验等各生产阶段；实现优质、低成本、短周期及高效率生产，提高企业的市场竞争能力；为作业人员创造舒适而安全的劳动环境。

制造自动化分系统包括：

(1) 车间、单元、工作站的作业调度与监控；

(2) 刀具、夹具、模具、加工设备、仓库、物料传递工具、清洗工具、测量设备等的管理与控制；

(3) 物流系统的调度与监控等。

4. 质量保证分系统

随着用户对产品的要求不断提高，市场竞争也日益激烈，企业的一切活动都开始转到以用户要求为核心的 4 项指标 TQCS 的竞争上。其中 T 是 Time，指缩短产品制造周期，使新产品提前上市，提早交货；Q 是 Quality，指提高产品质量；C 是 Cost ，指降低产品成本；S 是

Service,指提供良好的咨询和售后服务。

集成质量系统 IQS(Integrated Quality System)习惯上称为计算机辅助质量系统 CAQ(Computer Aided Quality System),为企业提供先进、高效的手段和有力的支持工具,它使企业更有效地实现全面质量管理。CAQ 系统除了具有直接实施检测的功能外,它的重要任务是采集、存储和处理企业的质量数据,并以此为基础进行质量分析、评价、控制、规划和决策。

质量保证分系统的功能有:

(1) 质量计划制订　包括生成零件的检测规程和规范、生成检测器具需求计划、制订进货检测计划、生成检测程序等。

(2) 质量检测　包括质量数据的采集和存储,检验器具的定期鉴定。

(3) 质量评价与控制　包括外购外协质量评价、加工工序质量评价与控制、产品设计质量评价、零件加工过程质量跟踪、各类不良品的处理信息管理、从装配到试验及装箱过程中的质量评价。

(4) 质量综合信息管理　包括使用过程中产品质量分析、质量成本分析、企业质量综合指标统计与分析、质量报表生成及质量综合查询、质量文档管理、质量检验人员档案。

这些功能通过 3 个层次(计划层、管理层和执行层)集成实现。执行层位于检验站级、实现质量数据的采集、测量装置及测量机编程以及加工设备的过程控制;管理层位于车间级,实现零件及产品分类统计分析与评价、质量成本核算、车间级质量信息管理和质量综合评价等;计划层位于工厂级,制订质量计划和检测计划,进行综合质量指标统计与分析,使用过程质量信息管理等。

5. 计算机网络分系统

计算机网络是 CIMS 的一个支撑系统,它是信息集成的关键技术之一。CIMS 的 4 个功能分系统的信息在计算机网络上传递、转换、共享。

目前常用的网络标准是 ISO 制定的开放系统互联(OSI)参考模型。为实现异构环境下的信息集成所需要解决的主要问题之一就是不同通信协议的共存及向 ISO/OSI 的过渡。

OSI 参考模型的基本构造技术是分层技术,利用层次结构,把开放系统的信息交换问题分解在一系列较易于控制的"层"中。

OSI 体系结构有 7 层,从最低开始分别为:物理层、数据链路层、网络层、运输层、会话层、表示层、应用层。OSI 标准是规定信息处理系统互联、通信和协调动作的一系列标准的统称,可分为 3 类:即 OSI 总体标准、OSI 基本标准和 OSI 功能标准。

开放系统互联(OSI)分层协议模型的结构如图 6-5 所示。

物理层用来在一个数据终端设备和一个数据通信设备之间建立或拆除一条物理通路。

数据链路层负责数据在信道上的传输,它为来自物理层的比特流确定界限,并且提供数据同步。

网络层规定了用户和一个分组交换网的接口,也规定了两个用户之间经过一个分组交换网的接口。

运输层是数据通信网络和上 3 层之间的接口,决定两个用户传输的端到端完整性,控制事务处理流并保证用户机的适当寻址。

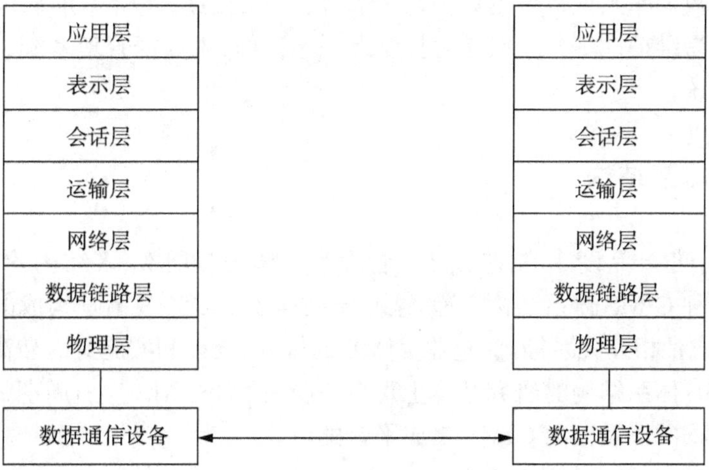

图 6-5 OSI 分层协议模型

会话层是用户进入运输层的接口，为两个用户数据终端设备 DTE 之间的数据交换提供一种组织手段。

表示层规定数据在该模型中的语法，即数据表示。它并不涉及数据的意义或语义，其主要功能是从应用层接受数据类型（字符型、整型等），然后和它的同等层就表示形式（如 ASCⅡ等）进行协商。

应用层的任务是支持终端用户的应用过程，包括作业管理、数据交换、程序设计语言发送和接受及商业性数据交换等。

美国的制造自动化协议（MAP）和技术办公协议（TOP）属于行业性的 OSI 功能标准，实际上是公认的 CIMS 网络的体系结构。

CIMS 计算机通信网络一般以局域网（LAN）为主，包括 5 类网络：远程网络、MAP 局域网络、TOP 局域网络、非 OSI 局域网络和场地总线。这些网络通过网桥、路由和网关互联。

在非 OSI 网络协议中最流行的是 TCP/IP 协议，它由美国国防部（DOD）开发，已成为组建计算机局域网、广域网、特别是互联网络的重要通信协议。

CIMS 网络的管理和数据安全技术都是应该认真考虑的问题。

6. *数据库分系统*

CIMS 数据库分系统是又一支撑系统。CIMS 的 4 个功能分系统的信息都要在一个结构合理的数据库系统里进行存储和调用，以满足各系统间信息交换和共享。CIMS 中信息按企业经营活动的对象类型可分为：

(1) 产品信息　包括产品的结构、零件等信息；

(2) 工艺信息　包括工艺特征、工艺文件信息等；

(3) 生产状态信息　包括指令单、完工报告、质量状态；

(4) 计划信息　经营计划、生产计划、物料采购计划、库存计划；

(5) 资源信息　人员、资金、设备、物资等；

(6) 组织信息　组织机构、职责任务、隶属关系；

(7) 经营信息　市场、供应商、客户、订单及经营指标。

通常CIMS数据库系统是采用集中与分布相结合的三层递阶体系结构，以保证数据的安全性、一致性、易维护性等。三层递阶控制体系结构即：主数据管理系统、分布数据管理系统和数据控制系统。

6.5.6 CIMS体系结构

CIMS是一个集产品设计、制造、经营、管理为一体的多层次、多结构的复杂系统。目前国际上已提出多种CIMS体系结构模型，这些模型描述了CIMS系统构成的宏观框架，包括CIMS各部分组成及相互关系等，对企业CIMS的规划、设计和实施具有较高的参考价值。

国际上CIMS体系结构的研究基本上可分三类：面向CIMS生命周期的、面向CIMS功能构成和控制结构的以及面向CIMS集成平台的。

1. 面向CIMS生命周期的体系结构

这种体系结构面向CIMS全生命周期各阶段，包括需求分析与定义、系统设计、系统实施和系统运行。欧共体ESPRIT计划中的AMICE专题所提出的CIM-OSA体系结构就属于这种类型。

CIM-OSA是一个由"通用程度维"、"企业视图维"和"生命周期维"构成的一个抽象的三维逻辑结构空间。

通用程度维分为通用层、部分通用层和专用层。通用层是CIM-OSA基本结构构成成分(通用构造模块)的一种参考目录，包括元件集、约束规则、术语、服务功能和协议等；部分通用层是CIM-OSA建立工业需求集的主要手段，也是建立各种专用结构的实用工具，它由一组分别适合于各类制造企业的部分通用结构模型和选择优化方法组成；专用层仅适用于一个特定企业。从通用层到专用层的过程叫逐步抽取或逐步具体化。

视图维分为4个视图，用于描述CIMS的不同方面，有功能视图、信息视图、资源视图和组织视图。功能视图是企业CIMS运行状态(动态)和功能结构(静态)的规范化描述；信息视图是企业CIMS活动有关信息的规范化描述；资源视图是企业CIMS活动所需资源集的描述；组织视图是对企业CIMS组织结构的规范化描述。

生命周期维分为3个层次：需求定义层、设计说明层和实施描述层。需求定义层按照用户给定的准则，根据4个视图来描述一个企业的需求定义模型；设计说明层是设计者根据企业经营业务的需求和系统的能力从4个视图角度，对用户的需求进行重构和优化；实施描述层在设计说明视图的基础上，从4个视图对企业活动实际过程及系统物理元进行描述。

按照CIM-OSA的方法学，一个企业的CIMS体系结构就是对相应的"通用程度维"、"企业视图维"和"生命周期维"的逐步具体化、逐步生成和逐步推导的创建过程。

CIM-OSA是一种可供任何企业使用、可描述系统生命周期各阶段企业各方面要求的通用和完备的体系结构。

2. 面向CIMS功能构成和控制结构的体系结构

为了简化CIMS的实施，可将它分为若干层次，分解为若干个分系统，分系统再分解为更小的分系统等等，从而降低全局控制和系统开发的难度。美国国家标准技术研究院(NIST)开发了5层结构的递阶控制模型，ISO则发布了与之相似的6层递阶控制结构，如图 6-6 所示。

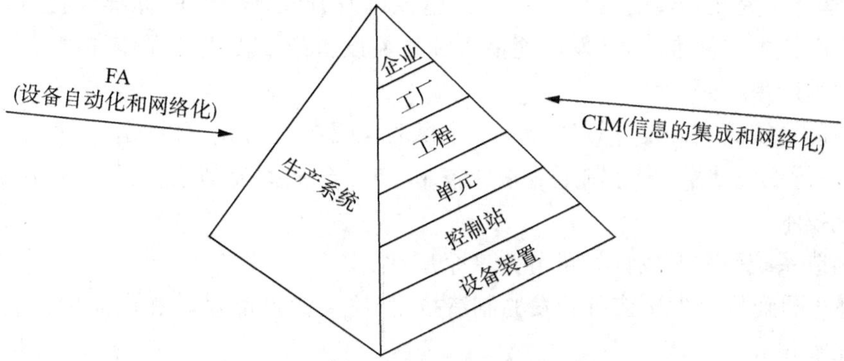

图 6-6 ISO 递阶控制模型结构

美国制造工程师学会(ASME)把 CIM 系统作横向分解,按功能分解为外围 5 层加上"核"的 6 层轮式结构,外围 5 层分别为技术和组织、共享知识和系统、生产过程、资源和职责、制造基础结构,"核"是用户,充分体现 CIMS 的核心是赢得用户,拥有市场的理念。这类体系结构由于研究较早,在国际上已得到广泛应用。但它未能概括企业各个方面各个层次的要求,只能认为是面向生命周期体系结构中的功能视图部分。

3. *面向 CIMS 集成平台的体系结构*

为了便于实现集成,一些计算机厂家进行了标准化平台的研究,提出面向集成平台的 CIMS 体系结构。如 IBM 公司的 CIMS 体系结构,采用了 3 层结构:硬件、操作系统层、通用服务层和应用层;美国 DEC 公司的 CIMS 体系结构共分为 5 层:硬件层、网络层、系统软件层、应用集成层和生产工具。

6.6 智能制造

人们对制造过程自动化的研究实践表明,通过运用各种自动化技术,人类在体力劳动方面得到极大的解放,但脑力劳动的自动化程度(其实质是决策的自动化)却还是很低,因此,制造过程自动化的发展受制于制造系统自治能力,即智能水平。未来工业生产的基本特征是知识密集型,制造自动化的根本将是决策自动化,要适应这一发展趋势,必须使制造系统本身能表现出最大可能的智能特性。

在 20 世纪 80 年代末 90 年代初,在美国最先提出了智能制造技术(Intelligent Manufacturing Technology,IMT)和智能制造系统(Intelligent Manufacturing System,IMS)的概念。

智能制造的研究已引起世界各国的高度重视,卡内基梅隆大学(CMU)的制造系统构造实验室一直从事智能制造的研究,先后开发了车间调度系统和项目管理系统(Callisto)等项目,美国国家科学基金重点资助了有关智能制造的各项研究。

日本通产省在 1991 年 1 月立案批准由日本东京大学古川教授等人提出的智能制造系统(IMS)国际合作研究开发计划,以 10 年为期限,预算投资 10 亿美元。该计划于 1992 年秋开始执行，与欧共体、美国合作成立“IMS 国际委员会”，旨在组合工业发达国家的先进制造技术、探索将研究成果转变为生产技术的途径以及开发下一代的标准化技术。其目标重点是实现生产技术的标准化，开发出能使人和智能设备都不受生产操作和国界限制、彼此合作的高技术生产系统。

智能制造系统研究开发计划选择了六个试验项目进行研究，分别是：过程工业中的清洁制造技术、并行工程技术、全球制造业集成技术、自律分散型控制系统、产品快速成形技术和知识系统化技术。

智能制造系统研究开发计划可分为 3 个层次：

(1) 将各国到目前为止独自开发的制造技术（主要是产品设计和产品加工装配技术）的体系化和完整化；

(2) 将现有技术及未来要开发的技术（主要是物流管理技术和制造信息数据的压缩、传送及存储技术）的标准化；

(3) 新型、高性能的制造系统技术（主要包括系统管理技术与机械加工、设计、装配及制造过程相关技术，以及包括前面两个层次在内的整个制造系统构筑技术）的研究和开发。

在上述 3 个层次中每一层内又分为五个研究内容：① 系统构筑技术；② 生产、控制和加工技术；③ 与生产相关的信息处理、通信技术；④ 新材料应用技术；⑤ 制造系统中的人的因素的研究。

研究开发的新型的制造系统是一种自动化程度很高的、有较强自组织能力的制造系统。因此在智能制造系统的设计与开发方面主要采用分布式策略，其基本理论是分布式人工智能技术(DAI)中多施主系统(Multi-Agent Systems)。从广义角度讲，未来的智能制造系统应该是一个分布与并行式的制造问题协同求解系统。

目前，美国、日本及欧共体等工业发达国家都在为了争夺制造技术的制高点以赢得制造业乃至全球经济的竞争，对智能制造的理论、系统设计技术、应用技术等进行广泛而深入的研究，取得了多方面的成就。

我国有关高校及科研院所研究所也在积极开展 IMT 与 IMS 的基础研究工作，在 IMT 的各种单项应用方面取得一定的进展。

目前，对智能制造技术尚无统一的定义，一般的看法是指在制造业中以一种高度柔性与高度集成的方式，通过计算机模拟人类专家对制造过程的各个环节进行分析、判断、推理、构思和决策的智能活动，以取代或延伸制造环境中人类的部分脑力劳动，并通过计算机软、硬件技术对人类的智能制造进行收集、存贮、完善、共享、继承与发展，制造智能主要表现在智能设计、智能加工、机器人、智能控制、智能工艺规划、智能调度以及智能测量和诊断等多方面。随着专家系统、人工神经网络等计算智能的发展，制造知识的获取、表示、存贮和推理成为可能，这就为智能制造技术构筑了前提。粗略地说，智能制造技术是人工智能(Artificial Intelligence, AI)与制造技术的有机结合。

智能制造系统是指基于智能制造技术，并综合应用人工智能技术、信息技术、自动化技术、制造技术、现代管理技术和系统工程理论方法，实现对制造系统中的经营决策、产品设计、生产规划、制造装配和质量保证等各个子系统的智能化，构成网络集成的自动化制造系统。智能制造系统是计算机集成制造系统的发展方向，也被认为是智能化的 CIMS。

智能制造系统的一些重要特征受到人们的高度关注：

(1) 自组织能力　系统中各种智能装备能够按照工作任务的要求自行集结成一种最合适的结构，并按最优的方式运行。

(2) 自律能力　系统中各个自律化的装备能根据周围环境的变化和自身工作的状况自主地进行决策并及时地加以必要的调整，使得系统做到整体协调，具备良好的抗干扰和容错能力，柔性地克服生产中的问题。

(3) 自学习能力　系统能在运行过程中不断进行自学习以完善知识库和推理、控制能力。

(4) 自维护能力　系统对内部故障进行自我诊断、排错及修复的能力。

智能制造系统展示了人类制造活动的美好未来，各国研究者都在进行积极的研究，就目前而言，智能制造系统基本还处于概念研究和实验研究阶段。

6.7 产品数据管理(PDM)

6.7.1 引入 PDM 的意义

先进制造技术特别强调计算机技术、信息技术和现代管理技术在制造中的综合应用，随着企业信息化技术应用的不断深入，有效地管理好产品信息变得日益重要和迫切，在此背景下，PDM(Product Data Management)应运而生，并在 20 世纪 90 年代初开始在国际市场上形成商品化的软件产品，国际上许多大型企业纷纷接受并投入巨资实施 PDM，把它作为支持企业经营过程重组、建立并行产品开发协作环境的主要技术基础和保持企业竞争力的一种重要手段。

我国学者与企业界也在 PDM 的研究和实施方面做了大量的工作，取得了一定的进展。目前，我国企业信息化过程中存在的主要问题是：

(1) 信息共享程度低　企业内部主要还是一些离散孤立的信息系统，产品数据存储于不同的计算机系统中，而且由于支持的文件格式和应用环境的差异，无法在各部门之间有效地进行信息共享和传递。

(2) 信息管理方式滞后　不少企业虽然采用了计算机辅助工具，但技术信息的载体在一定程度上仍是纸介质，采用手工化管理方式，既无法准确记录技术数据形成的过程，也无法迅速有效地检索产品数据文件，带来诸多问题，如难以追溯产品设计制造过程、信息反馈慢、设计重用度差等。

(3) 产品开发方式落后　企业信息化多数只在原有产品开发方式框架下起到一定的“改良”作用，未能有效引领产品开发过程进入现代先进模式，难以满足激烈的市场竞争要求。

要解决这些问题，企业实施 PDM 是一个有效途径。目前看来，PDM 至少有以下几方面的作用：

(1) 通过改善企业信息流程，提高生产效率；

(2) 消除由于无效分布而造成的数据丢失及减少数据冗余；

(3) 支持并行工程，缩短产品开发时间，加速产品升级换代；

(4) 提高数据的可靠程度，保证产品设计的质量；

(5) 改善过程和数据的集成度和可回溯性；

(6) 减少生产成本，全面提高企业竞争力。

由于 PDM 技术把数据库的数据管理能力、网络的通信能力和其自身数据的控制能力结合在一起，通过有效管理和控制所有与产品相关的信息，满足企业对信息管理较高层次的需求，从而能较好地解决上述问题。

随着先进制造技术的迅速发展和应用，对于制造企业而言，PDM 变得越来越重要，成为当今受到关注的热门技术之一。PDM 由于具有对产品生命周期中信息的全面管理能力，不仅其本身成为 CAD/CAM 集成系统的重要组成部分，也为以 PDM 系统为平台的 CAD/CAM 集成提供了前提条件，在这样的集成系统中，各部分的信息交流与管理都是通过 PDM 平台来进行，这种集成被业界普遍看好，被认为具有广阔的应用前景。

6.7.2　PDM 的基本概念

PDM 技术的早期目标是为解决大量工程图纸文档的管理，然后逐渐扩展到产品开发过程的 3 个领域中：① 设计图纸和电子文档的管理；② 自动化工程更改单的管理；③ 物料清单(BOM)的管理。PDM 可看做是一个电子资料库，集成了产品生命周期内的全部信息，PDM 在形式上又是一种软件，能进行涉及产品数据的各种管理工作。

目前对 PDM 技术尚未有严格统一的定义，CIMdata 公司对 PDM 的定义是："PDM 是一门用来管理所有与产品相关信息(包括零件信息、配置、文档、CAD 文件、结构、权限信息等)和所有产品相关过程(包括过程定义和管理)的技术"。加特纳集团(Gartner Group)公司把 PDM 定义为："PDM 是为企业设计和生产构筑一个并行产品艺术环境(Concurrent art-to-product environment，由供应、工程设计、制造、采购、销售与市场、客户构成)的关键使能技术。一个成熟的 PDM 系统能够使所有参与创建、交流、维护设计意图的人在整个产品信息生命周期中自由共享和传递与产品相关的所有异构数据"。尽管表述不同，但还是可以看出业界对 PDM 定义的认同点，即 PDM 是一门管理所有与产品相关的信息和与产品相关的过程的技术。

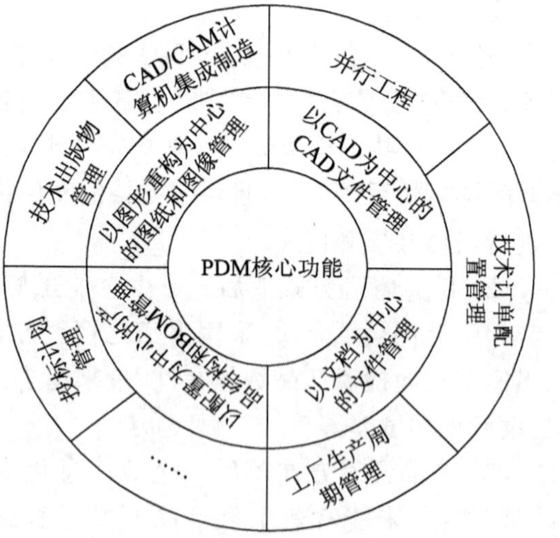

图 6-7　PDM 的应用范围

一般认为，PDM 的应用范围如图 6-7 所示。

6.7.3 PDM 系统的体系结构

PDM 是以计算机网络环境下的分布数据库系统为技术支撑，采用客户/服务器结构和工作方式，为企业实现产品全生命周期的信息管理、协调工作流程和进而建立的并行化产品开发协作环境。

PDM 系统的四层体系结构从上至下分别为用户层、功能层、管理层和环境层，如图 6-8 所示。

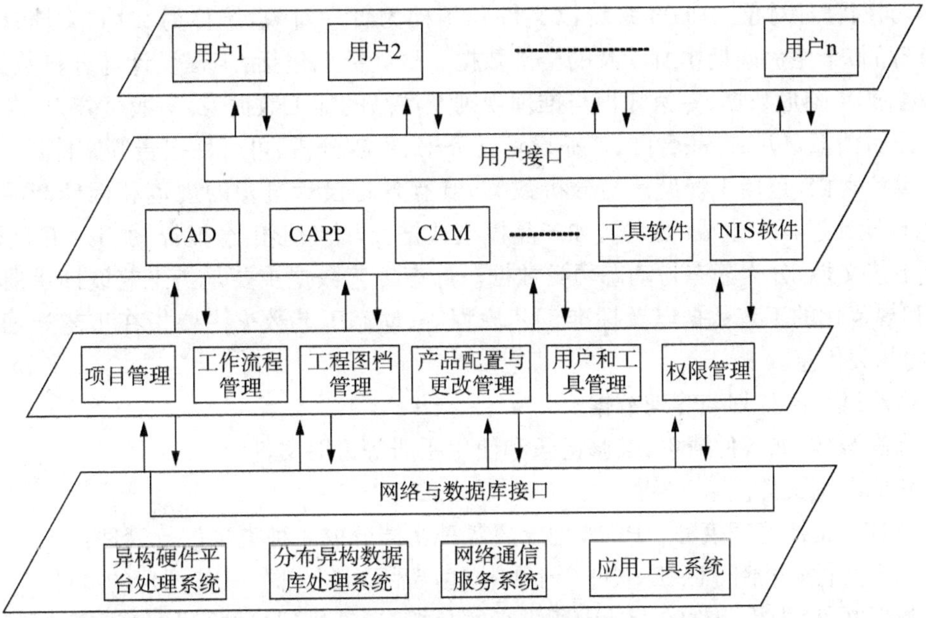

图 6-8 PDM 系统的体系结构

6.7.4 PDM 软件系统的功能

PDM 软件系统的主要功能模块包括电子仓库与工程文档管理、产品配置管理、工作流程管理、分类与检索、项目管理、电子协作功能以及工具和集成件管理等方面，如图 6-9 所示。

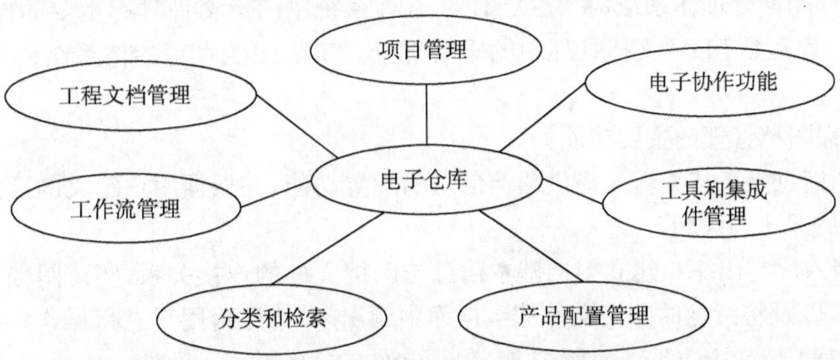

图 6-9 PDM 软件的主要功能模块

1. 电子仓库(Vault)

电子仓库是 PDM 核心模块，它保存了管理数据(元数据)以及指向描述产品的相关信息的物理数据和文件的指针，它为用户存取数据提供一种安全的控制机制，并允许用户透明地访问全企业的产品信息，而不用考虑用户或数据的物理位置。这一模块的功能包括：① 数据对象的检入(Check in)和检出(Check out)；② 按属性搜索机制；③ 数据对象的动态浏览/导航能力；④ 分布式文件管理/分布式数据仓库；⑤ 数据对象的安全控制与管理(记录锁定、域锁定)。

2. 工程文档管理(Engineering Document Management)

(1) 文档管理对象　PDM 系统以文件和图档为管理对象，统称为文档，文档管理对象包括了产品整个生命周期中所涉及的全部数据。这些数据包括：工程设计与分析数据、产品模型数据、产品图形数据、专家知识与推理规则及产品的加工数据等，一般可分为：

1) 原始档案，包括产品合同、产品设计任务书、需求分析、可行性报告等文件。

2) 设计文档，包括工程设计与分析数据，既有各种设计过程的规范和标准产品的技术参数，也有设计过程中生成的数据，如产品模型数据、产品图形信息报告、加工 NC 代码等。

3) 工艺文档，分为静态与动态两类数据。静态工艺数据主要是指工艺设计手册上已经标准化和规范化的工艺数据以及标准工艺规程等；动态工艺数据主要指在工艺规划过程中所产生的相关信息。

4) 生产过程的计划与管理数据。

5) 维修服务，如备件清单、维修记录和使用手册等说明文件。

6) 其他专用文件。

(2) PDM 文档管理模型　PDM 把上述各种文档分成 4 种类型进行管理：

1) 图形文件，由不同 CAD 软件产生的描述产品及其零部件几何图形的文件。

2) 数据文件，即零部件的设计中所进行的分析、运动模拟、试验测试等产生的以数据为主的文件。

3) 文本文件，描述产品性能的以文字为主的文件。

4) 表格文件，表格文件包括有关产品或部件、零件的产品定义信息和结构关联信息。

5) 多媒体文件，用以描述产品及产品各个部位的真实形象以及模拟产品装配过程、维修过程的音频视频文件。

(3) 工程图档管理体系结构　在 CAD/CAM 系统中图形文件具有重要的地位，与此相应，工程图档管理是 PDM 文档管理中的重要部分。工程图档管理的体系结构，如图 6－10 所示。

(4) 工程图档管理的主要功能：

1) 图档信息定义与编辑　提供图档信息的配置功能，并根据用户定义的信息项完成图档基本信息的录入与编辑。

2) 图档入库与出库　建立图档基本信息与图档文件的连接关系，实现图档文件的批量和交互入库，以及将指定的图档文件从数据库中调出来，传送给用户进行操作。数据库中的图档文件支持 Check-in/Check-out 功能，保证文件的完整性和一致性。

3) 图档浏览　浏览和显示多种常见格式的文件，如 DWG、DXF、IGES 等格式的图形文

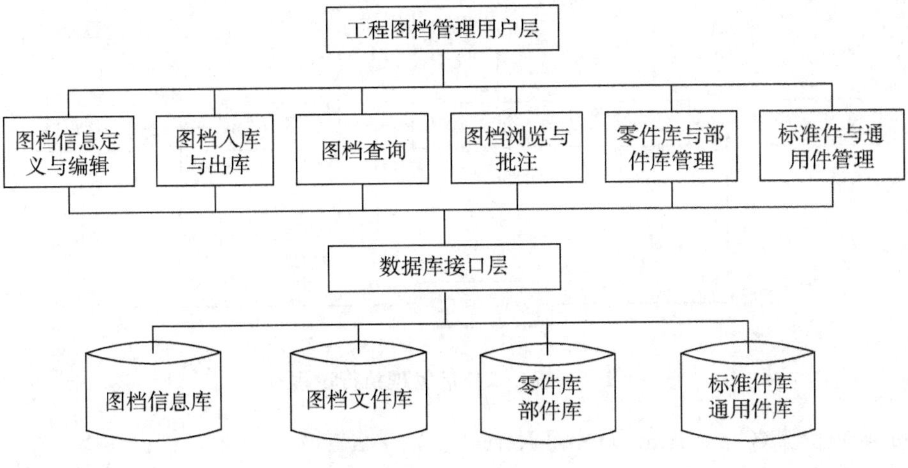

图 6-10 工程图档管理的体系结构

件,BMP、TIF、PCX、TGA、GIF 等格式的图像文件,TXT、DOC、RTF 等格式的文本文件,AVI 等格式的视频文件等。

4) 图档批注　提供快速、方便的批注功能,支持使用各种用于批注的实体。用户可以通过屏幕工具栏选取批注工具和选择批注图层名称、颜色和批注文件名。批注文件存放在独立的文件中,以充分保护原始文件。

3. 工作流程管理(Workflow or Process Management)

在产品设计制造过程中,任何一个环节、任何一个阶段的工作都要遵照一定的流程来进行,工作流程管理的功能就是要以过程控制、过程运行和过程监控来实现对工作流程的建模、控制与协调,如图 6-11 所示。

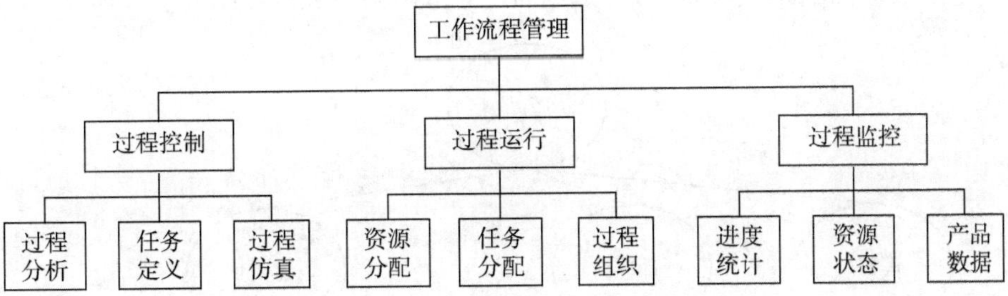

图 6-11 工作流管理功能模块

(1) 过程控制　在分析过程特点、关键环节、实施条件等基础上,定义一系列过程基本单元(任务),包括任务的输入、输出、资源需求、人员要求和时间要求等,根据任务间依赖关系组织过程,对该过程可以进行仿真,以便修改与优化。

(2) 过程运行　按定义的过程实施数据分发、资源分配和任务下达。

(3) 过程监控　包括对资源、产品数据和工作进度的监控,及时反映系统中发生的各种变更,进行必要的调整和过程重组。工作流管理执行过程如图 6-12 所示。

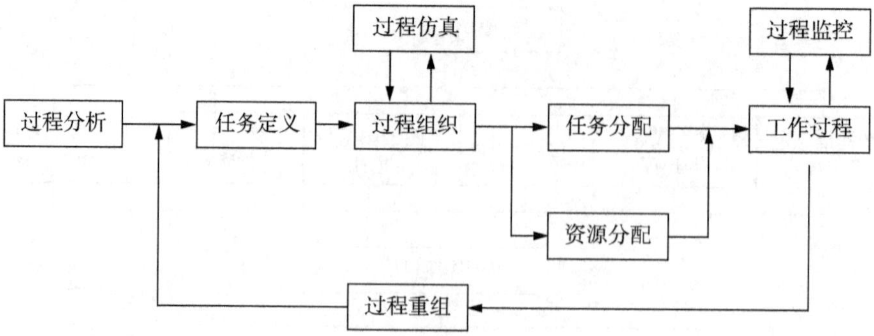

图 6-12　工作流管理执行过程

4. *分类和检索*(Classification and Retrieval)

PDM系统提供了对数据的快速方便的分类技术，将具有相似特性的数据与过程分为一类，并赋予一定的属性和方法，使用户能够在分布式环境中高效地查询文档、数据、零件、标准元件、过程等对象。分类功能是实现快速查询的支持技术之一。

PDM系统的主要检索功能包括：① 零件数据库接口；② 基于内容的而不是基于分类的检索；③ 构造数据电子仓库码过滤器的功能，检索功能使用户可以利用现有设计创建新的产品。

5. *产品配置管理*(Product Configuration Management)

(1) 产品结构树

在制造业的生产计划编制、物资采购计划编制和新产品开发中，常通过产品分解获得产品零件汇总表或产品结构树。产品结构树是由产品装配系统图、产品零部件明细表(包括通用件、标准件、自制件、外购件、外协件、原材料)产生，树中各节点分别表示部件或组件，叶节点表示零件。这种视图方式反映了产品、零件之间的层次关系，如图 6-13 所示。

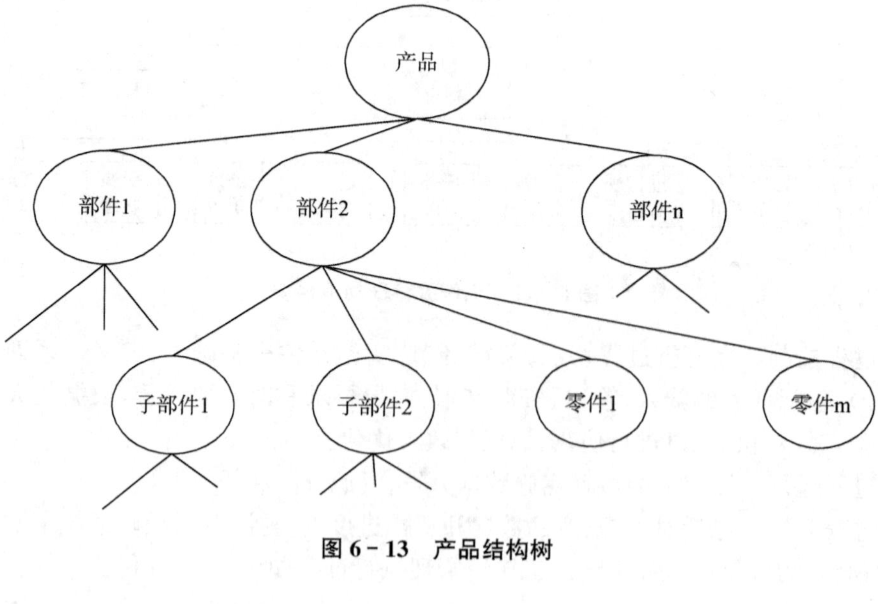

图 6-13　产品结构树

零部件都有各自的属性，如零件的材料、质量、尺寸、颜色以及部件由多少零件组成等。由于对象实例被分散地存放在网络中的若干节点上，为实现面向对象数据模型到关系数据模型的转换，将对象的描述属性转换为关系数据库中二维表信息，结构树的每个节点都连接着相关的零部件属性。

(2) 产品配置的概念　不同的部门在不同的时期对物料清单(Bill Of Material，BOM)有不同的要求，为满足这些要求，需要将产品结构中的零部件按某种条件进行相应的编排，这就称之为配置。PDM 产品配置管理以电子仓库为底层支持，以物料清单 BOM 为组织核心，把定义最终产品的有关工程数据和文档联系起来，对产品对象及其相互之间的联系进行维护和管理。产品配置管理能够建立完善的 BOM 表，实现其版本控制，高效灵活地检索与查询最新的产品数据。

(3) 产品配置目标　① 集中管理产品数据资源及使用权限；② 统一管理产品生命周期内全部数据的有效性；③ 确保各部门物料清单(BOM)在实质内容上的一致性；④ 提供不同类型的产品配置信息；⑤ 建立灵活的产品数据配置模式。

(4) 产品配置与变更管理的主要功能　产品配置与变更管理的体系结构如图 6-14 所示。

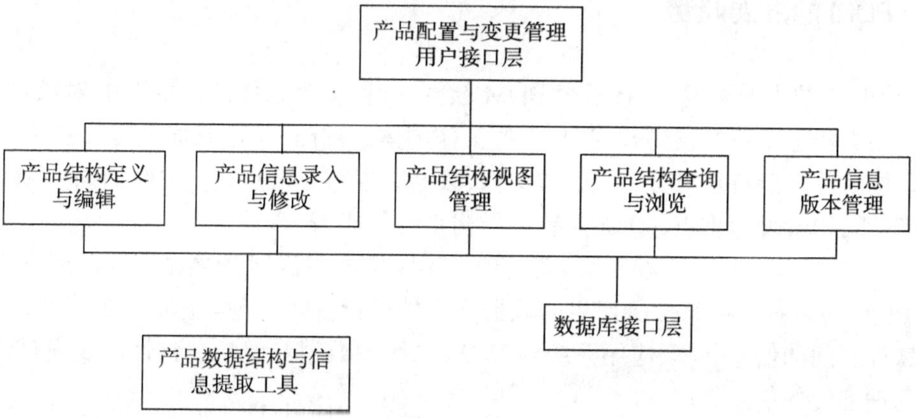

图 6-14　产品配置与变更管理的体系结构

产品配置与变更管理的主要功能包括：

1) 通过产品结构定义与编辑模块和产品信息录入与修改模块来提供一种快速访问和修改 BOM 表的方法，用户可以定义和修改自己的产品结构，并将产品结构存入数据库中。

2) 产品结构视图管理模块可针对产品设计制造过程中的不同阶段生成产品结构信息的不同视图以满足对同一产品的不同 BOM 描述的需求。

3) 产品结构查询与浏览模块提供多种条件查询与浏览，并用直观的图示方式显示产品零部件之间的层次关系。

4) 产品信息版本管理模块对产品的各版本数据提供解冻、释放、复制等操作。由于从产品开发到样机制造的过程中，产品的配置信息要经历多次的变化，造成产品信息具有各种版本，因此信息版本管理是不可缺少的。

6. 项目管理(Project Management)

项目管理是建立在工作流程管理基础之上的一种管理。项目管理在项目实施过程中实现其计划、组织、人员及相关数据的管理与配置，进行项目运行状态的监视，完成计划的反馈。

7. 电子协作功能

电子协作功能用来实现用户与 PDM 数据之间高速、实时的交互功能，包括设计审查时的在线操作、电子会议等，较为理想的电子协作技术能够无缝地与 PDMS 一起工作，允许交互访问 PDM 对象，采用 CORBA 或 OLE 消息的发布机制把 PDM 与图像紧密结合起来等。

8. 工具和集成件功能

为了能够使得不同的应用系统之间能够共享信息，以及对应用系统所产生的数据进行统一的管理，必须形成基于 PDM 的应用集成。

根据集成程度的不同，基于 PDM 的应用集成从低到高可分为 3 个层次：应用封装、接口交换、紧密集成。该模块的功能有：① 批处理语言；② 应用接口(API)；③ 图形界面/客户编程能力；④ 系统/对象编程能力；⑤ 工具封装能力；⑥ 集成件(样板集成件、产品化应用集成件、基于规则集成件)。

6.7.5 PDM 的发展趋势

随着 PDM 技术的发展，已有不少 PDM 软件问世，按照软件产品的服务对象进行分类，有的产品是支持全企业的，有的产品是支持工作团体或部门的，还有面向专用产品数据管理系统的。按软件功能特点可分为：① 以文档、数据管理为着重点；② 主要面向 CAD，以设计过程及产品结构管理为重点；③ 面向软件异构系统集成。

PDM 软件的使用面一直在扩大，新的用户不断增加，就目前的情况来看，用户不仅希望能实现 PDM 对各种应用软件所产生的数据和文档进行有效管理，还希望在 PDM 环境中做到应用软件之间的信息共享、应用系统与 PDM 系统中数据对象的一致性以及设计制造部门与经营管理部门的信息集成。

一般认为，当前要做到应用系统与 PDM 系统的紧密集成是有前提条件的，那就是应用软件系统与 PDM 软件系统都来自于同一家开发公司，如同样出自于 EDS 公司的 CAD/CAM 软件 UG 和 PDM 软件 iMAN 就可做到紧密集成，显然，这对于用户而言并不是一种理想的状况，这种状况的改变主要将取决于应用系统与 PDM 系统之间面向对方的内部结构开放性问题，这在一定程度上已超出了技术范畴。

PDM 是应多元性数据管理与集成的需要而产生的，PDM 系统在分布式计算技术和 Internet/Intranet 技术等支撑技术推进下得到了迅速发展，其底层能支持异构软、硬件平台，中间层能提供分布式信息管理、通信服务以及支持应用集成的应用服务，为制造业全生命周期的各种产品信息的统一管理与控制提供必要的支持工具，并提供从 CAD/CAM、CIMS 走向并行工程的信息集成与过程集成的支持框架。

PDM 系统具有如下的发展趋势：

(1) 构架在分布式计算环境上　PDM 作为企业信息化的集成平台，要求能够集成不同应用平台下的应用系统，目前实现这个目标的重要技术手段是引入 CORBA，如国外企业级的 PDM 产品无一例外地采用了 CORBA 平台，希望能从根本上消除企业信息化过程中的

“孤岛”现象。

(2) 基于 WEB 的客户端　对跨地域分布的企业，需要提供能在网络浏览器上运行的 PDM 客户端，以便完成 PDM 的集成管理功能。

(3) 功能模块的独立性　典型的 PDM 产品的各功能模块都能既相互关联又相对独立。功能模块的独立性体现了 CORBA 平台的优势，各模块可以根据用户需求灵活地组合成不同的应用系统。

(4) 完备的应用工具集　PDM 需要提供大量的应用工具，如应用模型的建立工具、CAD 系统接口、CAD 系统浏览工具、二次开发接口等。

(5) 与 ERP 系统的集成　PDM 与 ERP 系统在应用中的侧重点不同，但它们应是互为开放的系统，能够实现系统之间有效、可靠的集成。ERP 向 PDM 提供市场需求信息、产品设计任务要求、原材料信息、设备状态信息、工程更改请求信息等，PDM 则向 ERP 提供产品属性信息、产品加工工艺信息、成本信息、工程更改信息等。

(6) 与 CAD/CAPP/CAM 系统的集成　PDM 系统与 CAD/CAPP/CAM 系统之间实现共享信息和共享操作服务，任何一方内部的操作都可在另一方中自动形成相应的修改，双方还可相互调用有关服务，真正实现一体化。

参考文献

[1] 国家自然科学基金委员会．先进制造技术基础[M]．北京：高等教育出版社、施普林格出版社，1998.

[2] 韩君己，顾新建，祁国宁．现代制造系统与技术[M]．上海：上海科学技术文献出版社，1996.

[3] 戴庆辉．先进制造系统[M]．北京：机械工业出版社，2006.

[4] 张世昌．先进制造技术[M]．天津：天津大学出版社，2004.

[5] 王隆太．先进制造技术[M]．北京：机械工业出版社，2003.

[6] 盛晓敏，邓朝晖．先进制造技术[M]．北京：机械工业出版社，2000.

[7] 吴澄．现代集成制造系统导论[M]．北京：清华大学出版社，2002.

[8] 李培根．制造系统性能分析建模——理论与方法[M]．武汉：华中理工大学出版社，1998.

[9] 王庆明、冯劲梅．CAD/CAM 理论、应用与开发[M]．长春：吉林科学技术出版社，2004.

[10] 唐任仲．工程应用软件开发技术[M]．北京：化学工业出版社，1999.

[11] 刘文剑．计算机集成系统导论[M]．哈尔滨：哈尔滨工业大学出版社，1994.

[12] 杨继全，朱玉芳．先进制造技术[M]．北京：化学工业出版社，2004.

[13] 刘飞．制造系统工程[M]．北京：国防工业出版社，2000.

[14] 童秉枢．产品数据管理(PDM)[M]．北京：清华大学出版社，2000.

[15] 张根保，王时龙，徐宗俊．先进制造技术[M]．重庆：重庆大学出版社，1996.

[16] 姚福生，等．先进制造技术[M]．北京：清华大学出版社，2002.

[17] 孙大涌．先进制造技术[M]．北京：机械工业出版社，2000.

[18] 李伟．先进制造技术[M]．北京：机械工业出版社，2005.

[19] 陈禹六．先进制造业运行模式[M]．北京：清华大学出版社，1998.

[20] 袁哲俊，王先逵．精密超精密加工技术[M]．北京：机械工业出版社，1999.

[21] 熊光愣，张和民，徐文胜．并行工程的理论与实践[M]．北京：清华大学出版社，2000.

[22] 蔡建国，吴祖育．现代制造技术导论[M]．上海：上海交通大学出版社，2000.

[23] 艾兴．高速切削加工技术[M]．北京：国防工业出版社，2003.10.

[24] 谢新建．材料加工新技术与新工艺[M]．北京：冶金工业出版社，2004.

[25] 毛卫民．半固态金属成形技术[M]．北京：机械工业出版社，2004．
[26] 郭戈．快速成形技术[M]．北京：化学工业出版社，2005．
[27] 李春峰．特种成形与连接技术[M]．北京：高等教育出版社，2005．
[28] 邓明．材料成形新技术及模具[M]．北京：化学工业出版社，2005．
[29] 熊守美．铸造过程模拟仿真技术[M]．北京：机械工业出版社，2004．
[30] 樊自田．先进材料成形与理论[M]．北京：化学工业出版社，2006．
[31] 陈屹，谢华．现代设计方法及其应用[M]．北京：国防工业出版社，2004．
[32] 李佳．计算机辅助设计与制造(CAD/CAM)[M]．天津：天津大学出版社，2002．
[33] 范玉顺，刘飞，祁国宁．网络化制造系统及其应用实践[M]．北京：机械工业出版社，2003．
[34] 周祖德，盛步云．数字化协同与网络化交互设计[M]．北京：科学出版社，2005．
[35] 顾寄南，网络化制造技术[M]．北京：化学工业出版社，2004．
[36] 杨文通，王蕾，刘志峰，等．数学化网络化制造技术[M]．北京：电子工业出版社，2004．
[37] 江平宇．网络化制造电子服务理论与技术[M]．北京：科学出版社，2004．
[38] 严隽琪，范秀敏，马登哲，等．虚拟制造的理论、技术基础与实践[M]．上海：上海交通大学出版社，2003．
[39] 周祖德，陈幼平．虚拟现实与虚拟制造[M]．武汉：湖北科学技术出版社，2005．
[40] 孙渊、王庆明．箱体 CAPP 中零件信息描述及其算法的研究[J]，华东理工大学学报，2004(3)．
[41] 王秀彦，费仁元，等．21 世纪制造业的发展趋势[J]．北京工业大学学报，2002(3)．
[42] 邹十践．展望 21 世纪的制造科学初探我国制造业的发展思路[J]．江苏大学学报(自然科学版)，2002(5)．
[43] 康凤华，陈英莫．21 世纪初机械制造业发展的特点和趋势[J]．机械工人(冷加工)，2002(2)．
[44] 张根保，王化培．可重构机床及其关键技术[J]．制造技术与机床，2002(5)．
[45] 许虹，王庆明．可重构机床设计[J]．中国机械工程，2005(7)．
[46] 李勇，李成志．先进制造技术发展综述[J]．国防科技，2002(2)．
[47] 赵亚波．智能制造．工业控制计算机[J]，2002(3)．
[48] 韩权利，赵万华，等．未来制造业模式——智能制造[J]．机械工程师，2002(1)．
[49] 赵汝嘉．面向 21 世纪的信息化制造[J]．重型机械，2002(1)．
[50] 丁伯慧，张付英．先进制造技术与模式的研究综述[J]．机电一体化，2003(3)．
[51] 刘强．铸件铸造过程应力场数值模拟[J]．热加工工艺，2002(5)．
[52] 曹洪吉，宋延沛，王文焱．铸造过程计算机模拟研究应用现状与发展[J]．河南科技大学学报，2006(2)．
[53] 肖亚航，雷改丽，傅敏士．材料成形计算机模拟的研究现状及展望[J]．材料导报，2005(6)．
[54] 许庆彦，柳百成．铸造合金凝固组织的计算机模拟与预测[J]．稀有金属材料与工程，2003(6)．

[55] 赵国群. 金属体积塑性成形过程数值模拟技术与仿真系统[J]. 金属成形工艺,2003(5).
[56] 崔丽华. 数值模拟技术在塑性成形中的应用与发展[J]. 机械制造,2005(10).
[57] 徐艳利,魏艳红,董志波,张玉林. 焊接接头组织模拟进展[J]. 材料科学与工艺,2006(4).
[58] 吴言高,李午申,邹宏军,冯灵芝. 焊接数值模拟技术发展现状[J]. 焊接学报,2002(6).
[59] 季明浩,王庆明. 高精细抛磨工艺研究[D]. 郑州大学学报,2007(1).
[60] 薛风英,张军涛,曹丽杰. 试论绿色设计和环境保护[D]. 河北科技大学学报,1999(1).
[61] 祁红志. 绿色设计的发展及应用[D]. 现代机械,2004(4).
[62] 胡世军,芮执元,董建军. 先进制造技术的特点及发展趋势[D]. 机床与液压,2004(10).
[63] 周会娜,林滨. 先进制造技术及其重点发展方向[D]. 精密制造与自动化,2006(4).
[64] 谢锋,刘正士. 先进制造技术学科发展趋势分析[D]. 组合机床与自动化加工技术,2000(1).
[65] 范荣鑫,左继成. 先进机械制造技术的发展现状和发展趋势. 机械设计与制造,2003(8).
[66] 李杰. 先进制造技术的生产组织模式研究[D]. 哈尔滨工业大学博士学位论文,2001.
[67] 董智勇,魏庆. 符合中国国情的先进制造技术研究[J]. 成组技术与生产现代化,2000(1).
[68] 高锦宏. 试论面向制造的设计技术[J]. 机床与液压,2003(1).
[69] 段福斌,杨礼康. DFM 集成性知识表示方法研究[J]. 机械设计 2005(7).
[70] 刘洪军,等. 并行工程下基于特征的零件可制造性研究[J]. 中国机械工程,2006(8).
[71] 张玉云,熊光楞,李伯虎. 并行工程方法、技术与实践[J]. 自动化学报,1996(6).
[72] 熊光楞,张玉云,李伯虎. 并行工程总体技术及实施力方法研究[J]. 计算机集成制造系统,1996(3).
[73] 陈心淇. 反求工程中的精度设计[J]. 计量与测试技术,2006(9).
[74] 张伯霖,等. 超高速切削的原理与应用[J]. 中国机械工程,1995(1).
[75] 李沪曾,郭重庆,王逸,等. 浅谈高速切削加工技术的发展[J]. 现代制造工程,2004(6):115—118.
[76] 荣烈润. 高速磨削技术的现状及发展前景[J]. 机电一体化,2003(1):6—10.
[77] 顾立志,龙泽明,冉启文,等. 振动切削研究状况及发展趋势[J]. 佳木斯大学学报,2000(2).
[78] 张雷,王立江,赵继. 超声波振动车削产生超越性加工现象的研究[J]. 光学精密工程,1998(2).
[79] M Xiao, S Karube, T Soutome, K Sato. Analysis of chatter suppression in vibration cutting[J]. Int. J. Mach. Tools Manufact,2002, (42):1677—1685.
[80] Gérard G. Medioni ,Alexandre R J. Francois. 3 - D Structures for Generic Object

Recognition[C]. Proceedings of the International Conference on Pattern Recognition [C],2000, Vol1: 1030—1037.

[81] Bourjault A, Lhote A. Modeling an assembly process[C]. IEEE International Conference on Automation of Manufacturing Industry, 1986, 20(2): 183—198.

[82] Homem De Mello L S, Sanderson A C. A correct and complete algorithm for the generation of mechanical assembly sequences[J]. IEEE Transactions on Robotics and Automation, 1991, 7(2): 228—240.

[83] Homem De Mello L S, Sanderson A C. And/or graph representation of assembly plans[J]. IEEE Transcations on Robotics and Automation, 1990, 6(2): 188—199.

[84] Homem De Mello L S, Sanderson A C. Evaluation and selection of assembly plans. Proceedings of the IEEE International conference on Robotics and Automation[J], Cincinnati, Ohio, USA, 1990: 1588—1593.

[85] Jayaram S, Lyons K W, Hart P. VADE: A Virtual Assembly Design Environment [J]. IEEE Computer Graphics and Applications, 1999, 19(6): 44—50.

[86] Wang Y, Jayaram U, Jayaram S. Physically based modeling in virtual assembly[C]. ASME Design Engineering Technical Conference and Computers and Information in Engineering Conference, Pittsburgh, PA, 2001, 1—11.

[87] Yan Pang, Andrew Y C Nee, Soh Khim Ong and Miaolong Yuan. Assembly feature design in an augmented reality environment[J]. Assembly Automation, 2006, 26 (1): 34—43.

[88] Thomas, et al., 1997; http://www.cs.unc.edu/, geom./V_COLLIDE/, last accessed April 2005.

[89] A Liverani, G Amati, G Caligiana. A CAD-augmented Reality Integrated Environment for Assembly Sequence Check and Interactive Validation [J]. Concurrent Engineering, 2004, 12: 67—77.